真正代替欧几里得的教科书还没有写出来并且不可能写出来。

——《大英百科全书》

（全三册）

几何原本

欧几里得原理十三卷

第一册

〔古希腊〕欧几里得 著　冯翰翘 译　李桠楠 校

上海三联书店

图书在版编目（CIP）数据

几何原本：欧几里得原理十三卷：全三册 /〔古希腊〕欧几里得著；冯翰翘译；李樫楠校 . —上海：上海三联书店，2021.10

ISBN 978-7-5426-7497-5

Ⅰ. ①几… Ⅱ. ①欧…②冯…③李… Ⅲ. ①欧氏几何 Ⅳ. ① O181

中国版本图书馆 CIP 数据核字（2021）第 143742 号

几何原本：欧几里得原理十三卷

著　　者／〔古希腊〕欧几里得
译　　者／冯翰翘
校　　订／李樫楠
责任编辑／程　力
特约编辑／时音菠　王兰英　李　芳　尹维彪　张凯东
装帧设计／鹏飞艺术
监　　制／姚　军
出版发行／上海三联书店
（200030）中国上海市漕溪北路331号A座6楼
邮购电话／021-22895540
印　　刷／三河市华润印刷有限公司
版　　次／2021年10月第1版
印　　次／2021年10月第1次印刷
开　　本／710×1000　1/16
字　　数／837千字
印　　张／75.5

ISBN 978-7-5426-7497-5/O · 5

定　价：188.00元（全三册）

中译本前言

本书译自希思(Thomas Little Heath,1861—1940)的英译评注本 *The Thirteen Books of Euclid's Elements*(《欧几里得原理十三卷》,1908 年初版,1926 年再版,1956 年新版)。而希思本又是以海伯格(John Ludwig Heiberg,1854—1928,丹麦人)与门格(H. Menge)的权威注释本 *Euclidis Opera Omnia*(《欧几里得全集》,1883—1916 年出版,希腊文、拉丁文对照)为底本的。希思本不只是当今公认的《原理》的标准译本,而且是一部最伟大的经典著作的权威版本,是两千多年来研究《原理》的历史总结。正如希思本人所说,他的目的是把这个评注本写成"初等几何的研究及其历史的辞典"。

这部书分为三册出版。第一册首先是 100 多页的引论,其次是欧几里得的卷Ⅰ.及卷Ⅱ.,最后是两个附录。引论首先叙述了欧几里得的生平,其中包括许多流传的逸事,其次叙述了欧几里得的其他著作,大部分已经失传或者并不是欧几里得的著作,其中叙述得最多的是 *Porism*,我们译为《推断》,以前有人译为《推论集》。"Porism"这个词有两种含义,一是推论(corollary),二是用于与定理(theorem)和问题(problem)并列的一类命题,从欧几里得对这一类命题的解释和举例来看,好像应当是几何作图,包括轨迹,但是有些人把这本失传的书神秘化,认为它不包括轨迹,而是包括一些高深的甚至现代高等几何的内容。另一本是《原理》中经常提及的 *Data*,我们译为《数据》,以前有人译为《已知数》。从欧几里得在《原理》中多次作为证明的依据来看,译为《数据》更为恰当。引论部分叙述了译文的正文及附注的来源,作者使用了几乎所有可以看到的珍藏在世界各地的手抄本及其评注。欧几里得本人的《原理》手稿早已失传,现在看到的各种手抄本、注释本、翻译本都是重新整理出来的,其中最重要的是古希腊的海伦(Heron,约 62)、波菲里(Porphyry,约 232—304)、帕普斯(Pappus,约 300)、辛普利休斯(Simplicius,6 世纪)、塞翁(Theon,约 390)的修订本,以及普罗克洛斯(Proclus,约 412—485)的《几何学发展概要》(以下简称《概要》)。这部《概要》包括从泰勒斯(Thales,约前 640—前 546)到欧几里得数百年间主要数学家的事迹,并且指出欧几里得是公元前 300 年前后的人,特别是对《原理》的第一卷做出了详细的注释,希思关于卷Ⅰ.的注释大部分来自普罗克洛斯。引论后面叙述了《原理》的阿拉伯文译本的情况，以及《原理》在世界各国出版的情况，其中包括意、德、法、荷、英、西、俄、瑞典、丹麦以及现代希腊语等语种，但未包括中译本。

中国最早的汉译本是1607年（明万历三十五年）徐光启（1562—1633）和利玛窦（Matteo Ricci，1552—1610）合译的前6卷，所依据的版本是克拉维乌斯（C. Clavius，1537—1612，德国）校订增补的拉丁文本 *Euclidis Elementorum Libri* XV（《欧几里得原理15卷》，1574年初版，再版多次），这个版本与欧几里得原著有较大出入，卷14是许普西克勒斯（Hypsicles）约公元前180年增加的，卷15是6世纪大马士革乌斯（Damascius，叙利亚）增加的。徐光启对未能完成全部的翻译而深表遗憾，感叹道："续成大业，未知何日，未知何人，书以俟焉。"大约250年之后，到1859年由李善兰（1811—1882）和伟烈亚力（Alexander Wylie，1815—1887，英国）译出后9卷，所依据的版本是英国数学家毕林斯雷（H. Billingsley，1533—1606）的 *The Elements of Geometrie of Euclide*（《欧几里得的几何原理》）。李善兰的后9卷也沿用了"几何原本"这个名称，此后一直沿用至今。1990年，陕西科技出版社出版了陕西师范大学兰纪正、朱恩宽两位先生翻译的希思版本《原理》中的正文部分，书名仍然沿用"几何原本"。为了真实于原著，并且与世界各国译名保持一致起见，我们把书名 *Elements* 译为《原理》。在希思写的引论的第Ⅸ章§1专门讨论了书名 *Elements*："在整个几何中有一些开始的定理，它们起到基础性的作用，为许多性质提供证明，这些定理称为原理（elements）。"许多学者认为徐光启的译名"几何原本"与欧几里得的书名及内容不符，欧几里得的《原理》除了平面几何与立体几何外，大半是关于代数、算术和初等数论的。近来有人用《原本》代替《几何原本》，这实际上只是《几何原本》的缩写，仍然不符合欧几里得的书名《原理》。

卷Ⅰ.是欧几里得《原理》中最重要的一卷，首先给出了23个定义（如点、线、面等的定义），其次是5个公设，第5公设即著名的平行公设，对这一公设的持续不断的研究使非欧几何得以诞生，最后是5个公用概念。欧几里得从这些定义、公设和公用概念出发，以严格的逻辑推出了48个命题。命题5曾被人称为"笨人难过的桥"（详细情况见附录Ⅱ），命题47是著名的勾股定理，命题48是勾股定理的逆定理。在卷Ⅰ.中我们把以前许多译文中的"公理"改正为"公用概念"，否则就无法翻译评注中关于这些术语的争论。

卷Ⅱ.首先给出了矩形与拐尺形2个定义，其次是14个命题，有人称为"几何代数"，即用几何方法证明代数恒等式，例如，$(a+b)^2=a^2+2ab+b^2$，这些证明实际上就是现在所说的几何意义。评注中详述了用几何方法解二次方程的所谓“面积相贴”的方法。

第一册的最后部分是两个附录，第一个是关于毕达哥拉斯与毕达哥拉斯学派的，第二个是关于欧几里得的一些命题的名字的。

第二册包括欧几里得的卷Ⅲ.—Ⅸ.，共7卷。卷Ⅲ.和卷Ⅳ.共53个命题(卷Ⅲ.37个命题，卷Ⅳ.16个命题)，全部是关于圆的相交、相切，圆周角以及内接和外切多边形的作图，等等。卷Ⅴ.发展了一般比例论，赢得后世许多数学家的高度赞扬。卷Ⅵ.应用前一卷建立的比例论于相似图形理论。卷Ⅶ.、Ⅷ.、Ⅸ.是算术内容，涉及数论的一些初等理论。卷Ⅸ.命题20证明了“素数个数无穷多”的结论。值得注意的是，所有命题及其证明都使用的是几何语言。

第三册包括欧几里得的卷Ⅹ.—ⅩⅢ.，共4卷。卷Ⅹ.包含了115个命题，是13卷中最大的一卷，是关于不可公度量，即无理数的理论。最后三卷是关于立体几何的内容。书末有一个附录，主要说明卷ⅩⅣ.和ⅩⅤ.的情况。

《原理》从定义、公设、公用概念出发，逻辑地推出大量结果，标志着演绎数学的成熟，主导了其后数学研究和发展的方法，开始了公理方法的尝试，但其定义的处理并不是公理化的，其公理系统也不完备。

欧几里得的《原理》、阿基米德(Archimedes，前287—前212)的数学论著(见《阿基米德全集》，朱恩宽、常心怡等译，叶彦润、冯汉桥等校，陕西科学技术出版社出版)和阿波罗尼奥斯(Apollonius，约前262—前190)的《圆锥曲线论》(朱恩宽、冯汉桥、郝克琦等译，陕西科学技术出版社出版)代表了当时希腊数学的最高水平，并且因此其他的数学著作都消失了。《圆锥曲线论》是用几何方法研究圆锥曲线(即二次曲线)。《原理》的卷Ⅰ.、Ⅲ.、Ⅳ.、Ⅵ.是关于平面几何的内容，也是两千多年来平面几何教科书的重要内容，卷Ⅺ.—ⅩⅢ.是关于立体几何的，其余大部分是关于初等代数(卷Ⅱ.)、算术及初等数论(卷Ⅴ.，Ⅶ.—Ⅹ.)等内容的，但是命题的叙述和证明都是几何的。简单的代数恒等式、比例及其性质、可约和不可约的算术理论为什么要用几何的叙述和几何的证明？主要是因为当时数的概念只停留在正整数，充其量是自然数的概念，不知道两个数的比仍是数，尤其没有无理数的概念，对与无理数有关的理论深感困惑，所有数学命题只有经几何地证明才被认为是可靠的。一方面我们看到了古代数学家几何地处理这些简单内容的聪明才智，另一方面我们也看到了数学科学经历的曲折道路。现在的中、小学生能容易地处理这些算术理论，证明这些几乎是自明的代数恒等式以及比例的性质，除了历史意义之外，谁还在使用曾被奖励一头牛的“面积相贴”的方法来几何地解二次方程？这说明数学的发展进步像其他科学和社会发展一样是曲折的。现代的初等代数与解析几何已经可以容易地解决那些几何问题。其原因是什么？这是由于实数理论的发展。更加重要的问题是现代数学的内容有没有出现类似的情况？现代数学中与无限有关的内容都是用极限定义的，微分和各种积分都是用极限定义和研究的。现代数学的许多理论，尤其是各种空间理论，都是模仿实数理论建立的，而且建立在实数理论之上。当代著名数学家斯蒂恩（美国）说："数学之帝座者，实数线也。"(Steen, L. A., *New Models of the Real Number Line*, *Scientific Amer.*, pp. 92—9, 1971)，这与两千多年前所有的数学都是建立在几何之上的很相似。20 世纪 60 年代出现的非标准分析把实数域扩大为超实数域，其中包括非零无限小的数和无限大的数（非零无限小就是其绝对值大于零而小于任何正实数的数，无限大的数是其绝对值大于任何实数的数），超实数域为解决与无限有关的数学问题提供了直接手段。详细情况可见《应用非标准分析》（Martin Davis 著，冯汉桥等译）一书或文章《微积分的历史、现状和未来》（《中学数学教学参考》，2006 年第 5—第 10 期）。

这部评注本不只包括经典著作《原理》，而且它本身也是数学史名著，其内容简单易懂，包含了许多有趣的故事，适合于所有对数学感兴趣的读者阅读，尤其对大中小学数学教师、数学史专家具有重要意义。

这部评注本的翻译与过去出版的多个版本的《几何原本》的译本有一个重要区别。过去的译本对欧几里得的术语大都随意改变，虽然从数学内容来看并无大错误，却违背了历史的真实性，并且使得定义和命题之后的评注无法翻译。因此，现在的译本不只是书名，即使每一个定义和命题都力求与原著一致，不随意更改。

非常感谢朱恩宽老师为翻译这部书所给予的许多帮助。本书部分译文参考了我的老师兰纪正及朱恩宽译的《几何原本》。

最后，我要感谢出版社及北京凤凰壹力文化发展有限公司的领导及全体人员为使这部数学名著以中文出版所做的巨大努力。

我把这部译著献给我的中学时期的母校——陕西省岐山中学和凤翔中学。

第一版前言

“从来没有而且我们决不相信会有一个名副其实的几何体系，它的任何内容离开（我们不说改正或者扩张或者发展）欧几里得的规划。”德·摩根（De Morgan）在1848年10月写了这句话（“*Short supplementary remarks on the first six Books of Euclid's Elements*” in the *Companion to the Almanac*, 1849）。我认为若他活到今天，他就会看到修正这个60年前的庄严宣告的理由。事实上，在此期间许多有价值的著作都是在大陆上完成的，其中有基本原理的研究，包括公理或公设的系统和分类，这些对修补欧几里得的公设和公理是必不可少的，并且澄清了他在某些命题中隐含的假设以及由作图观察出来的内容；尽管这些基本原理被改变，但是近来的初等几何教科书的主体与欧几里得的体系并没有任何本质的区别。在英国有许多作者创作更适合学生的教科书以代替欧几里得。因此不会惊奇，最近出现了一个摆脱欧几里得并且代替“通往几何的坦途”的书；令人惊奇的是还有一本书，它不是为学生写的，而是为成人写的（正如所有内容显示的，特别是其理论特征以及远离“实际”几何的性质），却成为教科书。而且现在欧几里得的证明和系统不再被考试者所需要，有一大批人渴望尽早用上新的、更“实际”的、更有用的教科书。每一个教师自然希望写出这样一本教科书，突出重点，适合学生。这样一来其后果是失去协调，并且不可避免地产生重大的差异。关于这个危险，拉得纳（Lardner）在1846年写道：“一旦欧几里得被取代，每一个教师都认为他自己的著作是最好的，并且每一个学校就会有它自己的教科书。所有长期受到人们尊重的科学的严谨性和精确性走到了终点。有关术语将失去确定的含义。不同的学校就有不同的标准；在一种情况下假设的东西在另一种情况下成为证明的东西；古代意义上的几何被粉碎或者只成为算术和代数的特殊的应用。”可能不能太早预言这个新秩序的后果；但是，至少可以说历史将受到尊重，并且当混乱再次来到几何教学时，就会返回到欧几里得，进而再次达到标准化的目的。

但是，新版欧几里得与如何教学生几何的争论无关。在所有现在的教科书被取代和忘记之后，欧几里得的著作仍将永存。这是古代的一座庄严的丰碑；没有名副其实的数学家不知道欧几里得，真正的欧几里得区别于为学生或工程师所写的版本。而且为了了解欧几里得，必须知道他的语言以及他的不朽的工作集成《原理》的历史。

这就是我著作现在这个版本的目的。作出新的从希腊文的翻译有两个原因。首先，尽管距1883—1888年出版的海伯格的杰出的正文和前言已经过去了相当长的时间，但就我所知，即使常常阅读的那几卷还没有一个可以信赖的英译本；其次，其他几卷（卷Ⅶ.—Ⅹ.，卷ⅩⅢ.）不包括在西姆森（Simson）的著作以及追随他的编辑本之内，也不在威廉森（Williamson，1781—1788）的著作之后的任何英译本之中，因而它们不能被英语读者看到。

关于注释，希腊文和拉丁文的前6卷的版本有卡梅尔（Camerer）和霍巴（Hauber，Berlin，1824—1825）的注释，这是一个完美的信息源泉。在他们写作的那个时代不可能更彻底。但是，最近30年或40年的研究工作进入了数学史[我只提及这些人：布里茨奇尼德（Bretschneider），汉克尔（Hankel），康托（Moritz Cantor），赫尔茨（Hultsch），唐内里（Paul Tannery），塞乌腾（Zeuthen），洛里亚（Loria）和海伯格]，并已经把整个学科放在不同的层次。我努力在这个版本中考虑了直到今天的主要研究成果。关于几何的几卷，我的注释将形成一部初等几何的研究及其历史的辞典；而且关于算术的卷Ⅶ.—Ⅸ.以及卷Ⅹ.也是同样的计划。

在此我要向下列人员表示我的感谢：我的兄弟Dr. R. S. Heath，伯明翰大学（Birmingham University）的副校长，修改校样，特别是关于欧几里得的比例定义和戴德金（Dedekind）的无理数理论之间的不合逻辑的推论；Mr. R. D. Hicks，关于一些疑难翻译点的建议；A. A. Bevan教授，帮助翻译和拼写阿拉伯人名；Bodleian图书馆的馆长和馆员，允许复印《原理》的首页。最后，衷心感谢剑桥大学出版社理事接收这部作品，并且积极有效地与他们的成员协作，减轻出版过程中的劳苦。

1908.11

第二版前言

我认为这部作品的第一版售完是一个新的证明:欧几里得远远没有消亡或休眠,而且只要研究数学,数学家就会发现回到22个世纪之前的老书是有必要和有价值的,并且世界允许保留这部最伟大的初等数学教科书。

这一版做了详细和全面的修改,一些段落(甚至整页)已经重写,其目的是要赶上时代。某些不是十分重要的内容也增加了,特别是卷Ⅰ.部分的两个附录,我希望看到对它感兴趣的读者。

自从第一版出版以后,在几何教学领域发生了一些需要说明的变化。有两种不同的倾向需要注意。

第一个倾向是减少困难性(以不同的方式影响着学生、教师和主考人),这个出现在各种不同的教科书以及不同的体系之中,并且已用于初等几何的教学中。这些困难已经引起教师们的广泛注意,他们要求建立一个在这门教学中可以选择的公认的系统。关于这个的一个方案已经提出。但是,接受一个公认的系统的机会的同时会被第二个倾向损害。

我指的这第二个倾向是支持复活,用一种修改的形式,这个建议由沃利斯(Wallis)在1663年提出,用相似公设(见这部作品的卷Ⅰ.,pp. 168—9)代替欧几里得的平行公设。这个公设的形式现在作为一个假设:"给定一个三角形,可以在任一个底上作出另一个相似于给定三角形的三角形。"这个假设有一个优点,不用说直线具有无限的长度;但是,另一方面,众所周知,萨凯里(Saccheri)证明了(1733)它涉及的比证明欧几里得公设更多,并且基于这个公设的方案比现在一般的程序更为困难。事实是:(1)上述公设与欧几里得的公设的差别在效果上是轻微的;(2)欧几里得公设的历史趣味是如此之大,我的意见是反对这个提议。

T. L. H.

1925.12

目 录

引 论

原 理

引　论

第Ⅰ章　欧几里得和他的传略

与希腊其他伟大的数学家相比，我们所知道的欧几里得的生活特点以及他的生平的材料都是十分贫乏的。

我们知道的大部分材料包括在普罗克洛斯的一段与他有关的概要内，其内容如下①：

“比这些人[赫姆迪马斯(Hermotimus of Colophon)和菲利普斯(Philippus of Mende)]年轻一点的是欧几里得，他编成了《原理》，收集了许多欧多克索斯(Eudoxus)的定理，完善了许多泰特托斯(Theaetetus)的定理，并且对他的前辈粗糙证明的东西给出了无可非议的证明。这个人生活在托勒密(Ptolemy)一世时代。因为在托勒密一世之后的阿基米德提及了欧几里得；并且，他们说托勒密曾经问他是否在几何中存在比《原理》更便捷的路径，他回答道不存在坦途通往几何。因此，他比柏拉图(Plato)的学生年轻，但是比埃拉托色尼(Eratosthenes)和阿基米德年长；埃拉托色尼曾经说自己与阿基米德是同时代人。”

这一段话说明，即使普罗克洛斯也没有关于欧几里得的出生地和生死日期的直接材料。但是他推断，因为阿基米德刚刚在托勒密一世之后，并且阿基米德提及欧几里得，同时有一个关于托勒密与欧几里得的逸事，因而欧几里得应该生活在托勒密一世时代。

通过普罗克洛斯的记叙我们推测，欧几里得活跃在柏拉图的学生与阿基米德之间。柏拉图死于前347/前346年，阿基米德生活在前287—前212年，埃拉托色尼大约生活在前284—前204年。因而，欧几里得必然活跃在大约前300年，这个日期与托勒密的统治时期(前306—前283)是一致的。

最可能的说法是欧几里得在雅典从柏拉图的学生那里接受了数学训练。

① Proclus, ed. *Friedlein*, p. 68, 6—20.

因为大多数教过他的几何学家都属于这个学派，也就是在雅典，《原理》的年长的作者以及欧几里得的《原理》依赖的其他数学家在那里生活并教书。他本人可能是一个柏拉图主义者，但是这个只是从普罗克洛斯的话推断出来的。普罗克洛斯说他曾经在柏拉图的学校里并且密切接触那个哲学。但是，这只是试图把一个新柏拉图主义者与欧几里得的哲学联系在一起，这可以从下面的话看出："出于同样的原因，他在整个《原理》的末尾放置了被称为柏拉图图形的作图。"显然，普罗克洛斯推出欧几里得是一个柏拉图主义者的仅有的证据是由于他的《原理》终止于五个正多面体的作图。而后面一句话难以支持他的观点。五个正多面体的作图是在末尾，而《原理》的目的显然是提供研究几何的基础，"为了使读者完美地理解整个几何"。为了克服这个困难，他说若人们问他这部专著的目的是什么时，他会给出不同于欧几里得的回答：(1)关于这个学科，他的研究是关于这个学科的；(2)关于读者，并且关于(1)，"整个几何学家的推理与宇宙图形有关"。后面这句话显然是错误的。事实上，欧几里得的《原理》终止于五个正多面体的作图；但是，平面几何的部分与它们没有直接关系，而算术部分也完全没有关系；与它们有关的命题只是这部著作的立体几何部分的结论。

然而，有一件事是确定的，欧几里得在亚历山大创建了一所学校并且在其中教书。这个可以从帕普斯关于阿波罗尼奥斯的注释得知："他花费了很长时间在亚历山大与欧几里得的学生在一起，并且他学到了科学思想的特性。"

在同一个段落中，普罗克洛斯做了一个注释，这个注释与欧几里得的人格有关。他说，在阿波罗尼奥斯的《圆锥曲线论》的第1卷的前言中，阿波罗尼奥斯说欧几里得没有完全解决"三线和四线轨迹"问题，事实上，没有他第一次发现的某些定理这是不可能的。关于这个问题，帕普斯说："现在，欧几里得——认为阿里斯泰奥斯(Aristaeus)是值得信任的，不仅发现了他在圆锥曲线方面所做的工作，并且在他的前面没有其他人，也没有像阿波罗尼奥斯那样吹牛的人——写了许多关于这个轨迹的内容，利用了阿里斯泰奥斯的圆锥曲线，没有宣布完成了他的证明。"然而，当检查这段话的内容时，帕普斯没有遵循任何传统地给出了这段关于欧几里得的不公正的话，使他受到损害，并且他还画了一张完整的欧几里得像，以说明阿波罗尼奥斯是相对不知名的人。

关于欧几里得的另一个故事，人们好像认为是真的。根据斯托鲍奥斯(Stobaeus)所述，某一个人跟随欧几里得开始学习几何，他学了第一个定理后问欧几里得："学了这些东西之后我能得到什么?"欧几里得对他的仆人说："给他三个便士，因为他必须从他学到的东西中获利！"

中世纪的许多译者和编者认为欧几里得是迈加拉的欧几里得。这是由于混淆了欧几里得与生活在大约前 400 年的哲学家迈加拉的欧几里得。首先查出这个混淆的是维来里奥斯（Valerius Maximus，生活于 Tiberius 时代），他说柏拉图为了得到二倍立方状的圣坛问题的解答，把发问者送到“几何学家欧几里得”那里。无疑，这个改正是正确的。维来里奥斯把几何学家欧几里得认作柏拉图同时代的人，就可以结束欧几里得与迈加拉的欧几里得的混淆。第一次出现把欧几里得混淆为迈加拉的欧几里得是在 14 世纪，在迈托奇塔（Theodorus Metochita）的著作内，他说：“迈加拉的欧几里得，苏格拉底（Socrates）的门徒，哲学家，柏拉图同时代的人”，是关于平面和立体几何、数据、光学等专著的作者；并且在 14 世纪的一个巴黎的手稿中有“欧几里得，哲学家，苏格拉底的门徒”。这个误解出现在从坎帕努斯（Campanus）的翻译（Venice，1482）到塔塔格里亚（Tartaglia，Venice，1565）和坎达拉（Candalla，Paris，1566）这一期间。但是，拉斯卡里斯（Constantinus Lascaris，死于约 1493）已经作出正确的区分，他描述我们的欧几里得“他不同于迈加拉的欧几里得”；“让一些人摆脱这个错误，他们认为我们的欧几里得与迈加拉的哲学家是同一个人”，等等。

另一个观点，认为欧几里得诞生在西西里的杰拉，也是由于同样的混淆，基于第欧根尼·拉尔修（Diogenes Laertius）关于哲学家欧几里得的描述，是“迈加拉人或杰拉人”。

由于关于欧几里得的希腊文的传记材料的贫乏，即使在普罗克洛斯时代也是这样，我们必须从阿拉伯作者的表面上的详细的记叙取材；但是，他们的故事可能造成以下后果：(1)阿拉伯的传奇倾向，(2)误解。

我们阅读到：“欧几里得，Naucrates 的儿子，Zemarchus 的孙子，几何的作者，古代一个哲学家，国籍是希腊，出生于提尔，住在大马士革，主要学习几何科学，出版了一部最优秀的和最有用的著作，书名是《几何基础》或称《几何原理》——希腊的一部前所未有的综合性专著；但是没有人，即使后来也没有人走他的道路，承认他的学说。因此，希腊的、罗马的和阿拉伯的几何学家没有几个人能理解这部无插图的很有难度的书，出版了关于它的评论、附注以及注释，和一个这部著作的节本。出于这个原因，希腊哲学家在他们学校的门上贴了一个著名的布告：不知道欧几里得原理的人不能进入我们的学校。”这个简历的开始部分不可能通过希腊的资料得知，因为即使是普罗克洛斯也不知道欧几里得的父亲，而且按希腊习惯，不记录祖父的名字，而阿拉伯人通常会作这些记录。引入大马士革和提尔是为了满足阿拉伯人的愿望，阿拉伯人总是把著名的希腊人用某种方法与东方人名联系在一起。于是，《原理》的译者亚特秋西（Naṣīraddīn aṭ-Ṭūsī)把欧几里得也叫“Thusinus”。每个人都知道柏拉图的故事,在他的学园的门道上贴着“不精通几何的人不能进入我的门”;阿拉伯人把几何改成了“欧几里得几何”。

同样的注释是阿拉伯记述的欧几里得与阿波罗尼奥斯的关系。根据他们的记载,《原理》的作者不是欧几里得,而是一个名字为阿波罗尼奥斯的人,他是一个木工,写了一部 15 卷的著作。随着时间的流逝,这部著作的某些部分遗失,剩余的部分十分散乱,而在亚历山大的国王希望学习几何并且掌握这个专著,他首先询问一些访问他的知识人,而后召唤欧几里得(当时他是一位有名的几何学家),要求他修改并完成这部著作,并且出版它。而后欧几里得把它重写为 13 卷,因而后来以他的名字为人们所知。(根据另一个版本,欧几里得的 13 卷出自对阿波罗尼奥斯的两卷关于圆锥曲线的评注,并且增加了五个正多面体。)又由 2 卷增加到 13 卷(有些人把这也归功于欧几里得),它们包含了阿波罗尼奥斯没有提及的内容。根据另一个版本,欧几里得在亚历山大的一个学生许普西克勒斯给国王提供了卷XIV. 和XV. ,并且出版了它。又说,许普西克勒斯“发现”了这两卷,并且根据欧几里得遗留的材料中的内容编辑了这两卷。

我们注意正确的说法,卷XIV. 和卷XV. 不是欧几里得写的,而且卷XIV. 的作者写了卷XV. 也是错误的。

阿波罗尼奥斯在欧几里得之前写了《原理》这一传言来自许普西克勒斯写的卷XIV. 的前言;这一卷很早就归功于欧几里得的这个假设一直保留到发现许普西克勒斯是其作者。这个前言引用如下:

“提尔的巴兹里得斯(Basilides),当他来到亚历山大会见我的父亲时,他花费了大部分时间在数学上。当察看阿波罗尼奥斯的专著,比较同一个球的内接的正十二面体与正二十面体,证明它们之间的比例时,他们认为阿波罗尼奥斯没有正确地证明这个性质,因而他们修补了这个证明,这是我从我父亲那里知道的。后来我看到另一本由阿波罗尼奥斯出版的书,这本书包含与这个主题有关的一个证明,我以极大的兴趣研究了这个问题。这本书由阿波罗尼奥斯出版,并且易读,大量流通。我决定送给你这个评注,希望你判别我所说的。”

阿波罗尼奥斯在欧几里得之前的观点显然来自上面引用的段落。其中还叙述了其他事情。巴兹里得斯一定是与 βασιλεύs 混淆,并且关于“亚历山大国王”以及“访问亚历山大的知识人”我们有适当的说明。前言中的提尔也可能是欧几里得诞生于提尔的来源。这些推理无疑显示了有关希腊知识的缺陷。但是不能相信一个错误的推理,而且有人把 Euclid(欧几里得)拼成 Uclides 或 Icludes,以对应 Ucli,钥匙(Key);Dis,测量或几何,因而 Uclides 等价于几何的钥匙(Key of geometry)!

最后,关于上面括号中所说的另一个版本,欧几里得的13卷出自对阿波罗尼奥斯的两卷关于圆锥曲线的评注,并且增加了五个正多面体,这似乎也来自一个类似的混淆,出自许普西克勒斯的卷XIV.的后面一段话:“并且阿里斯泰奥斯在题为‘五个图形的比较’中说明了这个,阿波罗尼奥斯在他的正十二面体和正二十面体的比较的第二版中也说明了这个。”“论五个多面体”在许普西克勒斯的段落中是“五个图形的比较”,再没有其他著作以“五个图形的比较”为题目,而阿波罗尼奥斯的两卷关于圆锥曲线的书,其实是阿波罗尼奥斯写了一本关于圆锥曲线的书,以及许普西克勒斯提及的其他著作的第二版的误解。我们没有发现阿拉伯作者在其他地方提及欧几里得评注阿波罗尼奥斯和阿里斯泰奥斯。因此,引用的这个故事与《原理》是阿波罗尼奥斯的著作是一样的传奇。

第Ⅱ章　欧几里得的其他著作

在列举《原理》之外的欧几里得的其他著作之前，我们先较详细地逐一叙述它们，思考它们，并给出标准数学史的注释①。

我首先叙述希腊著作提及的著作。

1.《纠错》(*Pseudaria*)

我首先提出这个是由于普罗克洛斯在注释《原理》时，在提及欧几里得之后就提及它。普罗克洛斯说："但是，因为像许多事情一样，当表面上安心于真理并且从科学原理推理时，实际上却离开了这些原理并且被表面现象所迷惑，他留下了识别和理解这些东西的方法，使用这些方法就能使初学者在学习实践中发现谬误，并且避免误入歧途。他给这个专著题名为"纠错"，其中给我们提供了纠错的技巧，顺次列举了各个定理的练习题目，真的与假的对照，并配以消除错误的实例。所以，这本书是具有引导性和练习性的，而《原理》包含了系统的和全面的几何学科学的研究。"

可惜这部书已遗失。从它与《原理》的联系以及对初学者的参考作用可以得出结论，它不会超出初等几何的范畴②。

2.《数据》(*Data*)

帕普斯把《数据》包括在 *Treasury of Analysis* 中，并且描述了它的内容。它们仍然是关于初等几何的，尽管一部分是高等分析的引论。它们的形式是这样的命题：若在一个图形中已知某些东西(量、形等)，则可证明另外一些东西已知。这个事情很像在《原理》的平面几何中，常常补充数据。后面我们将看到《原理》中关于解一般四次方程的命题与《数据》中给出解答的相应命题的比较。事实上，《数据》是分析中的初等练习。

我们不必更详细地介绍其内容，因为在新近由门格编辑并有玛忍奥斯(Marinus)评注的希腊文教科书容易获得。

---

①` 见 Loria, *Le science esatte Hell' antica Grecia*, 1914, pp, 245—68; T. L. Heath, *History of Greek Mathematics*, 1921, Ⅰ. pp. 421—46; Heiberg, *Litterargeschichtliche Studien über Euklid*, pp. 36—153; Euclidis opera omnia, ed. Heiberg and Menge, Vols. Ⅵ—Ⅷ.

② Heiberg 指出，Alexander Aphrodisiensis 在评论 Aristotle's *Sophistici Elenchi* 时提及这部著作。

3.《图形的分割》[*On division(of figures)*]

这部著作是普罗克洛斯提及的。他在一个地方说到了图形的概念或定义，以及关于分割一个图形为与它不同类型的图形；并且他说："圆分割为不同定义或概念的部分，同样地对每一个直线图形；这正是《原理》的作者在他的《图形的分割》中所做的事情，在一种情形下分割已知图形为同类图形，在另一种情形下分割为非同类的图形。"此处的"同类"与"非同类"并不是专业意义上的"相似"与"不相似"，而是在定义或概念上的"同类"与"非同类"。因而，分割一个三角形为三角形就是分割它成为"同类"图形，分割一个三角形为一个三角形和四边形就是分割它成为"非同类"图形。

这部专著在希腊被遗失了，但是在阿拉伯被发现。首先，第(John Dee)发现了一部专著 *De divisionibus*，作者是 Muhammad Bagdadinus，并且把它的一个复本(拉丁文的)在 1563 年送给了康曼丁奥斯(Commandinus)，这个人以第和他的名字在 1570 年出版了它。第本人没有把这个小册子翻译成阿拉伯文；他发现它时已是拉丁文手稿，后来成为他自己的财产，但是大约 20 年以后，强盗袭击了他在莫特莱克的家，并且损坏了这个小册子。第在送给康曼丁奥斯的信的前言中没有说到关于翻译这本书的话，只是说这本难以辨认的手稿给他造成了许多困难，并且说到"从这个很古老的复本我写出……"。从阿拉伯文翻译成拉丁文的这个小册子可能是由克雷莫纳的杰拉德(Gherard，1114—1187)完成的，在他的许多译本的清单中出现了"liber divisionum"。这个阿拉伯原本不可能译自欧几里得，并且不可能是它的一个改编本；它存在许多错误以及非数学的表述，并且没有包含普罗克洛斯提及的关于分割圆的命题。因此，它可能只包含欧几里得著作的一些碎片。

但是，沃尹普科(Woepcke)在巴黎发现了一个关于分割图形的阿拉伯文手稿，它被翻译且于 1851 年出版。沃尹普科明确把这个手稿归功于欧几里得，并且附会于普罗克洛斯关于它的描述。一般地说，分割是指分割图形为与原来图形同类的图形，例如分割三角形为三角形；但是，也有分割为"非同类"的图形，例如一个三角形被平行于底的直线所分割。此书也有分割圆的遗失的命题："分割一个由一个圆弧和包含一个已知角的两条直线为边界的已知图形为相等的两部分"，以及"在一个已知圆内作两条平行直线截出这个圆的某一确定部分"。不幸地，其证明只给出了 36 个命题中的 4 个(包含后面 2 个命题)，可能由于阿拉伯译者认为它们太容易而略去了。为了说明这些问题的特征，我选取一个例子："用一条直线从一个梯形中截出一定比率的部分，这条直线过梯形里面或外面一个给定点，并且可以截这个梯形的两条平行边。”由沃尹普科编辑的这部专著的真实性可以由下述事实证明，留下的这四个证明是完美且依赖于《原理》中的命题，而且存在一个关于真希腊环（a true Greek ring）的引理：“在一条直线段上贴一个矩形等于由 AB，AC 包含的矩形而缺少一个正方形。”并且这部专著没有断裂的现象，全书终止于“全书完”，并且有良好的顺序和紧凑的整体结构。因此，我们完全可以断言沃尹普科编辑的不只是欧几里得的部分著作而是它的全部。奥福塔丁格（Ofterdinger）试图恢复这个著作的证明，然而，他没有给出沃尹普科的命题 30、31、34、35、36。阿基巴尔德（R. C. Archibald）做出了一个满意的恢复，给出了详细的注释和引论，使用了沃尹普科的全文以及比萨的伦纳多（Leonardo）的 *Practica geometriae*（1220）中的一节。

4.《推断》（*Porisms*）

在此处不可能给出关于遗失的三卷本《推断》的内容和重要性的争论，以及西姆森和夏斯莱（Chasles）试图恢复这部著作的情况。关于这部书的注释由海伯格和洛里亚给出，前者从哲学角度讨论了这部著作，而后者在海伯格的基础上增加了有用的细节，从数学方面、关于恢复这部著作方面讨论了它。此处我们给出帕普斯关于《推断》的性质和内容的信息，在 *Treasury of Analysis* 的前言中他说：

“在阿波罗尼奥斯的 *Tangencies* 之后就是欧几里得的三卷本《推断》，它是为了分析更重要的问题而设计的具有独创性的汇集，尽管从性质上看可以有无数个这样的推论，但是，它没有给欧几里得的原来的著作增加什么，除了增加了某些命题的第二个证明。每一个命题允许若干个证明，而欧几里得给出了一个最清晰的证明。这些推断体现了一个理论上精巧的、自然的、必要的一般性，它能够吸引那些可以理解并且希望产生结果的人。

“所有各种推断既不属于定理也不属于问题，而是属于占据中间位置的一种，因而，它们的阐述可以像定理也可以像问题一样，某些几何学家把它们看成一类定理，而另一些人则把它们看成一类问题。但是，古代人知道这三种东西的区别。他们说，一个定理是提出一个观点，来证明这个提出的东西；一个问题不考虑观点，来建立这个提出的东西；而一个推断提出一个观点，来作出这个提出的东西。（但是，推断的这个定义被近来的作者改变，它不作出任何东西，而是证明所寻求的东西真正存在,而不是产生它①。它们的定义还有一个附带的规定,事先假设不要轨迹定理,轨迹这一类推断大量存在于 *Treasury of Analysis* 中;但是规定把这个种类与推断分开,因为它比其他各类更容易与推断混淆。)推断具有它们的复杂性,阐述用简短的形式,许多东西留下来去理解;因而许多几何学家只是部分地理解它,却不知道它们内容更本质的特征。

"(一些用一种方式阐述的问题不容易使用推断阐述,由于欧几里得本人没有给出许多种类的阐述,而是从许多的阐述之中选取一个或几个。但是,在第一卷的开头他给出了大约 10 个类似的命题,即由轨迹构成的这种类型。)我们举例如下:

> 若在一组四条直线中,彼此两两相截,在一条直线上的三个点给定,除了一个之外其余的在不同的直线上,则其剩余点也在另一条给定的直线上。

"这只是关于四条直线阐述的,它们中没有多于两个通过同一个点,但是大多数人不知道它对任意个数的直线也是真的,阐述如下:

> 若任意个数直线彼此相截,同一点没有多于两条直线通过,并且其中一条直线上的所有交点给定,其他交点在数量上等于一个三角形数,只要后面这些点中没有三个在一个三角形(即以给定的三条直线作为边)的角点上,则剩余的每一个点放在一条给定的直线上。

"《原理》的作者可能没有注意这个,而只是提出了这个原理;并且,在所有推断的情形,他似乎只是种下这个原理的种子,它们的不同类型之间的区别是根据它们的结果和要寻求的东西确定的,而不是根据它们的假设。[所有假设是彼此不同的,因为它们是完全特殊的,但是每一个结果和所求的东西是相同

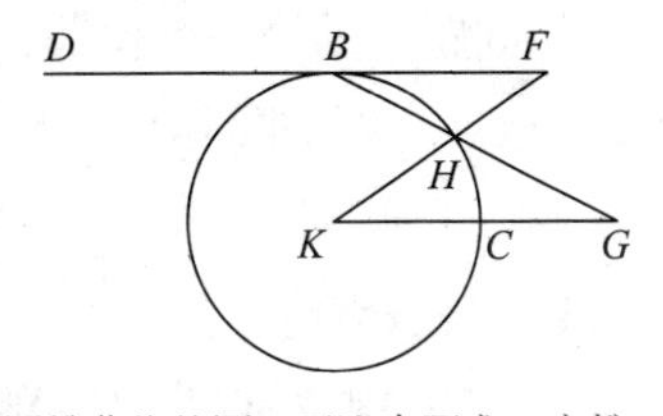

① 海伯格指出,阿基米德的专著 *On Spirals* 的命题 5—9 是这个意义上的推断。以命题 5 为例,*DBF* 是圆心为 *K* 的圆的切线。则可以画一条直线 *KHF*,交圆周于 *H*,交切线于 *F*,使得 $FH : HK <$ (弧 *BH*) : c,其中的 c 是一个圆的周长。为了证明这个,阿基米德如右作图。设 *E* 是任一条大于 c 的直线。设 *KG* 平行于 *DF*,"并设 *GH* 等于 *E* 且延伸到点 *B*"。当然,阿基米德必须知道如何作出这个要求圆锥曲线的图。而这个要求一点推理,因为若我们作任一条直线 *BHG*,交圆于 *H*,交 *KG* 于 *G*,则显然当 *G* 远离 c 时,*HG* 变得越来越大,并且我们可以使它等于我们希望的大小。后来的作者满足于这个推理,而没有实际作出 *HG*。

的，它们是从许多不同的假设推出的。]

"在《推断》的第一卷中区分了下面所求东西的类型。

"在这一卷的开始是这个命题：

> Ⅰ. 若从两个给定点画一些直线与一条给定的直线相交，并且，其中一条在给定的直线上截出一个到其上一点的线段，另一条也截出一个线段，与第一条有给定的比。
>
> 我们要证明
>
> Ⅱ. 这样那样一个点放在给定的一条直线上；
>
> Ⅲ. 这样那样一对线段的比给定。
>
> 等等。（一直到 XXIX）

"《推断》的三卷包含 38 个引理，171 个定理。"

帕普斯进一步给出了《推断》的引理(pp. 866—918, ed. Hultsch)。

必须把帕普斯关于《推断》的论述与普罗克洛斯关于它的论述进行比较。普罗克洛斯区分了词"πόρισμα"的两种含义。第一种是推论，此时某个东西作为一个命题的附带结果，不用麻烦或特殊地寻求，是研究给予我们的额外的东西。另一种意义是欧几里得的《推断》。此时"推断是寻求的东西的名字"，但是需要寻找，并且既不是纯粹引入存在性也不是简单的理论推理。证明等腰三角形的两底角相等是一个理论推理，并且知道存在这个东西。但是，二分一个角，作一个三角形，截出，放置——所有这些都要求作出某个东西；并且，求已知圆的圆心，或求两个可公度量的最大公度，等等，是在定理和问题之间的某个类型。因为在这些情况下，既没有引入所求东西的存在性，却要寻找它们，又没有纯粹理论的程序。必须把所求的东西展示在我们眼前。这些就是欧几里得说的推断，并且整理成三卷的《推断》。

于是，普罗克洛斯的定义与帕普斯的第一个"老"定义一致。推断占据了定理与问题之间的一个位置：它讨论某个已经存在的东西，这与定理一样，但是必须找到它(例如圆心)，并且进行一些运算是必需的，它分享了问题的性质，要求我们作出或者产生某个不是预先存在的东西。因而，除了《原理》的Ⅲ. 1 和Ⅹ. 3，4 被普罗克洛斯提及之外，下述命题是真正的推断：Ⅲ. 25；Ⅵ. 11—13；Ⅶ. 33，34，36，39；Ⅷ. 2，4；Ⅹ. 10；ⅩⅢ. 18. 类似地，在阿基米德的 *On the Sphere and Cylinder* 中，I. 2—6 可以称为推断。

帕普斯给出的关于理解 10 个欧几里得命题的阐述可能不是欧几里得阐述形式的重现。但是，比较所要证明的结果，某些点放在已给定的直线上，具有上述Ⅱ指出的类型，此处的问题是这样那样一个点放在一条给定直线上，并且具有其他类型，例如(Ⅴ.)这样那样一条线给定，(Ⅵ.)这样那样一条线趋向一个给定点，(XXⅦ.)存在一个给定点，使得从它到这样那样的圆的直线包含一个给定形状的三角形，我们可以断言，推断的通常形式是“证明可以找到一个点具有这样那样的性质”，或者“一条直线在它上面放着满足给定条件的所有点”，等等。

从上述内容比较容易理解帕普斯的话，轨迹构成一大类推断。海伯格引用了一个轨迹的例子，它是一个推断，即由欧托基奥斯(Eutocius)从 *Plane Loci of Apollonius* 引用的下述命题：

“在一个平面上给定两个点，以及两条不相等直线的比，则在这个平面上可以画一个圆，使得从给定两个点引两条直线相交在这个圆的圆周上，并且它们之间的比等于给定比。”

然而，一个困难出现在帕普斯的话中，他说推断是“事先假设不要轨迹定理”。海伯格解释了它，用比较上述的阿波罗尼奥斯的平面轨迹与帕普斯的阐述，大意是若从两个给定点引两条直线交于一点，并且这两条直线彼此有一个给定比，这个点或者放在一条直线上或一个给定的圆周上。海伯格注意到在后面的阐述中，某个东西引入题设中，它没有在上述推断的阐述的题设中，即“这两条直线的比是相同的”。我并不满意这个结论：因为这两种阐述没有真正的差别，并且所谓题设的差别也是玩弄字面游戏。这个问题仍需进一步解释。

还有许多问题难以理解：(1)推断是高等几何的部分，而不是初等几何；(2)它们包含属于现代横截理论和射影几何的命题。应当注意夏斯莱在这个主题的研究中导出了反调和比的概念。

最后，应当提及塞乌腾关于推断的解释，他注意到帕普斯给出的推断，“若从两个给定点画一些直线与一条给定直线相交，一条在给定直线上截出一个距其上给定点的一个线段，另一条也在给定直线上截出一个线段，则这条线段与前一条具有给定比。”若用“关于四条线的轨迹”的圆锥曲线代替前述的给定的直线，则这个推广了的推断可以用来完成阿波罗尼奥斯所说的那个轨迹。塞乌腾断言，推断是圆锥曲线理论的部分副产品，并且部分是作为研究圆锥曲线的辅助手段，欧几里得称它们与推论有相同的名字，是因为它们是关于圆锥曲线的推论。但是，好像没有证据确认这个猜测。

5.《曲面轨迹》(*Surface-loci*)

帕普斯提及具有2卷的这部著作，并且作为 *Treasury of Analysis* 的一部分。与其他著作一样，《曲面轨迹》是关于平面题材的，它讨论了直线、圆和圆锥曲线的截线，好像在这部著作中应当包含圆锥、圆柱和球的轨迹。除此之外，所有的猜测基于下述由帕普斯给出的与这部著作有关的2个引理。

(1)第一个引理及其图形不能令人满意，但是唐内里给出了一个修补。提及了两个轨迹，一个轨迹包含一个斜圆柱的椭圆形截面上的所有点，另一个轨迹包含一个圆锥的椭圆形截面上的所有点。

(2)在第二个引理中，帕普斯叙述和给出了圆锥截线的焦点和准线性质的完全证明，即**到一个给定点和到一个给定直线的距离为给定比的点的轨迹是一个圆锥截线，依据给定比或小于或等于或大于单位，它是一个椭圆、抛物线或双曲线**。应用这个定理可以猜想在欧几里得的《曲面轨迹》中可能有：(a)可以证明到一条给定直线和到一个给定平面的距离为给定比的点的轨迹是一个圆锥；(b)可以证明到一个给定点和到一个给定平面的距离为给定比的点的轨迹是一个圆锥曲线绕它的主轴或共轭轴旋转形成的曲面。因而，夏斯莱可能正确地猜测到《曲面轨迹》是讨论二次旋转曲面和二次截线的。

6.《圆锥曲线》(*Conics*)

关于这部已遗失的著作，帕普斯说："阿波罗尼奥斯完成了欧几里得的四卷的《圆锥曲线》，并且增加了四卷，给我们八卷本的《圆锥曲线论》。"欧几里得的这部著作可能在帕普斯时代之前已经遗失了，因为他继续说："阿里斯泰奥斯写了仍然幸存的与圆锥曲线有关的五卷本《立体轨迹》(*Solid Loci*)。"关于欧几里得的著作与阿里斯泰奥斯关于圆锥曲线的著作的关系，帕普斯表明，欧几里得认为阿里斯泰奥斯是值得信任的，并发现了他在圆锥曲线方面所做的工作，在他之前没有人做出这个新系统。无疑，我们断言阿里斯泰奥斯的关于立体轨迹的书在欧几里得关于圆锥曲线的著作之前，并且更为重要。尽管这两部著作讨论相同的主题，但是其目的与观点不同；如果它们是相同的，欧几里得就不会容忍这部著作。欧几里得写的是圆锥曲线的一般理论，这与阿波罗尼奥斯做的一样，但是局限于分析阿里斯泰奥斯的《立体轨迹》所需的性质。显然，欧几里得的《圆锥曲线》被阿波罗尼奥斯的专著取代。

关于欧几里得的《圆锥曲线》的内容，最重要的信息来源是阿基米德，阿基米德频繁地参考圆锥曲线中的命题，并且不需要证明，而是说它们在"圆锥曲线的基础"或在"圆锥曲线"中证明，这说明一定是参考了阿里斯泰奥斯和欧几里得。

欧几里得仍然使用圆锥曲线的老名字(直角圆锥截线、锐角圆锥截线、钝角圆锥截线)，但是他注意到，一个椭圆可以用一个不平行于底的平面截圆锥(假设这个截面完全在圆锥的顶点和底之间)得到，并且也可以用截一个圆柱得到。这个明显的叙述出现在欧几里得的《现象》之中。

7.《现象》(*Phaenomena*)

这是一部天文学著作且仍然幸存。许多内容插入在格雷戈里(Gregory)的 *Euclid* 中。一个较早和较好的修订本包含在手稿 *Yindonensis philos. Gr.* 103 之中,尽管这部著作的末尾从命题 16 的中间到最后一个命题 18 遗失了。这部书现在由门格编辑,由球面几何的命题组成。欧几里得基于奥托利卡斯(Autolycus)的著作 *περὶ κινουμένης σφαίρας*,但是,显然也基于 *Sphaerica* 这一较早的教科书。有人猜测后面这部教科书应当归属于欧多克索斯。

8.《光学》(*Optics*)

这部书近来由海伯格编辑,没有说明它的真实形式以及塞翁的修订。由海伯格出版在同一本书中的《反射光学》(*Catoptrica*)不是真实的,海伯格猜测它可能是塞翁的。完全不能相信欧几里得著作了《反射光学》,普罗克洛斯粗心地把它归功于欧几里得。

9. 除了上述提及的著作,据说欧几里得还写了《音乐基础》(*Elements of Music*)。在关于音乐的两部手稿中把这两部著作归功于欧几里得。这两部手稿是 *κατατομὴ κανόνος*(*Sectio canonis*,《音程理论》),以及 *εἰσαγωγὴ ἁρμονική*(《和声学引论》)。第一个是数学的,依据毕达哥拉斯的音乐理论,并且是命题的风格,措辞以及形式与《原理》中的一致。Jan 认为它是真的,特别是几乎全部书(除了前言之外)引用在 *in extenso* 之中,并且在托勒密的《和声学》(*Harmonica*)的评论中两次提及欧几里得的名字。

唐内里有相反的意见。新近的编辑者门格提示它可能是真正的欧几里得的《音乐基础》的修订本。第二个著作不是欧几里得完成的,而是 Aristoxenus 的学生克莱尼底斯(Cleonides)写的。

最后,应当给出阿拉伯人列举的欧几里得的著作:我取材于苏特尔(Suter)的哲学家和数学家的名单,在权威的 *Fihrist* 之中。“除了《原理》之外的欧几里得著作有:《现象》《数据》《音质》(*Tones*),不是真的;《分割》,由塞比特 · b. 库拉(Thābit b. Qurra)修补;《推断》,不是真的;《准则》(*Canon*);《重与轻》《综合》,不是真的;《分析》,不是真的。”

注意,阿拉伯人已经认为《音质》是假的,《分割》显然就是《图形的分割》。下一本书,苏特尔给出了认为它是《推断》的理由[1],但是没有说明为什么被认

---

[1] Suter, *Op. cit.* pp. 49, 50。Wenrich 把这个词译为“利用(utilia)”。Suter 说“porism”最接近的阿拉伯含义是使用(use)、获得(gain),而进一步的含义是解释(explanation)、观测(observation)、增加(addition);获得是由前述得到的。(参考 Proclus 关于 porism 定义为推论的意义。)

为是假的。《准则》显然是 κατατομὴ κανόνος(《音程理论》)。《重与轻》显然是小册子 *De levi et ponderoso*,不仅包含在巴塞尔的拉丁文译本(1537)中,并且在格雷戈里的版本中。然而,这个不能归属于欧几里得,因为:(1)没有任何地方提及他写了关于力学的书;(2)它包含重力的概念,显然这不能归功于比阿基米德更早的任何人。苏特尔认为关于分析和综合的著作可能是《数据》或《推断》的进一步发展,或者可能是欧几里得的卷XIII. 1—5 中插入的证明,分为分析与综合,关于这些可参考关于这些命题的注释。

第Ⅲ章　普罗克洛斯之外的希腊评论

在普罗克洛斯时代之前不缺少关于《原理》的评论，普罗克洛斯引用了其中的内容，并且给我们留下了怀疑它们中大部分有价值的话。他在他的第二个序言的末尾说：

“在开始研究细节之前，我告诉那些阅读我的著作的人，不要期望从中得到在我之前的那些人的引理、对各种情况的分析等。因为我被这些东西包围并且很少注意它们。但是我将把我的注释导向进行更深入的研究并且提供哲学背景；我仿效毕达哥拉斯，他有一句常用的话：‘一个图形和一个平台，而不是一个图形和六个便士。’”

在另一个地方他说：“让我们现在转向阐明《原理》的作者所证明的东西，选取由古代作者所做的较重要的评语，而删去那些冗长无用的东西，更多地重视较系统的、遵循科学方法的且与真正主题有关的研究，而不是新近作者给出的各种情况和引理。”

在关于欧几里得卷Ⅰ.的评论的末尾，普罗克洛斯说，当时流行的评论充满了混淆，并且没有包含原因的叙述，没有辨证的识别，没有哲学的思想。

在这两段话及其他两段话中，普罗克洛斯所说的“评论”的作者是很多的。他没有给出许多名字；无疑，最重要的是海伦、波菲里和帕普斯的评论。

Ⅰ.海伦

普罗克洛斯提及海伦是作为海伦力学(*Heron mechanicus*)出现的，在另一个地方他把他与特西比奥斯(Ctesibius)联系在一起，并且在另外三段话中所提及的海伦就是亚历山大的海伦。海伦的生平仍然在争论之中。在早期争论阶段，大多都是依据海伦和特西比奥斯的关系。在海伦的一个手稿 *Belopoeica* 的上端有特西比奥斯是海伦的老师的记述。我们知道有两个人的名字是特西比奥斯。一个是理发师，生活在托勒密七世(死于前 117 年)时代，据说他改进了水栓。另一个是机械师，阿省纳奥斯(Athenaeus)说他制造了一个很好的饮水容器，生活在 Ptolemy Philadelphus(前 285—前 247 年在位)时代。Martin 认为我们所说的是前者，因而，海伦生活在公元前第一个世纪，大约前 126—前 50 年，但是，拜占庭的菲洛(Philo)多次提及特西比奥斯，并且认为前面的机械师有优先权，因此，我们的特西比奥斯可能是较早的那个，他生活在 Ptolemy Ⅱ Philadelphus 时代。

但是,不论特西比奥斯的生平是什么,我们都不能断言海伦是他的学生。

我们现在有关于 terminus post quem 的较好的证明。海伦的 *Metrica* 除了引用阿基米德和阿波罗尼奥斯之外,两次参考"关于圆内直线(弦)"。现在我们知道,没有比希帕霍斯(Hipparchus)更早的 Table of Chords。因而,我们得到 terminus post quem 大约在前 150 年。但是,海伦的 *Mechanica* 引用了"重心"的定义,它是由波西多尼奥斯(Posidonius)给出的,并且,即使这个波西多尼奥斯生活在阿基米德之前,但是也可以确定海伦的另一个著作 *Definitions* 的某些内容归功于阿帕梅亚的波西多尼奥斯或者西塞罗(Cicero)的老师波西多尼奥斯(Posidonius,前 135—前 51)。这就把海伦的生平下降到公元前 1 世纪的末尾。

下面我们考虑海伦与维特鲁威(Vitruvius)的关系。维特鲁威在 *De Architectura* 中引用了 12 个力学权威,包括阿开泰斯(Archytas)(第二个)、阿基米德(第三个)、特西比奥斯(第四个)和拜占庭的菲洛(第六个),但是没有提及海伦。也没有给出维特鲁威和海伦之间的关系;他们之间的差别表现在使用近似性(维特鲁威使用 3 作为 π,而海伦总是使用阿基米德的 $3\frac{1}{7}$)。其推论是海伦的写作不能早于公元 1 世纪。

最近的关于海伦的生平的探究说明他晚于天文学家托勒密(Claudius Ptolemy,100—178)。论据主要是:(1)托勒密宣称发现了度量两个地方之间距离(作为地球表面的一个大圆的一个弧)的方法,这两个地方既不在同一个子午圈上,也不在同一个平行圆上。海伦在他的 *Dioptra* 中说,这个方法是专家们普遍知道的。(2)海伦的著作中说经纬仪(dioptra)是一个精密准确的仪器,大大优于托勒密的任何东西。(3)托勒密在他的著作 *Πωρίροπων* 中说,水与围绕着它的水之间没有重量,并且潜水员不论他潜得多深都不会感到他周围水的重量。很奇怪,海伦接受了托勒密关于潜水员的说法,但是他不满意其解释,认为其原因是水的重量是均匀的——这个等价于托勒密说水中的水没有重量——并且试图给出一个不同于阿基米德的解释。(4)据说海伦把他的 *Definitions* 奉献给狄俄尼西奥斯(Dionysius),他去世于 301 年。

另一方面,海伦早于帕普斯,因为帕普斯提及海伦的著作。大多数最近的研究认为海伦生活在公元 3 世纪,并且可能略早于帕普斯。海伯格接受了这个结论,因而,现代人也承认这个结论。

海伦写了关于《原理》的系统评论,这个可从普罗克洛斯推出,这些评论被许多阿拉伯作者的评论所参考,特别是安那里兹(an-Nairīzī)关于《原理》前 10 卷的评论。在 *Fihrist* 中,在欧几里得条款下说:"海伦写了关于《原理》的评论,致力于解决它的困难”；并且在海伦条款下，“他写了解释欧几里得中困难的书……”。安那里兹的评论多次引用海伦，并且常常留下这样的话，海伦的著作在这个作者之前。并且在其他地方，常常说关于这个或那个命题海伦“没有说什么”，或“没有发现说任何东西”。安那里兹的评论由贝斯桑（Besthorn）和海伯格编辑，来自 Leiden 的手稿，由阿尔霍杰（al-Hajjāj）翻译的《原理》的译本，附有评论。但是，这个手稿只包含六卷，并且第一卷的若干页遗失，其中包含辛普利休斯关于第一卷前 22 个定义的评论。幸运的是，关于安那里兹的评论已经发现了一个较完全的形式，在 12 世纪的克里门恩西斯（Gherardus Cremonensis）的拉丁文译本中，它包含了遗失的辛普利休斯和安那里兹的关于前 10 卷的评论。这个有价值的著作最近被柯特泽（Curtze）编辑出版。

于是，从这三个源泉、普罗克洛斯以及两个安那里兹的版本，相互补充，我们可以形成一个很好的海伦的评论的特点。在一些情形，普罗克洛斯给出的没有作者的名字的来自安那里兹的言论属于海伦；在一些情形，普罗克洛斯给出的归于海伦的注解可以在安那里兹中找到，但没有海伦的名字；并且很奇怪，Ⅰ.25 的另一个证明，普罗克洛斯把它归功于海伦，但是阿拉伯的注释说没有发现谁是作者。

一般地说，海伦的评注似乎没有多少可以称为重要的。我们找到以下内容：

（1）一些一般的注释，例如，海伦不承认多于三个公理；

（2）根据其图形用这种或那种方法画出来区分欧几里得的一些命题的特殊情形。

关于这一类型，有Ⅰ.35，36，Ⅲ.7，8 的不同情形（此处这些要比较的弦在这个直径的不同侧，代替在同侧），Ⅲ.12（这不是欧几里得的，而是海伦自己的，增加了外切情形于Ⅲ.11 的内切情形），Ⅵ.19（此处在这个三角形内的增加的线是这两条线中较短的），Ⅶ.19（此处他给出三个数成连比的特殊情形，代替四个成比例的数）。

（3）另外的证明。关于这些应当提及：（a）Ⅱ.1—10 的证明，没有图形，直接的代数证明，是现代普遍使用的，Ⅲ.25 的证明（在Ⅲ.30 之后，并且代替弦从弧开始），Ⅲ.10（用Ⅲ.9 证明），Ⅲ.13（一个证明，前面有一个引理，一条直线与圆相交不多于两个点）。另一类其他的证明是（b）要达到一个特殊的目的，这个可以改进欧几里得的作图。因而，在某些情形下，他避免作一条特殊的直线，而欧几里得是作了它的，为了满足一些人的反对意见。海伦关于Ⅰ.11，20 的证明以及Ⅰ.16 的注释属于这一类。类似地，关于Ⅰ.48，他假设要作的直角三角形与给定的三角形在这条公共边的同侧。第三类（c）是避免反证法。于是，代替间接证明,海伦给出了Ⅰ.19的一个直接证明(为此,他给出了一个预备引理),以及Ⅰ.25的一个直接证明。

(4)海伦给一些欧几里得命题补充了逆命题,例如,Ⅱ.12,13,Ⅷ.27的逆命题。

(5)一些欧几里得命题的推广。其中有些是不重要的,例如,在关于Ⅰ.1的注释中,等腰和不等边三角形的作图,在Ⅲ.17中两条切线的作图,Ⅶ.3的注,关于求三个数的最大公度数可以应用到任意多个数(正如欧几里得在Ⅶ.31中默认的)。最重要的推广是对Ⅲ.20的推广,推广到圆周角大于直角的情形,以及Ⅲ.22结论的直接推广。关于Ⅰ.37(在普罗克洛斯中是Ⅰ.24)的注释也是有意义的,在此,海伦证明了若两个三角形中的其中一个的两条边等于另一个的两条边,并且所夹的两个角互补,则这两个三角形相等,又当两个夹角(假定一个大于另一个)的和小于或大于两直角时,比较了它们的面积;在关于Ⅰ.47的注释中,证明了(依赖于几个引理)图中的直线AL,BK,CF交于一点。在Ⅳ.16的后面,证明了在偶数边的正多边形中,一个角的平分线也平分其对角,并且对奇数边的正多边形也阐述了相应的命题。

范佩施(Van Pesch)给出了一些在普罗克洛斯中的一些其他注释属于海伦的理由,即它们与海伦书写的其他注释有同样的观点。这些是(a)Ⅰ.5,Ⅰ.17和Ⅰ.32的其他的证明,它们避免引入某些直线;(b)Ⅰ.9的另一个证明,避免在A对的边BC上作等腰三角形;(c)Ⅰ.35—38的部分逆命题,从两个平行四边形或两个三角形在同一个平行线之间以及它们有相等的面积开始,而后证明它们的底是相同的或相等的也是海伦提出的。范佩施进一步认为Ⅰ.25的门纳劳斯(Menelaus)的证明以及Ⅰ.8的菲洛的证明在海伦的注释之内。

由安那里兹做的对海伦的最后一个注释出现在Ⅷ.27的注释中,因而这个评论也属于海伦。

Ⅱ. 波菲里

此处提及的波菲里当然是一位新柏拉图主义者,大约生活在232—304年,他是否真的写了关于《原理》的系统评论不能确定。在普罗克洛斯中有两段话提及他,这似乎使这成为可能的,(1)在Ⅰ.14的阐述中,证明需要的词"不在同一侧",以及(2)指出正确理解Ⅰ.26的必要性,因为若没有特别指出所取的两个三角形的两条边是相等的,则学生容易陷入错误。这些话显示了波菲里仔细地分析了欧几里得对这些情形的阐述,当然也提示了他的注释是系统评论的一部分。并且,在*Fihrist*中,在数学家列表中,波菲里写了"一本关于《原理》的书"。事实上,温里奇(Wenrich)认为被苏达斯(Suidas)和普罗克洛斯提及的这部书是波菲里的著作。

由普罗克洛斯归功于波菲里的注释没有多少重要性。

(1) Ⅰ.20 的三个另外的证明,避免引出这个三角形的一条边,认为属于海伦和波菲里,但没有说哪一个属于谁。若这三个的第一个属于海伦,则我同意范佩施的看法,其他两个可能都属于波菲里,而不会是第二个属于海伦,只有第三个属于波菲里。因为它们有相似的特点,并且第三个使用了第二个的结果。

(2)波菲里给出了Ⅰ.18 的另一个证明,来满足一个反对意见,要求 AC 的部分等于 AB 是以 CA 截出而不是从 AC 截出。

普罗克洛斯给Ⅰ.6 另一个类似的证明,以满足一个类似的反对意见;尽管普罗克洛斯没有提及名字,但是,范佩施认为这个证明也是波菲里的。

在普罗克洛斯中还有另外两个关于波菲里的注释,它们与《原理》的注释没有关系。

Ⅲ.帕普斯

在普罗克洛斯的著作中关于帕普斯的注释并不多;但是,我们有另外的证据说明他写了关于《原理》的评论。关于"数据"的定义的一个附注使用了这样的短语:"帕普斯在他的关于欧几里得的第 10 卷的评论的开头说"。又在 *Fihrist* 中说,帕普斯写了欧几里得的第 10 卷的评论。关于这个的部分内容仍然幸存于由沃尹普科描述的一个手稿中,Paris,No. 952. 2. 它包含一个由 Abu Uthman (10 世纪初)翻译的卷Ⅹ.的希腊评论。它有两卷,现在认为希腊评论的作者就是帕普斯。又,欧托基奥斯在他的关于阿基米德的 *On the Sphere and Cylinder* Ⅰ.13 的注释中说,帕普斯在他的关于《原理》的评注中解释了如何在一个圆内作一个内接多边形相似于内接于另一个圆的多边形;并且,这个预先出现在他的关于卷Ⅻ的评论中,正如这个问题在关于欧几里得Ⅻ.1 的第二附注中被解答。因而,帕普斯关于《原理》的评论一定是相当完整的,关于这个的另一个证据出现在玛忍奥斯(普罗克洛斯的学生和同事)的关于《数据》的前言中:"帕普斯关于这本书的评论"。

在普罗克洛斯的著作中关于帕普斯的注释如下:

(1)关于公设 4,所有直角是相等的,帕普斯说其逆,所有等于直角的角是直角是不正确的,因为两个半圆弧所夹的,在它们的直径之间是直角的角等于直角,但不是一个直角。

(2) 关于附加给欧几里得公理的公理,不相等的加在相等的以及相等的加在不相等的;普罗克洛斯说,这些加在欧几里得的公理的后面。而帕普斯给出的其他内容涉及一些定义,即"平面和直线的所有部分互相重合","一个点分割一条直线，一条线分割一个面，一个面分割一个立体”，并且“无限由增加和减少一个量得到”。

(3)帕普斯给Ⅰ.5一个巧妙的证明。我认为这个证明是被误解的；关于这个见我关于这个命题的注释。

(4)关于Ⅰ.47，普罗克洛斯说：“关于《原理》的作者的证明是明白的，我认为不必再增加任何东西，但是，海伦和帕普斯增加了更多的东西，迫使我们使用在第六卷中证明的内容，没有得到任何重要的结果。”我们将会看到海伦增加的内容；我们不知道帕普斯增加的内容，除了某些关于Ⅰ.47的推广。

我们可以公正地断言，在普罗克洛斯的其他段落中，其主题提示我们这些注释属于帕普斯。这些是：

(1)我们回忆Ⅰ.32的注，等于直角但不是直角的曲线角。它可以导致逆命题(一个内角和等于两直角的图形是一个三角形)不是真的，除非我们局限于直线图形。这个命题可以参考由四个半圆形成的图形。它们的直径形成一个正方形，并且其中一个内凸，而其他的外凸。这个图形在帕普斯关于公设4的描述的意义下形成两个“等于”直角的角，而其他的曲线角被认为不是角；并且不算在内角和之内。类似地，在关于Ⅰ.4，23的注释中提到曲线角，一些月牙形状的角被证明“等于”直线角，具有帕普斯的特点。

(2)关于Ⅰ.9，普罗克洛斯说：“其他的，从阿基米德的螺线开始，分割任一给定直线角为任意给定的比。”我们不能不把这个与帕普斯的Ⅳ. p. 286比较，在此，使用了螺线；因此，这个注释，包括关于螺线和四边形前的注释，它们都是为了相同的目的，可能属于帕普斯。

(3)关于等积图形的主题是帕普斯喜欢的，他写了关于这个主题的季诺多鲁斯(Zenodorus)的专著的修订本。关于Ⅰ.39，普罗克洛斯说到平行四边形的悖论，在同一对平行线之间的平行四边形有相同的面积，尽管平行四边形之间的两条边具有任意长度，若增加平行四边形具有相等的周长，若底给定，则矩形是最大的，若底未给定，则正方形是最大的，等等。他在Ⅰ.37中关于三角形回到这个主题。再比较他的关于Ⅰ.4的注释，这些注释可能取自帕普斯。

(4)又，关于Ⅰ.21，普罗克洛斯注释这个悖论，两条从底到三角形内一个点的直线，满足(a)其和大于两条边，(b)夹一个较小的角，只要这两条直线从底的内点，而不是它的端点。满足条件(a)的这些直线由帕普斯针对各种情形进行了讨论。普罗克洛斯给出了帕普斯的第一种情形，并且增加了作出只满足条件(b)的可能性的证明，又说“这个命题由我证明，而不使用评论者的平行线”。“评论者”指帕普斯。

(5)最后,由季诺多鲁斯称为“虚假角的”“四边的三角形”这个在Ⅰ.定义24—29及Ⅰ.21的注释中提及。因为在帕普斯写的关于季诺多鲁斯的著作中出现了这个术语,所以帕普斯可能是这个注释的作者。

Ⅳ.辛普利休斯

根据*Fihrist*,辛普利休斯是希腊人,写了“关于欧几里得的书的评论,它构成几何的引论”。事实上,这个评论是关于定义、公设和公理(包括有名的平行公理的公设)的,保存在安那里兹的阿拉伯评论中。辛普利休斯的这个评论关系到两个主题,第一个主题是角的定义,第二个是平行线的定义以及平行公设。在Ⅰ.29后面的一长段话中,辛普利休斯给出一个平行公设的证明。它开始于平行线的定义,这个定义与盖米诺斯(Geminus)的观点一致,并且与波西多尼奥斯给出的定义紧密相连。因此,有人认为辛普利休斯与盖米诺斯是同一个人。但是,唐内里指出把辛普利休斯等同盖米诺斯是不可能的。在贝斯桑-海伯格的译本中,辛普利休斯被称为阿干尼斯(Aganis)。

普罗克洛斯说,希拉波利斯的一个名叫Aegaeas(?Aenaeas)的写了一个《原理》的概要,但是我们不知道其他有关资料。

第Ⅳ章　普罗克洛斯和他的源泉

众所周知,普罗克洛斯关于欧几里得的卷Ⅰ.的评论是我们所拥有的希腊几何史的两个主要信息来源之一,另一个是帕普斯的 *Collection*。它们之所以珍贵,是因为欧几里得、阿基米德和阿波罗尼奥斯的先驱的原始著作已遗失,这可能由于这三个伟大人物的杰作出现之后它们被舍弃或遗忘。

普罗克洛斯生活于约412—485年,因而,与欧几里得之前的几何学家的关系变得模糊和欠缺的习惯已经过了很长的时间。与此有关的一段话来自辛普利休斯,在他论及希俄斯的希波克拉底(Hippocrates)求某些月牙形的面积时提及两个权威,阿菲罗迪西西斯(Alexander Aphrodisiesis,大约生活于220年)和欧德莫斯(Eudemus),他说:"当关注希俄斯的希波克拉底时,我们必须更加关注欧德莫斯,他是亚里士多德的学生。"

因而,关于普罗克洛斯的评论的重要性,以及从什么源泉吸取他的观点就不必再作强调。

普罗克洛斯早年在亚历山大学习,奥林皮欧多奥斯(Olympiodorus)是他的老师,教他亚里士多德的著作,数学教师是一个叫海伦的人(当然不是我们前面所说的海伦)。而后他到雅典,受普鲁塔克(Plutarch)和西里安奥斯(Syrianus)的影响,成为新柏拉图主义者,他把身心都奉献给它,成为一个杰出的倡导者。他在每个地方说话时都高度尊重他的老师,并且由他的学生玛忍奥斯以及他的传记知道,他也被他的同时代人过分崇拜。在西里安奥斯去世之后,他被推举为新柏拉图学派的领导。他是一个不知道疲倦的勤奋工作的人,这可由他写的许多书以及大量的评论,许多与柏拉图的对话体作品说明。他是一个真正的逻辑学家,是他的学科领域的同时代人中的天才;他是一个有才华的数学家;他甚至还是一个诗人。同时,他深信各种神学和神秘的事物,并且是希腊神学和东方神学的虔诚的信徒。

尽管他是一位有才华的数学家,但是,显然他更是一位哲学家。这一点可以由他的关于欧几里得卷Ⅰ.的评论知道,不仅在前言中,而且也在注释本身之中:他抓住各种机会作离题的哲学阐述。他说"我附加了那些要进一步研究的东西并提供了哲学的概括";另外的证明,各种情况的分析等等对他没有吸引力;并且,特别地,他没有附加有价值的东西给Ⅰ.47的海伦的评注,Ⅰ.47具有相当大的数学意义。尽管他高度尊重数学,但他只把它作为哲学的陪衬。他引用了柏拉图的意见,大意是:“作为使用假设的数学不是非假设的和完善的科学。”“我们虽然不能说柏拉图把数学排除在科学之外,但是他宣布它是次等的科学。”他又说:“数学科学考虑的是它本身的需要,不关心日常生活的需要。”“如果要说从它产生的好处对另外的东西有用,那么我们必须把这些好处与文化知识联系起来,它给我们指明了道路,擦亮了心灵的窗户,并且清除了知识道路上的障碍。”

我们知道在新柏拉图学派中,年轻的学生要学习数学;显然普罗克洛斯教这门学科,而且这是他的评论的源泉。许多话表明他是作为老师对学生说的。例如,“我们已经说明了所有这些事情,我的听众应当关心其他事情”,以及“我指出的这些东西不只是附带的事情,而是为我们面对蒂麦恩斯(Timaeus)的学说作准备。”并且,他做演讲的学生在数学方面是初学者;在一个地方他说,他现在略去尼科米迪斯(Nicomedes)和希皮亚斯(Hippias)曲线来三分一个角,以及使用阿基米德螺线来分一个角为任一给定比,因为这些东西对初学者太困难。又,若他的学生不是初学者,则普罗克洛斯就不必解释那些边对那些角,邻角和顶角的区别等等,并且经常规劝他们自己研究特殊情形作为练习。

这些评论可以在普罗克洛斯给初学者的数学讲稿中找到。但是有迹象表明为了大多数读者,他做了修订和重新编辑;因而,在一个地方他给出了注释“给那些将要学习他的著作的人”。也有一些话可能初学者不能理解,例如,他给出了关于圆柱螺线、蚌线和蔓叶线的细节。这些细节可能增加到修订版本中,或者,如范佩施的猜测,在讲稿中给出的解释可能更充分和更易于初学者理解,并且它们可能在修订中被缩短。

在评论欧几里得的命题时,普罗克洛斯一般按照这个方式:首先,他给出关于欧几里得证明的解释;其次,他给出一些不同的情况,主要为了实践的缘故;最后,他致力于反驳一些吹毛求疵的人对某些命题提出的反对意见。他认为后面这一类注释是必要的,由于“诡辩的找岔子的人”以及那些欣喜于发现悖论的人会引起讨厌科学人。他的评论似乎不是为了改正或改进欧几里得的学说。因为普罗克洛斯自己认真考虑的数学内容很少,大部分来自其他人的著作,大多数都是早期的评论,因而,改进或改正欧几里得不是他的评论的目的。事实上,只在一个地方他提出他自己的意见来克服他在欧几里得中发现的困难;这就是他试图证明平行公设,这是在首先给出了托勒密的证明并且而后指明反对它之后进行的。另一方面,他在许多地方赞美欧几里得;他支持欧几里得而反对阿波罗尼奥斯,但是,他又认为后者给出的一些证明是优于欧几里得的(Ⅰ.

10,11 和 23)。

必须提及有争论的关于普罗克洛斯的评论是否超出了卷Ⅰ. 的问题。显然,从下面的话可以看出他是企图这样做的,在上述关于利用某些曲线三分一个角的话的后面,他说:“我们可以进一步在第三卷中检验这些东西,此处《原理》的作者平分了一个给定的圆周。”又,在说到有相同周长的所有平行四边形中正方形是最大的,并且菱形是最小的之后,他又说:“但是,这个将在另一个地方证明;因为它更适合于第二卷中的假设。”最后,当提及(Ⅰ. 45)化圆为方以及阿基米德的命题,以及任一个圆等于这样一个三角形,其高等于这个圆的半径而底等于它的周长时,他又说:“但是,在另外的地方关注这个。”这个可能隐含讨论欧几里得卷Ⅻ. 的主题,尽管海伯格怀疑这个。但是,显然,在书写卷Ⅰ. 的评论时,普罗克洛斯没有开始书写其他卷的评论。并且不能确定他是否能做这件事。因为在卷Ⅰ. 的末尾他说,“就我而言,如果我能以同样的方式讨论其他各卷,那么我就要感谢上帝;但是,若其他事情使我分心,我祈求那些被这个主题所吸引的人也能完成其他卷的解释,遵循同样的方法,并且能够更深刻和更好地说明所涉及的问题。”

事实上,没有满意的证据表明普罗克洛斯确实写了比卷Ⅰ. 的更多的评论。这个观点由海伯格指出的两个事实支持,即(1)普罗克洛斯的评注的复本不比我们的手稿更好;(2)在附注中没有痕迹说明普罗克洛斯有上述引有的一段话。

现在讨论普罗克洛斯的源泉,我们可以说,每一件事情都说明他的评论是一个汇编,他没有给我们说明在它内面多少是他自己的;他说,“让我们现在转向欧几里得证明了的定理,选取古代作者关于它们的精妙的评论,并且删去那些冗长的混乱的……”;没有一个词是他自己的。同时,他似乎要隐晦地说明,他不必在每一种情况下说明引用的早期评论;事实上,他在许多地方引用了他所依据的名字,特别对重要的主题,而在许多另外的地方,他没有提及其依据,同样确认他没有给出他自己的任何东西。他六次引用了海伦的名字;但是,我们从安那里兹的评论知道,一些话取自海伦,但没有提及名字,其中包括对Ⅰ. 19 的另一个重要的证明。因此,在没有提及依据的地方,我们也不能断言普罗克洛斯给出的注释是他自己的。经常可以得出一个结论,或者一个特殊的注释不是普罗克洛斯自己的,或者它确定属于另外某个人,因而,当普罗克洛斯把某一个评论归功于另一个评论者时,特别是有某个特别的和不同的观点时,不必怀疑这些都属于同一个评论者。范佩施发现了一个注释,其阐述是尽量压缩的,这个注释就是Ⅰ. 32 的逆,即所有的内角和等于两直角的直线图形是三角形。

不能安全地把普罗克洛斯的一段话归功于他自己，因为他使用第一人称“我说”或“我将证明”——这是他的习惯，把其他人的注释放在自己的话内——在说到对某个命题的反对意见时，他使用这样的表述方式：“某个人可能反对”，其反对意见实际上取自某个人。一般地说，我们不能判别普罗克洛斯所说的某些新东西是他自己的。

关于普罗克洛斯引用其他人的评论的形式范佩施指出，他很少提及他借用的具体著作。若不算对柏拉图的对话题材，只有下述引用到书：菲洛劳斯(Philolaus)的 *Bacchae*，波菲里的 *Symmikta*，阿基米德的 *On the Sphere and Cylinder*，阿波罗尼奥斯的《论圆锥螺线》(*On the cochlias*)，欧德莫斯的《论角》(*The Angle*)，卡普斯(Carpus)的 *Astronomy*，和托勒密的一个关于平行公设的小册子。

普罗克洛斯也常常不指出他引用的第二手资料，例如，他从海伦的话引用菲利普斯(Philippus)的话，从欧德莫斯引用伊诺皮迪斯(Oenopides)的某个定理等等；但是，他在关于Ⅰ.12 的注释中说“伊诺皮迪斯首先研究了这个问题，它对天文学有用”，而他没有看到伊诺皮迪斯的著作。

上面已经说过，普罗克洛斯有一个习惯，即用他自己的话说他借用的东西。我们做好这样的准备，发现他说他将从古代的评论中选取最好的东西，并且“删去它们的冗长的混乱的东西”。例如，他说“简单地描述”由海伦和波菲里给出的Ⅰ.20 的另一个证明，以及由门纳劳斯和海伦给出的Ⅰ.25 的证明。但是，最好的证明是发现他引用的是仍然尚存的著作，例如，柏拉图的著作、亚里士多德的著作以及普洛丁奥斯(Plotinus)的著作。检查这些段落，说明与原著有很大的差别；即使他声称引用原文，使用“柏拉图说”或“普洛丁奥斯说”，他并不是逐字引用。事实上，他似乎厌恶逐字逐句地引用其作著作。他不能打破这个习惯，甚至当引用欧几里得时；在Ⅰ.22 他的注释中也说，“我们将遵照这个几何学家的话”，却没有不变地引用欧几里得的原文。

我们现在继续说明普罗克洛斯在书写他的评论时选取资料的源泉，已经提到三个，即海伦、波菲里和帕普斯，他们都写了关于《原理》的评论，我们继续。

欧德莫斯，亚里士多德的学生，写了算术的历史、天文学的历史和几何的历史，最后这部著作的重要性由古代作者频繁地使用它所证实，在欧德莫斯的时代之后再没有其他几何史的著作似乎可以由普罗克洛斯的有名的概述所证明：“那些把这门学科的发展编辑到这个程度的人中，年轻一点的是欧几里得……”。欧德莫斯的几何史的遗失是一个巨大的损失，这个损失已经影响到我们，因为无疑地在欧德莫斯之前有一些早期几何学家的著作，正如前述，这些著作的手稿完全遗失，它们被欧几里得、阿基米德和阿波罗尼奥斯所取代。尽管如此，我们感谢欧德莫斯的一些碎片提及这些作者，这是普罗克洛斯保留给我们的。

我同意范佩施的看法，没有充足的理由怀疑普罗克洛斯看到欧德莫斯的著作的第一手资料，因为后来的作者辛普利休斯和欧托基奥斯援引它时所用的术语没有留下怀疑的空间。我已经引用了辛普利休斯叙述的关于希波克拉底的月牙形的一段话，大意是欧德莫斯所引用的是最可靠的，因为他生活的时间接近那个时代。在同一个地方，辛普利休斯说"我将逐字逐句地引用欧德莫斯所说的话，只是增加了一点点解释，我以欧德莫斯的风格，以节录的形式对欧几里得的《原理》作评注，欧德莫斯用简短的形式作解释并且常常联系古代的作者。在几何史的第二卷中他写出如下的话"。如果辛普利休斯使用某个其他作者的第二手资料并且不是引用原著，他就不可能用欧德莫斯的风格写作。以类似的方式，欧托基奥斯说到希波克拉底和安蒂丰(Antiphon)试图化圆为方的问题，"由此，我认为那些人实际上认识具有欧德莫斯的几何史的人并且知道亚利斯托特里卡(Ceria Aristotelica)"，除非欧德莫斯的著作在欧托基奥斯的时代幸存，否则欧托基奥斯的同时代人还能查阅它吗？

普罗克洛斯依欧德莫斯的名字引用的段落如下：

(1)关于Ⅰ.26，他说欧德莫斯在他的几何史中把这个定理归功于泰勒斯，并且它必然是泰勒斯确定船与岸之间距离的方法。

(2)欧德莫斯把欧几里得Ⅰ.15 的发现归功于泰勒斯，并且

(3)把问题Ⅰ.23 归功于伊诺皮迪斯。

(4)欧德莫斯把定理Ⅰ.32 的发现归功于毕达哥拉斯，并且给出了它的证明，普罗克洛斯重新作了证明。

(5)关于Ⅰ.44，普罗克洛斯告诉我们，欧德莫斯说："这些东西是古代的，是毕达哥拉斯考虑面积的相切时，它们相等，超过和欠缺时发现的。"下面关于后来的作者(即阿波罗尼奥斯)使用这些术语(抛物线、双曲线和椭圆)的话当然不属于欧德莫斯。

现在考虑普罗克洛斯没有提及欧德莫斯的名字的注释，我们以范佩施的猜测，下述这些话是欧德莫斯的：(1)泰勒斯首先证明了一个圆被它们直径所平分(尽管普罗克洛斯采用的反证法不能归功于泰勒斯)。(2)"柏拉图给利奥达马斯(Leodamas)的信中给出了解析方法，利用这个方法后者也做出了许多几何发现。"(3)定理Ⅰ.5 属于泰勒斯，并且对于相等的角他使用了更古代的表示方法称为"相似的"角。(4)伊诺皮迪斯首先研究了问题Ⅰ.12，并且他把垂线称为铅垂线(gnomonic line)。(5)下述定理，只有三种正多边形绕一点充满空间，即

等边三角形、正方形和正六边形，属于毕达哥拉斯。欧德莫斯也可能是普罗克洛斯描述下述两个方法的依据，这两个方法分别是柏拉图和毕达哥拉斯用整数构成直角三角形的方法。

我们不能把Ⅰ.47的注释的开始部分归属于欧德莫斯，此处普罗克洛斯说："如果我们听一下喜欢古代史的人的话，我们就可以发现他们中的某些人把这个定理归功于毕达哥拉斯，并且说献出一头牛来奖赏他的发现。"因为这种献出违背毕达哥拉斯的信仰，并且欧德莫斯不能不注意到这个，所以这个故事不可能以欧德莫斯为依据。并且，普罗克洛斯说他不能确信传统的正确性；事实上，与这个献出的故事相联系，同样的事情与泰勒斯发现半圆内的角是直角有关，并且普鲁塔克不能确信是否这头牛的献出与Ⅰ.47的发现或者关于面积相贴问题有关。普鲁塔克的怀疑提示他知道这个故事没有证据。

我们现在考虑普罗克洛斯给出的有名的历史概述问题。没有人认为欧德莫斯是其作者，即使这个概述的前面部分也不是，众所周知，它分为两个不同的部分，在它们之间有一段话："那些把这门学科的发展编辑到这个程度的人中，年轻一点的是欧几里得，他把这些原理合在一起，收集了许多欧多克索斯的定理，完善了许多泰特托斯的定理，并且给他的前辈们所做的松散的东西一个系统的证明。"因为在时间上欧几里得比欧德莫斯靠后，所以不可能是欧德莫斯写了这个。而且在这个之后的概述风格与前面部分没有任何变化，这就提示不是不同的作者。前面部分的作者不断地问到这个几何的《原理》的根源，适合于做这个的人没有一个晚于欧几里得，并且在后半部分以同样的手法把欧几里得的《原理》与欧多克索斯和泰特托斯的著作联系在一起。

如果这个概述的作者是同一个人，并且不是欧德莫斯，那么谁是其作者？唐内里的答案是盖米诺斯；但是，以范佩施的意见，我认为他没有说明为什么应当是盖米诺斯而不是另一个人。并且从盖米诺斯的著作的摘要来看，他讨论的题材的类型是很不相同的；它们是数学内容的一般问题，即使唐内里也承认关于历史细节只是偶然地出现在其著作中。

其作者可能是普罗克洛斯本人吗？提示这种可能性的是：(1)正如前述《原理》的根源的问题不断出现。(2)没有提及德谟克里特(Democritus)，欧德莫斯不会忽略这个人，而柏拉图的后继者会不公正地做到这一点，按照柏拉图的榜样，柏拉图反对德谟克里特，从不提及他，并且扬言要烧掉所有他的著作。(3)开头提到"尊敬的亚里士多德"，尽管这个可以很容易地被普罗克洛斯用括号插入。另一方面，存在一些情况提示普罗克洛斯不是其作者：(1)整个内容的风格不像是他的。(2)如果他写了它，很难想象他会略去解析方法的发现，这是柏拉图的发明,并且他认为这个方法特别重要。

没有任何进一步的证据说明下述猜测,普罗克洛斯从某个后来的作者给欧德莫斯的几何史所作的附录中引用了这个概述;而且,这个问题没有正式提出过,所有可信的是这个概要的前半部分是由散落在欧德莫斯的伟大著作的注释中的内容构成的。

普罗克洛斯参考了除几何史之外的欧德莫斯的另一部著作,即《论角》。唐内里认为这个是几何史的一部分,并且由此证明他的观点,这部历史是按主题排列的,而不是按年代顺序。然而,普罗克洛斯的话明确提示这是另一部著作;并且几何史按年代排列由辛普利休斯的注释可以明显地看出,这个注释说欧德莫斯"在更古代的作者中也涉及希波克拉底"。

辛普利休斯关于希波克拉底的月牙形的一段话失去了欧德莫斯的几何史的风格。当重写古代作者的东西时,欧德莫斯用一种节录的或概要的形式书写;有时候他略去了并不容易的证明或作图。

盖米诺斯

关于盖米诺斯的出生日期和出生地的讨论,我推荐读者参考曼尼迪奥斯(Manitius)和蒂特尔(Tittel)。尽管其名字像一个拉丁文名字,曼尼迪奥斯断言他是希腊人,蒂特尔也肯定这一点。盖米诺斯,一个禁欲主义哲学家,可能出生在罗得岛,他是一部易于理解的数学分类著作的作者,大约在前73—前63年。还写了关于他的老师,罗得的波西多尼奥斯的气象学教科书的评论。

我们对前一个著作有特别的兴趣。尽管普罗克洛斯大量地应用了它,但是没有提及它的书名。帕普斯引用的是盖米诺斯的著作《关于数学的分类》(*On the classification of the mathematics*),而欧托基奥斯引用的是《数学学说的第六卷》(*The sixth book of the doctrine of the mathematics*)。唐内里指出,前一个书名对应于普罗克洛斯在他的第一个对话中给出的一个长的摘要;但是它不适合普罗克洛斯引用的其他段落。正确的书名可能由欧托基奥斯给出:《数学理论》(*The Doctrine*,或 *Theory of the Mathematics*)。并且,帕普斯可能引用了这个著作的一个特殊的部分,并且说到第一卷。如果第六卷讨论的是圆锥截线,那么正如欧托基奥斯的断言,一定存在更多的卷,因为普罗克洛斯为我们保存了高阶曲线的细节,这些必然出现在后面几卷中。如果盖米诺斯完成了他的著作并且以几何的方式完成了其他数学分支,那么一定存在相当多的卷。从多方面看,它似乎给出整个数学科学的全面的描述,事实上是这个主题的百科全书。

现在我首先指出确定的,其次是可能的普罗克洛斯引用的盖米诺斯,我遵循范佩施,他使用了蒂特尔的结果。我只是略去我认为不该属于盖米诺斯的段落。

首先考虑下述段落,这些肯定是属于盖米诺斯的,因为普罗克洛斯提及他的名字:

(1)(在普罗克洛斯的第一个对话中)关于数学科学的分类:算术、几何、力学、天文学、光学、测地学(geodesy)、音程(音乐的和声学科学)以及逻辑(表面上是算术问题);

(2)(在关于直线定义的注释中)关于线(包括曲线)的分类:简单的(直线或圆)和混合的,复合的和非复合的,均匀的和非均匀的,"围绕立体"的线和截立体所产生的线,包括圆锥截线和螺旋截线;

(3)(在平面的定义的注释中)关于相似的区别推广到曲面和立体;

(4)(在平行线的定义的注释中)关于不相交但不是平行线的线,例如,一条曲线和它的渐近线,说明不相交不构成平行线的性质——盖米诺斯的一个有用的观察——并且附带地,关于边界线,或者它们包括一个图形或者它们不包括一个图形;

(5)(在同一个注释中)由波西多尼奥斯给出的平行线的定义;

(6)关于公设和公理之间的区别,无用地试图证明公理,如阿波罗尼奥斯试图证明公理,以及不正确地假设要证明的东西,"如欧几里得在第4个公设中所做的(直角的相等性)和在第5个公设(平行公设)中所做的";

(7)关于公设1,2,3,盖米诺斯使得它们依赖于把直线描述为点的运动的概念;

(8)(在公设5的注释中)关于在几何中不允许似乎有理的推理,并且在这个特殊情形会造成存在无限收敛但不相交的线的危险;

(9)(在关于Ⅰ.1的注释中)关于几何、定理、问题以及问题的判别(可能性的条件)的主题;

(10)(在关于Ⅰ.5的注释中)关于Ⅰ.5的盖米诺斯推广,用一条"均匀的线(曲线)"代替直线的底,使用这个他证明了"均匀的线"(所有部分相像)只有直线、圆和圆柱螺线;

(11)(在关于Ⅰ.10的注释中)关于一条线是否由不可分的部分构成的问题,这影响到平分一条给定直线的问题;

(12)(在关于Ⅰ.35的注释中)关于轨迹定理,证明在双曲线和它的渐近线之间的相等平行四边形也属于盖米诺斯;

其他没有提及盖米诺斯的名字,但应当归属于他的段落如下:

(1)在对话中,有一个关于亚里士多德的注释的与上述(8)相同的提示,同样荒谬地希望由诡辩士得到科学的证明，并且接受几何中似乎有理的东西；

(2)在对话中的一段话，关于几何的主题、方法和基础，后者包括公理和公设；

(3)另一个关于《原理》的定义和性质；

(4)关于斯托尹克(Stoic)使用术语公理于每一个简单命题的注释；

(5)另一个讨论定理和问题，然而在它的中间有普罗克洛斯本人的一些话；

(6)与定义 3 联系的一段话，关于包括或不包括一个图形的线[参考上述(4)]；

(7)不同种类角的分类，根据它们由简单的或混合的线(或者曲线)所包围的；

(8)关于图形和平面图形的类似的分类；

(9)波西多尼奥斯关于图形的定义；

(10)三角形分为七种类型；

(11)一个区分线(或者曲线)的种类的注释，无限延长的或不无限延长的，形成一个图形的或不形成一个图形的(如"单环蚌线")；

(12)区分不同类型的问题、不同类型的定理，以及两种类型的逆(完全的和部分的)的一段话；

(13)关于术语"推断(Porism)"的定义，它用在欧几里得的书名中 *Porisms*，以及它与另一个含义"推论(corollary)"的区别；

(14)关于埃皮柯里恩(Epicurean)对 Ⅰ.20 的反对意见的注释，这对一个傻瓜也是明显的；

(15)关于平行线性质的一段话，提示阿波罗尼奥斯的圆锥曲线，以及由尼科米迪斯、希皮亚斯和伯尔修斯(Perseus)发明的曲线；

(16)关于把平行公设作为 Ⅰ.17 的逆的一段话。

关于普罗克洛斯参考不是很多的作者是 Perga 的阿波罗尼奥斯。有两段提及他的《圆锥曲线论》，一段关于无理数的著作，两段关于阿波罗尼奥斯的著作《论圆锥螺线》(*On the cochlias*)。但是，对我们的目的来说最重要的是与初等几何有关的下述六个注释：

(1)他试图用日常的经验来解释线的概念(具有长度而没有宽度)，例如，当我们告诉某个人去测量道路或墙的长度时，它只有长度；并且无疑地，类似的方式得到面的概念(没有深度)也是属于他的；

(2)他给出了角的一个新的一般的定义；

(3)他试图证明某些公理，并且普罗克洛斯逐字逐句地给出他试图证明公理1；

(4)阿波罗尼奥斯解答欧几里得的问题Ⅰ.10，避免应用Ⅰ.9；

(5)他解答问题Ⅰ.11，稍微不同于欧几里得，以及

(6)他对问题Ⅰ.23的解答。

海伯格猜测，阿波罗尼奥斯在这些命题中离开欧几里得的方法，是因为他反对用较特殊的问题来解决较一般的问题。然而，普罗克洛斯认为所有三个解答均次于欧几里得的解答。并且他关于阿波罗尼奥斯的注释说明他被批评欧几里得所激怒，我们说过帕普斯曾被关于阿波罗尼奥斯说欧几里得没有完全解决"三线和四线轨迹"的事情的注释而遭到反对。如果这个是对的，那么普罗克洛斯很难从第二手资料得到这些信息；并且这就没有理由怀疑他具有阿波罗尼奥斯的真正的著作。这个著作可能就是玛忍奥斯所说的"阿波罗尼奥斯在他的总体专著中"的专著。如果依据塞比特，在 *Fihrist* 中的注释所说，阿波罗尼奥斯写了一个关于平行公设的小册子，若这是真的，那么它可能包括在这个著作中。我们可以断言，在其中阿波罗尼奥斯试图重新制作几何的开头，给出一些公理，用他的更加经验的关于线、面等的定义，并且取代某些证明，使其具有更一般的特征。

普罗克洛斯可能有托勒密的小册子，在其中托勒密试图证明平行公设，因为在提及"某本书"之后，普罗克洛斯给出了两个长的摘要，并且在第二个摘要的开头指出了这个小册子，"在这本书中说到在小于两直角的一侧两条直线相交"，他在其他情形很少这样做。

来自波西多尼奥斯的某些内容显然是从第二手引用的，依据的是盖米诺斯(例如，图形和平行线的定义)；但是，除此之外，我们从他写的另外一部著作引用了与西顿的季诺(Zeno)的辩论，他想破坏整个几何，我们知道季诺说，即使我们承认几何的基本原理，在没有承认另外一些东西时，从它们推导出的内容也不能被证明，这另外一些东西没有包括在所说的原理中。普罗克洛斯在Ⅰ.1中给出了相当长的季诺的推理以及四卷波西多尼奥斯关于这个命题的问题。关于季诺所说的另外一些东西，他认为是两条直线不可能有一条公共线段这个事实，并且关于它的证明，用到一个圆被它的直径所平分，他反对这个，因为假设了两个圆周不能有公共部分。最后，为了说明它的目的，他给出了两条直线不能有一个公共线段的事实的另一个"证明"；特别地，波西多尼奥斯使用了两段说明"苛刻的埃皮柯里恩"和他的"错误表示"。不必假设普罗克洛斯具有季诺的原著，因为季诺的推理可以容易地从波西多尼奥斯得到；显然他是从后者引用了这些东西。

普罗克洛斯引用的卡普斯的著作《力学》是第一手资料,因为从它摘要的关于定理和问题的关系的一部分是逐字逐句重抄的。并且,若他没有使用这部书本身,普罗克洛斯就难以说明定理和问题的主题的介绍所在的地方。

显然,普罗克洛斯具有柏拉图、亚里士多德、阿基米德和普洛丁奥斯的原著,以及波菲里和他的老师西里安奥斯的原著,在他的注释中引用了西里安奥斯关于角的定义。唐内里指出,他必然具有一些著作说明毕达哥拉斯的神秘的传统,一方面作为杰出的数学家,另一方面,圣贤诗描述的多少有点伪造的毕达哥拉斯。

除了引用我们可以识别的作者之外,存在许多其他段落,无疑地引自另外的评论者,我们不知道他们的名字,范佩施给出了这些段落的清单,在此处没有必要引用它们。

范佩施在他的著作的末尾列举了一些书,被普罗克洛斯直接或间接应用。这个清单值得在此给出:

欧德莫斯:《几何史》(*history of geometry*)。

盖米诺斯:《数学科学的理论》(*the theory of the mathematical sciences*)。

海伦:《欧几里得〈原理〉的评论》(*commentary on the Elements of Euclid*)。

波菲里:《欧几里得〈原理〉的评论》(*commentary on the Elements of Euclid*)。

帕普斯:《欧几里得〈原理〉的评论》(*commentary on the Elements of Euclid*)。

Perge 的阿波罗尼奥斯:与初等几何有关的著作(a work relating to elementary geometry)。

托勒密:《关于平行公设》(*on the parallel-postulate*)。

波西多尼奥斯:与季诺辩论的一本书(a book controverting Zeno of Sidon)。

卡普斯:《天文学》(*astronomy*)。

西里安奥斯:关于角的讨论(a discussion on the angle)。

毕达哥拉斯的哲学理论(Pythagorean philosophical tradition)。

柏拉图的著作(Plato's works)。

亚里士多德的著作(Aristotle's works)。

阿基米德的著作(Archimedes's works)。

普洛丁奥斯:*Enneades*。

最后,我们要考虑在普罗克洛斯的评论中哪些段落是他自己对这个学科的贡献。正如我们所看见的,证据说明这个特殊的注释是普罗克洛斯的。因此,不能指出这个注释是另外一个作者的是不够的,我们必须有一个肯定的理由认为它是属于普罗克洛斯的。这个判别准则必须是:(1)普罗克洛斯指出了前面评论的缺点，并且指出他自己的与它们的不同之处，或者(2)他用一个特殊的表达方式或引入一个特别的注释，并且指出他给出了他自己的观点。他除了比他的前辈更加注意要求深入地研究和“认真地区别”以前的评论混淆了的引理、各种情况和反对意见之处，普罗克洛斯还抱怨早期的评论者没有指出命题的最终结果和原因。

他尽管追问命题的原因，但是不像盖米诺斯那样逐个地讨论欧几里得的命题，我们发现普罗克洛斯努力地解释命题Ⅰ.8，16，17，18，32 和 47 的原因，我们有充足的理由认为这些解释是他自己的。

他关于帕普斯的某些注释不可能是其他人的，因为帕普斯是他使用的著作人的最后一个评论者，在这一方面有：

(1)他反对由帕普斯引入的某些新公理。

(2)他关于帕普斯会如何看待他的关于Ⅰ.5 的另一个证明的猜测。

(3)附加到帕普斯关于一个曲线角等于一个直角但不是直角的注释。

卡普斯反对盖米诺斯关于定理和问题的观点，而为盖米诺斯的辩解也可能属于普罗克洛斯，关于Ⅰ.38 的一个注释，大意是Ⅰ.35—38 实际上是Ⅵ.1 的特殊情形也属于普罗克洛斯。

最后，下述无疑属于普罗克洛斯本人：(1)批评托勒密试图证明平行公设；(2)在关于Ⅰ.29 的注释中批评另一个试图证明平行公设并且假设下述为公理：“若两条直线在一个点形成一个角，无限延长后它们之间的距离将超过任何有限量(即长度)”。这个假设等价于亚里士多德的一个命题。并且，菲洛庞奥斯(Philoponus)在关于亚里士多德的 *Anal. post* Ⅰ.10 的注释中说，“几何学家欧几里得假设这个是一条公理，但是它需要大量的证明，并且托勒密和普罗克洛斯写了一部关于它的书。”

第Ⅴ章　正文[①]

众所周知,在西姆森编辑的欧几里得的版本(在1756年第一次用拉丁文和英文出版)的扉页中宣称"由塞翁或其他编辑者造成的错误已经改正,并且某些欧几里得的证明已恢复";并且西姆森的注释的读者熟悉这样的短语,好像这本书中的任何东西他都不满意,大意是证明被损坏,或者是插入或略去了一些东西,这些是由塞翁或其他无能的编辑者造成的。现在大多数希腊文手稿来自塞翁编辑的《原理》的修订本;它们或者"来自塞翁的版本"或者"来自塞翁的讲稿"。这个亚历山大的塞翁(4世纪)也写了关于托勒密的评论,在这个评论中出现了一段话与此有重要的关系:"在等圆中的圆心角或圆周角的比等于它们所对弧的比是我在我编辑的《原理》的第六卷的末尾证明的。"这就是说塞翁自己说他编辑了《原理》并且在大多数手稿中出现的Ⅵ.33的后半部分是他附加的。

这一段话是证明塞翁改变了欧几里得原文的这个命题的关键;因为佩拉尔德(Peyrard)在Vatican手稿190中既没有看到有上述插入的手稿中的话,也没有看到插入的Ⅵ.33的后半部分,所以他断言Vatican手稿是一个比塞翁的手稿更古老的手稿。并且显然指P中的复本或者它的原稿在他之前有两次修订,而且比早期的更系统;在指P中的ⅩⅢ.6所在的页边上增加一个附注:"这个定理在大多数新版中没有给出,但是在老的手稿中出现。"于是,我们比西姆森更幸运,因为我们评论塞翁的修订本有一个基础,不只是猜测,这就是可以与Vatican手稿比较,为了方便起见,我们把塞翁的修订本称为塞翁的手稿。

海伯格的《原理》用过的手稿如下:

(1)P = Vatican手稿,编号是190,4to,两卷(无疑是一个原文);10th c。

这是佩拉尔德用过的手稿;它是从罗马送到巴黎供他使用的,并且在最后一页有巴黎皇家图书馆的图章。它是良好和细致地抄写的。有一些改正,某些是原来抄写者改正的,一般用的是浅色的墨水。另外一些不同的手笔仍然是很古老的。有一个手笔在不同的地方用不同的墨水(P m. 2),其他是近来的手笔

---

① 这一章的全部材料取自Heiberg编辑的*Elements*,引论到卷Ⅴ.,以及*Litterargeschichtliche Studien über Euklid*,p. 174. sqq. 和*Paralipomena zu Euklid in Hermes*. 888Ⅷ,1903。

(P m. rec.)。它的前面是《原理》卷Ⅰ.—Ⅷ.以及附注,而后是玛忍奥斯关于《数据》(没有作者的名字)的评论,随后是《数据》本身及其附注,再后是《原理》卷ⅩⅣ.,ⅩⅤ.,最后有三卷是塞翁的评论及第四卷评论的一部分。

另一个手稿是塞翁的。

(2)F = MS. ⅩⅩⅧ,3,在 Laurentian Library at Florence,4to;10th c。

这部手稿有漂亮的抄写并且具有学者的手笔,它包含《原理》Ⅰ.—ⅩⅤ.、《光学》和《现象》,但是没有被很好地保存。不只是原作在许多地方被后来的一个16世纪抄写者所修改,并且变得模糊不清,这个抄写者为了弥补一些小的缺陷用胶水把新的羊皮纸贴在整页上,使得这些新页变成不可信的。并且造成大的缝隙,从欧几里得的Ⅶ.12到Ⅸ.15,从Ⅻ.3到末尾,因而,除了《原理》的结论,《光学》和《现象》也是后者的手笔,我们甚至不知道对《原理》Ⅰ.—ⅩⅢ.的原手稿附加了什么,海伯格用 φ 记后者的手笔,在恢复两个较大的模糊不清的地方时,他使用了 Laurentian MS. ⅩⅩⅧ.6,属于13—14世纪。后面这个手稿(海伯格用f记它)是从 Viennese MS.(Ⅴ)复制的,下面将要说明。

(3)B = Bodleian MS. D'Orville X.1 inf.2,30,4to;A.D.888。

这部手稿包含《原理》Ⅰ.—ⅩⅤ.以及许多附注。15—118页是Ⅰ.14(大约这个命题的中间)到卷Ⅵ的末尾,而123—387页(错误地编号397)是卷Ⅶ.—ⅩⅤ.,具有美好的书法(9th c.)。第15页以前的已遗失,6—14页(包含《原理》Ⅰ.到Ⅰ.14)被后来一个手笔粗心地抄写在羊皮纸上(13世纪),在2—4页和122页上有阿里泰斯(Arethas)写的一些注释,他在第5页上写了两行警句,大部分附注的字迹不清楚,在最后一页上有一些注释和改正以及两句话,第一句说这个手稿是由斯蒂芬(Stephen)在6397年(即公元888年)写的,第二句说阿里泰斯自己拥有它。阿里泰斯生活在865—939年,他是凯撒里亚的大主教,并且写了关于《圣经》中的《启示录》的评论。他的图书馆对石刻(palaeography)有极大的兴趣,记录他的注释的日期,复制者的名字,羊皮纸的价钱等等。从他那儿我们也得到有名的柏拉图手稿(Plato MS.),帕特莫斯(Patmos)(Cod. Clarkianus),在895年11月为他写了这部手稿。

(4)V = Viennese MS. Philos. Gr. No.103;可能是12th c。

这个手稿包含292页,欧几里得的《原理》Ⅰ.—ⅩⅤ.占据了前254页,而后是《光学》(到271页),再后是《现象》(不完整地到末尾)从272页到282页,最后是附注,在283页到292页,也是不完整地到末尾。不同的部分使用不同的纸,并且还有各种字迹,使得海伯格用相当长的篇幅讨论这个手稿。在1—183页(卷Ⅰ.到卷Ⅹ.105中间)以及203—234页(从卷Ⅺ.31到卷ⅩⅢ.7)是用一个字迹。在184—202页之间有两种不同的字迹,184—189页和200—202页是同一个字迹。从235页开始是用同一个字迹,243页和282页有变化,这几页使用不同的纸和不同的墨水,改正既有第一手的也有第二手的,而附注由许多手写成,就整体来看,尽管这个手稿有不同的字迹,但是整个可能是同时写成的,并且甚至可能由同一个人写成,至少可以确定,当从它复制 Laurentian MS. XXVIII,6时,整个手稿处在现在的状况,只有后来的附注以及283—292页不在 Laurentian MS. 之内,这个手稿终止于《现象》在V中突然断裂的部分,因此,海伯格把整个手稿归属于12世纪。

显然它原来是两卷本,第一卷由1—183页构成;并且确信它不是在同一个时间或者从同一个原本复制的。因为184—202页显然是从两个手稿复制的,这两个手稿彼此不同并且与其余复制的手稿也不同。184—189页中间一定是从一个类似P的手稿复制的,因为由解释的类似性证明,尽管不是P本身,其余,一直到202页是从 Bologna MS. (b)复制的,下面将要提到。显然,184—202页是从另外的手稿复制的,因为在原稿中有空缺。

海伯格这样总结,V. 的复制者首先从原稿复制了1—183页,原稿中有好几十页遗失(从欧几里得X. 105到XI. 31的将近末尾)。而后他复制了从空缺末尾到《现象》的末尾。再后他找到另一个手稿来填补这个空缺。他一直复制到189页中间,而后他发现这个手稿与原来手稿是不同的类型,他又找到另一个手稿,从它一直复制到202页。与此同时,他发现空缺比他推断的要大,他不得不使用另外十二张羊皮纸增加了若干页。整个手稿开始有两卷(第一卷包括1—183页,第二卷包括184—282页);而后把两卷合起来成为一卷,两个增加的部分也加了进去。

(5)b = MS. 编号18—19,在 Communal Library at Bologna,两卷,4to;11th c。

这部手稿的附注在页边,由第一手、第二手和第三手写成;有些是新近才写的,有一段时间由卡巴西拉斯(Theodorus Cabasilas,Nicolaus Cabasilas 的后代,14世纪)拥有,它包含(a)《原理》I. —XIII. 的定义和阐述(没有证明),以及《数据》,(b)其余部分是 *Proem to Geometry*(出版在 *Variae Collectiones* in Hultsch's edition of Heron, pp. 252,24—274,14),而后是《原理》I. —XIII. (XIII. 18的一部分到遗失的末尾),再后是《数据》的一部分(从命题38的最后三个词到命题87的末尾,ed. Menge)。从XI. 36到XII. 的末尾,这个手稿显示了完全不同的修订本。海伯格把b的这一部分放在一个附录中,他猜测这个属于一个拜占庭的数学家,这个数学家认为欧几里得的证明太长并且使人厌烦,并且指出了参考书。同时这个数学家必然有良好的手稿在手中,可能是 ante-Theonine 的,它是 Vatican MS. 190(P)的变种。

(6)p = Paris MS. 2466,4to;12th c。

这部手稿由两个手笔写成,1—53 页是较好的手笔,53—64 页是较粗心的手笔,它与前面是同样的羊皮纸,而 65—239 页是较薄的羊皮纸,这说明写于8—9世纪(一个老的遗书的希腊版本)。这个手稿包含《原理》Ⅰ.—ⅩⅢ. 以及卷Ⅺ.,Ⅻ. 和ⅩⅢ. 后面的一些附注。

(7)q = Paris MS. 2344,folio;12th c。

它是由一个手笔写成的,但是包含许多手笔的附注。在 1—16 页上是附注,这些附注的题目与韦奇斯马思(Wachsmuth)在 Vatican MS. 中发现的相同,并且由它说明普罗克洛斯的评论超过了卷Ⅰ.17—359 页包含《原理》Ⅰ.—Ⅷ.(除了一个空缺从Ⅷ. 25 中间到Ⅸ. 14);在卷Ⅶ. 和卷Ⅹ. 之前有一些附注,而358—366 页只有附注。

(8)海伯格也使用了大英博物馆(British Museum)内的一个重抄手稿(Add. 17211)。五页(49—53 页)是 7—8 世纪的,并且包含了 9 世纪的 Syrian MS. Brit. Mus. 689 的后半部分,第 50 页的一半遗失了。这些页包含了卷Ⅹ的一些断片,Vol. Ⅲ.,p. v. 以及ⅩⅢ. 14 的几乎全部内容。

自从海伯格编辑的《原理》出版以来,他进一步收集了关于这部教科书的历史,除了给出了进一步或新的手稿的结果之外,他还收集了包含在安那里兹的评论中的新的证据以及特别是其中引用的海伦的评论(常常是逐字逐句的),它使得我们能够追踪我们的正文与海伦的正文之间的差别,并且从海伦的评论确认某些插入的内容;最后,他研究了近来发现的古代的草纸的一些珍贵的片段。它对修正在 Vol. Ⅴ的前言中的观点提供了重要的证据,这些是关于塞翁的修订本中作出的变化以及塞翁的修订本与原来正文之间关于基本原理的差别,上述观点原来只是从比较 P 和塞翁的修订本得出的。

参考的古代草纸的断片如下。

1. Papyrus Herculanensis No. 1061。

这个断片用希腊文引用了卷Ⅰ的定义 15,并且略去了在所有手稿中存在的"它称为圆周",因此,海伯格认为这是插入的,现在被证实。

2. The Oxyrhynchus Papyri Ⅰ. p. 58,No. ⅩⅩⅨ. 3 或 4 世纪。

这个断片包含欧几里得Ⅱ. 5 的阐述(有图但没有字母),这个断片没有在所有塞翁的手稿以及在 P 中出现的《推断》,因而证实了海伯格的假设,《推断》是属于塞翁的。

3. 一个断片,在 Fayum towns and their papyri 内,p. 96,No. Ⅸ,2 或 3 世纪。

这个断片包含连接在一起的Ⅰ.39和Ⅰ.41，这说明缺少Ⅰ.40，而在所有手稿中都有Ⅰ.40，并且被普罗克洛斯承认。显然Ⅰ.40是由某个认为Ⅰ.39后应当有一个命题的人所插入，欧几里得没有在任何地方使用Ⅰ.40，因而不想包含它。

海伯格比较了这些纸草的内容与我们的手稿的内容，所得出的结论在后面将予以参考。

我们现在考虑海伯格遵循的原则，当他准备他的编辑本时，用比较手稿P和塞翁的手稿来看原来的正文与塞翁的修订本的差别，他的规则也有例外（大多是在一个手稿中出现抄写者的错误时）。但是一般地它们依赖于所给出的结论。

在比较手稿P与塞翁的手稿时可能是如下情形：

Ⅰ.可能有三种不同程度的一致。

(1)P和所有塞翁的手稿一致。

此时所有公用的解释都比塞翁更古老，即比4世纪更古老，即使是损坏了的或插入的。

(2)P和塞翁的手稿中的某些一致。

此时海伯格认为后者给出了塞翁修订本的真实的解释，而其他塞翁的手稿背离了它。

(3)P只与一个塞翁的手稿一致。

此时海伯格仍然认为这一个与P一致的手稿给出了真实的塞翁的解释，并且这一规则提供了一种关于塞翁手稿的质量和可信度的度量。当它们中没有一个与P一致时，在保存真实的解释方面常常像F。因此F在保存塞翁的修订本方面比其他塞翁的手稿更可信；并且由此推出，在F模糊不清的地方P承担着更重的担子，即使它与塞翁的手稿B、V、p、q不同。（海伯格给出了许多例子来证实这个，正像关于他的一般的主要规则，关于它的注释一定在他的卷Ⅴ的前言中作出。）F和P的特别密切的关系也表现在它们的相同的错误出现的段落；关于这些共有的错误（不是偶然的）的解释由海伯格指出，他认为它们是所使用的原本中存在的，而塞翁没有注意到。

尽管F在塞翁手稿中是很好的，但是存在相当多的段落，只有其他的（B，V，p或q）之一与P一致，给出了塞翁修订本的真实解释。

由于包含Ⅰ.39，41的草纸断片的发现，上述基本原理(2)和(3)需要作出某些修改，因为在某些情形下，草纸与塞翁手稿（某些或全部）是一致的，而不同于P.这说明塞翁遵照较老的手稿，而较少作出自己的改变；其次，当这些草纸与某些塞翁的手稿一致,而与 P 不同时,这些手稿给出了塞翁的真实解释。否则,草纸与塞翁手稿之间的一致就是偶然的;但是常常发现这种情况,显然,在两个修订本之间必然存在污染;否则当塞翁的手稿与 P 一致而与草纸不同时如何得到它们的解释? P 对塞翁的 F 的影响有特别地注释。

Ⅱ. 可能存在 P 和所有的塞翁手稿不一致。

有下列可能性出现:

(1)塞翁手稿本身之间不同。

此时海伯格认为 P 接近真实的解释,而塞翁的手稿在塞翁时代之后经历了不同的插入。

(2)所有塞翁的手稿联合起来反对 P。

此时海伯格给出了如下解释。

(a)这个公共的解释属于一个错误,它不能归罪于塞翁(尽管他可以避免这个责任,只要把原稿也放在这儿);这种错误可能是偶然出现或者常常是所有手稿从一个公共原稿引用来的。

(b)可能在 P 中有一个偶然的错误;例如某个东西在 P 中遗漏。

(c)可能在 P 中插入了话。

(d)最后,可能在塞翁手稿中由塞翁本人作出了改变。

(古代草纸的发现说明与塞翁的某些或全部手稿一致而与 P 不同的解释应当细心地应用这些规则。)

当然,应当研究最后一类(d)的变化,以便得到塞翁修订本的真正的观点。

关于这些,海伯格首先注意到,塞翁在编辑《原理》时,没有某种理由时很难改变任何东西,从我们的观点看这些理由常常是不够的,但是对他来说这些理由好像是充足的。因此,在塞翁的手稿与 P 有微小差别的情形,海伯格就不会说明这些差别。在那些我们看不出来理由而塞翁改变了的段落中,若他有 P 的这个解释,海伯格不会立刻假定 P 的优越性,除非指出它们不是偶然的而是设计的,在缺少这种指出时,他认为应当遵守通常的规则并且应当把真正的重量加在更古老的源泉上。并且不能否定塞翁版本的源泉是更古老的。因为不只是 British Museum Palimpsest(L)与我们的其余手稿有密切联系,至少比 P 早两个世纪,而且其他的塞翁手稿如此接近,它们必然有一个共同的原稿在它们和塞翁的真正版本之间;并且因为它们本身与 P 同样的古老或者更老,它们的原稿一定更古老。海伯格给出(PP. xlvi,xlvii)一些段落,他遵照塞翁的手稿,优先于 P。

上面已经提及 P 的复制者或者它的原稿希望给出一个古老的修订本。因而(除了书写上的错误和插入)P 的第一手可能依据一个良好的解释,甚至同时作出了第一手改正。但是,在许多地方第一手的改正是后来作出的;在这种情况下他必然使用了新的源泉,例如,对第一卷插入了 P 独有的附注,并且在一些段落中他从塞翁手稿中加入。

我们不能对这些不同的塞翁的手稿作出一个"家族树"(family tree)。尽管它们都来自一个比塞翁版本本身更晚一点的公共原稿,但是它们不可能是彼此复制的;因为若它们是彼此复制的,那么它们为何在保存真实的解释方面只有它们中的一个单独地与 P 一致?并且它们之间的一致和不一致的巨大差别说明它们都与它们的原稿有很大的距离。正如我们已经看到的 P 包含来自塞翁家族的改正,这说明改正来自 P 或者这同一个家族的其他手稿。于是 V。的部分空缺是从一个类似于 P 的手稿复制填充的,有些改正也来自同一个手稿。然而,在改正 V 时,复制者还使用了另一个手稿,他在Ⅸ.19 和 30(以及Ⅹ.23)后面提示:"这个在伊菲西安(Ephesian)的书中没有发现。"这个 12 世纪的伊菲西安是谁我们不知道。

现在我们考虑塞翁在他的《原理》的版本中所作出的改变。我将指出几类改变,但是没有细节(除非它们影响数学内容)。

Ⅰ.塞翁作出的他认为原稿中有错误的改变。

1.原稿中真正的误点,塞翁看到了并且试图去掉它。

(a)欧几里得有Ⅵ.19 的一个推论,说的是相似和相似地描述的图形,这个命题本身"是指三角形,因而这个推论应当在Ⅵ.20 之后。塞翁用三角形代替了图形,并且在Ⅵ.20 之后证明了这个更一般的推论"。

(b)在Ⅸ.19 中有一句话显然是不正确的。塞翁看到了这个并且改变了证明,把四个选择减少为两个,其结果对相应的阐述失效,甚至对塞翁把"When"换为"if"的阐述也失效。

(c)塞翁略去了Ⅸ.11 的一个推论,尽管它对后面命题的证明是必要的,显然是由于正文中的一个错误,他没有得知它的正确意义。

(d)我认为Ⅴ.7 的推论也是这一类,而海伯格认为塞翁只是想象地发现了这种错误。

这个推论说四个量成比例,则反过来也成比例。塞翁把这个放在Ⅴ.4 的后面,并有一个证明。然而,这个不必与Ⅴ.4 联系,而显然是由比例的定义得出。

(e)我认为属于这一类的还有Ⅺ.1,欧几里得要证明两条直线不能有一个公共线段被改变。

2.塞翁似乎认为是误点并且作了改正的段落,尽管更详细的考虑可以说明欧几里得的话是正确的或者至少是可以原谅的，并且对一个理智的读者没有困难，属于这个类型的有：

(a)Ⅲ.24 中的一个改变。

(b)在Ⅵ.14 中一个完全不必要的改变，把"等角的平行四边形"换成"一个角等于一个角的平行四边形"，此处塞翁是依照Ⅵ.15 的一个类似的错误。

(c)略去了Ⅴ.26 中的话，由于他被一个错误的图形误导。

(d)改变Ⅺ.定义 27,28 的顺序。

(e)在Ⅺ.38 中用"平行六面体"代替了"立方体"。因为塞翁注意到，一般地，它关于平行六面体以及立方体是真的。但是没有认识到下述事实的重要性，欧几里得给出立方体这个特殊情形的简单理由，他需要的全部是在ⅩⅢ.17 中的应用。

(f)用字母 Φ 代替字母 Ω，由于他看到从 K 到 BΦ 的垂线应当落在 Φ，于是 Φ，Ω 重合。但是，若作出了这个代换，就应当证明 Φ，Ω 重合，欧几里得不能失误到这个程度，而他可能是故意忽略了它，由于他不希望延长命题的证明。

Ⅱ.试图改进欧几里得的形式或措辞的校正。

塞翁的这些校正影响一些段落的长度。海伯格注意到大约十个这种段落；最长的是欧几里得Ⅻ.4，此处一整页海伯格的正文受到了影响，并且把塞翁的版本放在了附录中。这种修改可以以命题Ⅸ.15 为例，此处欧几里得使用了相连的命题Ⅶ24,25，引用了前者的阐述而没有后者；塞翁做的正好相反，在一些情形海伯格引用了此处的内容，而塞翁缩短了原文。

但是，作为校正的规则，它只影响每一个句子中的几个词。有时候它们可以改变句子的结构，有时候它们是微小的改变并且不值得塞翁修改。一般地说，它们是希望改变非常用的表达形式，以便使得其措辞具有通常的标准。于是塞翁改变了词的顺序，用一个词代替另一个词，后者往往是欧几里得用在非通常意义上的，或者一种表达方式换成另一种同类的表达方式。有时候他的改变是粗心大意的，例如，他用"相切"(to touch)代替"相交"(to meet)。为了保持标准的措辞规则，塞翁也在一些情形省略了或增加了一些词，有时候改变了图上的字母。

但是，在编辑《原理》时，塞翁似乎付出了极大的关注。

Ⅲ.为了补充或解释欧几里得而附加的内容。

首先，他毫不犹豫地插入整个命题在他认为有空的地方。我们已经提及的对Ⅵ.33 附加的与扇形有关的后半部分，在他的关于托勒密的评论中，塞翁自己对此表示了赞许。他插入了命题Ⅶ.22，以及可能还有Ⅶ.20，Ⅶ.19 的一个特殊情形,这个正像Ⅵ.17 关于Ⅵ.16。他增加了Ⅵ.27 的第二种情形,Ⅱ.4 的一个推论,Ⅲ.16 的第二个推论,以及Ⅹ.12 后面的一个引理;也可能还有Ⅴ.19 的推论和Ⅵ.20 的第一个推论。他还插入了一些另外的证明,例如,在Ⅱ.4 和Ⅶ.31 中;可能也在Ⅹ.1,6 和 9 中插入了另外的证明。

其次,他有时候在欧几里得说"因为同样的理由"的地方重复其推理,在图上增加一些点、直线等以便排除或能从欧几里得的一般术语中引起的错误或者插入一些话使欧几里得的意义更明白,例如,合比,更比,欧几里得在此省略了它们。有时候他认为由他的附加可以增加欧几里得语言的严谨性,有时候为了使一些叙述更通顺和更清楚,此处欧几里得表达的太简要或粗心而依赖于读者的智慧。

再次,他补充了中间步骤,此处欧几里得的推理太快并且不易跟踪。这些附加的形式不同;有时候他用"因而"或"使得"放置一些确定的中间步骤,有时候增加一些提前的语句,有时候用"因为","对于"在推理的后面引入一些短语。

最后,为了清楚和协调起见,有一大类附加的词。海伯格给出了许多例子,作为名词的有"三角形"、"正方形"、"矩形"、"量"、"数"、"点"、"边"、"圆"、"直线"、"面积"等等,作为形容词的有"其余的"、"正确的"、"整个的"、"成比例的"以及其他词,即使像"是"这样的词增加了 600 次。

Ⅳ. 塞翁的省略。

海伯格指出,如上看到的,塞翁的目的是详述和解释欧几里得,我们自然不能发现他做相反的压缩过程,并且为了更大的简明省略某些假设(特别是在第一卷中)。我们已经看到,为了使措辞成为某种标准的形式他作出了一些省略和附加。但是,也有相当多的情形,在命题的阐述和解释中他去掉了一些词,由于他认为欧几里得的语言太细微和太严格。显然,他常常在命题的末尾省去 Q. E. D.(或 F.)。这个常常发生在推论的末尾,塞翁似乎有意违反欧几里得的做法。手稿 P 表明,欧几里得在命题后有推论时,省去了命题后面的 Q. E. D.,而把它放在其推论的末尾,因为他认为后者是命题本身的一部分。而在塞翁的手稿中,一般地省略了 Q. E. D.,这个省略似乎应当归于塞翁。有时候 Q. E. D. 被插入在命题的末尾。

海伯格这样总结对塞翁版本的讨论,显然塞翁要发现和恢复欧几里得所写的内容,其目的是要克服在学习这本书时可能遇到的困难。因此,他的版本不能与语法家 Alexandrine 的版本比较,而是可以与欧托基奥斯编辑的阿波罗尼奥斯比较,也可以与某个拜占庭学者的阿基米德的修订本比较,塞翁占据了这两个版本的中间位置,在数学知识方面比后者优越,但在专业方面比欧托基奥斯差。无疑地,他的著作受到在亚历山大的他的学生们的赞扬;并且他的版本几乎完全被后来的希腊学者所使用,其结果是更古老的正文只留给我们一个手稿。

作为上述研究的结果,我们感到 P 和塞翁的手稿给出了(除掉一些偶然的情形)4 世纪的希腊人看到的欧几里得。但是,这个正文经过了六个多世纪的转手抄写,使得它遭受许多改变。部分是由于抄写者的错误,部分是数学家的插入。某些抄写者的错误被后来一些手稿所更正。另外一些出现在所有手稿中,不是偶然出现的错误,我们必须使用比塞翁更古老的手稿。一个有点严重的例子出现在Ⅲ.8 中;已提及使用"相切"被塞翁所混淆。但是有一些不完善之处,可能不是抄写者的错误,而可能是欧几里得本人的某种粗心造成的;并且西姆森把欧几里得中所有的问题都归罪于塞翁及其他编辑者也是不正确的。例如,当欧几里得把"边的比例"说成"边的比例构成的比例"时,没有理由怀疑欧几里得本人应当为此失误负责。又在卷Ⅺ.—ⅩⅢ.中,与立体几何有关的一些失误也只能归于欧几里得本人;这里有一个理由是因为立体几何如此系统的处理是第一次。有时候命题的结论不是完全对应其阐述,常常缺少一些话,在所有手稿都一致的地方,没有理由怀疑这些省略应当归于欧几里得;当一个或几个手稿有较长的形式时,它一定被保留,由于这是一个复制者的省略。

当真正的解释在一个塞翁的手稿中保留时,海伯格把错误的解释归于塞翁时代之前发生的,并且这个手稿的真正的解释是一个成功的改正。

现在我们来考虑一个重要的问题,在塞翁时代之前已引入的插入。

Ⅰ.另外的证明或增加的情况分析。

欧几里得不可能对同一个命题给出两个不同的证明;当我们考察这些另外证明的特点以及他们所使用的方法时,这种判断就会提高。首先,我们注意Ⅵ.20 和Ⅻ.19 引入的"我们将给出一个更容易的证明"或者关于Ⅹ.20,"可以给出一个更简短的证明"。不可能想象欧几里得给出了一个他自己确定接受的证明之后,又给出了一个认为后者优越于前者的证明。如果他认为这两个证明都得到这个结论,那么他就会用后者代替前者。因而这些改变了的证明一定是插入的。同样的推理也适用于用下述词引入的改变:"或者是这样的""或者甚至是相反的"。属于这一类的改变有Ⅲ.7,8 的最后部分;并且海伯格也比较了Ⅲ.31(半圆内的角是直角)与ⅩⅢ.18 后半部分的改变,以及Ⅹ.32 之后的引理的另一个证明。对Ⅹ.105 和 106 的另外证明也是同样的,它们出现在Ⅹ.115 的另一个证明之后。上述另外的证明都是后来附加的。这种怀疑对其他情形也是适用的。海伯格指出Ⅲ.9,10,Ⅵ.30,31 以及Ⅺ.22 的另外证明可能出自一个教师或编辑者之手,并且似乎较好于欧几里得的相应证明。奇怪的是西姆森选择了Ⅲ.9,10 的另外的证明。自从海伯格的前言写成以来,他的怀疑由安那里兹(ed. Curtze)关于Ⅲ.10 的评论所证实,这个评论说明不只这个另外证明是海伦的,而且在欧几里得中的命题Ⅲ.12 本质上也是海伦的,这是对Ⅲ.11 的补充,原来的阐述一定是两圆"彼此相切",即应当包括外切和内切两种情形,而其证明只是针对内切这一种情形。海伦说"在第 11 命题中,欧几里得假设两圆内切并且证明了它。但是我将证明外切的情形。"海伦的这个附加的命题是一个增加另一种情形的方法,它引导我们有这种类型的插入。欧几里得和古人的做法是只给出一种情形(一般是较难的情形),并且把另一种情形留给读者本人。Ⅵ.27 的第二种情形的插入属于塞翁。Ⅺ.23 的另外两种情形明显的是塞翁时代之前插入的,"中心或者在三角形 LMN 之内,或者在一条边上,或者在外面。首先设在内面"是添加的(只有手稿 B 和 V)。类似地,在Ⅲ.11 中有一个不必要的情形。

Ⅱ.引理。

海伯格在他的卷Ⅲ.的附录中给出了由塞翁(关于Ⅰ.13)或者由后来的作者(关于Ⅹ.27,29,31,32,33,34,只有手稿 V 有这些引理)插入的一些引理。但是,我们在此关心在所有手稿中发现的引理,由于不同的理由它们必然被怀疑。我们在后面讨论卷Ⅹ.的引理。

(1)存在先天的理由来拒绝这些引理,它们出现在命题的后面,它们为了证明使用在这些命题证明中的性质;如果是真正的引理,它们就是一个错误的安排。Ⅵ.22 的引理就属于这一类并且有进一步的拒绝它的理由,在Ⅵ.28 中欧几里得作了一个假设,它同样要求一个引理,但是没有出现。Ⅻ.4 后面的引理受到进一步的反对,某些图形上的高被使用但是在图上没有画出(这不是欧几里得的做法),并且有一个特别的表述描述棱镜的平行六面体。显然不是欧几里得的。存在一个语言上的理由拒绝ⅩⅢ.2 后面的引理。关于Ⅺ.23,ⅩⅢ.13,ⅩⅢ.18 的引理除了在命题后面之外,并且本身不是很必要,关于ⅩⅢ.13 的引理,应当注意作者曲解了命题并且在正文中的词"而后将被证明"是由于手稿解释之间的不同。Ⅻ.2 的引理也是在命题之后,并且被西姆森拒绝;但是,若它被拒绝,在Ⅻ.5 和 18 中的指这个引理的词"如前面证明"必须去掉。

(2)引理本身的理由,Ⅹ.60 之前的引理实际上应在Ⅹ.44 之中。因而若需要应当出现在那里,关于Ⅹ.20 的引理是要证明Ⅹ.定义Ⅰ.4 中的内容。

现在我们来考虑在卷Ⅹ.中的其余引理,共有 11 个,它们都在命题的前面并且都与消除证明中的困难有关。在Ⅹ.24之前引入了一组命题,并且说“所说的无理直线被唯一的分开……我们将在下述引理之后证明”,这不可能是插入者的话;也没有任何理由反对Ⅹ.14,17,22,33,54之前的引理,除非说它们太容易。Ⅹ.10之前的引理以及Ⅹ.10实际上使用了下面命题Ⅹ.11,这个编号是由手稿P的第一手作出的,并且Ⅹ.10中的针对这个引理的词“我们学习如何作这个”也不是插入者的话。海伯格给出了拒绝Ⅹ.19和24之前的引理的理由,在Ⅹ.19,24的阐述中以及在Ⅹ.20的解释中说“用任一个上述方法”(塞翁的手稿中省去这个短语)。最后,Ⅹ.29之前的引理可能是真的,尽管增加的后半部分是假的。

海伯格在插入引理的标题下还有两个引理,它们实质上是命题Ⅺ.38和ⅩⅢ.6。这些必须拒绝,其理由可见我关于Ⅺ.37和ⅩⅢ.6的注释,后面这个命题只引用了一次;可能引用它的话是插入的,并且欧几里得认为所说的事实可以从ⅩⅢ.1明显地推出。

Ⅲ.推论。

正文中的大多数推论既是真的也是必要的;但是,由这些手稿的差异可看出某些不是这样的,例如Ⅰ.15的推论(尽管普罗克洛斯有它),Ⅲ.31和Ⅵ.20(第二部分)的推论。有些推论中的一部分是插入的。例如,Ⅳ.5,Ⅵ.8的推论的后几行;最后,插入者对某些推论增加了一些证明,尽管它们不是很明显;但是,根据普罗克洛斯,增加的证明与推论的观点不一致,推论应当是这个命题的一个附产品。

Ⅳ.附注。

一些插入的附注说明了他们自己的意见,例如,海伯格在他的卷Ⅹ.的附录中给出的附注,并且包含词“他称为”或“被称为”;这些附注在塞翁时代之前写在边页上,并且塞翁也选择了这种做法。同样地对ⅩⅢ.1—5的插入的分析和综合也是这样,见我关于ⅩⅢ.1的注释。

Ⅴ.在卷Ⅹ.中的插入。

首先考虑命题“让我们证明在正方形中,对角线与其边不可公度”,这是在卷Ⅹ.末尾后面的一个附注。阐述的形式足以说明它是插入的,这个命题及其证明由亚里士多德指出,并且可能还由毕达哥拉斯指出,把它放在Ⅹ.9之前完全是不必要的。这个附注的末尾是关于可公度和不可公度的立体的,它放在关于立体的这一卷之前当然不是适当的。卷Ⅹ.的这个附注提示这个特殊的附注属于“塞翁和其他人”。但是,无疑它更古老,并且正如海伯格猜测的,它是阿波罗尼奥斯关于不可公度的一个高级专著的开头。不只是卷Ⅹ.中Ⅹ.115后面的每个东西都是插入的，并且甚至海伯格怀疑Ⅹ.112—115的真实性，由于Ⅹ.111不在不可公度理论范围，它是立体几何的卷中所需要的，而Ⅹ.112—115实际上与前面没有联系，也不是后面卷中所需要的，它似乎是一个新的更深入的无理数理论的开始点。

Ⅵ.其他具有上述同样特征的小插入归属于塞翁。

首先有两个地方（Ⅺ.35和36）在“类似地我们将证明”和“由于同样的理由”之后，一个实际的证明出现。显然，这些证明是插入的；并且还存在其他类似的插入。也有插入的中间步骤，不必要的解释等等，我不作详述了。

最后，依照海伯格的顺序，我考虑

Ⅶ.插入的定义，公理等等。

除了Ⅵ.定义5（它可能是塞翁插入的，尽管它出现在手稿P的边页并且是第一手写的），在卷Ⅰ.中的圆的一段定义是插入的，显然，从它出现在卷Ⅲ.中一个更合适的地方以及普罗克洛斯略去了它可知。Ⅵ.定义2（相反图形）由西姆森认定它可能来自海伦，并且海伯格拒绝了Ⅶ.定义10，见我关于这个定义的注释。最后，立体角（Ⅺ.定义11）的两个定义造成一个困难，第一个定义可能早于欧几里得，并且可能是从老的《原理》引用的，这个定义只包括由平面包围的立体角，而另一个包括其他类型，海伦（定义22）也区分了它们。如果第一个定义是后来出现的，那么它就应当毫不迟疑地拒绝；但是，很难拒绝第一部分。定义“长方形”、“菱形”和“斜长方形”，它们在《原理》中没有用到；它们无疑是从较早的《原理》取来的并且给出它们是为了完全起见。

关于公理，或者在正文中所说的公共概念，应当注意普罗克洛斯说阿波罗尼奥斯试图证明“这些公理”，并且给出了阿波罗尼奥斯关于公理1的证明。这说明阿波罗尼奥斯有某些现在出现在正文中的公理。但是，如果这些公理不是欧几里得的，阿波罗尼奥斯为何采取争论公理这个方法来反对欧几里得？并且，若它们是在欧几里得时代与他的时代之间插入的，阿波罗尼奥斯是如何忽视这个事实的？因而，某些公理是欧几里得的（不管他称为公共概念或公理，可能自从普罗克洛斯以后称它为公理）；并且我们完全接受普罗克洛斯讨论的前三个是真正的公理，即（1）等于同一个东西的两个东西彼此相等；（2）若相等的加在相等的，则整体相等；（3）若相等的减去相等的，则剩余相等。而另外两个由普罗克洛斯提及的（整体大于部分和彼此能重合的图形相等）令人怀疑，因为它们被海伦、卡皮拉（Martianus Capella）以及其他人略去了。公理“两条线不能包围一个空间”显然是插入的，由于Ⅰ.4要求它。其他的关于相等加在不等，同一个东西的二倍，同一个东西的一半也是插入的；它们与其他的插入有联系，并且普罗克洛斯明显地使用了不包含它们的某些源泉。

欧几里得显然把他的公理限制在最重要和最广泛应用的那些东西；因为他没有假设其他的东西为公理，例如，在Ⅶ.28 中，若一个数度量两个数，则它度量它们的差。

出现在普罗克洛斯中的解释的差异提示我们被普罗克洛斯、海伦和其他人以及我们的正文使用的源泉是相当纯洁的。卷Ⅰ.中关于线段的定义的省略以及古老的曲解Ⅰ.定义 15 中的"它称为圆周"[也被海伦、陶鲁斯(Taurus)、埃姆皮里卡斯(Sextus Empiricus)和其他人省略]指出普罗克洛斯有一个比我们所有的更好的源泉；并且海伯格给出了其他情形，普罗克洛斯省去的词在所有其他手稿中出现，而却选择了普罗克洛斯的解释。但是，除了这些例子(此处普罗克洛斯可能从某个古代的源泉提出一个古老的评论)之外，普罗克洛斯的手稿似乎不是最好的，它常常与我们最坏的手稿一致，有时候它与手稿 F 一致，此时只有 F 一个在正文中有某个解释(例如，在Ⅰ.15 中)，此时普罗克洛斯和手稿 F 的共同解释必然被拒绝，只能与 P 单独一致。有时候它与手稿 P 和某些塞翁的手稿一致，并且有一次它与塞翁的手稿一致而反对 P 以及其他源泉。

关于其他外来的源泉，它们比塞翁的更古老，一般地与我们的最好手稿，例如海伦的一致，允许在定义安排方面的差别以及自由地安排卷Ⅹ.，Ⅺ. 中的欧几里得的定义。

海伯格总结到《原理》大约从 3 世纪以来受到插入的损坏，埃姆皮里卡斯有一个改正的正文，而雅姆利克斯(Iamblichus)有一个插入的正文；但是，无疑地较纯洁的正文周转了很长的时间，我们的手稿没有受到在雅姆利克斯中的插入的影响。

第Ⅵ章 附注

海伯格在他编辑的欧几里得卷Ⅴ.中收集了大约1500条附注,并且把它们分类编成一个小册子,其中他还增加了一些其他的附注①。

这些附注不能看成都是使《原理》的解释易读的,常常是聪明的读者为自己作的评述。有一些例外,Ⅺ. Nos. 33,35(把Ⅺ.22,23推广到由任意个数平面角形成的立体角),Ⅻ. No. 85(欧几里得在Ⅻ.17中默认的一个假设被证明),Ⅸ. Nos. 28,29(附注者指出了Ⅸ.19的正文中的错误)。

在历史信息方面它们也不是很丰富的;在这一方面它们不能与普罗克洛斯关于卷Ⅰ.的评述或者欧托基奥斯关于阿基米德和阿波罗尼奥斯的评述相比拟。但是它们包含某些有用的东西,例如,Ⅱ. No. 11关于拐尺形的解释,它是几何学家为了简易起见发明的,并且它的名字是由一个伴随的特征提示的,即"把它旋转或反过来时,容易知道它的整个或剩余部分的面积";Ⅱ. No. 13也是关于拐尺形的;Ⅳ. No. 2说卷Ⅳ.是由毕达哥拉斯发现的;Ⅴ. No. 1把卷Ⅴ.的内容归于欧多克索斯;Ⅹ. No. 1提示非公度是由毕达哥拉斯发现的以及阿波罗尼奥斯作了关于无理数的著作;Ⅹ. No. 62把Ⅹ.9归功于泰特托斯;ⅩⅢ. No. 1关于"柏拉图"图形,把立方体、正四面体和正十二面体归功于毕达哥拉斯,而正八面体和正二十面体归功于泰特托斯。

有时候这些附注用于正文安排的联系,(1)直接地,例如,Ⅲ. No. 16是关于在Ⅲ.6的阐述中插入词"在内",Ⅹ. No. 1提示"塞翁和其他人"讨论了无理"曲面"和"立体",以及"线",由此我们可以断言卷Ⅹ.末尾的附注不是原有的;(2)间接地,有时候说明某些手稿之间的联系。

最后,它具有历史方面的重要性,使我们能够评判当他们写出时的数学科学的状况。

作出附注的分类之前,海伯格注意到我们必须分离出一些在我们的手稿的正文中发现的但被证明是假的附注,若它们同时在手稿P和塞翁的手稿中发现,则它们必然是在早于塞翁(4世纪)之前的手稿中,但是它们中的大部分是

---

① Heiberg, *Qm Scholierne til Euklids Elementer*, Kjobenhavn. 1888。这本书用丹麦文(Danish)书写,但是附有(pp. 70—8)法文摘要。

在 P 和塞翁手稿的边页上出现的;在 V 之中,它们一半在正文中,一半在边页上。这个很难解释,除非假设这些附注原来(在塞翁之前的手稿中)在边页,而塞翁在他的版本中保留了它们并且后来逐渐地进入手稿 P 及塞翁手稿的正文,或者曾被省略,但是有某个手稿在某个地方保留了老的安排。关于这些假的附注,海伯格认为有:关于从相等的减去不等的公理,Ⅵ.8 的推论的后面几行,Ⅴ.19 和Ⅵ.20 的第二个推论,Ⅲ.31 的推论,Ⅵ.定义 5,在卷Ⅹ中的各种附注,ⅩⅢ.1—5 的分析和综合,以及命题ⅩⅢ.6。

为了方便起见,海伯格把前两类附注简记为"Schol. Vat."和"Schol. Vind."。

Ⅰ. Schol. Vat.

首先说明海伯格记某些附注的字母。

P = 手稿 P 中第一手附注。

B = 手稿 B 中同时代的附注,一般是阿里泰斯的附注。

F = 手稿 F 中第一手附注。

Vat. = Vatican 手稿 204,公元第 10 世纪,在 198—205 页上有这些附注(末尾遗失),作为一个独立的部分,它没有包含《原理》的正文。

V^c = 手稿 V 的 283—292 页上的附注,它与这个手稿从 235 页开始的那一部分是相同的手笔。

Vat. 192 = 14 世纪的 Vatican 手稿,它包含(1)《原理》卷Ⅰ.—ⅩⅢ.(没有附注),(2)《数据》及其附注,(3)玛忍奥斯关于《数据》的讨论,在这之后是 Schol. Vat. 作为独立的部分,并且开始于Ⅰ. No. 88,终止于ⅩⅢ. No. 44。

Schol. Vat. 是最古老和最重要的附注的汇集,它是由 P、B、F、Vat. 中的附注组成的,从Ⅶ.12 到Ⅸ.15 只是在 P、B、Vat. 中,因为 F 的那一部分是由后来的手笔恢复的,并且没有附注;它们也包括Ⅰ. No. 88(这个在 F 中被抹去了)以及Ⅸ. Nos. 28,29(此处 F 有不同的正文)。在 F 和 Vat. 中,这个汇集终止于卷Ⅹ.,但是,它必然包括卷Ⅺ.—ⅩⅢ. 的 Schol. P、B,因为这些在几个手稿中(Vat. 192 是其中一个)与卷Ⅰ.—Ⅹ. 的 Schol. Vat. 一起作为分离的汇集。对卷Ⅹ.—ⅩⅢ. 的 Schol. Vat. 也在汇集 V^c 中(奇怪的是ⅩⅢ. Nos. 43,44 在开头)。Schol. Vat. 包括 Schol. P、B、V^c、Vat. 192,以及在这些源泉的两个中发现的附注。被海伯格分在 Schol. Vat. 的附注的总数是 138。

关于 Schol. Vat. 的内容,海伯格有如下看法。卷Ⅰ. 的 13 个附注是一个作者从普罗克洛斯作的摘要。集中于主题并且聪明地放弃某些内容。它们的作者似乎没有普罗克洛斯的正文具有的两处空缺(在关于Ⅰ.36 的注释的末尾和下一个注释的开头，以及在关于Ⅰ.43的注释的开头)，因为附注Ⅰ.Nos.125和137似乎填充了这些缝隙，至少部分地填充了。在某些段落中，比我们的手稿有更好的解释。Schol. Vat.的其余部分(关于卷Ⅱ.—ⅩⅢ.)本质上与卷Ⅰ.的附注有相同的特征，包含前言，关于命题目的注释，关于正文的批评，逆命题，引理；一般地说，它们是恰当的和正确的。它们和普罗克洛斯相似的原因是由于这个事实，它们有它们的根源在帕普斯的评论中，我们知道普罗克洛斯也使用了它。在支持帕普斯是其根源这个观点方面，海伯格把某些关于卷Ⅹ.的Schol. Vat.与帕普斯在阿拉伯译本中的评论相对照；这个又可由下述事实证实，ⅩⅡ. No.2包含在一个已知圆的内接一个多边形，使它相似于内接于另一个圆的多边形的问题的解答，欧托基奥斯说这个问题是帕普斯在他的关于《原理》的评论中给出的。

但是，另一方面，Schol. Vat.包含某些不属于帕普斯的东西，例如，在Ⅹ. No.1中提示到塞翁以及无理曲面和无理立体，塞翁比帕普斯更晚；Ⅲ. No.10是关于推断的，更像普罗克洛斯的处理，而不像帕普斯的处理，尽管回忆了帕普斯关于这个推断的阐述的形成。

Schol. Vat.给我们许多关于《原理》正文的说明，正像帕普斯所做的。特别地，它们说明了他的正文中不能有卷Ⅹ.的某些引理。例如，它们中的三个在Schol. Vat.之中(Ⅹ.17的引理=Schol. Ⅹ. No.106，以及Ⅹ.54，60的两个引理在Schol. Ⅹ. Mo.328中)；如果这些引理已经在正文之中，那么它们就不可能也在附注之中。关于这三个引理，在Ⅹ.60之前的那个由于其他原因已经被去掉了；另两个由现在所说的原因也必须被拒绝。另外有四个被拒绝，即在Ⅹ.42，Ⅹ.14，Ⅹ.22和Ⅹ.23之前的四个引理。关于这些，Ⅹ.22的引理与Schol. Ⅹ. No.161不协调，它采用了欧几里得Ⅹ.22的正文中的假设，以前并没有这个引理。Ⅹ.42的引理，海伯格怀疑它是插入的，它等同于Schol. Ⅹ. No.270。在Schol. Ⅹ. No.269中我们发现这句话："这个引理在前面已经证明，但是为了方便起见现在再证明。"这儿所说的"前面"可能是指Ⅹ.42之前的欧几里得正文；但是，这个证明可能是帕普斯在某个较前的地方给出的。(这里应当增加，Ⅹ.14的引理与Ⅺ.23的引理相同，由于其他的原因，已经被拒绝。)

海伯格的结论是所有这些引理是假的，并且从帕普斯的评论可知它的全部或大多数出现在正文中，尽管还在塞翁版本之前，因为它们在所有我们的手稿中出现。这使得我们能确定这些插入的日期，即4世纪的前半叶。

当然，帕普斯在他的正文中没有这些插入，从它们只出现在某些我们的手稿中可以看出应当比上述提及的时间更晚。这些只是在手稿V的正文中，分别在Ⅹ.29和Ⅹ.31之后出现的引理以及在海伯格的卷Ⅹ.的附录中给出的引理(编号10和11)。另一方面,从沃尹普科的小册子看,帕普斯在他的正文中已经有了Ⅹ.115;尽管不能由此推出这个命题是真的,而只能说这些插入是很早的。

塞翁在Ⅹ.12和Ⅹ.13之间插入了一个命题(或引理)(在海伯格的附录中是No.5).Schol. Vat.有同一个东西(Ⅹ.No.125).因而这个附注的作者没有在正文中找到这个引理。Schol. Vat. Ⅸ. Nos.28,29说明在他的正文中没有发现塞翁在欧几里得的Ⅸ.19中作出的改变;事实上这个附注只与手稿P的正文一致,而与塞翁的手稿不一致。这个提示写作Schol. Vat.所使用的手稿早于塞翁的修订本,譬如说P.这个可能性进一步由P在许多地方与塞翁手稿无关证实。手稿P不仅在某些段落有较好的解释,而且有更本质的差别;并且特别地,P中缺少的三个历史性注释由普罗克洛斯补充在塞翁的手稿中,这证明在手稿P中有独自的和更原始的观点。

关于手稿P的不同特点,可以考虑在它中的某些第一手附注,而这些附注不在Schol. Vat.在其他源泉中;Schol. ⅩⅢ. No.45只在P中出现,它与欧几里得的ⅩⅢ.13中的一段话有关系,它说明正文中某些话尽管早于塞翁,但它是插入的;并且,这个附注本身早于塞翁,标题是"第三个引理",在"第二个引理"的后面,"第二个引理"与正文中的在它前面的一段话有关,"第二个引理"属于Schol. Vat.,并且取自帕普斯,这"第三个引理"也可能来自帕普斯。同样地,Schol. Ⅻ. No.72和ⅩⅢ. No.69,它们分别等同于命题Ⅺ.38(在海伯格的卷Ⅺ.的附录中是No.3)和ⅩⅢ.6;这两个插入都比塞翁古老。大多数P的第一手附注与Schol. Vat.有同样的特征。例如在卷Ⅶ.和卷Ⅷ.中分别引入的Ⅶ.No.7和ⅩⅢ.No.1与Schol. Vat.的几个具有相同的历史特征;Ⅶ.No.7出现在P的正文卷Ⅶ.的开头,存在一些逆命题,注释命题之间的关系,存在一些解释,例如,Ⅻ.No.89,解释Φ,Ω在Ⅻ.17的欧几里得中实际上是同一点,但是在证明中没有区别。关于Ⅻ.17的另外两个Schol. P与上述提及的Ⅻ.No.72有联系。Ⅺ.No.10(P)是Ⅺ.No.11(B)的另一个形式;并且B常常单独与P得留在Schol. Vat.中。海伯格认为大约有40个只在P中出现的附注属于Schol. Vat.

Schol. Vat.的历史大致如下。它们在500年之后被收集在一起,因为它们包含来自普罗克洛斯的摘要,我们不应当使日期与普罗克洛斯的著作本身太近,并且它们一定比9世纪后半期早,此时写出了B,因为显然地存在原稿与B之间的几个中间联系,我们认为它们偏向这两个日期之间的前半期,并且不可能是在6世纪末尾数学研究大发展的一个新产品。其作者摘要了他认为有用的普罗克洛斯关于卷Ⅰ.的评论以及帕普斯关于其余著作的评论,并且把这些摘要放在与 P 同类的一个手稿的边页上。因为 Ⅰ. 1—22 没有附注，所以原稿的前页一定在早期遗失了，并且部分地采用了 P 和一个塞翁的手稿，这些注释放在了二者的边页上。而后这个汇集通过塞翁的手稿传播开来，逐渐地遗失了一些不能理解的附注，或者偶然地或故意地略去了一些，其次，它是从这些手稿中的一个摘出的，并且做成另一部著作，它保留在 Vat. 192 等等之中，又分成部分，因而卷Ⅹ. —ⅩⅢ. 的这些附注附在 V^c 中，在边页上保存这些原有安排的手稿也有相同的命题，对立体几何卷的附注遗失了，这些卷在衰微期间很少阅读。这个汇集曾从一个手稿中摘出成为另一个著作，例如，在 Vat. 中(10 世纪)。

Ⅱ. 这些附注的第二大类是 Schol. Vind.

这个名字取自 Viennese MS. (V)，在此处海伯格标记其源泉的字母如下：

V^a = 手稿 V 中的附注，同一个手笔，它从 235 页向下。

q = Paris MS. 2344(q)的附注，第一手写成。

Ⅰ = Florence MS. Laurent. ⅩⅩⅧ, 2 的附注，写于 13—14 世纪，大多数是第一手，部分是后来的两手。

V^b = 手稿 V 中的附注，与手稿本身的前面部分(1—183 页)是同一个手笔；V^b 在 V^a 的后面。

q^1 = Paris MS. 2344(q)的附注，不同于早期的手笔。

Schol. Vind. 包括在 V^a、q 中出现的附注，Ⅰ与 q 接近。事实上，这三个手稿是从一个原稿导出的。海伯格证实这个，使用了这三个手稿在两段(分别在 Schol. Ⅰ. No. 109 和Ⅹ. No. 39 中)中的解释。这个公共源泉一定不只包括在三个手稿 V^a、q、Ⅰ中都出现的附注，而且还有它们中两个包含的附注。除了 V^a 和 q 之外，因为它们的大部分附注出现在Ⅰ中，在 q 中有一个空缺，从欧几里得Ⅷ. 25 到Ⅸ. 14，因而，这一个部分只由 V、Ⅰ提供。海伯格给出了大约 450 条附注属于这一类。

Schol. Vind. 不都来自一个源泉；这个可以由内容上的不同来证明，例如，Ⅹ. Nos. 36 和 39，也可以由写作时间上的不同来证明，例如，Ⅵ. No. 55 晚于Ⅵ. No. 52，Ⅹ. No. 249 也晚于Ⅹ. No. 246。

关于卷Ⅰ. 的附注也是摘自普罗克洛斯，但是比 Schol. Vat. 更丰富和更逐字逐句。其作者不总是能理解普罗克洛斯；并且他有一个正文，像你们的手稿一样有相同的空缺。

关于其他卷的附注部分来自：(1) Schol. Vat.，这表明 Schol. Vind. 和 Schol. Vat. 有紧密的联系；但是，没有迹象表明它与手稿 P 的附注有关。其作者使用了 Schol. Vat. 的一个复制本，这个复制本是一个塞翁手稿正文的附录；因而，

Schol. Vind. 对应于 B、F、Vat. 中与 P 有分歧的地方，特别接近 B. 除了 Schol. Vat. 之外，Schol. Vind 的编者使用了(2)另外一些古老的附注汇集，我们在其中发现了 B 和 F 的痕迹；Schol. Vind. 也有某些附注与 b 相同. Schol. Vind. 中的某些附注与 B、F 相同，来自两个不同的源泉，并且后来引入其他手稿中，其结果造成有些附注重复两次出现。

但是，除了这些源泉之外，Schol. Vind. 包含了大量的后期的其他附注，其特点是不正确的语言或平凡的内容。与 Schol. Vat. 不同，这些附注常常应用欧几里得的话作为标题(见 V. No. 14)。其解释常常假设读者知识浅薄，并且常常是含糊不清和有曲解的错误。

汇集 Schol. Vind. 用在一个塞翁类型的手稿中；这个可从下述事实推出，它们包含一条关于命题Ⅶ. 22 的注释，Ⅶ. 22 是由塞翁插入的(在海伯格的卷Ⅱ. 的附录中，p. 430)。因为在 V 和 P 中给出的对Ⅶ. 39 的附注在正文中，在卷Ⅷ. 的标题之后，引用这个命题作为Ⅶ. 39，由此推出这个附注的写作一定在插入两个命题Ⅶ. 20，22 之前；Schol. Vind. 包含(Ⅶ. No. 80)它的第一个句子，但是没有指明Ⅶ. 39 的标题. Schol. Ⅶ. No. 97 引用Ⅶ. 33 作为Ⅶ. 34，因而，命题Ⅶ. 22 可能在附注者的正文中，而不是较后插入的Ⅶ. 20(较后是由于只是在 B 的边页上出现)。当然，这个附注者也有早于塞翁的插入。

关于这个汇集的日期，我们有一个下限，12 世纪，在此期间的手稿中出现了这个附注。不早于 12 世纪由下述事实指出：(1)内容的贫乏；(2)手稿的质量；(3)Schol. Vind. 只在 12 世纪的手稿中出现，没有痕迹出现在我们的手稿中，我们的手稿属于 9—10 世纪，并且在其中出现 Schol. Vat. 这个汇集也可能定为 11 世纪。可能部分属于普西卢斯(Psellus)，他活到这一世纪末；因为在一个 Florence MS. (Magliabecch. Ⅺ. 53，15 世纪)包含一个数学百科，使用了附注Ⅰ. Nos. 40 和 49，并且附有普西卢斯的名字。

在 Schol. Vind. 中没有发现这三个源泉之外的附注。在 I 中只有很少几条是第一手的。在 q 中有一些新的附注是第一手的，大部分属于复制者本人，在 q (海伯格的 q^c)中关于卷Ⅹ. 的附注的汇集也是第一手的；它不是原有的，并且可能属于普西卢斯(Maglb. 有关于卷Ⅹ. 的一些定义，标题是"迈克尔 · 普西卢斯关于欧几里得《原理》卷Ⅹ. 的定义的附注"以及 Schol. Ⅹ. No. 9)，在 Maglb. 和 q 的共同源泉中他的名字一定附加于它。在很大程度上它是由取自与 V、I 相同源泉的 Schol. Vind. 的摘要构成的，附注 q^1(在 q 中的一个古代手笔)局限在卷Ⅱ.，部分属于 Schol. Vind.，部分对应于 b^1(Bologna MS.). q^a 和 q^b 是一个手笔(Theodorus Antiochita)，最接近 q 的第一手；它们无疑属于这个手稿的拥有者，关于他我们不知道更多的。

在 V^a 中,除了 Schol. Vind. 之外,还有一些出现在其他手稿中的附注,一个在 B、F、b 中,某些其他的在 P 中,并且某些在 V(Codex Vat. 1038,13 世纪)中;这些附注取自一个使用许多缩写的源泉,这些缩写常常被 V^a 误解。在 V^a 中的其他附注不是在较古老的源泉中出现的——某些只在 V^a 中出现——也不是原始的,这由它们包含的错误所证明,某些另外的附注可能属于复制者本人。

V^b 很少有附注与其他较古老的源泉共有;因为它们的大部分只在 V^b 中出现或只在较晚的源泉,如 V 或 F^2(F 中后来的附注)中出现。某些是原始的,其他的不是原始的。

在卷Ⅹ. 中,V^b 有三个系列的数学例子:(1)用希腊数字;(2)混杂的,大多是希腊数字;(3)用阿拉伯数字。最后一类可能是复制者本人的工作,这些例子(参考 p. 57 下面)显示了拜占庭人在这期间(12 世纪)使用它们作计算。它们也证明了阿拉伯数字(东阿拉伯形式)的使用在 12 世纪彻底形成了,实际上,拜占庭人早一个世纪知道了它们,因为它们出现在 12 世纪的一个 Escurial MS. 中。

关于这个汇集在 V 中的其他手笔,海伯格(见卷 V. 的前言)区分如下:V^1 很少有附注是在其他源泉中出现的,大部分是原始的;V^2、V^3 是复制者本人的;V^4 只有部分是这样,并且某些附注来自 Schol. Vat. 和其他源泉。V^3 和 V^4 晚于 13—14 世纪,因为它们没有在 f(cod. Laurent. XXVIII,6)中,f 是从 V 复制的并且包含 V^a、V^b 以及大部分 V^1,以及 V^2 的Ⅵ. No. 20(在正文中)。

在 P 中,除了 P^3(一个相当晚的手笔,可能是在 Vatican 的一个古老的 Scriptores Graeci),有两个后来的手笔(P^2),其中一个有一些新的和独立的附注,而另一个增加了大部分 Schol. Vind. 的附注,部分在边页,部分在粘贴的页上。

Schol. Vat. 的源泉也包含其他附注。在 P 中引入了来自普罗克洛斯的一些摘要来补充卷Ⅰ. 的 Schol. Vat.;它们都是用一种不同的墨水书写的,并且用在这个手稿的最古老的和正文较差的部分。在 Schol. Vat. 的其他源泉(F 和 B)中有附加的附注,它说明 F、B 有一个共同的源泉,并且它们在几乎所有的其他手稿中出现,特别地,出现在 Schol. Vind. 之中,这说明 Schol. Vind. 也使用了这同一个源泉。关于 F 中其他的,某些是 F 特有的,某些是它和 b 共同的;它们不是原始的。F^2(在 F 中一个后来手笔的附注)包含三个原始的附注;其他的来自 V. 在 B 中,除了它与 F 的共同的附注之外,B 包含 b 或其他源泉,有几条附注好像是由阿里泰斯放在一起的,这个人至少亲自写了它们中的一部分。

海伯格很满意他自己详细地研究了 b,他用 b、β 和 b^1 来记它们,这些是一个手笔;它们的大部分也在其他源泉中出现,尽管有些是原始的。由同一个手笔(卡巴西拉斯,15 世纪),这些附注也被记为 b^2、B^2、b^3 和 B^3。这些附注的大部分来自 Schol. Vind.,并且在作这些摘要时,卡巴西拉斯可能使用了我们的源泉之一 I,其中的错误常常对应卡巴西拉斯的错误。有一条附注附有名字德米特里奥斯(Demetrius,他一定是 Demetrius Cydonius,Nicolaus Cabasilas 的一个朋友,14 世纪);但是,不是他自己写的,因为它出现在 B 和 Schol. Vind. 之中。也不是所有这些附注都附有卡巴西拉斯的名字,尽管某些附有他的名字。

因为 B^3(在 B 中的一个后来手笔)包含几条 b^2 的原始附注,所以 B^3 一定使用了 b 本身作为它的源泉,并且,因为在 B^3 中的所有附注在 b 中,后者也是 B^3 中在其他手稿中出现的附注的源泉。因而,B 和 b 都是在 15 世纪的同一个人的手笔;这个也解释了这一事实,后来手笔的 b 有某些附注只是来自 B。此时我们可以给出结论,卡巴西拉斯在 15 世纪拥有手稿 B 和 b,并且他把他以前写的 b 的附注转移到了 B,或者是独立地或者是在其他源泉之后,并且反过来又把 B 中的某些附注转移到 b。而 B^2 早于卡巴西拉斯,他本人写了 B^3 以及 b^2 和 b^3。

另一个作者的名字也附加在附注Ⅵ. No. 6 和Ⅹ. No. 223,归功于普兰努迪斯(Maximus Planudes,13 世纪末),以及关于 Ⅰ. 31、Ⅹ. 14 和Ⅹ. 18,出现在 I 中,很晚的一个手笔,并且公布在海伯格的学位论文的第 46、47 页。这些可能是由一个学生取自普兰努迪斯关于《原理》的讲演稿,这个学生使用了 I. 在 I 中还有两个拜占庭的附注,后来的手笔,分别附有名字爱奥尼斯(Ioannes)和贝代阿西姆斯(Pediasimus);这些一定也是由一个学生在爱奥尼斯和贝代阿西姆斯(14 世纪前半期)讲演之后写的,并且这个学生也使用了 I。

这些附注在海伯格编辑之前很少用希腊文出版。巴塞尔的 *editio princeps* 有一些(Ⅴ. No. 1,Ⅵ. Nos. 3,4 以及卷Ⅹ. 中的某些),某些来自格里纳奥斯(Grynaeus)使用的 Paris MS. (Paris. Gr. 2343),其他的来源是格里纳奥斯使用的 Venice MS. (Marc. 301);一个由海伯格出版,不是在他编辑的欧几里得中,而是在他的关于附注的论文中,也可能来自 Venet. 301,但是也出现在 Paris. Gr. 2342 中. 在巴塞尔版本中的附注进入了牛津版本(Oxford edition)的正文中,并且也在他的卷Ⅱ. 的附录中给出。

这两个系列附注(Vat. 和 Vind.)由韦奇斯马思(*Rhein. Mus.* XVIII p. 132 sqq)和克劳彻(Knoche,*Untersuchungen über die neu aufgefundenen Scholien des Proklus*, Herford,1865)出版。

这些附注用拉丁文出版的较多。瓦拉(G. Valla,*De expetendis et fugiendis rebus*,1501)重新整理了大约 200 条附注包括在海伯格的版本中。这些当中的某些来自两个 Modena 手稿,这两个手稿在一段时间是他的财产(Mutin. Ⅲ B,4 和 Ⅱ E,9,都是 15 世纪的);但是,他一定也使用了另外的源泉,包含来自其他系列的摘要,值得注意的是,Schol. Vind. 与他有大约 87 条附注是共同的,他也有一些新的附注。

康曼丁奥斯在他的译本"Scholia antiqua"之中包括了 Schol. Vat. 的大部分,他是从一个 Vat. 192 类型的手稿得到这些的;从整体上看他依赖希腊文正文。除了这些附注之外,康曼丁奥斯的附注和引理在巴塞尔的 *editio princeps* 中出现,有三个附注不属于 Schol. Vat. 还有一个新的附注(关于Ⅻ. 13)不包括在海伯格的版本中,它是一个不同的类型并且无疑取自这个希腊手稿,他和巴塞尔的版本都使用了这个希腊手稿。

在达西波的奥斯(Conrad Dasypodius)的 *Lexicon mathematicum*(1573 年出版)中,有(pp. 42—4)"Graecum scholion in definitiones Euclidis libri quinti elementorum appendicis loco propter pagellas vacantes annexum."这个包含四条附注和两条附注的一部分,出版在海伯格的版本中,有某些解释的变种以及某些新的东西(见海伯格的小册子,pp. 64—6)。这些附注的源泉由达西波的奥斯的另一个著作 *Isaaci Monachi Scholia in Euclidis elementorum geometriae sex priores libros per C. Dasypodium in latinum sermonem translate et in lucem edita*(1579)显示出来。这部著作除了包含普罗克洛斯关于卷Ⅰ. 的摘要之外,还有大约 30 条的附注包含在海伯格的版本中,若干新的附注以及上述提到的关于卷Ⅴ. 的定义的附注在 1573 用希腊文出版。在这些附注的后面是"Isaaci Monachi prolegomena in Euclidis Elementorum geometriae libros"(几何的两个定义)以及"Varia miscellanea ad geometriae cognitionem necessaria ab Isaaci Monachi collecta"(大多是与赫尔茨的 *Variae Collectiones* 中 pp. 252,24—272,27 相同);最后,达西波的奥斯对读者的一个注释说这些附注取自"ex clarissimi viri Joannis Sambuci antiquo codice manu propria Isaaci Monachi scripto."蒙纳奇奥斯(Isaak Monachus)无疑是 14 世纪的阿盖拉斯(Isaak Argyrus);并且达西波的奥斯使用了一个手稿,在这个手稿中,除了赫尔茨的 *Variae Collectiones* 中的段落之外,还有一些附注在边页并附有名字 Isaak(在 b 中的这些在卡巴西拉斯的名字下)。这些新的附注是否是原始的,在它们用希腊文公布之前不能决定;但是,它们可能是老的附注的重新安排,除了五条附注以及除希腊附注之外的所有书籍,全部取自 Schol. Vat.,三条来自 Schol. Vind.,另外三个好像来自 F.(它们中的某些词难以辨认,但是可以用 Mut. ⅢB,4 来弥补,它有这三条附注,并且看起来与 Isaak 的附注相似。)

达西波的奥斯在 1564 年还发表了修士巴尔拉姆(Barlaam,14 世纪)关于欧几里得卷Ⅱ.的算术的评论,它在海伯格版本中关于附注的附录Ⅳ.中。

赫尔茨有一些关于附注的根源的注释。他注意到卷Ⅰ.的附注包含相当多盖米诺斯关于定义的评论,而且特别珍贵。由于它们只包含来自盖米诺斯的摘要,而普罗克洛斯则引用了其他的评论。关于公设及公理,附注中给出的比在普罗克洛斯理论中出现的更多。赫尔茨猜测,关于卷Ⅴ.的附注中 No. 3 把这些定理的发现归功于欧多克索斯,而把它们安排在欧几里得中,说明这是盖米诺斯的习惯,并且XIII.的附注中 No. 1 也有同样的根源。

应当对在卷X.的附注中的欧几里得命题的数值的例子说一些话。它们包含大量的六十进制的小数的计算。这些小数精确到 $1/60^4$,并且包括一些惊人精确的结果①。

---

① 例如:$\sqrt{27}$是 5 $11'46''10'''$,这等价于$\sqrt{3}$是 1 $43'55''23'''$,这与 Hipparchus 在他的 Table of Chords 中给出的值相同。类似地,$\sqrt{8}$是 Z $49'42''20'''10''''$,这等价于$\sqrt{2}=1.41421335$. Hultsch 给出了用这种小数进行加、减等运算的例子,并且说明如何开平方根。参考 T. L. Heath, History of Greek Mathemqtics, I. , pp. 59 - 63.

第Ⅶ章 欧几里得在阿拉伯

霍吉卡尔法(Ḥājī Khalfa)告诉我们,哈里发阿尔曼苏尔(al-Manṣūr,754—775 年在位)赐予拜占庭国王一个礼物,其结果是他从国王那里得到一个欧几里得的复本,并且哈里发阿尔马姆(al-Ma'mūn,813—833 年在位)从拜占庭得到欧几里得的手稿。阿尔霍杰(al-Hajjāj b. Yūsuf b. Maṭar)的《原理》版本,如果不是最早的,也是最早从希腊文翻译成阿拉伯文的书籍之一。根据 *Fihrist*,它被阿尔霍杰翻译了两次:第一次翻译以"Hārūni"("Hārūn")作译者名字,第二次翻译采用名字"Ma'mūni"("al-Ma'mūn"),而且是更可信的。第二次版本中的六卷幸存在 Leiden MS.(Codex Leidensis 399,1)中,现在一部分由贝斯桑和海伯格出版。在这个手稿的前言中说,"在哈鲁(Hārūn ar-Rashīd)统治期间(786—809),耶亚(Yaḥyā b. Khālid b. Barmak)命令阿尔霍杰把这部书译成阿拉伯文。后来当阿尔马姆成为哈里发后,他致力于学识,阿尔霍杰为了保持阿尔马姆的优点,删去了多余的部分,填充了遗漏内容,改正或去掉了错误,直到把它缩小到这个复本的内容范围,但是,并没有改变其本质,主要给有能力和致力于学识的人使用,早期的版本仍留在某些读者的手中。

Fihrist 继续说,"这部书接着被伊沙可(Abū Ya'qūb Isḥāq b. Ḥunain b. Isḥāq al-'Ibādī)翻译,并且塞比特改进了这个译本。这个伊沙可(逝于 910 年)是最有名的阿拉伯翻译家亨南(Ḥunain b. Isḥāq al-'Ibadi,809—873)的儿子。他是一个基督教徒和哈里发阿尔马塔沃基尔(al-Mutawakkil,847—861 年在位)的医生。无疑地,伊沙可了解希腊文和他的父亲,他可以直接翻译希腊文,而且在伊沙可和塞比特之间不断地进行了修订。后者去世于 901 年,比伊沙可早离世九年。无疑地,塞比特为了他的修订本参考了希腊文手稿。这些明显的叙述在一个希伯来语(Hebrew)译本(译自伊沙可)的《原理》的边页的注释中。这个译本归功于同一个家庭的两个学者,即摩西·蒂拜(Moses b. Tibbon,大约 1244—1274)和马奇尔(Jakob b. Machir,去世于 1306 年之后不久)。而且塞比特注意到,命题Ⅸ.31 以及它前面的一个命题没有希腊文,只有阿拉伯文。由此克兰罗思(Klamroth)提出两种可能:(1)阿拉伯人已经开始在原来的正文中插入他们自己的东西;(2)塞比特没有修改伊沙可译本中的命题的编号。*Fihrist*

又说,育汉纳·阿尔卡斯(Yuḥannā al-Qass,即 Priest)在他的希腊复制本中看到塞比特所说的命题在卷Ⅰ.中,并且纳齐夫(Naẓīf)可以证实,育汉纳曾给他看了这个命题。这个命题可能是伊沙可中需要的,因而塞比特可能增加了它的内容,但是没有宣称是他自己的发现。而Ⅰ.45 在阿尔霍杰的译本中遗失了。

伊沙可的没有经过塞比特修改的原始版本与阿尔霍杰的两个版本中的第一个一样不再幸存了。这些手稿之间的分歧显然是由于复制者有意或无意的改变造成的。前一类改变是由于复制者的数学知识程度及由于考虑教学过程中的实际应用发生的。伊沙可-塞比特版本的两个手稿幸存在 Bodleian Library(No. 279,1238 年和 No. 280,写于 1260—1261 年);卷Ⅰ.—XIII. 在伊沙可-塞比特版本中,不属于欧几里得的卷XIV.,XV.,在阿尔巴拉巴格(Qusṭā b. Lūqā al-Ba'labakkī,约 912 年逝世)的译本中。这些手稿中的第一个(No. 279)是(O),被克兰罗思用于他的关于阿拉伯人欧几里得的论文中。另一个手稿被克兰罗思使用的是(K),Kjøbenhavn LXXXI,没有写作日期,但可能是 13 世纪,包含卷Ⅴ.—XV.,卷Ⅴ.—Ⅹ.在伊沙可-塞比特版本中,卷XI.—XIII. 在阿尔霍杰的译本中,K 和 O 的一些命题不只有小的差别,而且其证明有相当大的差别,显然不是一个译本的两个修订本,而是两个随意改变和缩短的复本。Bodleian MS. No. 280 包含一个由尼科尔(Nicoll)翻译的前言,它不可能是塞比特本人翻译的,因为它提及阿维省纳(Avicenna,980—1037)以及其他后来的作者。这个手稿是 1260—1261 年在 Marāġa 写成的,并且在边页有解释和来自亚特秋西版本的补充,在此期间亚特秋西住在 Marāġa。是否有可能亚特秋西本人就是这个前言的作者?不管是不是这样,这个前言是有意义的。它说阿拉伯人允许他们自己随意修改正文。此后说这部书经过许多次编辑之后还有一些错误,逻辑含混不清,多余的话,省略等,并且缺乏一些证明需要的定义。它继续说,没有发现有人把它完善,进一步说:①阿维省纳"删去了一些公设和许多定义",并且试图清除困难和含混的段落。②阿尔布兹占尼(Abū'l Wafā al-Būzjānī,939—997)"引入了不必要的附加内容,并且删去了许多具有很大重要性和完全必要的东西"。卷VI.中许多地方太长,而卷Ⅹ.中许多地方又太短,他删去了二项差线(apotome)的整个证明,又不必要地试图修补XII. 14。③阿尔克津(Abū Ja'far al-Khāzin,逝于 961—971 年)把公设安排得很好,但是"打乱了命题的号码和顺序,并把几个命题合在一起"等等。其次,前言描述了编者自己的主张并且以下述内容结尾:"但是我们已经保持了这部书本身的(即欧几里得的)卷和命题的顺序,除了在十二和十三卷中。因为我们已经按正常情况在卷XIII.中讨论了立体,并在卷XII.中讨论了曲面。"

在塞比特之后，*Fihrist* 提及阿得迪马舒格(Abū 'Uthmān ad-Dimashqī)，他翻译了《原理》的某些卷，包括卷X.(阿得迪马舒格翻译了帕普斯关于卷X.的评论，这个评论是沃尹普科在巴黎发现的)。*Fihrist* 继续说："纳齐夫告诉我，他已经看到希腊文的欧几里得第十卷，它比通常流行的有109个命题的版本多40个命题，并且他决定把它翻译成阿拉伯文。"

我们实际接受的第三个阿拉伯文的欧几里得是亚特秋西的版本。亚特秋西在1201年诞生在Ṭūs(在Khurāsān)(逝于1274年)。这个版本以两种形式出现，一个较大，一个较小。较大者据说只幸存在Florence(Pal. 272和273，后者只包含六卷)。这个版本于1594年在罗马出版，并且这个版本的某些复本中有12卷，有些有13卷，有些有拉丁文标题，有些没有。但是这部书用阿拉伯文印刷，因而，哈斯得拉(Kästner)说一个人不能阅读它。然而，较小者的大多数手稿中都有15卷，幸存在Berlin，Munich，Oxford，British Museum(974，1334，1335)，Paris(2465，2466)，India Office，和Constantinople，并且1801年在Constantinople印刷，而前六卷于1824年在Calcutta印刷。

然而，亚特秋西的这部著作不是欧几里得正文的翻译版本，而是基于老的阿拉伯译本的重写的欧几里得。在这一方面，它像坎帕努斯的拉丁语的《原理》版本。这个版本于1482年在威尼斯由拉特道尔特(Erhard Ratdolt)首次出版(这是欧几里得的第一个印刷版本)。坎帕努斯(13世纪)是一个数学家，并且与亚特秋西一样喜欢自己重写欧几里得。柯特泽认为不论坎帕努斯的版本与巴斯的阿瑟哈德(Athelhard)的版本(大约1120年)之间是什么关系，可以确定，它们两个都使用了10—11世纪的同一个拉丁版本。不论坎帕努斯是否像亚特秋西那样使用他的前辈阿瑟哈德的版本，可以确定这两个版本都来自同一个阿拉伯源泉，因为在它们中明显地出现阿拉伯词。坎帕努斯的版本不能作为判断真正的希腊文和阿拉伯文习惯的标准，但是它有纯粹希腊源泉的痕迹，它略去了塞翁附加的Ⅵ.33.一个奇怪的现象是，坎帕努斯的版本与亚特秋西的版本在除了卷Ⅴ.和Ⅸ.之外的所有欧几里得的命题个数是一样的，而它与阿瑟哈德的版本卷Ⅴ.中的命题个数一致，都是34个(在其他版本中是25个)，正如克兰罗思所说，这说明这两个版本不是无关的，并且导致进入两难的境地；或者对卷Ⅴ.的附加是阿瑟哈德自己的；或者他使用了一个我们不知道的阿拉伯文的欧几里得。海伯格也注意到，坎帕努斯的卷ⅩⅢ.，ⅩⅤ.与塞比特－伊沙可版本的前言内容有些一致，其中作者宣称：(1)给出了一个在五个正多面体内内接球的方法，(2)进一步给出了如何内接任一个立体于另外任一个立体的问题的解答，(3)说明了这个不可以完成的几种情形。

为了给出阿拉伯传统的公共标准，首先比较一下各卷的命题数量。霍吉卡尔法说阿尔霍杰的译本包含468个命题，塞比特的版本包含478个；亚特秋西说他的版本包含468个。塞比特版本有478个命题的事实由Bodleian MS. 279（被克兰罗思称为O）的索引证实。在Codex Leidensis 399,1的开头有一个记录，它给出伊沙可的数目（尽管这个译本是阿尔霍杰的）是479个命题（在卷XIII.中是11，代替了在O^3中的10）。我给出一个取自克兰罗思的相关数学的列表，并增加了奥古斯特（August）和海伯格编辑的希腊正文中的相应数学。

阿拉伯的欧几里得				希腊的欧几里得		
卷	伊沙可	亚特秋西	坎帕努斯	格雷戈里	奥古斯特	海伯格
I	48	48	48	48	48	48
II	14	14	14	14	14	14
III	36	36	36	37	37	37
IV	16	16	16	16	16	16
V	25	25	34	25	25	25
VI	33	32	32	33	33	33
VII	39	39	39	41	41	39
VIII	27	25	25	27	27	27
IX	38	36	39	36	36	36
X	109	107	107	117	116	115
XI	41	41	41	40	40	39
XII	15	15	15	18	18	18
XIII	21	18	18	18	18	18
	462	452	464	470	469	465
XIV	10	10	18	7		?
XV	6	6	13	10		
	478	468	495	487		?

海伯格版本的数学包括所有在正文中印制的命题的总数。它们包括现在被认为是假的XIII.6和III.12，以及在括号中说有怀疑的X.112—115，不包括在卷XIV.，XV.中的命题的数目，但是，我断言在手稿P中至少有卷XIV.的9个命题和卷XV.的9个命题。

Fihrist 确认卷X.有109个命题，克兰罗思由此断言，在这方面伊沙可的版

本是权威的。

在O的正文中,卷Ⅳ.包含17个命题,卷ⅩⅣ.包含12个命题,这与表上的内容不同。在O中的Ⅳ.15,16实际上是同一个命题的两个证明。

在阿尔霍杰的版本中,卷Ⅰ.只包含47个命题,Ⅰ.45被略去了。在卷Ⅲ.中也少了一个命题,海伦的命题Ⅲ.12被略去了。

在说具体命题时,我将使用海伯格的编号,除了另有说明。

塞比特-伊沙可和亚特秋西之间的10个命题的差别如下:

(1)三个命题Ⅵ.12和Ⅹ.28,29在伊沙可和希腊版本中都有,但在亚特秋西中被略去。

(2)伊沙可把命题ⅩⅢ.1—3的每一个都分为两个,用六个代替了在亚特秋西和希腊版本中的三个。

(3)伊沙可有四个命题(它的编号是Ⅷ.24,25,Ⅸ.30,31),在希腊的欧几里得和亚特秋西的版本中都没有。

除了上述差别之外,阿尔霍杰(直至目前我们知道的),伊沙可和亚特秋西三个都是一致的,但是,它们的欧几里得与我们的希腊正文有许多差别,其差别分类如下:

1. 命题

阿拉伯的欧几里得略去了格雷戈里和奥古斯特版本中的Ⅶ.20,22(海伯格卷Ⅱ.的附录,pp.428—32);略去了格雷戈里版本中的Ⅷ.16,17,Ⅹ.7,8,13,16,24,112,113,114,(除了Ⅹ.13的引理),Ⅹ.117以及这一卷末的附注(见海伯格的卷Ⅲ.的附录,pp.382,408—16);略去了在格雷戈里和奥古斯特版本中的Ⅺ.38(见海伯格的卷Ⅳ.的附录,p.354);略去了Ⅻ.6,13,14;还有卷Ⅳ.中除了前三个之外的所有命题。

阿拉伯的欧几里得把Ⅲ.11,12合成一个命题,而把某些命题(Ⅹ.31,32;Ⅺ.31,34;ⅩⅢ.1—3)分为两个命题。

其顺序在阿拉伯版本中也改变了。交换了Ⅴ.12,13,在卷Ⅵ.,Ⅶ.,Ⅸ.—ⅩⅢ.的顺序是:

Ⅵ.1—8,13,11,12,9,10,14—17,19—20,18,21,22,24,26,23,25,27—30,32,31,33。

Ⅶ.1—20,22,21,23—28,31—32,29,30,33—39。

Ⅸ.1—13,20,14—19,21—25,27,26,28—36,在命题30之前有两个新命题。

Ⅹ.1—6,9—12,15,14,17—23,26—28,25,29—111,115。

Ⅺ. 1—30,31,32,34,33,35—39。

Ⅻ. 1—5,7,9,8,10,12,11,15,16—18。

ⅩⅢ. 1—3,5,4,6,7,12,9,10,8,11,13,15,14,16—18。

2. 定义

阿拉伯版本略去了下述定义:Ⅳ. 定义 3—7,Ⅶ. 定义 9(或者 10),Ⅺ. 定义 5—7,15,19,23,25—28;但是它有假的Ⅵ. 定义 2,5 以及卷Ⅴ. 中的假的关于比例和有序比例的定义(奥古斯特的定义 8,19),和错误地交换Ⅴ. 定义 11,12 以及Ⅵ. 定义 3,4。

在卷Ⅶ. 中的定义顺序也是不同的,在定义 11 之后的顺序是 12,14,13,15,16,19,20,17,18,21,22,23;在卷Ⅺ. 中,顺序是 1,2,3,4,8,10,9,13,14,16,12,21,22,18,19,20,11,24。

3. 引理和推论

在阿拉伯版本中,除了Ⅵ. 8,Ⅷ. 2,Ⅹ. 3 的推论之外全略去了,但是增加了一些在希腊版本中没有发现的,例如,Ⅷ. 14,15(在 K 中)。

4. 另外的证明

全都在阿拉伯译本中被略去,除了在Ⅹ. 105,106 中的,它们代替了真正的证明。但是,有一个或两个另外的证明是针对阿拉伯版本的Ⅵ. 32 和Ⅷ. 4,6 的。

ⅩⅢ. 1—5 的分析和综合在阿拉伯译本中也略去了。

关于所有这些差别,克兰罗思偏向于阿拉伯的传统:(1)历史的原因。在 8 世纪以前的希腊文手稿中没有发现这些附加的条文。(2)不可能性。如果在他们的希腊手稿中有这些内容,阿拉伯人就不可能删去如此多的内容。由 *Fihrist*,阿拉伯人希望有一个纯真的正文,并且因此使这些老的译者在这方面受到了公众的批评。海伯格反对这个"历史的原因",并且给出了相当多的证据。首先,存在于 7 世纪或 8 世纪初的手稿,British Museum palimpsest(L)。有卷Ⅹ. 的一些命题断片。它们被阿拉伯人略去了。L 中的解释与我们的手稿内容相当类似,并且与 B 中的解释惊人的类似。还应当注意,尽管 P 的日期是 10 世纪,但是它包含塞翁修订本之前的内容。

存在一些正面的证据反对阿拉伯人略去的内容。亚特秋西略去了Ⅵ. 12,如果欧托基奥斯确实没有它,他就会以那个编号引用Ⅵ. 23。欧托基奥斯这样引用Ⅵ. 23 也反对伊沙可把这个命题作为Ⅵ. 25。又,辛普利休斯以那个编号引用了Ⅵ. 10,而在伊沙可中是Ⅵ. 13,并且帕普斯引用了ⅩⅢ. 2(Ishāq 3,4),ⅩⅢ. 4(Ishāq 8),ⅩⅢ. 16(Ishāq 19)。另一方面,在阿拉伯译本中把Ⅲ. 11、12 压缩成一个命题,这也说明了阿拉伯人的偏好。但是不能支持阿拉伯人略去某些推论,因为帕普斯引用了XIII. 17 的推论,普罗克洛斯引用了II. 4, III. 1, VII. 2 的推论,并且辛普利休斯引用了IX. 15 的推论。

最后,阿拉伯人略去的某些命题在后面的命题中是需要的。例如,X. 13 用在X. 18,22,23,26 等;X. 17 是X. 18,26,36 需要的;XII. 6,13 分别是XII. 11 和XII. 15 需要的。

同时要记住,某些被阿拉伯版本正确地略去的内容在一些希腊手稿中,特别是在P中也被略去或者标记为怀疑的内容,而其他的也以其他理由被怀疑(例如,一些另外的证明,引理和推论以及关于XIII. 1—5 的分析和综合)。另一方面,阿拉伯版本对我们内容较差的手稿有一些插入(参考卷VI. 定义2 和比例及有序比例的定义)。

海伯格的总结是在希腊文手稿面前,不仅不能偏爱阿拉伯版本的传统,而且必须把它看成较差的依据。问题是在阿拉伯版本中有多少差别是由于使用了希腊文手稿,多少被用来作为我们的正文的基础,以及多少是由阿拉伯人自己随意改变的。鉴于从上述塞比特-伊沙可的 Oxford MS. 引用的前言,以及其提示被阿尔布兹占尼略去的许多重要的和必要的东西,以及作者关于卷XII.,XIII. 的自己的重新安排,我们就不会对顺序的改变和随意地省略感到惊奇了。但是,有证据表明差别是由于阿拉伯人使用了其他的希腊文手稿。海伯格指出了阿拉伯正文和 Bologna MS. b 之间的相似性,这个手稿的部分内容与我们的其他手稿有明显的分歧(见前文)。作为例子他给出了分别在 Bologna MS. 中和阿拉伯中的XII. 7 的证明的比较,以及在两者中都略去了在格雷戈里版本中的命题XI. 38,以及它们之间关于卷XII. 的命题的顺序的一致。如上所述,Bologna MS. b 的显著分歧只影响卷XI.(末尾)和XII.,并且在 Bologna MS. b 的卷XIII. 中没有阿拉伯版本的转移和其他特别的东西。Bologna MS. b 和阿拉伯版本之间有许多差别,特别是卷XI. 和XIII. 的定义。因而,问题是阿拉伯版本是否做出了随意的改变,或者是否阿拉伯版本形式是更古老的,并且 Bologna MS. b 是不是通过其他手稿而改变的。海伯格指出阿拉伯人必须为他们关于推断的定义负责,这个定义只与三角形的底有关。这不可能是欧几里得自己的定义,因为词“prism”在阿基米德中具有广泛的意义,并且欧几里得本人说道“prisms”时,只是与平行四边形和正多面体有关(XI. 39, XII. 10),而且一个希腊人并不喜欢删去“柏拉图”正立体的定义。

海伯格认为在阿拉伯译者手中具有一个手稿与 Bologna MS. b 有联系,但与我们的其他手稿有明显分歧。他认为没有证据说明存在类似于在 Bologna MS. b 中压缩卷XI.、XII. 那样去压缩卷I.—X. 因为克兰罗思注意到这些卷是关于立体几何的(Ⅺ.—ⅩⅢ.),这些卷比其他卷有更明显的省略和缩短的证明,并且值得注意,只是在这些卷中我们与 Bologna MS. b 的正文有分歧。

阿拉伯版本的一个好处是略去了Ⅶ.定义 10,尽管雅姆利克斯拥有它,它可能是被阿拉伯译者故意略去了。另一个好处是略去了Ⅷ.1—5 的分析和综合。但是,这些可能是像一些有用的推论一样是有目的地略去了。

关于阿拉伯版本彼此间的比较如下:阿尔霍杰的目的似乎不注重可信赖地反映原著,而是给出一个有用的和方便的数学教科书。一个特点是详细地注释用到的早期命题。这些特殊的早期命题的引用在欧几里得中是很少见的。但是,在阿尔霍杰中,我们不只有短语"由命题,这样并且那样""它被证明"或者"它被证明如何去做",而且也有较长的话。有时候他重复一个作图,例如,在Ⅰ.44 中,代替下述作图"在等于角 D 的角 EBG 内作平行四边形,使其等于三角形 C",并且把它放在一个确定的位置,它延长 AB 到 G,使得 BG 等于半个 DE(在他的图中,三角形 CDE 的底),并且用Ⅰ.42 在 GB 上作平行四边形 $BHKG$,使得它等于三角形 CDE 并且它的角 GBH 等于已知角。

其次,阿尔霍杰在算术卷中,在命题的理论中,在应用毕达哥拉斯Ⅰ.47 中,一般地,只要有可能,他就用数字的例子来证明。克兰罗思注意到这些例子与安那里兹的评论有关并且可能不属于阿尔霍杰本人。但是,在 Munich MS. 36 中的希伯来语译本的边页的注中说明,这些添加是在译者所使用的阿尔霍杰的复本中,它们是取自阿尔霍杰的用数字给出的证明。

这些特征以及阿尔霍杰自由地构成命题和扩张证明,成为伊沙可做出从希腊文翻译一个新译本的原因。克兰罗思称伊沙可的版本是一个良好的翻译数学教科书的代表,引论和过渡词用固定的形式却很少用数字,专业术语简明并且一致地表达,表达形式使得阿拉伯语言的特点与希腊语密切一致。只是在一些孤立的情形中,定义的叙述和命题的阐述与原文有所不同。一般地,他的目的似乎是要用一些方法消除希腊原文中的困难,同时给出可信赖的重建。

在阿尔霍杰和塞比特-伊沙可的版本之间有些奇怪的联系。例如,定义和命题的阐述常常是逐字相同。这个可能是由于下述事实:伊沙可发现这些定义和阐述在他那个时代的学校里已经形成习惯,他们在心底学会了这些,并且不再重新翻译它们,选择老的叙述并稍加变化。其次,这些阿拉伯版本在图形方面,特别是使用的字母基本一致,而与希腊正文有许多不同。这可能是出于同样的原因,所有后来的译者都喜欢借用阿尔霍杰的改造的希腊文图形。最后,值得注意的是在 Kjøbenhavn MS.(K)中的卷Ⅺ.—ⅩⅢ.,即阿尔霍杰的这些卷几乎与在 O 中的塞比特-伊沙可的这些卷完全相同。克兰罗思猜测,伊沙可可能根本就没有翻译关于立体几何的那些卷，而塞比特从阿尔霍杰中取来了它们，只是在顺序上作了某些改变，以便附和伊沙可的译本。

从下述事实(1)亚特秋西的版本与阿尔霍杰的版本有相同个数的命题(468个)，而塞比特－伊沙可版本有478个命题。(2)亚特秋西对早期的命题有同样细致的注释，克兰罗思断言亚特秋西更喜爱阿尔霍杰的版本，而不是伊沙可的版本。然而，海伯格指出，(1)亚特秋西略去了Ⅵ.12，而阿尔霍杰有这个命题，克兰罗思对此保持沉默。(2)在卷Ⅰ.和Ⅲ.中，阿尔霍杰的版本比亚特秋西的版本各少一个命题。此外，在霍吉卡尔法从亚特秋西引用的一段话中，后者说“他分离了在原稿中附加的东西”，这说明他是从借助两个早期的译本来修改自己的版本的。

斯坦斯奇尼德(Steinschneider)发现有大量的关于《原理》或其部分的阿拉伯语评论。在此，我提及 *Fihrist* 中所说的评论家以及几个其他的。

1. 安那里兹(诞生在 Nairīz，逝世于约922年)已经提及。他的关于卷Ⅰ.—Ⅵ.的评论幸存在 Codex Leidensis 399，1，现在被贝斯桑和海伯格编辑成四卷本；关于卷Ⅰ.—Ⅹ.在12世纪由克雷莫纳的杰拉德译成拉丁文，现在由柯特泽在 Cracow MS.出版。它的重要性主要在于引用了海伦和辛普利休斯的观点。

2. 阿尔卡瑞拜西(Aḥmad b. ʿUmar al-Karābīsī，大约9—10世纪)，“他是杰出的几何学家和算术专家之一”。

3. 阿尔赵哈里(Al-ʿAbbās b. Saʿīd al-Jauharī，fl. 830)，是在阿尔马姆领导下的一个天文观察者，但是他本人致力于几何学。他写了从头到尾的《原理》的评论，以及关于欧几里得第一卷的附加命题的书。

4. 阿尔麦黑尼(Muḥ. b. ʿĪsā Abū ʿAbdallāh al-Māhānī，逝于874—884年)，根据 *Fihrist*，他写了(1)关于欧几里得卷Ⅴ.的评论，(2)“论比例”(On Proportion)，(3)“关于不用反证法的欧几里得第一卷的26个命题”。“论比例”幸存了下来并且可能是或部分是卷Ⅴ.的评论。他也写了关于欧几里得卷Ⅹ.的评论，这些评论的一些断片幸存在 Paris MS.中，但 *Fihrist* 未提及这个。

5. 阿尔克津，那个时代的数学家和天文学家，诞生在 Khurāsān，逝世于961—971年之间。*Fihrist* 说他写了整个《原理》的评论，但是只有关于卷Ⅹ.开头的评论幸存(在 Leiden，Berlin 和 Paris)，因而，或者关于其余卷的注释遗失，或者 *Fihrist* 有误。后者较为可能，因为在他的评论的末尾，阿尔克津说其余的已经被苏莱曼(Sulaimān b. ʿUṣma)(Leiden MS.)或尤克巴(ʿUqba)(苏特尔)评论，下面将提到这个。在由尼科尔引用的 Oxford MS.的前言中，阿尔克津的方法受到不公正的批评。

6. 阿尔布兹占尼，一位伟大的阿拉伯数学家，写了关于《原理》的评论，但是没有完成。他的方法也在 Oxford MS. 280 的同一个前言中受到不公正的对待。根据霍吉卡尔法，他也写了一本关于几何作图的书，有十三章。显然，关于上述所说的这部书由一个有才华的学生根据阿尔布兹占尼的讲稿和一个 Paris MS. (Anc. fonds 169) 被修订，它包含这部著作的 Persian 译本，而不是阿尔布兹占尼本人的著作。沃尹普科给出关于这部著作的分析，并且某些部分可以在康托的著作中找到。阿尔布兹占尼还写了关于丢番图(Diophantus)的评论及另一本"关于丢番图在他的书中用到的以及他的评论中用到的命题的证明的书。"

7. 伊本·拉哈韦希(Ibn Rāhawaihi al-Arjānī)评论了欧几里得的卷X.

8. 阿尔安塔格('Alī b. Aḥmad Abū'l-Qāsim al-Anṭākī，逝于 987 年)写了关于整本书的评论。其部分幸存(从第 5 卷向后)在 Oxford(Catal. MSS. orient. Ⅱ. 281)。

9. Sind b. 'Alī Abū 'ṭ-Ṭaiyib 是一个犹太人，他在阿尔马姆时代来到 Islam，并且得到一个天文观察员的位置。后来成为这些人的领导者(大约 830 年)。他于 864 年去世，写了关于整个《原理》的评论。"Abū'Alī 看到了它的第九卷以及第十卷的一部分。" *Fihrist* 提及他的书"关于二项差线和均值线"，可能与他的关于卷X. 的评论是相同的或部分相同。

10. 阿瑞兹(Abū Yūsuf Ya'qūb b. Muḥ. ar-Rāzī)"写了关于卷X. 的评论，并且以伊本·艾米德(Ibn al-'Amīd)的意见，这是一个优秀的评论"。

11. *Fihrist* 接着提及阿尔金迪(AbūYūsuf Ya'qūb b. Isḥāq b. as-Ṣabbāḥ al-Kindī，约 873 年逝世)，是下述著作的作者：(1)"以欧几里得的书为对象"的一部书，其中出现了《原理》原来是阿波罗尼奥斯写的这句话(见上面 p.4).(2)一本"关于欧几里得著作改进"的书。(3)另一本"关于欧几里得第 14 卷和 15 卷的改进"的书，"他是那个时代最杰出的人，并且站在所有科学之列；他被称为'阿拉伯哲学家'；他的著作涉及不同的知识领域，逻辑、哲学、几何、计算、算术、音乐、天文学，等等。" *Fihrist* 提及的他的著作还涉及关于阿基米德用圆周率度量直径；关于两个比例中项的图形的作图；关于近似决定圆的弦；关于近似决定九边形(nonagon)的边；关于三角形和四边形的分割及其作图；关于等于已知圆柱的表面的圆的作图，关于圆的分割等。

12. 医生纳齐夫。*Fihrist* 提及他看见了一个欧几里得卷X. 的希腊文复本，比通常流行的(包含 109 个命题)多 40 个命题，并且决定把它译成阿拉伯文。这个译本的片段幸存在 Paris，MS. 2457 的 Nos. 18 和 34(在沃尹普科的小册子中是 952，2 Suppl. Arab.)。其中 No. 18 包含"关于希腊语第 10 卷的某些增加的命题”。纳齐夫约于 990 年逝世。

13. 育汉纳(约 980 年逝世),从希腊文翻译了《原理》和其他几何书,并且写了一本小册子,是关于“证明”两条直线与第三条直线相交,在同侧的两个角之和小于两直角的情形。他的著作没有幸存下来,除了一本“关于有理量和无理量”的小册子,在刚才提及的 Paris MS. No. 48 中。

14. 沃布(Abū Muḥ. al-Ḥasan b. ʿUbaidallāh b. Sulaimān b. Wahb,逝于 901 年),是一个杰出的几何学家,他写了两部著作,《关于欧几里得著作中困难部分的评论》和《论比例》。苏特尔认为第二部著作可能参考了欧几里得的著作《图形的分割》。

15. 阿尔巴拉巴格(大约逝于 912 年),医生、哲学家、天文学家、数学家和翻译家,写了《关于欧几里得书中的困难部分》和《关于欧几里得第 3 卷的算术问题的解答》。还以问题和解答的方式写了《几何引论》。

16. 塞比特 b. 库拉(826—901),除了翻译阿波罗尼奥斯的某些算术部分和《圆锥曲线论》的卷Ⅴ.—Ⅶ.,以及修订伊沙可的欧几里得《原理》的译本之外,还修订了伊沙可的《数据》的译本以及无名氏的《论图形的分割》的译本。他还写了:(1)关于欧几里得的前提(公理、公设,等等)。(2)关于欧几里得的命题。(3)关于两条直线被第三条直线所截所出现的命题和问题(或关于有名的欧几里得公设的证明)。后面这本小册子幸存在沃尹普科发现的手稿中(Paris 2457,32°)。一部奉献给伊斯梅尔(Ismāʿil b. Bulbul)的优秀的几何著作《欧几里得的书的介绍》也归功于他,这是一部几何概要。还有大量的其他著作,同时他还提供了一些细节。

17. 库拉(Abū Saʿīd Sinān b. Thābit b. Qurra)是翻译家塞比特 b. 库拉的儿子,他遵循父亲的足迹,成了几何学家、天文学家和医生。他写了《关于几何的原理的改进》,其中对原著增加了各种内容。库拉逝世于 943 年。

18. 阿尔库希[Abū Sahl Wījan(或 Waijan)b. Rustam al-Kūhī,fl. 988 年],出生在 Ṭabaristān 的 Kūh,杰出的几何学家和天文学家。根据 *Fihrist*,在欧几里得的《原理》之后,他写了一本关于《原理》的书,并且其第 1 和第 2 卷幸存于 Cairo,第 3 卷的一部分内容幸存于 Berlin(5922)。他还写了一些其他的几何著作:给阿基米德的关于球和圆柱体的第 2 卷增加了一些内容(幸存在 Paris,Leiden 和 India Office),关于求圆内接正七边形的边长(India Office 和 Cairo),关于两个比例中项(India Office)等等。

19. 阿尔费拉比(Abū Naṣr Muḥ. b. Muḥ. b. Ṭarkhān b. Uzlaġ al-Fārābī,870—950)写了关于卷Ⅰ. 和Ⅴ. 的困难部分的评论。这个以摩西・蒂拜的希伯来语

译本幸存。

20. 阿尔海萨姆(Abū ʿAlī al-Ḥasan b. al-Ḥasan b. al-Haitham,大约965—1039),以伊本·海萨姆(Ibn al-Haitham)或阿尔贝斯里(Abū ʿAlī al-Baṣrī)的名字而著名。他是一个具有巨大创造力和知识的人,并且在他那个时代没有一个人能达到他在数学科学方面的水平。他写了许多关于欧几里得的著作,沃尹普科从 Uṣaibiʿa 翻译的这些著作的标题如下:

(1)《原理》的评论和缩简。

(2)来自欧几里得和阿波罗尼奥斯的专著的几何和算术的原理的汇编。

(3)来自欧几里得的《原理》的计算的原理的汇编。

(4)关于欧几里得的《原理》之后的"度量"的专著。

(5)关于卷Ⅰ.中的疑难的解答。

(6)关于欧几里得卷Ⅴ.中疑难的解答。

(7)关于立体几何部分疑难的解答。

(8)关于卷Ⅻ.的疑难的解答。

(9)关于卷Ⅹ.1中两个量的除法的研究(究尽定理)。

(10)关于欧几里得著作中定义的评论。

最后这部著作(苏特尔称它为关于欧几里得的公设的评论)幸存在 Oxford MS。(Catal. MSS. orient. Ⅰ. 908)和 Algiers(1446,1°)。

Leiden MS.(966)包含他的关于一直到卷Ⅴ.的疑难部分的评论。我们不知道作者是否在这个评论中要把它与 Muṣādarāt 的评论合并成一个完整的评论,他已经把上面提及的一些关于疑难的解答汇集在一起。

关于卷Ⅴ.及其后各卷的评论出现在 Bodleian MS.(Catal. Ⅱ. p. 262)中,其标题是"关于欧几里得及其疑难的解答",归功于阿尔海萨姆。这个可能是 Leiden MS.的延续。

关于卷Ⅹ.1的研究幸存在 St Petersburg, MS. de l'Institut des langues orient. 192,5°(Rosen, Catal. p. 125)。

21. 伊本·辛拉(Ibn Sīnā),以阿维省纳为名,写了欧几里得概要,保存在 Leiden MS. No. 1445,并且在一个百科全书中写了几何部分,这部百科全书包括逻辑、数学、物理和形而上学。

22. 阿尔克迪普(Aḥmad b. al-Ḥusain al-Ahwāzī al-Kātib)写了关于卷Ⅹ.的评论,它的一些断片(大约10页)出现在 Leiden(970),Berlin(5923)和 Paris(2467,18°)。

23. 亚特秋西(1201—1274),我们已经看到他以两种形式出版了欧几里得,还写了：

(1)关于欧几里得的公设的专著(Paris,2467,5°)。

(2)关于第 5 公设的专著,可能只是上述的一部分(Berlin,5942,Paris,2467,6°)。

(3)几何原理,取自欧几里得,可能等同于上述 No. 1(Florence,Pal. 298)。

(4)《原理》中的 105 个问题(Cairo)。他还编辑了《数据》(Berlin,Florence,Oxford,等等)。

24. 阿斯萨马坎迪(Muḥ. b. Ashraf Shamsaddīn as-Samarqandī,fl. 1276)写了"基本命题,阐明欧几里得第 1 卷中选出的 35 个命题",它幸存于 Gotha(1496 和 1497),Oxford(Catal. Ⅰ. 967,2°)和 Brit. Mus。

25. Mūsā b. Muḥ. b. Maḥmūd,以阿尔鲁米(Qāḍīzāde ar-Rūmī)著名[即来自 Asia Minor(小亚细亚)的法官的儿子],去世于 1436—1446 年之间。他写了关于上述基本命题的评论,在许多手稿中存在,它包含上述提到的(p. 4 注)关于欧几里得生平的话。

26. 尤克巴,他是阿尔克津(见上述 No. 5)同时代的人,写了关于卷Ⅹ. 后半部分的评论,它幸存在 Leiden(974),题目是"关于在欧几里得第 10 卷中出现的二项和线与二项差线"。

27. 阿尔卡斯(Saʿīd b. Masʿūd b. al-Qass),明显地等同于阿尔纳马(Abū Naṣr Ġars al-Naʿma),医生马苏德(Masʿūd b. al-Qass al-Baġdādī)的儿子,后者生活在最后一个哈里发阿尔马斯塔西姆(al-Mustaʿsim,逝于 1258 年)时代。他写了关于阿尔霍杰译本中的卷Ⅰ.—Ⅵ. 的评论,在 Codex Leidensis 399,1 中。

28. 阿尔费拉迪(Abū Muhammad b. Abdalbāqī al-Baġdādī al-Faraḍī,逝于 1141 年,70 多岁),*Ta'rīkh al-Ḥukamā* 中说他写了欧几里得卷Ⅹ. 的一个优秀的评论,其中他给出了一些命题的数值的例子。这个在柯特泽编辑的关于安那里兹中出版(pp. 252—386)。

29. 耶亚(Yaḥyā b. Muḥ. b. ʿAbdān b. ʿAbdalwāḥid),以伊本·卢布迪(Ibn al-Lubūdī,1210—1268)著名,写了关于欧几里得概要以及公设的简短表达。

30. 阿尔杰耶尼(Abū ʿAbdallāh Muḥ. b. Muʿādh al-Jayyānī)写了关于欧几里得卷Ⅴ. 的评论,它幸存于 Algiers(1446,3°)。

31. 尹拉克(Abū Naṣr Mansūr b. ʿAlī b. Irāq),以阿尔比鲁尼(Muḥ. b. Aḥmad Abū 'r-Raiḥān al-Bīrūnī,973—1048)的名字写了一本小册子"关于欧几里得卷ⅩⅢ. 中的疑难部分"(Berlin,5925)。

第Ⅷ章 《原理》的主要译本和编辑本

西塞罗是提及欧几里得的第一个拉丁语作者。但是在那个时代还没有人把欧几里得翻译成拉丁文,也没有多少罗马人学习它。正如西塞罗在另一个地方所说的,当时几何在希腊人中受到高度尊敬,因而没有比数学家更光荣的人,罗马人只局限于对他们有用的测量和计算。巴尔布斯(Balbus)的著作 *de mensuris* 证明了罗马的土地测量人满足于极少的理论几何,这部著作中只有欧几里得卷Ⅰ.的某些定义。又在省萨里纳斯(Censorinus,fl. 238 年)的某些断片中出现的《原理》的摘要也只局限于定义、公设和公用概念。但是,《原理》逐渐地被罗马人所接受并且被运用到开明的教育课程之中。卡皮拉在一群哲学家中讲述命题"如何在一条已知直线上作等边三角形",这些人知道了《原理》的第一个命题,并且开始赞颂欧几里得。无疑地,当时(约 470 年)希腊人已经阅读《原理》。卡皮拉给出的内容来自希腊源泉,这可由所出现的希腊词和错误地翻译Ⅰ.定义 1 得知。卡皮拉可能不是引自欧几里得本人,而是引自海伦或某个其他古代的源泉。

但是,显然某些学者试图从弗让纳(Verona)的某个重写的手稿把《原理》翻译成拉丁文。这个重写的手稿有一部分是 Pope Gregory 的"工作手册的行动准则"。上述某些断片是 9 世纪一个伟大人物写的,更好的评判意见写于 4 世纪。这些断片中有 Vergil 和 Livy 的断片以及几何断片,这些几何断片取自欧几里得的第 14 和第 15 卷。事实上它是来自卷Ⅻ.和ⅩⅢ.,并且具有自由翻译的性质,或者说是欧几里得的一个新的安排,其命题有不同的顺序。这个手稿显然是译者自己的复本,因为某些词不正确并且以同义词代替。我们不知道这个译者是否完成了整本书的翻译,以及他的版本与我们的其他版本有什么关系。

卡西奥多拉斯(Magnus Aurelius Cassiodorus,约生于 475 年)在他的百科全书 *De artibus ac disciplinis liberalium literarum* 的几何部分说,几何是由希腊人欧几里得、阿波罗尼奥斯、阿基米德等人写成的。"其中欧几里得由同一个伟大的人伯伊修斯(Boethius)译成了拉丁文。"在他的信件汇集中,有一封 Theodoric 给伯伊修斯的信,包含这句话"在你的译本中……尼科马丘斯(Nicomachus),算术专家;欧几里得,几何学家,从 Ausonian 的话中听到。"所谓的伯伊修斯几何无疑是由欧几里得的译本构成的。这些不同的手稿分别有五、四、三或者二卷。但是，它们只表示两个不同的汇编，一个是五卷，另一个是两卷。即使由 Friedlein 编辑的后者，也不是真正的欧几里得，而是在 11 世纪从不同的源泉合成的。它开始于欧几里得卷Ⅰ. 的定义，并且其中有完善的、正确的解释的痕迹，这些在 10 世纪的手稿中也没有出现，但是可追溯到普罗克洛斯和其他古代的源泉。而后是公设（只有五个），公理（只有三个），再后是欧几里得的卷Ⅱ.，Ⅲ.，Ⅳ. 中的某些定义。其次是欧几里得卷Ⅰ. 的阐述，卷Ⅱ. 的十个命题，以及一些卷Ⅲ.，Ⅳ. 的命题，但是都没有证明；接着有一个很长的段落，作者给出了关于欧几里得的解释，而后是欧几里得卷Ⅰ.1—3 的证明的逐字的翻译。尽管它提供了一个反对这一部分著作的真实性的论据，但是这说明修斗伯尹西奥斯（Pseudoboethius）有了一个欧几里得的拉丁文译本，他摘要了三个命题。

柯特泽在他编辑的由克雷莫纳的杰拉德翻译的安那里兹关于欧几里得的阿拉伯评论的译本的前言中重建了欧几里得译本的某些断片，这个译本来自 10 世纪的一个 Munich MS.，有两页是关于手稿（Bibliothecae Regiae Universitatis Monacensis 2°757）以及欧几里得的卷Ⅰ.37，38 和卷Ⅱ.8 构成，逐字逐句地由希腊文译出。译者似乎是一个意大利人（参考词"Capitolo nono"用于卷Ⅱ. 的第九命题），他只有一点点希腊语和数学知识。例如，他把标记图形上的大写字母当成数字翻译。

英国人阿瑟哈德的生活日期可能是 12 世纪的前 30 年，这是由他的著作 *Perdifficiles Quaestiones Naturales* 中的某些注释推断的。关于他的生平知道的很少。他写了一些哲学著作。他在图尔和拉昂学习，并且在后者的学校里教书。他游历过西班牙、希腊、小亚细亚和埃及，并且拥有阿拉伯知识，这使他能把阿拉伯文译成拉丁文。这些译著中有欧几里得的《原理》。这个译本的日期大约是 1120 年。包含阿瑟哈德版本的手稿幸存在 British Museum（Harleian No. 5404 以及其他的），Oxford（Trin. Coll. 47 和 Ball. Coll. 257，12 世纪），Nürnberg（Johannes Regiomontanus' copy）和 Erfurt。

克雷莫纳的杰拉德（1114—1187）在他的许多著作中有"欧几里得 15 卷"和《数据》的两个译本。直到最近人们以为《原理》的这个译本遗失了。但是，布朱恩博（Axel Anthon Björnbo）成功地（1904 年）发现了这个译自阿拉伯的译本，它不同于上述两个（分别由阿瑟哈德和坎帕努斯翻译），并且他确信这是杰拉德的。在 1901 年布朱恩博已经发现这个译本的卷Ⅹ.—XV. 在罗马的一个手稿中（Codex Reginensis lat. 1268，14 世纪）；三年以后他发现有三个手稿包含整个这个译本：在巴黎（Cod. Paris 7216，15 世纪），滨海布洛涅（Cod. Bononiens，196，14 世纪）和布鲁日（Cod. Brugens. 521，14 世纪），以及另外一个在牛津（Cod.

Digby 174,12 世纪末)包含卷XI.2 到卷XIV.的一个断片。在这个译本中出现了许多希腊词,例如,rombus,romboides(而阿瑟哈德使用阿拉伯术语),ambligonius,orthogonius,gnomo,pyramis 等,这说明这个译本与阿瑟哈德无关。显然,杰拉德有一个来自希腊的欧几里得译本,阿瑟哈德也常参考它,特别是它的术语,然而是以不同的方式使用它。又,有一些阿拉伯术语,例如,meguar 作为旋转轴,而阿瑟哈德不使用这个,但是在杰拉德的几乎所有译本中出现。在杰拉德的关于安那里兹的译本中也现出表达方式或"Superficies equidistantium laterum et rectorum angulorum",而阿瑟哈德说"parallelogrammum rectangulum"。这个译本比阿瑟哈德的译本清楚得多。他不像阿瑟哈德,从不简缩或"编辑"译文,而是逐字地翻译阿拉伯文手稿,这个手稿包含修订的和批评的塞比特版本。它包含引自塞比特本人的一些注释,例如,关于一些另外的证明等,这些证明是塞比特"在另外的希腊手稿"中发现的,以及塞比特的关于正文的批评论述。新的编者也增加了他自己的批评注释,例如,他在其他阿拉伯版本中发现的而不在希腊版本中的另外的证明。显然他详细地比较了塞比特的版本与其他的版本,正如塞比特对照希腊文一样。最后,新的编者说塞比特有一个独立的译本,而不是像 *Fihrist* 所说的只是伊沙可版本的改进。

杰拉德的关于安那里兹的欧几里得的前十卷的评论的译本由柯特泽发现。在 Cracow 的一个手稿中并且作为海伯格和门格的欧几里得的附录卷发表,它常常被参改。

按年代顺序下一个考虑诺瓦拉的坎帕努斯。罗吉尔·培根(Roger Bacon,1214—1294)认为他是那个时代杰出的数学家,他的生活年代可以由他是罗马教皇乌尔班四世(1261—1281 年在位)的牧师的事实确定。他的最重要的成就是编辑《原理》,其中包括不属于欧几里得的卷XIV.和XV.关于阿瑟哈德和坎帕努斯的源泉,以及他们之间的关系有许多讨论,但是没有确定的结论。康托(Ⅱ,p.91)提及此事并且给出了某些细节。在慕尼黑有一个手稿(Cod. lat. Mon. 13021),由 Sigboto 于 12 世纪在 Prüfning 书写,并由柯特泽记为字母 R,它包含部分欧几里得的阐述。阿瑟哈德和坎帕努斯的两个译本有许多阐述与 R 中的相同,因而,在阐述方面这三个一定是同一个源泉。在其他方面,阿瑟哈德和坎帕努斯与 R 有相当大的分歧,在这些地方 R 遵照希腊正文,因而是真正的和来自权威方面的,在第 32 个定义中出现了词"elinuam",作为"菱形"(rhombus)的阿拉伯术语,并且整个译本从头到尾有一些阿拉伯图形。但是,R 不是译自阿拉伯语,它类似于 *Gromatici Veteres* 中的译自欧几里得的译本(pp. 377 以后)和所谓的伯伊修斯几何,阿拉伯图形以及在定义 32 中的词"elinuam"的出现,说明"R"是早期源泉的后来的复本,这个早期源泉许多地方遭到损坏。其正文的定义 32 完全遗失并且由某个有才能的复制者补充并插入他能理解的词"elinuam"以及阿拉伯图形。因而,阿瑟哈德当然不是第一个把欧几里得译成拉丁文的人,一定存在 11 世纪之前的一个拉丁文译本。它是"R",*Gromatici* 中的段落以及"伯伊修斯"的共同源泉。因为在后面两个中出现了证明以及卷Ⅰ. 1—3 的阐述,所以这个译本原来也包含证明。阿瑟哈德必然具有这个译本的阐述以及他的证明的阿拉伯源泉。某个类型的译本或者至少一些片段在阿瑟哈德时代之前是可以得到的,甚至在英国也有诗文指出欧几里得进入英国可以追溯到公元 924—940 年。

我们现在来考虑阿瑟哈德和坎帕努斯之间的关系。他们的译本不是无关的,除了在拼写和一些小的差别之外,在阿瑟哈德和坎帕努斯中的定义、公设、公理,以及 364 个命题的阐述是逐次逐句相同的。一方面这两个译本与 R 有相同的正文,另一方面它们与它有分歧。因此,可以看出坎帕努斯使用了阿瑟哈德的译本,而从另一个阿拉伯文的欧几里得取得证明。实际上这两个译本在证明方面的差别是相当大的。阿瑟哈德的证明简短并且是压缩了的,而坎帕努斯的证明比较清楚并且比较完整,比较紧密地遵照希腊文,但是仍有一些差距,并且这两个译本在内容的安排上也是不同的。在阿瑟哈德中证明在阐述的前面,而坎帕努斯依照通常的顺序。问题是这些证明的差别以及某些插入多少是译者本人的,多少是阿拉伯源泉的。柯特泽和康托认为后者的可能性大。柯特泽关于坎帕努斯和阿瑟哈德的关系的观点是阿瑟哈德的译本是逐渐改变的,从出现在两个 Erfurt 手稿中的形式经过一些复制者和评论者的修改,一直到坎帕努斯给出的形式,并且被出版。为了支持这个观点,柯特泽援引了雷吉蒙坦奥斯(Regiomontanus)的关于阿瑟哈德 - 坎帕努斯译本的复本。在雷吉蒙坦奥斯自己的前言中,把这个归于阿瑟哈德的译本。但是,这个复本在卷Ⅰ. 中几乎与阿瑟哈德完全一致,而坎帕努斯的较长,而在后面的卷中,特别是从卷Ⅲ. 往后,与坎帕努斯完全一致。雷吉蒙坦奥斯认为这个译本是阿瑟哈德的,坎帕努斯修订了它。

我们现在讨论《原理》的整个或部分的印刷版本,这儿不是给出全部文献的地方,不能像 Riccardi 那样构成一大本书。我只局限于一些最有价值的译本和编辑本。首先是在 1553 年希腊文本 *editio princeps* 出版之前的拉丁文译本,其次是最重要的希腊文本身的编辑本,而后是最重要的译本。以第一次出现的日期和语言作为参考,首先是 1533 年的拉丁文译本,而后是意大利语、德语、法语和英语的译本。

在此，我首先还要提及仍然幸存的希腊文本出现在但丁的《神曲》的 Boccaccio 评论中。其次，雷吉蒙坦奥斯试图在坎帕努斯的版本之后出版《原理》，见意大利的某些希腊文手稿，并且注意它们与拉丁文版本的差别。

Ⅰ.1533 年之前的拉丁文译本

1482 年，在这年出现了第一个欧几里得的印刷版本，这也是印刷界重要的数学书。由拉特道尔特在威尼斯印刷，包含坎帕努斯的译本。拉特道尔特大约于 1443 年出生在奥格斯堡一个艺术家庭。他在家乡学会了印刷的技术，1475 年到威尼斯，发现那儿有一个著名的出版社，就在那里干了 11 年，此后他返回奥格斯堡，继续印刷重要的书籍，直到 1516 年。他逝世于 1528 年。哈斯得拉给出关于这个欧几里得第一版的简短描述，并且在第一页的背面写上献给威尼斯王子莫省尼戈（Mocenigo）。这本书的边页有 2½英寸，并且在边页上放置命题的图形。拉特道尔特说，在那个时候尽管每天在威尼斯印刷古代作者和现代作者的书，却没有数学书出版。一个原因是图形的印刷遇到困难，那时并没有人能成功地印刷图形。他经过多次努力，发现了一个方法使得图形能像字母一样容易印刷。专家质疑拉特道尔特的这个方法是否会把图形分成部分，直线或者曲线，并把这些部分合在一起，像把字母放在一起形成词一样。在布里特科夫（Joh. Gottlob Immanuel Breitkopf）的传记中说，布里特科夫出版社的一个成员，哈斯得拉的一个同事赞许这个特殊的方法。同一家出版社的专家认为拉特道尔特的图形是木刻的，标记图形上点的字母与正文中的字母相像。把木刻的小块图形与字母放在一起开始印刷。如果拉特道尔特是第一个印刷几何图形的人，那么他是在仿真器（emulator）出现前不久完成的，因为几乎在同一年，Windischgrätz 的多道尼斯（Mattheus Cordonis）使用木刻的数学图形来印刷奥里斯姆（Oresme）的 *De latitudinibus*。几何知识的迅速传播可以由随后几年的一些出版书籍所证明。在 1482 年，可以看到两种形式的书，尽管它们只在第一页有差别。一个版本出现在 1486 年（Ulmae，apud Io. Regerum），另一个出现在 1491 年（Vincentiae per Leonardum de Basilea et Gulielmum de Papia），但是没有奉献给莫省尼戈的话，他逝世于 1485 年。如果坎帕努斯增加了他自己的任何东西，也不能辨认这些增加。阐述使用大写，而其余的都用小写。对特殊的段落没有提及 Euclides ex Campano，Campanus，Campani additio，或者 Campani annotatio，这些在 1516 年的巴黎版本中首次被发现，出现在坎帕努斯的版本中和赞巴蒂（Zamberti）的版本（下面提到）中。

1501 年，G. 维拉（G. Valla）在他的百科全书著作 *De expetendis et fugiendis re-*

bus(这一年在威尼斯出版,*in aedibus Aldi Romani*)包括了一些命题及其证明和附注,译自希腊手稿,一度是他自己的财产(cod. Mutin, Ⅲ B,4,15 世纪)。

1505 年,这一年赞巴蒂在威尼斯第一次出版了译自希腊正文的整本《原理》。从其标题以及对《反射光学》和《数据》的前言,以及对以前译者的看法。这些译者从作者那儿取得某些东西,省略某些,并且改变某些。"大多都是粗制滥造的译者"以"异常邋遢,梦想和幻想"填满了一本所谓的欧几里得,可以看出赞巴蒂译本的目的。他反对坎帕努斯的态度出现在一些注释中。例如,他把坎帕努斯使用的术语"helmuain"和"helmuariphe"看作是粗制滥造的,非拉丁文的等。但是当他被坎帕努斯激怒的时候不幸地错译了卷Ⅴ. 定义 5,他没有洞察到坎帕努斯是译自阿拉伯文而不是译自希腊正文。赞巴蒂说他花费了七年时间翻译《原理》十三卷。因为他诞生于 1473 年,《原理》印刷开始于 1500 年,尽管全部著作(包括《现象》《光学》《反射光学》《数据》等等)是在 1505 年出版,所以他一定是在 30 岁之前翻译了《欧几里得》。海伯格没有鉴定赞巴蒂使用的《原理》手稿,但是它显然属于不好的手稿,因为它包含许多塞翁的插入。赞巴蒂也把这些证明归功于塞翁。

1509 年,与赞巴蒂相反,帕西欧洛(Luca Paciuolo)在威尼斯出版了《欧几里得》(*Per Paganinum de Paganinis*),明显地使用了拉特道尔特的译本,并在其中为坎帕努斯进行了辩护。其标题页是很少见的,开始于"迈加拉的欧几里得的著作,由最信任的翻译家坎帕努斯翻译。欧几里得是一个最敏锐的哲学家,而且无疑是所有数学家的领袖"。接着,他说这个译本已经被复制者严重损坏,很难认为这是欧几里得的。帕西欧洛严格地批判、修改并补充了它,除了对复杂的段落提供简明的解释之外,还改正了 129 个错误的图形,并且增加了 S. 维吉奥斯(Scipio Vegius)的卓越的研究内容,使得这个版本更完善. S. 维吉奥斯精通拉丁语和希腊语,尽管没有提及赞巴蒂,后面这个注释一定是针对赞巴蒂所说的,他的译本来自希腊正文。外省波恩(Weissenborn)注意到帕西欧洛的注释有些价值并不大,有些是有用的提示和对术语的解释,还有某些新的证明。如果人们撇开欧几里得的解释,这些证明是不困难的。两个不适当的术语用在卷Ⅲ. 7、8 的图形中,他自己说他失误改正卷Ⅴ. 定义 5 的错误。在第五卷之前他插入一段话,是 1508 年 8 月 15 日在圣巴多罗买教堂给出的关于这一卷的解释。

1516 年,第一个把坎帕努斯和赞巴蒂的两个译本合在一起的编辑本在巴黎出版(in officina Henrici Stephani e regione scholae Decretorum)。只有阐述是欧几里得的,坎帕努斯是他的译本的证明的作者,而塞翁是希腊文本的证明的作者,并且把增加的卷XIV.,XV. 的阐述也归于欧几里得,证明归于许普西克勒斯。出版日期既没有在标题页也不在末尾。但是,由利弗里(Jacques Lefèvre)奉献给布里康内特(François Briconnet)的话的日期是1516年,主显节(Epiphany)之后。图形在边页,命题的安排如下:首先是阐述,标题是“Euclides ex Campano”;而后是证明及注释坎帕努斯;再后是出现在坎帕努斯译本中而不在希腊文本中的段落;接着是从希腊文本翻译的阐述的正文,标题是“Euclides ex Zamberto”,最后是证明标题是“Theo ex Zamberto”,另外有两个证明的两个图形。这个版本经一些修改后于1537年和1546年在巴塞尔两次再版(apud Iohannem Hervagium),并且增加了《现象》《光学》《反射光学》等。1537年的版本是经过赫林(Christian Herlin)把1516年的巴黎版本与“一个希腊版本”对照之后的版本,赫林是斯特拉斯堡的数学研究教授,他借助巴塞尔的*editio princeps*(1533)的帮助改正了第一、二两个段落,并且在赞巴蒂译本中不恰当的地方增加了希腊文的字词。

Ⅱ.希腊文本的编辑本

1533年是*editio princeps*(第一版)出版的日期,其标题页如下:

ΕΥΚΛΕΙΔΟΥ ΣΤΟΙΧΕΙΩΝ ΒΙΒΛ. ΙΕ.
ΕΚ ΤΩΝ ΘΕΩΝΟΣ ΣΥΝΟΥΣΙΩΝ.
Εἰς τοῦ αὐτοῦ τὸ πρῶτον, ἐξηγημάτων Πρόκλου βιβλ. δ̄.
Adiecta praefatiuncula in qua de disciplinis
Mathematicis nonnihil.
BASILEAE APVD IOAN. HERVAGIVM ANNO
M.D.XXXIII. MENSE SEPTEMBRI.

编者是格里纳奥斯(逝于1541年),他一开始在维也纳和Ofen工作,后来在巴塞尔教书,神学是他的主要研究对象。他的“Praefatiuncula”写信给一个英国人托斯塔尔(Cuthbert Tonstall,1474—1559),这个人开始在牛津学习,而后在剑桥成为法学博士,接着在帕多瓦学习数学——主要是雷吉蒙坦奥斯和帕西欧洛的著作——写了一部关于算术的书《告别科学》,而后进入政治领域,成为伦敦主教和枢密院的成员,再后(1530)是达勒姆的主教。格里纳奥斯告诉我们,他曾经使用了《原理》的正文的两个手稿,并且委托给他的两个朋友,一个在威尼斯,拜菲奥斯(“Lazarus Bayfius”,法兰西王国在威尼斯的大使),另一个在巴黎,Ioann,Rvellius(Jean Ruel,法国博士,希腊学者)。海伯格鉴定了这两个用在正文中的手稿:(1)cod,Venetus Marcianus 301;(2)16世纪的cod. Paris. gr. 2343,它们包含卷Ⅰ.—ⅩⅤ.,有插入在正文中的某些附注。在这页有格里纳奥斯的注释,这些注释来自“其他复制版本”的解释,这个“其他复制版本”通常是

Paris MS.，有时候把 Paris MS. 的解释放入正文，而“其他复制版本”是 Venice MS.. 除了这两个手稿之外，格里纳奥斯还参考了赞巴蒂，这可由插入在卷Ⅸ.—Ⅺ. 中一些命题的边页注释“参考赞巴蒂”或“拉丁文样本”而知。格里纳奥斯使用的两个手稿被认为是不好的手稿，显然，*editio princeps* 的正文完全没有代表性，但是，它作为希腊文本的后来的版本的源泉和基础有很长一段时间，这个版本接近于欧几里得本人写的，提供了一个为学生使用的方便的概要。

1536 年，奥让迪奥斯（Orontius Finaeus，Oronce Fine）在巴黎（apud Simonem Colinaeum）出版了欧几里得的几何原理的前六卷，在其中插入了欧几里得本人的希腊文，并有 Barth，赞巴蒂的拉丁文翻译，只有阐述部分是希腊文。在前言中说当时的巴黎大学要求所有追求哲学荣誉的人要学习上述前六卷。奥让迪奥斯著作的其他版本于 1544 年和 1551 年出版。

1545 年，在罗马出版了十五卷的希腊文的阐述（apud Antonium Bladum Asulanum），并有开阿尼（Angelo Caiani）的意大利文翻译。这个译者宣称改正了这部书，并且“消除了六百个不是欧几里得的东西”。

1549 年，喀买拉里奥斯（Joachim Camerarius）出版了希腊文和拉丁文的前六卷的阐述（Leipzig）。这部书的前言声称是由科柏尼卡斯（Copernicus）的学生雷蒂卡斯（Rhaeticus，1514—1576）出版的。另一个具有前三卷的命题的证明的版本由斯坦米茨（Moritz Steinmetz）于 1577 年出版（Leipzig），印刷者的一个注释把这个前言归于喀买拉里奥斯本人。

1550 年，斯切贝尔在巴塞尔（Per Ioan. Hervagium）出版了前六卷，使用了希腊文和拉丁文。具有命题的适当证明，但没有使用字母（即记图上点的字母），直线和角都是用词描述的。

1557 年（以及 1558 年），斯蒂范纳斯（Stephanus Gracilis）在巴黎用希腊文和拉丁文出版了卷Ⅰ.—ⅩⅤ. 的阐述的另一个版本（apud Gulielmum Cavellat），1573 年、1578 年、1598 年再版。他在前言中说，由于没有时间，他几乎没有改变卷Ⅰ.—Ⅵ. 中的任何东西，而只在其余卷中，修补了在拉丁译本中的不正确的内容，同时采用了蒙道尔（Pierre Mondoré，Petrus Montaureus）1551 年在巴黎出版的卷Ⅹ. 的译本。斯蒂范纳斯还增加了一些“附注”。

1564 年，斯特拉斯堡大教堂的钟表（1571—1789 年运行，类似于现在的钟表）的发明家和制作者达西波的奥斯（Rauchfuss）编辑了：(1)《原理》的卷Ⅰ.，用希腊文和拉丁文，并有附注。(2) 卷Ⅱ.，用希腊文和拉丁文，并有卷Ⅱ. 的巴尔拉姆的算术版本。(3) 其余的卷Ⅲ.—ⅩⅢ. 的阐述。卷Ⅰ. 曾经再版并附有海伦的“vocabula quaedam geometrica”。《原理》的所有卷的阐述以及欧几里得的其他著作都是用希腊文和拉丁文写就。在(1)的前言中他说,这个学校的二十六年校规规定所有从班级晋升到公共讲座的人应当学习第一卷,出版它是因为当时没有任何复制本,并且为了防止这个学校的良好的校规被破坏。在1571年版本的前言中他说第一卷是这个学校的一年级的课程。在(3)的前言中他说,他出版卷Ⅲ.—ⅩⅢ.的阐述不是为了表明他的工作未完成,而是为了方便学习《原理》的学生,把它们压缩成较小的书,以免携带整本欧几里得著作的麻烦。

1620年,布里格斯(Henry Briggs)出版了前六卷,用希腊文并有拉丁文翻译,改正了许多地方(London,G. Jones)。

1703年,格雷戈里的牛津版本出版,在海伯格和门格的版本出版之前,它是唯一的欧几里得的完整著作的版本。在附有希腊正文的拉丁文译本中,格雷戈里说,他主要遵照康曼丁奥斯,但是修改了许多段落,使用了在Bodleian图书馆中的属于伯纳德(Edward Bernard,1638—1696)的著作。伯纳德是Savilian的天文学教授,他计划出版十四卷古代数学家的全部著作,其第一卷就包含欧几里得的《原理》卷Ⅰ.—ⅩⅤ.关于这个希腊版本,格雷戈里告诉我们,他不仅查阅了伟大的萨维尔(Savile)遗赠给大学的一些优秀的手稿,还参考了萨维尔亲手在巴塞尔版本的边页上所做的改正。他也得到赫德森(John Hudson)的帮助,赫德森是Bodley的图书管理员并且在出版前修正了巴塞尔正文,比较了拉丁文版本和希腊文版本,特别是在《原理》和《数据》中有差别和有怀疑的地方。他查阅了希腊文手稿,并在它们一致的地方做了边页注释,在不一致的地方画上了星号,以便格雷戈里可以判断哪一个解释是恰当的,因此,只有巴塞尔的版本是格雷戈里的正文的基础,而希腊文手稿只是在赫德森提出注意的段落中做参考。

1814—1818年,出版一个良好的希腊文本的最重要的阶段,F. 佩拉尔德在巴黎用希腊文、拉丁文和法文出版了三卷《原理》和《数据》。当时(1808)拿破仑(Napoleon)把从意大利图书馆挑选的珍贵的手稿送到巴黎,佩拉尔德得到了两个古代的Vatican手稿(190和1038,当时Vat. 204也在巴黎,但是所有三个手稿都在它们的拥有者手中)。佩拉尔德注意到Cod. Vat. 190的优越性,采用了许多它的解释,并且在附录中给出了这些解释和格雷戈里版本的解释的对照。他也注意到Vat. 1038和其他巴黎手稿中的解释。因而,他选取了一个较好的文本,但是他犯了一个错误,不是改正巴塞尔的文本,而是重新开始。

1824—1825年,在柏林出版了J. G. 卡梅尔(和C. F. 霍巴)的两卷的卷Ⅰ.—Ⅵ.的最有价值的版本。其希腊正文基于佩拉尔德,尽管他使用了巴塞尔和牛津版本。有拉丁文翻译以及注释,这些注释远比我看到的要完整。没有一个有名的编者和评论家不被引用。为了说明卡梅尔引用的重要的作者,我只提及下列人名：普罗克洛斯，帕普斯，塔塔格里亚，康曼丁奥斯，克拉维乌斯，佩里塔里奥斯（Peletarius，Peletier），巴罗（Barrow），博雷里（Borelli），沃利斯，塔可奎特（Tacquet），奥斯丁（Austin），西姆森，浦莱费尔（Playfair）。没有词可以表扬收集如此多的信息。

1825年，尼德（J. G. C. Neide）从佩拉尔德编辑了卷Ⅰ.—Ⅵ.，Ⅺ.和Ⅻ.的正文（Halis Saxoniae）。

1826—1829年，海伯格版本之前的最后一个希腊文版本是E. F. 奥古斯特的版本。他比佩拉尔德更紧密地遵照Vatican手稿，并且查阅了Viennese MS. Gr. 103（海伯格的V.）中的所有细节。奥古斯特版本（Berlin，1826—1829）包含卷Ⅰ.—ⅩⅢ.

Ⅲ.1533年之后的拉丁文版本和评论

1545年，拉马斯（Petrus Ramus，Pierre de la Ramée，1515—1572）于1545年和1549年在巴黎出版了欧几里得的一个译本。拉马斯不仅是一个几何学家，还是一个修辞学家和逻辑学家，在他的*Scholae mathematicae*（1559，Frankfurt；1569；Basel）中给出了欧几里得《原理》的一个系列讲稿，在其中他从逻辑观点批评了欧几里得关于命题、定义、公设和公理的安排。

1557年，佩里塔里奥斯出版了欧几里得的几何原理前六卷。第二版（1610）增加了"欧几里得的希腊正文"。但是，只有命题的阐述以及定义等给出了希腊文（有拉丁文翻译），其余只有拉丁文，他有一些敏锐的观察，例如，关于接触的"角"。

1559年，巴特欧（Johannes Buteo/Borrel，1492—1572）在他的书*De quadratura circuli*的附录中有某些注释，"关于欧几里得的译者坎帕努斯，赞巴蒂，奥让迪奥斯，佩里塔里奥斯，佩纳（Pena）等人的错误"。巴特欧在这些注释中根据原始材料证明了命题的证明的作者是欧几里得而不是塞翁。

1566年，坎达拉（1502—1594）恢复了十五卷，遵循赞巴蒂的译自希腊文的译本中的术语，但是在他的证明中吸取了坎帕努斯和塞翁（即赞巴蒂）的证明，对有错误的地方进行了必要的修改，随后的版本于1578年、1602年、1695年（在荷兰）出版。

1572年，最重要的拉丁文译本是在乌尔比诺的康曼丁奥斯（1509—1575）的译本，因为它是到佩拉尔德时代之前的大多数译本的基础。包括西姆森的译本，因而是许多英国编辑者的基础。西姆森的第一版（拉丁文，1756）的标题页中有*ex versione Latina Federici Commandini*。康曼丁奥斯不仅比他的前辈更严谨

地遵循原始的希腊文本,而且还增加了某些古代的附注以及他自己的良好的注释。这部著作的标题如下:

> *Euclidis elementorum libri* XV, *una cum scholiis antiquis. A Federico Commandino Urbinate nuper in latinum conversi, commentariisque quibusdam illustrati* (Pisauri, apud Camillum Francischinum).

他在前言中说,奥让迪奥斯只编辑了前六卷,并且没有参考希腊文手稿,佩里塔里奥斯遵循坎帕努斯的阿拉伯译本而不是希腊正文,坎达拉与欧几里得差别很大,因为他拒绝希腊文本中的证明,代之他自己的错误的证明。康曼丁奥斯使用了某些未鉴定的希腊文手稿以及巴塞尔的 *editio princeps*。他的"古代附注"摘自一个 Vat. 192 类型的手稿,海伯格认为这个手稿是 Schol. Vat. 康曼丁奥斯译本的新版本于 1575 年(在意大利)、1619 年、1749 年[在英国,由基尔(Keill)和斯通(Stone)翻译]、1756 年(卷Ⅰ.—Ⅵ.,Ⅺ.,Ⅻ.用拉丁文和英文,由西姆森翻译)、1763 年(基尔翻译)出版。除此之外,还有许多部分内容的版本,例如前六卷的版本。

1574 年,克拉维乌斯(1537 年诞生在班贝格,1612 年去世)出版了拉丁文译本的第一版,新的版本于 1589、1591、1603、1607、1612 年出版,正如克拉维乌斯自己在前言中所说,这不只是翻译,而且包含大量来自以前的评论家和编辑的注释,以及他自己的批评和解释。其中他改正了一个错误,用欧几里得代替了迈加拉的欧几里得。他说到坎帕努斯的译本与"塞翁的评论"之间的差别,这意味着欧几里得的证明被误以为是塞翁的。他抱怨前辈或者只给出了前六卷,或者拒绝古代的证明而代之他们自己的错误的证明。但是康曼丁奥斯例外。"康曼丁奥斯是一个非凡的几何学家,他在一个拉丁文译本中恢复了欧几里得原有的光辉。"克拉维乌斯还重写了证明,压缩或增加以便更清楚,他的书是一部有用的著作。

1621 年,萨维尔的讲稿(Praelectiones tresdecim in principium Elementorum Euclidis Oxoniae habitae MDC,XX.,Oxonii 1621),尽管没有超过Ⅰ.8,但是有价值,由于它们抓住了困难,抓住了与前面内容、定义等的联系以及包含在前面命题中的隐含的假设。

1654 年,塔可奎特的 *Elementa geometriae planae et solidae* 包含了学校使用的几何八卷。截至 18 世纪末它出版了大量版本。

1655 年,巴罗的 *Euclidis Elementorum Libri* XV *breviter demonstrati* 是同类型的书,在 1659 年版本前言中说他没有准备写它,但是由于塔可奎特只给出了欧几里得的八卷,他把这部著作压缩成很小的版本(在 1659 年版本中,整个十五卷及《数据》不到 400 页),简化了证明并且使用了大量符号(他说这主要是 Oughtred 的)。一直到 1732 年有若干版本出版(有 1660 年和 1732 年以及一两个英文的版本)。

1658 年,博雷里(1608—1679)出版了 *Euclides restitutus*,它有另外三个版本(一个是意大利文,1663 年)。

1660 年,德查尔斯(Claude François Milliet Dechales)的欧几里得的《原理》的八个几何卷出版。他的版本曾大量流行,以法文、意大利文、英文和拉丁文出现。Riccardi 列举了他的二十多个版本。

1733 年,萨凯里的 *Euclides ab omni naevo vindicatus sive conatus geometricus quo stabiliuntur prima ipsa geometriae principia* 在试图证明平行公设方面是重要的,是非欧几何的发展史上的一个重要阶段。

1756 年,西姆森的第一版,用拉丁文和英文标示标题如下:

> ***Euclidis elementorum libri priores sex, item undecimus et duodecimus, ex versione latina Federici Commandini; sublatis iis quibus olim libri hi a Theone, aliisve, vitiati sunt, et quibusdam Euclidis demonstrationibus restitutis. A Roberto Simson M.D.*** **Glasguae, in aedibus Academicis excudebant Robertus et Andreas Foulis, Academiae typographi.**

1802 年,*Euclidis elementorum libri priores* Ⅻ *ex Commandini et Gregorii versionibus latinis. In usum juventutis Academicae* ...,罗彻斯特的大主教霍斯利(Samuel Horsley)译(Oxford,Clarendon 出版社)。

Ⅳ. 意大利文版本和评论

1543 年,塔塔格里亚的版本第二版于 1565 年出版,第三版于 1585 年出版。好像没有使用希腊文文本,因为在 1565 年版本中他只提及"第一个坎帕努斯的译本","第二个是仍然活着的赞巴蒂的译本"以及"包含上述两个译本的巴黎或德国的版本"。

1575 年,康曼丁奥斯的译本被译成意大利文并且有他的评论。

1613 年,卡太尔迪(P. A. Cataldi)出版了前六卷,1620 年再版,而后增加了卷Ⅶ.—Ⅸ.(1621),又增加了卷Ⅹ.(1625)。

1663 年,马格尼(Domenico Magni)把博雷里的拉丁文译本译成意大利文。

1680 年,维里塔(Vitale Giordano)出版了 *Euclide restituto*。

1690 年,维维安尼(Vincenzo Viviani)出版了 *Elementi piani e solidi di Euclide*

(卷Ⅴ.于1674年)。

1731年,格兰迪(Guido Grandi)出版了*Elementi geometrici piani e solidi di Euclide*。

1749年,德查尔斯的意大利文译本,并有奥赞纳姆(Ozanam)的改正和附注,再版于1785年、1797年。

1752年,齐门尼斯(Leonardo Ximenes)的前六卷。第五版出版于1819年。

1818年,弗劳蒂(Vincenzo Flauti)的*Corso di geometria elementare e sublime*(4卷),在卷Ⅰ.中包含了欧几里得的前六卷以及关于公设5的学位论文。在卷Ⅱ.中包含了欧几里得的卷Ⅺ.,Ⅻ.弗劳蒂于1827年还出版了第六卷,于1843年和1854年出版了*Elements of geometry of Euclid*。

Ⅴ.德文

1558年,Scheubel出版了算术卷Ⅶ.—Ⅸ.(参考上述1550年出版的用希腊文和拉丁文翻译的前六卷)。

1562年,霍尔茨曼(Wilhelm Holtzmann,Xylander)出版了前六卷版本。这部著作是德文第一版,但不是重要的。霍尔茨曼告诉我们,这是为实业人员,如艺术家、金匠、建筑师等人写的,这些人只要知道事实,不需要知道如何去证明它们,他常常略去了证明,他事实上以极大的自由对待欧几里得,并不关心理论难点,例如平行公设。

1651年,H.霍夫曼(Heinrich Hoffmann)的*Teutscher Euclides*(第2版于1653年)。

1694年,皮里肯斯坦(Ant. Ernst Burkh. v. Pirckenstein)的*Teutsch Redender Euclides*(八个几何卷),"作为工程师等使用","证明使用新的和容易的方式"。其他版本出版于1699年、1744年。

1697年,雷尔(Samuel Reyher)的*In teutscher Sprache vorgestellter Euclides*(六卷),"使用代数符号并且从最新的解答艺术导出"。

1714年,斯切斯拉(Chr. Schessler)的*Euclidis* ⅩⅤ *Bücher teutsch*,"用一种特殊的和简明的方式,但它是完整的"(另一个版本于1729年出版)。

1773年,洛伦兹(J. F. Lorenz)为学生使用的前六卷,译自希腊文,第一个试图把欧几里得逐字逐句地译成德文。

1781年,洛伦兹的卷Ⅺ.,Ⅻ.(前者的补充)。还有*Euklid's Elemente fünfzehn Bücher*,由洛伦兹译自希腊文(第二版于1798年出版。1809年、1818年、1824年的版本由Mollweide出版,1840年的版本由Dippe出版)。1824年的版本使用符号并压缩阐述而缩短了译本内容。

1807年,霍夫(J. K. F. Hauff)使用希腊文翻译了卷Ⅰ.—Ⅵ.,Ⅺ.,Ⅻ.

1828年,与上述相同的卷由J. 霍夫曼(Joh. Jos. Ign. Hoffmann)翻译,“作为初等几何的指南”,而后于1832年增加了正文的注释。

1833年,安格(E. S. Unger)的*Die Geometrie des Euklid und das Wesen derselben*出版,再版于1838年、1851年。

1901年,M. 西蒙(Max Simon),*Euclid und die sechs planimetrischen Bücher*。

Ⅵ. 法文

1564—1566年,由P. de la Ramée的学生和朋友福卡得尔(Pierre Forcadel)翻译的九卷。

1604年,埃拉得(Jean Errard de Bar-le-Duc)翻译的前九卷出版并有译者的注释。第二版于1605年出版。

1615年,亨里安(Denis Henrion)的15卷译本出版(一直到1676年共有七版)。

1639年,赫里岗(Pierre Hérigone)的前六卷,使用了符号和一个非常简明并且易懂的方法,巴罗说他是在他之前唯一的使用符号来阐述欧几里得的编者。

1672年,德查尔斯的八卷本*rendus plus faciles*出版,这部书有多个版本,1672年、1677年、1683年等(1709年之后由奥赞纳姆出版),并被译成意大利文(1749年等)和英文[由哈尔发可斯(William Halifax),1685年],他还出版了*Les élémens d'Euclide expliqués d'une manière nouvelle et très facile*。

1804年,也就是在他的希腊文本的版本之前,F. 佩拉尔德出版了逐字译成的法文的《原理》。第二版于1809年出版,附加了第五卷。第二版包含卷Ⅰ.—Ⅵ.,Ⅺ.,Ⅻ.和Ⅹ.1,而第一版包含卷Ⅰ.—Ⅳ.,Ⅵ.,Ⅺ.,Ⅻ.,佩拉尔德的这个译本使用了Oxford Greek text和Simson。

Ⅶ. 荷兰文

1606年,道(Jan Pieterszoon Dou)(六卷本)。后来有许多版本。哈斯得拉在提及1702年版本时说,道在他的前言中说他使用了霍尔茨曼的译本,他后来得到埃拉得(见上)的六卷法文译本,有时候与德文版比较,他更喜欢法文译本中的证明,他借助这两个译本完成了他的荷兰文译本。

1617年,斯科坦(Frans van Schooten)的“*The Propositions of the Books of Euclid's Elements*”出版;Jakob van Leest于1662年把这个版本扩大为十五卷本。

1695 年，沃特(C. J. Vooght)，完整的十五卷本，以及坎达拉的“第 16 卷”。

1702 年，科尹茨(Hendrik Coets)，六卷本(也有拉丁文译本，1692 年)。一直到 1752 年有几个版本。显然不是翻译本，而是为学生使用的编辑本。

1763 年，斯蒂恩斯特拉(Pybo Steenstra)的卷Ⅰ.—Ⅵ.，Ⅺ.，Ⅻ.，一个简化的版本，有直到 1825 年的几个版本。

Ⅷ. 英文

1570 年，第一个并且最重要的译本，比林斯雷译，标题页如下：

VIII. ENGLISH.

1570 saw the first and the most important translation, that of Sir Henry Billingsley. The title-page is as follows:

THE ELEMENTS
OF GEOMETRIE
of the most auncient Philosopher
EVCLIDE
of Megara

Faithfully (now first) translated into the Englishe toung, by H. Billingsley, *Citizen of London. Whereunto are annexed certaine Scholies, Annotations, and Inuentions, of the best Mathematiciens, both of time past, and in this our age.*

With a very fruitfull Preface by M. I. Dee, *specifying the chiefe Mathematicall Sciēces, what they are, and whereunto commodious: where, also, are disclosed certaine new Secrets Mathematicall and Mechanicall, vntill these our daies, greatly missed.*

Imprinted at London by *John Daye.*

译者在序言中说，如果没有认真地研究欧几里得的《原理》，就不可能得到完美的几何知识，“由于在我们的英语中需要和缺少这样良好的作者，上帝给我们知识和能力翻译成我们的语言，并且出版这些良好的作者的著作。许多上层人士和其他各阶层的人士非常希望研究这些艺术，并且努力寻找他们所需要的东西。为此我以极大的努力和信心把欧几里得的书翻译成我们的语言并且出版。为了易读，我增加了一些例子并用图形来解释定义。在这些书中，也有许多附加的内容、附注以及评论，我收集了许多重要的内容，其中有古代的和我们这个时代的”。

事实上，这是一个里程碑的著作，有 464 张，即 928 页，还有第的一个长的前言。其中的注释包含最重要的来自希腊学界的评论，普罗克洛斯以及其他人的评论和第本人关于后面一些卷的评论。除了这十五卷之外，比林斯雷还把坎达拉的第十六卷加了进去。从内容上看这本书是值得出版的，并且为了使其容易理解，我尽量使每部分内容以最清晰和最完美的形式出现，我只需提及卷Ⅺ.

的命题的图形几乎全部复制了。一个是欧几里得的图形,其他的是一些三角形和矩形等的碎片。粘贴在页边,把它们翻起来可以构成表示这个立体图形的真实的形状。

比林斯雷于 1551 年进入 Lady Margaret Scholar of St John's College, Cambridge,他说他曾经在 Oxford 学习,但是没有获得学位。此后在伦敦的一个商店里当学徒,并且很快成为一个富商。1584 年成为伦敦的郡长(Sheriff of Londom),1596 年 12 月 31 日被选为伦敦市长,1589 年成为伦敦港有名的关税缴纳人。1591 年他在 St. John's College 为贫寒学生建立了三个奖学金,并且给这个学院建立了食宿公寓 Allhallows 和 Barking,分别在 Tower Street 和 Mark Lane。

1651 年,鲁德(Captain Thomas Rudd)的 *Elements of Geometry*,前六卷,并且有 J. 第的前言(London)。

1660 年,在伦敦出版了巴罗的欧几里得的第一个英文版本(拉丁文版本于 1655 年出版)。它包含"整个十五卷",后来的版本于 1705 年、1722 年、1732 年、1751 年出版。

1661 年,*Euclid's Elements of Geometry*。"有附加的各种命题和推论。有 Campane 和 Flussat 的关于正多面的著作,欧几里得的《数据》和玛忍奥斯的前言,还有 Machomet Bagdedine 的关于分割表面的著作,都是在伦敦的 J. 第的要求下由康曼丁奥斯出版"。这部著作由在伦敦学习数学的两个学生李可(John Leeke)和塞尔(Geo. Serle)的关照下出版。根据波茨(Robert Potts)的说法,这部著作是比林斯雷的译本的第二版。

1685 年,哈尔发可斯出版的德查尔斯的版本《欧几里得的原理》使用新的和最简易的方法阐述(London 和 Oxford)。

1705 年,*The English Euclide*,"《原理》的前六卷,由斯卡伯格(Edmund Scarburgh)译自希腊文,并有注释和补充(Oxford)"。这是一部有价值、有用的版本。

1708 年,由基尔从康曼丁奥斯的拉丁文版本翻译的卷Ⅰ.—Ⅵ.,Ⅺ.,Ⅻ.,基尔是牛津大学的 Savilian 天文学教授。

基尔在他的前言中抱怨这些编者省略了许多必要的命题(例如,Ⅵ. 27—29),以及他们用自己的证明代替欧几里得的证明。他赞扬巴罗的版本是完整的,尽管他反对在卷Ⅱ.中所采用的"代数"形式和过度地使用注释和符号,他认为这会使证明太短和模糊。因而他的版本是介于巴罗的过度简练和克拉维乌斯的冗长之间。

基尔的译本经坎恩(Samuel Cunn)修改并多次再版。1749 年第八版,1772 年第十一版,1782 年第十二版。

1714 年，惠斯通（W. Whiston）的英文版本（删节本）*The Elements of Euclid with select theorems out of Archimedes by the learned Andr. Tacquet*。

1756 年，西姆森的第一个英文版本，与他的拉丁文版本在同一年出版，其标题：

> *The Elements of Euclid, viz. the first six Books together with the eleventh and twelfth. In this Edition the Errors by which Theon or others have long ago vitiated these Books are corrected and some of Euclid's Demonstrations are restored.* By Robert Simson (Glasgow).

拉丁文版本和英文版本都有附录：

> *Notes Critical and Geometrical; containing an Account of those things in which this Edition differs from the Greek text; and the Reasons of the Alterations which have been made. As also Observations on some of the Propositions.*

西姆森在某些版的前言（例如，第十版，1799 年）中说“这个译本在一个博学人士的友好帮助下进行了许多修补”。

西姆森的版本以及他的注释是众所周知的，不必进一步描述，这部书有三十版，前五版分别于 1756 年、1762 年、1767 年、1772 年和 1775 年出版；第十版于 1799 年出版，第十三版于 1806 年出版，第二十三版于 1830 年出版，第二十四版于 1834 年出版，第二十六版于 1844 年出版。以同样的方式修订了《数据》，并首次收录在 1762 年的版本中（the first octavo edition）。

1781 年和 1788 年，威廉森在这两年分别出版了两个版本中包含十三卷的完整译本，这是最后一个逐字逐句复制欧几里得的英文译本，其标题是：

> *The Elements of Euclid, with Dissertations intended to assist and encourage a critical examination of these Elements, as the most effectual means of establishing a juster taste upon mathematical subjects than that which at present prevails.* By James Williamson.

在第一版本（Oxford，1781 年）中，他是“M. A. Fellow of Hertford College”，在第二版本（London，printed by T. Spilsbury，1788）中他简单地是“B. D.”。卷Ⅴ.，Ⅵ. 以及第一本中的结论与其他部分是分开的。

1781 年，奥斯丁（William Austin）（London）的 *An examination of the first six Books of Euclid's Elements* 出版。

1795 年，浦莱费尔（John Playfair）的第一版出版，包含“欧几里得的前六卷以及两个立体几何卷”。第五版于 1810 年出版，第八版于 1831 年出版，第九版于 1836 年出版，第十版于 1846 年出版。

1826 年，菲利普斯（George Phillips）的 *Euclid's Elements of Geometry contai-*

ning the whole twelve Books translated into English, from the edition of Peyrard. 编者是 Queens' College, Cambridge 1857—1892 年的校长，生于 1804 年，于 1826 年进入 Queens' College，因而，他出版这部书时还是一个大学生。

1828 年，拉得纳的一个很有价值的前六卷版本，有他加入的评论和几何习题，在卷Ⅺ.，Ⅻ.处，增加了基于勒让德(Adrien Marie Legendre)的立体几何内容。拉得纳用联合阐述的办法压缩了命题，并且用小号字给出了大量的附录和附加的命题。第九版出版于 1846 年，第十一版出版于 1855 年。他还给出了一个"关于平行线理论"的附录，在其中他给出了记录勒让德的关于克服平行公设中困难的历史。

1833 年，T. Perronet Thompson 的 *Geometry without axioms*，有改变和注释的欧几里得前六卷。是一本特别的书。其中的直线和平面是由球的性质导出的，有一个附录，其中包含克服欧几里得第十二公理中的困难的方法。

Thompson(1783—1869)曾经是第 7 个 Wrangler，1802 年；midshipman，1803 年；Fellow of Queens' College，Cambridge，1804 年；而后成为一个政治家。这部书出过几版，并且被 Van Tenac 译成法文。据说在法国比在本国得到更大的认可。

1845 年，波茨的第一版(并且是最好的一版)出版，其标题为：

> *Euclid's Elements of Geometry chiefly from the text of Dr Simson with explanatory notes...to which is prefixed an introduction containing a brief outline of the History of Geometry. Designed for the use of the higher forms in Public Schools and students in the Universities* (Cambridge University Press, and London, John W. Parker), to which was added (1847) *An Appendix to the larger edition of Euclid's Elements of Geometry, containing additional notes on the Elements, a short tract on transversals, and hints for the solution of the problems etc.*

1862 年，托德亨特(Todhunter)的版本。

我不再列举后面的英文编辑者，他们的名字数不胜数，并且其目的大多是为了学校使用，并且离开了欧几里得的正文和顺序。

Ⅸ. 西班牙语

1576 年，坎姆纳诺(Rodrigo Çamorano)把前六卷译成西班牙语。

1637 年，卡尔杜奇(L. Carduchi)把前六卷译成西班牙语并作有注释。

1689 年，克内萨(Jacob Knesa)译了卷Ⅰ.—Ⅵ.，Ⅺ.，Ⅻ.，并作有解释。

Ⅹ. 俄文

1739 年，阿斯塔洛夫(Ivan Astaroff)(译自拉丁文)。

1789 年，苏沃罗夫(Pr. Suvoroff)和 Yos. Nikitin(译自希腊文)。

1880 年，Vachtchenko-Zakhartchenko。

(1817. Jo. Czecha 译成波兰文)。

Ⅺ. 瑞典文

1744 年，斯特罗马(Mårten Strömer)，前六卷；第二版于 1748 年。第三版(1753 年)包含了卷Ⅺ.—Ⅻ.；新版持续到 1884 年。

1836 年，福尔克(H. Falk)，第六卷。

1844 年、1845 年、1859 年，布拉肯杰尔姆(P. R. Bråkenhjelm)，卷Ⅰ.—Ⅵ.，Ⅺ.，Ⅻ.。

1850 年，郎奇忍(F. A. A. Lundgren)。

1850 年，威特(H. A. Witt)和阿里斯康(M. E. Areskong)，卷Ⅰ.—Ⅵ.，Ⅺ.，Ⅻ.。

Ⅻ. 丹麦文

1745 年，Ernest Gottlieb Ziegenbalg。

1803 年，林达拉普(H. C. Linderup)，卷Ⅰ.—Ⅵ.。

ⅩⅢ. 现代希腊文

1820 年，Benjamin of Lesbos.

我应当提及最近几年出版的某些版本。

荷兰译本[*Euklid's Elementer* oversat of Thyra Eibe(艾布)]于 1912 年完成。卷Ⅰ.—Ⅱ.(以及塞乌腾的引论)于 1897 年出版，卷Ⅲ.—Ⅳ. 于 1900 年出版，卷Ⅴ.—Ⅵ. 于 1904 年出版，卷Ⅶ.—Ⅷ. 于 1912 年出版。

意大利文译本，它对初等几何有巨大贡献，使得欧几里得再次成为学习的对象。瓦卡(Giovanni Vacca)编辑了卷Ⅰ. 的正文(Il Primo libro degli Elementi. Testo Greco, versione italiana, introduzione e note, Firenze 1916)。恩里奎斯(Federigo Enriques)已经开始出版一部完整的意大利文译本(Gli Elementi d'Euclide e la critica antica e moderna)；卷Ⅰ.—Ⅳ. 于 1925 年出版(Alberto Stock, Roma)。

这个作者的卷Ⅰ. 版本于 1918 年出版(Euclid in Groek, Book I. with Introduction and Notes, Camb. Vniv. Press)。

第Ⅸ章

§1. 关于《原理》的性质

普罗克洛斯给出了术语 element(原理,基础,元素)和 elementary(初等的,基本的)的明白的解释,无疑地,这是引自盖米诺斯。普罗克洛斯说,在整个几何中有一些开始的定理,它们起到基本的作用,为许多性质提供证明,这些定理称为原理(elements);它们的作用可以和字母表中的字母与语言的关系比照,事实上,在希腊文中字母就用这个名字。

术语 elementary 有更广泛的应用:它应用于“能在许多方面再扩成更大的东西,尽管也具有简单性和优美性,但是与 elements 的身份不同,因为它们不是用在整个科学中,例如命题,在三角形中,从角到对边的垂线相交于一点”。

又正如梅纳奇多斯(Menaechmus)所说,术语 element 用在两种意义上:一种是得到某个东西的基础,正如在欧几里得中第一个命题是第二个命题的基础;第四个命题是第五个命题的基础。在这个意义上,许多东西可以说成可互为基础,因为它们完全可以相互得到。例如,从直线形的外角的和等于四直角的事实可以推出它的内角和等于几个直角,反之亦成立。这样一个基础就像一个原理。但是,另一方面,术语 element 用在复杂的东西分成的更简单的东西上;在这种意义上,我们不能再说任何东西是任何东西的 element(元素,基础),而只能说具有更基本性质的东西是依靠它们的东西的 element(元素,基础),正如公设是定理的基础。根据术语 element 的这个意义,欧几里得中的 element 是汇编的,部分是平面几何中的那些,部分是立体几何中的那些,许多作者以类似的方式书写了算术和天文学方面的基本著作。

在每一门科学中,选择和以适合的顺序安排基础,使得从这些基础可以建立所有其余的,并且所有其余的可以分解成它们,这是很困难的。关于这个,有些人试图把某些东西合在一起并且把某些东西分开来;某些东西可以用来给以证明,某些东西可以无限扩张它们的研究;某些可以避免反证法,某些可以避免比例;某些可以设计为初始步骤;一句话,许多不同的方法已经被各种原理的作者所使用。

重要的是这样一部著作应当放弃任何多余的东西(因为它是获得知识的绊

脚石);它应当选择包含这个主题的任何东西,并且把它归结为一点(这是对科学的最好的应用);它必须极其关注易懂性和简明性(相反地会造成理解的困难);它必须包含使用一般术语的定理(零碎的分割使知识难于掌握)。在所有这些方面,欧几里得的原理系统是最好的;因为它的实用性有利于原始图形研究,它的易懂性和系统的完美性由从简单到复杂以及把研究建立在公用概念之上来保证。而证明的一般性由定理的发展来保证,这些定理是从基本的到想象的东西。关于有些好像缺少的东西,部分是由于可以用同样的方法发现,像作不等边和等腰三角形,部分是由于会引起无边无际的复杂性,像无序无理数,阿波罗尼奥斯曾作了研究,部分可以从这些原理发展出来,像许许多多的角和线。这些东西在欧几里得中被略去了,但它们在其他著作中得到了充分的研究;而且这些知识可以从简单的原理导出。

普罗克洛斯认为欧几里得的《原理》有两个目的。第一个是作为研究的参考,此时他像一个良好的柏拉图主义者,把几何的整个主题看作与"宇宙图形"有关,在卷XIII.中,作出了内接于球的五个正多面体并且做了相互比较。第二个目的与初学者有关,由此出发,原理可以看作使初学者理解整个几何的完美的手段。因为从这些原理开始,我们就能够获得这门科学中其他部分的知识,并且若没有它们,就不可能掌握复杂的知识。正是由于这个,这些定理大多具有基本的性质,大多是简单的,大多类似于前面的假设,并且以适当的顺序安排;所有其他的命题的证明要使用这些定理是众所周知的。例如,阿基米德在他的关于球和圆柱的书中,阿波罗尼奥斯以及其他几何学家明显地使用了这部著作中的定理并把它们看成公认的原则。

亚里士多德也在同样意义上说到几何的原理:"在几何中必须彻底理通原理","一般地说,原理的开始是给出定义,例如,直线和圆,以及最容易证明的东西,当然它们不需要许多资料来建立它们,因为没有许多中间术语","在所有几何命题中,我们把这些'原理'称为证明中的证明","类似地,我们说几何命题的原理,一般地,论证的原理,首先出现的论证,包含在各种其他论证中的论证称为这些论证的原理……术语原理适用于类似的事情并且用于许多目的。"

§ 2. 欧几里得之前的原理

有名的普罗克洛斯的概论的早期部分无疑是来自欧德莫斯的几何史,这个可以从提及柏拉图的 Mende 的菲利普斯之后的注释推出,"这些人书写了这门科学的直到这时的历史”,因而我们有最好的依据来列举在这个概要中给出的原理的作者。希俄斯的希波克拉底(fl. 前 5 世纪后半期)是第一个;而后是勒俄(Leon),他也发现了 diorismi,仔细地把它们汇编在一起,许多命题有证明并且是有用的。勒俄比欧多克索斯(大约前 408—前 355)稍大一点,而比柏拉图(前 428/7—前 347/6)稍小一点,但不属于后者的学派。学院(Academy)的几何教科书是马格西尼亚的西阿迪奥斯(Theudius)书写的,他与赫拉克利亚的阿迈克拉斯(Amyclas),欧多克索斯的学生梅纳奇多斯,梅纳奇多斯的兄弟狄诺斯特拉托斯(Dinostratus)以及 Cyzicus 的阿省纳奥斯在学院共事并与他们一起共同研究。西阿迪奥斯“把这些原理很好地放在一起,并且使许多部分的(或局限的)命题更一般”。欧德莫斯没有提及西阿迪奥斯的教科书之后的教科书,只是提及赫姆迪马斯“发现了许多原理”,因而西阿迪奥斯必然是欧几里得的直接前辈,并且无疑地欧几里得充分地使用了西阿迪奥斯以及赫姆迪马斯的发现和其他现成的资料。在欧几里得的《原理》中没有发现多少当时的这个学科的状况。

但是在亚里士多德中有另外的信息来源。幸运地,作为数学史家,亚里士多德喜爱数学,他引用了许多几何命题、定义等等,这说明他的学生必然在手边有某个教科书,在其中可以找到他提及的东西;而这个教科书必定是西阿迪奥斯的教科书。海伯格从亚里士多德中吸取了许多有价值的数学摘要,欧几里得对其中的许多作了改变;这些资料以及没有包括在海伯格的选择中的资料常常被后人所引用。

§ 3. 基本原理:定义、公设和公理

亚里士多德给出了关于基本原理的许多有价值的信息,无疑地,这些原理在当时是普遍接受的。在 *Posterior Analytics* 中有一长段话充分地明白地说明了这个。在说了任何论证科学必须以必要的基本原理开始之后,他继续说:

“在每一门科学中的基本原理是这样一些东西,它们的真实性是不能证明的。必须承认这些基本原理以及由它们导出的那些东西;但是,关于它们的存在性,必须假定对基本原理是真的,而其他是要证明的。例如,什么是单位(u-nit),什么是直线,什么是三角形必须被假定;并且单位的存在和量的存在也必须被假定,但是其余的必须证明。关于在论证科学中使用的前提,某些是对一种科学特有的,另外一些是对所有科学公用的,对一门特定科学的基本原理,如假定一条线具有这样那样的特征,则直线具有这样那样的特征。而公用的基本

原理,如若以相等减去相等,则剩余的相等。但是,每一个公用的基本原理对每一个特定科学来说,只要对特定的对象为真就已足够;在几何中,不必假定公用原理对任何东西是真的,而只需关于量,而在算术中只需关于数。

"一门科学独有的东西是这门科学研究其基本属性的东西,例如,算术涉及单位,而几何涉及点和线。关于这些东西,必须假定它们存在并且它们具有这样那样的性质。但是,关于它们的基本性质,只是假定术语的含义;例如,算术回答什么是'奇数'或'偶数','平方'或'立方',而几何回答什么是'无理的'或'倾斜'或'接近';但是,存在这样一些东西,是由公用原理和已经证明的东西所证明的。天文学是类似的。每一门论证科学必须做三件事:(1)假定这门科学研究的对象及本质属性是存在的,(2)公用公理,它是证明的主要源泉,(3)所使用的相关术语的含义以及其性质。然而,为什么某些学科省略了说明这些东西中的一个或几个,如果是明显的,那么它是存在的(数的存在和冷热的存在不是同样明显的),于是没有必要假定其存在性;关于相关术语的性质,若术语的含义是明显的,也不必做假定;至于公用公理,也不必做假定,像相等的减去相等的含义是众所周知的。但是,事实上存在三种不同的东西:证明的对象,证明了的东西以及证明所使用的公理。

"公理必须是真的,而且必须这样认为,它既不是假设也不是公设。因为论证与来自外面的推理无关,而只是在心灵中推理,正如三段论的情形。总是可以从外面提出反对推理的意见,但是从内里反对推理不总是可能的。关于教师所假定的东西,如果初学者相信所假定的东西,它就是假设;但是,同样假定的东西,初学者没有意见或者有相反的意见,它就是公设。这就是假设和公设的区别;因为公设可以与初学者的意见相反,或者所假定和所使用的东西没有被证明。定义不是假设,因为它们不断言任何东西的存在或不存在,而假设是命题的一部分。定义只要求被理解。因而,定义不是假设,除非所说的话都是假设。一个假设是这样的,如果它是真的,那么一个结论可以被建立。正如某些人所说的,几何学家的假设也不是假的。这些人说'人们不应当使用假的东西,而几何学家虚假地把他画的一些长称为线,或者把不是直线的东西称为直线。'几何学家不是基于他所画的东西得出结论,而是参考由图形所显示的东西,并且公设和假设或者是泛指的或特别的命题;而定义不是(因为定义与它断言的东西有相同的程度)。"

亚里士多德说,每门论证科学必须从非论证的基本原理开始,否则,论证的步骤就没有终点,关于这些非论证的基本原理,某些是(a)对所有科学公用,其他是(b)特别地适用于特别的学科;(a)公用的基本原理是公理,例如,若以相等的减去相等的，则剩余的相等，现在考虑(b)对特别的学科必须假定特别的基本原理，首先必经假定对象的存在，即在几何中的量，在算术中的单位。在此之下，我们必须假定其对象的各种属性的定义，例如，直线、三角形、倾斜等等，定义本身没有说明被定义的东西的存在性，它只要求被理解。但是，在几何中，除了对象和定义之外，我们还要假定一些被定义的原始东西的存在，即点和线。其他任何东西的存在性，例如，由它们构成的各种图形，三角形、正方形、切线及其性质、不可公度等等必须证明(用作图和论证来证明)。在算术中，我们假定单位的存在，但是，关于其余的，例如，奇数、偶数、平方、立方等的定义被假定，并且其存在是要证明的。我们已经区分了非论证的基本原理中的公理和定义。公设也与假设有区别，后者是初学者同意的，而前者没有这种同意甚至是反对的(尽管非常奇怪，在说了这个之后，亚里士多德给出了“公设”的一个更广泛的含义，它也包含“假设”，即所假定的任何东西，尽管它关系到证明，并且没有被证明地来使用)。海伯格说，在亚里士多德中没有关于欧几里得的公设的痕迹，并且在亚里士多德中，“公设”有不同的含义。他似乎基于对公设的另外一种描述，与假设没有区别；但是，如果我们采取另一种与假设有区别的描述，没有初学者的同意或反对的意见，它就似乎适用于欧几里得的公设，不只是对前三个(公设三个作图)，而且也适用于其他两个，即所有直角是相等的，以及若两条直线与第三条直线相交，并且同侧内角小于两直角，则它们在这一侧相交。亚里士多德的描述似乎与阿基米德在他的书 *ON the equilibrium of planes* 中的“公设”相称，即两个相等的重量在相等距离处平衡，而两个相等的重量在不相等的距离处不平衡，在较长距离处的重量超过较短距离处的重量。

亚里士多德还区别了假设和定义，以及假设和公理：“在推理的基本原则中，我把既不可能证明，也对要学习的人不是重要的东西称为设想(thesis)；而把对要学习的人所必需的东西称为公理(axiom)；这是最常用的名字，但是，关于设想，一类是这样的，它断言一个方面或另一个方面，例如，某个东西存在或不存在，这就是假设(hypothesis)；其他的没有这种假定的是定义(definition)。一个定义是一个设想，例如，算术专家定义，单位是数量(quantity)上不可分的；这不是假设，因为单位的含义与单位存在的事实是两个不同的事情。”

亚里士多德对于公理也使用另外的术语“公用原理”(common principles)或“公用意见”(common opinions)。“从相等取出相等，剩余的相等是关于所有量的公用原理，但是，数学把它用在它的对象的某些部分，例如，线或者角，数或任一个其他量。”“公用原理，例如，两个矛盾的论断中的一个必然是真的，从相等取出相等，等等”，“关于论证的基本原理，要看它们属于一门科学或几门科学。

所有论证可以使用的是‘公用意见’(common opinions),例如,两个矛盾的论断中的一个必然是真的,并且,同一个东西不可能既是又不是。”类似地,“任何论证科学研究它的对象的基本属性,从公用意见开始。”正如海伯格所说,由此可以充分地解释欧几里得关于公理所使用的术语,即公用概念(common notions),并且没有理由假设它是由 Stoics 用它代替了原来的术语;参考普罗克洛斯的注释,根据亚里士多德和几何学家,公理与公用概念是同一个东西。

亚里士多德在 *Metaphysics* 中讨论了公理的非论证特征。因为“所有论证科学使用公理”。所以会提问,公理的讨论属于哪一门科学?答案是这样的:与正常一样,它是推理的第一个领域,不可能论证任何东西,否则会出现论证的无限序列;如果公理是一个论证科学的主题,那么就会像其他论证科学一样,有研究对象、属性以及相应的公理;于是就会有公理后面的公理,继续不断。公理是所有基本原理中最牢固地建立起来的基本原理,任何人去证明这些公理是一件愚蠢的事情;其所谓的证明实际上是逻辑循环。如果承认不是任何东西可以证明,那么就没有人可以指出任一基本原理更非论证。如果任何人说他可以证明他们,他可能会立即被驳倒;如果他不想说任何东西,那么与他争论就是可笑的:他不比植物更好。任何推理的第一个条件就是所使用的词对说话者和听者都是明白地表示某个东西,如果没有这个,就不会有推理,并且,如果任何一个人承认这个词可以意味着任何东西,那么他承认某个东西是真而无须证明等等。

有必要总结一下亚里士多德关于基本原理的观点,普罗克洛斯对其总结如下:与其他科学一样,“在几何原理中,必须首先给出这门科学的基本原理,在此之后是这些基本原理的结论,不是给出这些基本原理的评述,而只是它们的推论。没有一门科学证明它自己的基本原理,甚至讨论它们;它们被认为是自明的……于是,第一个重要的事情是从它们的推论中把基本原理区分出来。欧几里得在每一卷中执行了这个计划,并且在整个书的前面安排了这门科学的公用原理,而后他把这些公用原理分为假设、公设和公理。这些彼此是不同的;正如亚里士多德所说,公理、公设和假设是不相同的东西,每当它被假定并且作为一个基本原理,对初学者无疑的是公理,例如,与同一个东西相等的东西彼此相等。另一方面,当学生对于告诉他的东西没有概念并且同意的假定是假设,例如,我们不能由公用概念设想一个圆是这样的图形,但是当我们告诉是这样时,我们同意并且无须证明。又当被假定的东西是不知道的并且甚至没有初学者的同意,我们称这个为公设。例如,所有直角都是相等的。这个公设的观点显然隐含着它不可能被每个人同意。根据亚里士多德的教导,公理、公设和假设就是这样区别的。”

我们首先注意到，普罗克洛斯在这一段话中混淆了假设与定义，尽管亚里士多德明确地区分了它们。这个混淆可能来自柏拉图的一段话：“我认为你们知道那些研究几何和算术的人，并且把下述东西认为是当然的：奇数、偶数、图形、三类角以及其他类似的东西，这就意味着他们知道这些东西并把它们作为假设来使用，不给它们任何说明，而以它们开始到其他任何东西，一直到最后的结论。”例如，假设存在有长度而没有宽度的东西，称它为线，等等；没有任何试图说明存在这样一个东西。

我们现在过渡到普罗克洛斯关于公设和公理之间的区别的说明，他从盖米诺斯的观点出发。

“它们之间的区别与定理和问题之间的区别是相同的，正像在定理中，我们提出并且决定什么由前提推出，而在问题中，告诉我们要寻找和要做某个东西。类似地，在公理中，这些被假定的东西本身是自明的并且容易理解，而在公设中，这些被假定的东西容易发现和实现，并且不难理解，”“两者都必须有简单和容易掌握的特征，但是公设让我们发现和作出一个简单和容易掌握其性质的东西，而公理让我们断言某个对初学者自明的基本属性，正如火是热的或者任一最明显的东西。”

普罗克洛斯又说，“某些人认为所有这些都是公设，类似于某些人认为所有要求的东西是问题。阿基米德在他的 *Inequilibrium* 的第一卷中说‘我公设相等重量在相等距离处是平衡的’，尽管人们宁愿称这个为公理。另外一些人称它们为公理，类似于某些人认为任何要求论证的东西是定理。”

“另外一些人说，公设是特别针对几何对象的，而公理是所有研究公用的。例如，几何学家知道所有直角是相等的，并且如何延长一条有限直线，而公用概念是这样的东西：与同一个东西相等的东西也彼此相等，并且算术专家和任一个科学人选用适用他自己学科的一般陈述。”

公设和公理的区别的第三个观点是亚里士多德所作的上述描述。

协调欧几里得的关于公设和公理的分类与上述三个观点的困难如下。如果我们接受第一个观点，根据这个观点，公理所涉及的是某个已知的东西，而公设所涉及的是某个做成的东西，那么第 4 个公设（所有直角是相等的）就不是公设；第 5 公设也不是，它说若一条直线落在两条直线上，同侧内角和小于两直角，则这两条直线延长后相交于这一侧。关于第二个观点，两条直线不能包括一个空间，某些人称它为一条公理，而它是特别地针对几何的对象，类似于所有直角是相等的，依据第二个观点，它不是公理，根据第三个（亚里士多德的）观点,“任何由论证确认的东西是公设,而不能被证明的是公理”。普罗克洛斯的最后一句话是不明确的,关于公理,因为它省略了亚里士多德的要求,公理应当是自明的真理,并且必须被学习任何东西的人所承认,而关于公设,因为亚里士多德称公设是某个假定无须证明的东西,尽管它是“论证的素材”(matter of demonstration),但是没有说苛求公设的论证。就整体而言,我认为从亚里士多德,我们能够理解欧几里得的公设、公理或公用概念。亚里士多德说公理作为对于所有科学的基本原理,它是自明的,不能证明的,充分地与欧几里得的五个公用概念的内容一致(没有省略第四个,“相重合的东西彼此相等”)。关于公设,它必须在头脑中,亚里士多德在另外的地方说,“类似地,使用较少公设或假设或命题的证明是较好的”。

一个几何学家必须规定基本原理,首先是某些公理或公用概念,而后是尽量少的公设,亚里士多德认为公设只是关于几何对象的,我们没有离开欧几里得实际的做法。关于公设我们回忆他所说的:“除了公用概念,还有另外一些东西无须证明,但是与公用概念不同,它们不是自明的。初学者可以同意或不同意它们;但是,他必须在开始时接受它们,并且在随后的研究中信服它们的真实性。一开始是一些简单的作圆周,画一条直线或一个圆,必须认为这是可能的,并且由作图承认直线和圆的存在,除此之外,必须规定某个公设来形成平行理论的基础。”事实上,承认第4公设,即所有直角是相等的仍然有某些困难。

但是没有说明“在几何里这些公设使用的工具只允许直尺和圆规”。

§4. 定理和问题

普罗克洛斯说,“从基本原理开始的演绎分为问题和定理,前者包含作图和图形的分割,减少或增加,一般地,某些变化,后者展示每一个的基本属性。”

“古代某些学者,例如,斯比西普斯(Speusippus)和阿姆菲诺马斯(Amphinomus)认为应当把它们都称为定理,定理的名字比问题的名字对理论科学来说更适用,特别地,因为这些讨论的是永恒不变的对象。因为在永恒不变的东西中没有变化,所以问题就没有任何地方存在,它允许产生并且作出以前不存在的东西,例如,作一个等边三角形,或在给定直线上作一个正方形,或过给定点作一条直线。因此,最好称所有命题是同一个类型,并且把产生不看作实际的做出,而只是知识,我们讨论永恒存在不变的东西;换句话说,我们讨论任何东西是以定理的方式而不是以问题的方式。”

“另外有一些人是相反的，像梅纳奇多斯学派的数学家，认为应当把它们都称为问题，在某些情形提供所想象的东西，在另一些情形决定它是什么，或具有什么性质，或与某个另外的东西是什么关系。”

“实际上，两种看法都是正确的。斯比西普斯是正确的，因为几何问题不像力学问题，后者是感觉到的东西并且展示各种类型的变化。梅纳奇多斯学派也是正确的，因为若没有提问原因，定理的发现是不会出现的，从外形到形状再到图形好像一个变化的过程。作图，分割，放置，贴合，增加和减少，都在想象之中，但是，在头脑中的任何东西是固定的并且避免了任何形式的变化。”

“把定理与问题区别的人说，任何问题有这种可能性，不只是预期的东西，也可能是相反的东西，而每个定理只有预期的可能性，而不含相反的东西。这里所说的对象是三角形。正方形或一个圆，以及所预期的基本属性，线相等，部分，位置等等，当任何人宣称，在一个圆内内接一个等边三角形时，他说的是问题；因为也可能在圆内内接一个不等边的三角形。又，若我们宣称，在一条给定的有限直线上作一个等边三角形，这也是一个问题；因为也可能作一个不等边三角形。但是，当一个人宣称，等腰三角形的两底角相等时，我们必须说这是一个定理；因为等腰三角形的两底角不可能不相等。如果任何人利用问题的形式说，在半圆内内接一个直角，他就不是几何学家，因为在半圆内的任何角都是直角”。

“季诺多图斯(Zenodotus)是伊诺皮迪斯的接班人，又是 Andron 的门徒，区分了定理和问题，定理提问这个对象预期的性质，而问题提问要实现的东西的原因。因此，波西多尼奥斯也定义问题是提问一个东西存在或不存在的命题，定理是提问一个东西是什么或具有什么性质的命题。并且他说，理论命题必须以宣言的形式出现，例如，任意三角形的两边之和大于第三边，以及任意等腰三角形的两底角相等。而问题型的命题提问是否可能在这样那样一条直线上作一个等边三角形。应当区别绝对的提问和不明确的提问，是否存在一条直线，以这样那样一个点到这样那样一条直线形成直角，并研究哪一个是形成直角的直线。”

“从上述可知问题和定理的区别是明显的；并且欧几里得的《原理》包含了一部分问题和一部分定理，这可由各个命题看出。欧几里得本人在证明的后面加了一句话，有时候是‘这是所要做的’，在另外一些情形，‘这是所要求证明的’，后面这个表示了定理的特征，尽管我们说过，在问题中也有论证。然而，在问题中的论证是为了某些东西明确起见，而在定理中的论证是出于自身的原因。并且你会发现欧几里得有时候把定理和问题混杂在一起，例如在第一卷中，有时候一个或另一个占优势，在第四卷中全部是问题，而在第五卷中全部是定理。”

普罗克洛斯在关于欧几里得的Ⅰ.4的注中说，力学家卡普斯在他的关于天文学的著作中提出了定理和问题的疑问。卡普斯说“问题按顺序在定理之前，因为定理是由问题发现的。并且在问题中阐述是简单的，也不要求熟练的知识，它明白地叫你去做这样那样的事情，作一个等边三角形，或在给定的两条直线上，从较长的一条上截出等于较小的一段。在这些事情中困难和障碍是什么？但是定理的阐述是一件费力的事情，并且要求十分精确，还要科学地评估它超出或不足之处；一个例子就是第一个定理，即命题Ⅰ.4。又，在问题的情形，已经发现了一个一般的方法，即分析的方法，由此我们总可以成功；用这个方法，也可以研究更困难的问题。但是，在定理的情形，‘直到我们时代’，解决它们的方法难以得到，‘没有一个人发现一个一般的方法。因此，由推理的容易性，问题自然地更简单！’在这些区别之后，他继续说：‘因此就是在《原理》中，也是问题在定理前面，并且《原理》从问题开始；第一个定理在顺序上是第四个命题，不是因为它的证明来自问题，事实上，在这个定理的证明中只使用了公用概念，并且采用放在不同位置的同一个三角形；重合和相等完全依据于感觉和理解，尽管第一个定理的论证具有这个特征，问题还是在它的前面，因为一般地说，问题是优先安排的。’”

普罗克洛斯本人对命题4的位置在命题1—3之后的解释是关于三角形的基本属性的定理不应当在我们知道可以作一个三角形之前。关于边或直线的相等不应当在用作图证明两条直线彼此相等之前。同样地，命题2和3也应当在命题4之前。而命题1用在命题2之中，因而必须在它之前。但是命题1说明如何在给定底上作一个等边三角形，对命题4不是重要的。不必说等边三角形的作图“对三种类型的三角形是公用的”。一般三角形的存在无疑可以从在一个平面上直线和点的存在以及从一个点到另一个点可以画一条直线推出。

然而，普罗克洛斯没有完全反对卡普斯的观点，他继续说，“在顺序上问题在定理之前，并且特别是对那些需要从感觉的东西上升到理论研究的人来说。但是，就尊严地位而言，定理在问题的前面，盖米诺斯说定理比问题更完美。因为卡普斯本人认为在顺序上问题优先，而盖米诺斯认为定理更完美”，因而在两者之间没有真正的不协调。

问题曾经按解的个数来分类。阿姆菲诺马斯说，有唯一解的问题称为“有序的”(ordered)；有确定的几个解答的问题称为“中间的”(intermediate)；有无穷个解答的问题称为“无序的”(unordered)。普罗克洛斯给出了最后这一类问题的例子，把一条给定的直线分为三段，使其成为连比例。这与解下述方程组等价：$x+y+z=a, xz=y^2$。普罗克洛斯说这个可以像解答所有二次方程的办法解答，使用“面积相贴”的方法。首先把直线 a 分为两部分 $(x+z)$ 和 y，限制条件是 $(x+z)$ 不小于 $2y$，这是一个可能性条件。而后给 $(x+z)$ 或 $(a-y)$ 贴一个等于 y 的平方并且缺少一个正方形的面积。这就用 a 和 y 决定了 x 和 z。因为若 z 是缺少的正方形的边，我们就有 $[(a-y)-z]z=y^2$，因为 $2z=(a-y)\pm\sqrt{(a-y)^2-4y^2}$，并且可以任意选择 y，只要不大于 $a/3$。因此，有无数个解答。若 $y=a/3$，则三段是相等的。

普罗克洛斯给出了不同类型问题的另一个区别。他说，词“问题”用在若干意义上。在它的最广泛意义上，它意味着任意“提问”(propounded)的东西，不论其目的是指示(instruction)或构造(construction)。(在这个意义上，它将包括定理。)但是在数学中的特殊含义是“提问具有一个理论构造的东西”。

你也可以使用这个术语(在局限的意义上)于某个不可能的事情，尽管它更适用于用在可能的事情上，并且既不问得太多也不太少。根据一个问题分别有这个或那个缺点，它被称为(1)超(in excess)问题或(2)亏(deficient)问题。超问题(1)具有两种类型：(a)一个问题的性质被发现是不协调的或不存在的，此时这个问题称为是不可能的，或者(b)一个问题的阐述是累赘的；一个例子是要求作一个等边三角形，并且它的一个角等于三分之二个直角；这样的问题是可能的并且称为“多余问题”(more than a problem)。亏问题(2)类似地称为“不足问题”(less than a problem)，它的特征是必须加进某个东西，以改变其不明确性，例如叫你去“作一个等腰三角形”，而等腰三角形的种类是无限的。这样的问题不是真正意义上的问题，而是意义不明确的。

§5. 命题的形式分割

普罗克洛斯说，“每一个问题和每一个定理的完全形式是包含所有下述成分：阐述(enunciation)，假设(setting-out)，确定或判别(definition or specification)，作图或组成(construction or machinery)，证明(proof)，结论(conclusion)，阐述是说什么是给定的以及什么是要求的，完整的阐述由这两部分组成。假设标明什么是给定的并且首先使用在研究中。确定或判别另外说明特殊的东西。作图或组成增加所需要的数据。证明进行科学推理。结论返回到阐述之中，明确什么是证明的。这些是问题和定理的所有部分，但是最基本的，并且在所有问题和定理中出现的是阐述、证明和结论。这等于说首先必须知道要求的是什么，再用中间步骤证明这个，最后陈述证明了的事实作为结论；不可能省略这三个中的任何一个。其余的部分常常引进，也常常省略，例如，在下述问题中既没有假设又没有确定：作一个等腰三角形，使每一个底角二倍于剩余角。并且在大多数定理中没有作图，因为其假设充分，不需要再增加数据。什么时候假设是必要的？答案是当阐述中没有给定任何东西时。尽管阐述一般地分为什么是给定的和什么是要求的，但不总是这样，有时候它只说什么是要求的，即必须知道或找到什么，正如上述提到的问题。事实上，这个问题没有说用什么数据来作等腰三角形，使其每一个底角二倍于其剩余角，只是要寻找这样一个三角形……而当阐述包括两者(什么是给定的和什么是要求的)时，在这种情况下，我们发现了确定和假设，但是，每当需要数据时，它们也是需要的，因为不只是假设关系到数据，确定也是。在缺少数据时，确定就等同于阐述。事实上，在确定上述问题的对象时，除了要求寻找一个这种类型的等腰三角形之外，你还能说些什么呢？而这就是阐述所说的。此时这个阐述不包括什么是给定的，就没有假设，由于没有数据，确定也被略去，以避免再次重复其阐述。”

欧几里得的命题的组成部分与上述描述相同。关于确定或判别，应当注意我们只使用了它的一种含义。此时它意味着更详细地或更具体地定义或描述所指的对象，并且它的目的是加深注意。

判别这个词的另一个含义是限定一个问题的可能的解答，普罗克洛斯说判别决定“要求的是否可能，以及多大程度上和用多少方法可以实现”，并且判别的这个意义出现在欧几里得、阿基米德和阿波罗尼奥斯的书中，例如，欧几里得Ⅰ.22，其阐述“从等于三条给定直线的三条直线作一个三角形”，紧接着限定条件(判别)“这些直线中的任意两个的和必须大于剩余一个”。类似地，Ⅵ.28的阐述“对一条给定直线贴上一个平行四边形，使其等于一个给定直线形并且缺少一个相似于一个给定的平行四边形的平行四边形”，紧接着可能性条件：“这个给定的直线形必须不大于相贴于半个这条直线并且相似于缺少的图形。”

唐内里认为普罗克洛斯，甚至他的导师，在上述另外意义上使用术语判别是不正确的，判别的正确意义是勒俄所说的决定限制或可能性条件。帕普斯只是在这个意义上使用这个词。唐内里认为这个术语的另外使用可能是由于混淆于另外一个词。另一方面应当注意，欧托基奥斯明显地区别了两种使用，并且认为这个区别是众所周知的。作为可能性条件的意义上的判别紧接着阐述，甚至是它的一部分；判别在另外意义上当然紧接在假设的后面。

普罗克洛斯关于命题的结论有一个有用的注释。“结论常常有双重作用：我的意思是在给定的情形证明了它，而后提出一个一般推理，即从部分结论到一般结论。因为只要没有使用对象的个性，而只是说画一个角或一条直线，则在特殊图形情形所建立的事实构成对任何其他同类图形的结论也是真的。它们能相应地过渡到一般的，我们可以设想其结论不是部分的。它们证明这种过渡是合理的，因为论证所使用的特殊东西不是作为特殊的，而是作为典型的。不是由于这样或那样的大小附加在这个角上，而是只由于它是直线型的。这样或那样的大小对角是特殊的，但是直线型的性质对所有直线型的角是公用的。例如，假定给定的角是直角，如果在证明中使用了是直角这个事实，那么就不能过渡到任何种类的直线型的角；但是，如果没有使用直角，而只认为它是直线型的，那么其推理同样适用于一般的直线型的角。”

§6. 其他专业术语

1. 给定或已知(Given)

普罗克洛斯在他的关于命题的形式分割的描述中增加了词“给定”或“数据”(given or datum)使用在几何中的不同含义的解释。“给定任何东西是以下述方式之一来给定：用位置(in position)，用比例(in ratio)，用大小(in magnitude)或者用种类(in species)。点只是用位置给定，而线和其他的可以在所有意义上给定。”

普罗克洛斯给出的给定的四种含义不是都适用的。关于用位置、用大小和用种类的给定，最好是遵循欧几里得本人在他的《数据》中给出的定义。欧几里得没有提及用比例给定，其他伟大的几何学家也未提及。

(1)用位置给定实际上无须定义；当欧几里得说(*Data*, Def. 4)“点、线和角用位置给定时，它们总是在同一个平面上”。

(2)用大小给定的定义如下(*Data*, Def. 1)：“面积、线和角称为用大小给定，指我们可以找到相等于它的。”普罗克洛斯解释如下：当两条不相等的直线给定，从较大的截出一段等于较小者时，这两条线明显的是用大小给定，“较大和较小，有限和无限是针对大小的论断。”但是他没有解释这个术语隐含的，一个东西只是用大小给定，而它的位置却没有给定，认为这是一个不重要的事情。

(3)用种类给定。欧几里得的定义(*Data*, Def. 3)是：“直线图形称为是用种类给定，指角各自地给定并且边之间的比例给定。”并且这是这个术语公认的使用。普罗克洛斯在更广泛的意义上使用这个术语。他说，当我们说平分一个给定的直线角时，这个角是用种类给定的，用词"直线的"给定，它可以阻止我们试图用同样的方法来平分一个曲线角！关于欧几里得Ⅰ.9，他说，一个角是用种类给定的，当我们说它是直角，或锐角，或钝角，或直线角，或"混合的"，而且，命题中的真实的角只是用种类给定。事实上，我们应当说命题的图形中的真实的角是用大小给定的，而不是用种类给定的。用种类给定的部分含义是说，用种类给定的那个东西的真实的大小是不重要的；一个角在这个意义上是不能用种类给定的。普罗克洛斯的思维有混淆，在他说了直角是用种类给定的之后，又说第三个直角是用大小给定的。

没有比下述更好的例子说明用种类给定，欧几里得的Ⅵ. 28 要求的平行四边形必须相似；前面的平行四边形事实上是用种类给定的，尽管它的实际大小是不重要的。

(4)用比例给定，原来的意义是某个东西用它对某个另外给定的东西的比来给定。普罗克洛斯的注释(他关于Ⅰ.9 的注)称，一个角用比例给定，"当我们说它是二倍或三倍这样那样一个角，或一般地，大于或小于。"然而，这个术语没有权威性并且没有目的。普罗克洛斯得到它可能从这个表述"用给定的比"(in a given ratio)。

2. 引理(Lemma)

普罗克洛斯说，"术语引理常常供命题使用，用来构造某个另外的东西，于是常常说一个证明由这样和那样的引理得出。但是，引理在几何中的特殊含义是要求确认的一个命题。因为在作图或论证过程中，我们常常假定，还没有证明但用于推理的东西，由于假定的东西本身是可疑的并且值得研究，我们称它是一个引理，它不同于公设和公理，公设和公理可以直接采用并无须论证。引理的发现的最好助手是思维本能。

"我们可以看到许多人能很快地得到解答并且不需要用某种方法，但是存在一些方法，最好的方法是分析(analysis)，它把要求的东西归结到已知的一个基本原理，这是柏拉图与利奥达马斯交流过的一个方法，后者说他用这个方法发现了几何中的许多东西。第二个方法是分离(division)，它把要考虑的对象分为部分，并且利用消去其他成分的办法给出论证的开始点，柏拉图也说这个方法有助于所有科学。第三个方法是反证法(reductio ad absurdum)，它不是直接证明要求的东西，而是驳倒它的反面，间接地发现其真实性。"

3. 情形(Case)

普罗克洛斯继续说，"情形说明点、线、平面、立体的位置改变的不同情况。

并且一般地说,所有这些变化可在图形中看到,这也是为什么把在作图中的变换称为情形。”

4. 推论(Porism)

“术语推论也用于某些问题,例如,欧几里得写的推论。但是,它以已证明的某个东西显示另一个定理,这个定理称为推论,它是作为科学论证顺便得到的一类东西。”参考关于Ⅰ.15 的注。

5. 异议(Objection)

“异议阻止推理的整个进程,这是由于出现在作图或论证过程中的困难。异议与情形是不同的,情形是要证明这个命题是真的,而异议不需要证明任何东西。相反地,必须消除异议并且说明什么是错误的。”

一般地说,异议竭力使得其论证在任何情形都不是真的;并且必须证明所说的情形是不可能的,或者原来的论证即使对那个情形也是真的。一个好的例子是欧几里得Ⅰ. 7。这个教科书给出了第二个情形,这个情形不在欧几里得的原文之中,普罗克洛斯关于这个命题给出了一个注释,异议提出欧几里得宣称不可能的情形可能在一对直线完全落在另一对之内时是可能的。普罗克洛斯拒绝这个异议,并且证明了在那个情形也是不可能的。他的证明后来成为欧几里得命题的一部分。

异议是亚里士多德逻辑中的一个专业术语,它的性质解释在 *Prior Analytics* 中。“异议是相反于一个命题的命题……异议有两种,一般的或部分的……当认为一个贡献属于这一群人中的每一个成员时,异议是它不属于其中任一个人或者不属于其中某个人。”

6. 约简(Reduction)

这也是亚里士多德的一个术语,解释在 *Prior Analytics* 中,下述是普罗克洛斯的描述。

“约简是从一个问题或定理到另一个问题或定理的过渡,这后一个问题或定理的解答或证明成为明显的。例如,在研究了二倍立方之后,可从过渡到另外的东西,即寻找两个比例中项;并且在那个时间之前,要求如何发现给定的两条直线的两个比例中项。希俄斯的希波克拉底约简了困难的作用,并且化月牙形为正方形,发现了几何中的许多其他东西。”

7. 反证法(Reductio ad absurdum)

亚里士多德给它多样的称号:“反证法”,“不可能的证明”(proof per impossible),“导致不可能的证明”(proof leading to the impossible),它是“从一个假设开始的部分证明”。“所有过程是由不可能推出一个假的理论以达到结论,并且证明原来的结论从一个假设开始，一直到某个不可能的结果。这个结果是由假定与原结论相反造成的，例如，证明正方形的对角线是不可公度的，因为若假定是可公度的，则可推出奇数等于偶数。”“导致不可能的证明与直接证明不同，它假定希望的东西破灭（即假设结论是假的），而后归结它到某个公认的假的东西，而直接证明从公认为真的前提开始。”

普罗克洛斯对反证法有下述描述：“用反证法的证明要直接达到结论明显地不可能，假定一个与它相反的结论，在某些情形，这个结论被发现与公用概念，或公设，或假设（我们从它开始）矛盾；在另外情形，它们与前面建立的命题矛盾。”“任何反证法首先假定与希望的结果矛盾的东西，而后以此为基础进行，直到得到一个公认的荒谬结论，并且摧毁这个假设，建立原来希望的结果。正如波菲里所说，必须懂得所有数学推理或者从基本原理开始进行，或者返回到它们。从基本原理开始的推理分为两类，它们或者从公用概念和自明的东西开始，或者从前面证明的结果开始；而返回到基本原理的推理或者使用假定基本原理的办法或者使用破坏它们的办法。假定基本原理的称为分析（analysis），与分析相反的称为综合（synthesis）——因为可以从所说的基本原理开始，以正常的顺序达到希望的结论，这个过程是综合——而破坏基本原理的推理称为反证法。因为这个方法的功能是反转某个东西。”

8. 分析和综合（Analysis and Synthesis）

从关于欧几里得的Ⅲ.1 的注知道，《原理》的手稿包含分析和综合的定义，在Ⅲ.1—5 的另外证明的后面。定义被插入，它们有重大的历史意义，由于它们表示了欧几里得之前的处理这些命题的一个古代方法。这些命题给出了“用中外比”截一条线的性质，并且它们是五个正多面体的作图和比较的预备定理。帕普斯在他的 *Collection* 中讨论了后面这个主题，他比较了具有相等表面积的这五个图形，正四面体，正立方体，正八面体，正十二面体和正二十面体，“不是用所谓的分析方法，而是用某些古代人使用的综合方法……”，布里茨奇尼德猜测，插入在欧几里得卷ⅩⅢ. 中的材料是属于欧多克索斯的幸存的研究。首先，普罗克洛斯告诉我们，欧多克索斯“增加了一些定理，这些定理是柏拉图原来关于分割（section）的，并且在它们中使用了分析方法。”显然，“这个分割”是一个特殊的分割，在柏拉图之前有极大的重要性；它称为“黄金分割”（golden section），即把一个线段分为中外比，它出现在欧几里得Ⅱ.11 中，并且可能是毕达哥拉斯的。其次，康托指出，欧多克索斯是欧几里得卷Ⅴ.，Ⅵ. 中出现的比例理论的创造者，并且无疑地在其研究过程中遇到不能用整数表示的比例，他认识到必须有一个新的比例理论，这个理论能用到不可公度和可公度的量。“黄金分割”提供了这样一个情形。并且普罗克洛斯也提及了这个联系。他说在算术中所有量是“有理的”比例,而在几何中,还存在“无理的”比例。“在欧几里得第二卷中的关于分割的定理对两者(算术和几何)是公用的,除了把直线分成中外比。”

关于插入在欧几里得卷XIII.中的分析和综合的定义如下(我选择了手稿B和V中的解释):

“分析是假定承认所求的东西,通过它的推论到达某个承认为真的东西。”

“综合是假定已承认的东西,通过它的推论到达所求的东西。”

上述语言不是很清楚,应当详述。

帕普斯有下述较详细的说明:

“所谓的分析,是一个特殊的方法,提供给那些学完了通常的《原理》的人,希望知道解决问题的能力。它是下述三个人的工作:欧几里得,《原理》的作者,Perga的阿波罗尼奥斯和亚里士多德,他们用分析和综合进行研究。

“分析承认要求的东西,并且从它开始,通过逐步的推论到达某个已承认的东西;在分析中,我们假定所求的东西已经完成,并且查询这个结果由什么得来的,什么是后者的前因,继续不断,直到得到某个已经知道的东西或者属于基本原理的东西,这个方法称为分析。

“但是,在综合中,这个过程相反,我们从分析中得到最后结果开始,按照推论的自然顺序,最后达到我们所求的;这个称为综合。

“分析具有两种类型,一种是导向搜寻真实性,并且称为理论型的(theoretical),另一种导向寻找我们要寻找的东西,并且称为问题型的(problematical)。(1)在理论型的分析中,我们假定要求的东西存在并且是真的,而后,通过它的逐步的推论到达某个承认的东西:(a)若某个承认的东西是真的,则所求的东西也是真的,并且其证明对应于分析的相反顺序,但是,(b)若某个承认的东西是假的,则所求的东西也是假的。(2)在问题型的分析中,我们假定提出的东西是已知的,而后,通过它的逐步的推论到达某个承认的东西:(a)若某个承认的东西是可能的并且可以得到,则原来提出的东西也是可能的,并且其证明也对应分析的相反顺序,但是,(b)若达到某个公认不可能的东西,则这个问题也是不可能的。”

古代的分析已经被近半个世纪的一些学者进行了细致的研究,最完整的是汉克尔、达哈梅尔(Duhamel)和塞乌腾;另外还应当提及奥福塔丁格和康托。

这个方法如下。要求证明某个命题A是真的。我们假设A是真的,并从它找出若A是真的,则另一个命题B是真的;若B是真的,则C是真的;继续这个过程,直到得到一个公认为真的命题K。这个方法的目的是我们能够使用相反顺序的推理,因为 K 是真的,所以原来的命题 A 是真的。亚里士多德曾经明确地说,假的假设可以导致一个真的结论。因而,存在粗心而出现错误的可能。例如,可能 B 是 A 的必然推论,而碰巧 A 不是 B 的必然推论。因而,为了使得从 K 真推出 A 真在逻辑上是正确的,必须使得推理链中的每个步骤是无条件可逆的。事实上,在初等几何中的大部分定理是无条件可逆的,因而,在实践中保证每个步骤可逆的困难不是很大的。但是,细心总是必要的,例如,正如汉克尔所说,一个命题用一般的陈述方法可能不是无条件可逆的。例如,命题"所有具有公用底以及固定顶角的三角形的顶点在一个圆上"不能可逆成命题"所有具有公用底并且顶点在一个圆上的三角形具有固定的顶角",因为只有当下述条件满足时才是真的:(1)这个圆通过公用底的端点,(2)只有作为顶点轨迹的圆的部分在底的一侧。若增加了这些条件,这个命题是无条件可逆的,塞乌腾说,K 可能是由表面上(apparently)使用 A 或链中的某个命题得到的;例如,当使用现代代数的方法时,等式两端误乘了一个实际上等于零的一个复合量。

尽管上述摘要的帕普斯的话没有明确说明推理链中的每一步是可逆的,但是他在分析的定义的后半部分隐含了这个,他说我们要求 B,从它可以推出 A(A 是 B 的推论,代替了可逆),并且 C 是 B 的前因;而且在实践中,希腊人总是坚持在分析后用随后的综合来确认,即他们反转分析的顺序,认真地从 K 进行到 A,这个过程无疑会看清偶然的疏忽带来的错误。

反证法,分析的一个变种

在分析过程中,从假设命题 A 是真的开始,而后过渡到 B、C……作为逐步的推论,到达一个命题 K,它可能是公认的假的,或者与原来的假设 A 矛盾,或者与 A 和 K 之间的一个命题矛盾。而从一个真的命题经过正确的推理不会导出一个假命题;因而,在上述情形我们立刻有一个结论,假论 A 是假的,如果它是真的,那么所有正确地推出的结论是真的,并且不协调不会出现。这个证明了给定假设 A 是假的方法提供了一个间接的方法来证明一个给定的假设是真的,因为我们只要采用 A 的反面并且证明它是假的,这就是反证法,因而它是分析的一个变种。一般地说,A 的反面可能包括多于一种的情形,为了证明它是假的,每一种情形都必须分别处理,例如,如果要证明一个图形的某个部分等于某个另外的部分,我们分别假设(1)它大于,(2)它小于,并且证明这每个假设导致公认的假的,或者导致与假设本身矛盾,或者与它的某个推论矛盾。

使用到问题的分析

与问题有关的古代分析具有极大的重要性,因为它是希腊人用来解决所有"比较深奥问题"的一个一般方法。

假定我们要作一个满足一组条件的一个图形。如果我们有条理地进行而不是猜测,首先必须“分析”这些条件,假定这些条件都能满足,换句话说,假定这个问题已解决。而后,我们用各种手段变换这些条件为另外一些条件,继续这个过程,直到达到我们满意。换句话说,必须达到我们能作出这个图形的一部分,但是不要求这个问题被解决。从这个时刻起,这个图形的这一部分变成了一个数据,并且找到一个新的关系,使得这个图形的新的部分由原来的数据和新的数据来确定。当这个完成之后,这个图形的第二个新的部分也成为数据;继续这个过程,直到要求的图形的所有部分都找到。分析的第一部分就是发现一个关系,使得这个图形的某个新的部分已知。汉克尔称这个为变换(transformation);第二部分是证明这个图形的所有其余部分“已知”,他称这个为分解(resolution)。而后是综合,它也有两部分:(1)作图,实际地按顺序作出图形,一般地,遵循分析的第二部分分解的过程;(2)论证,所得到的图形确实满足所有给定的条件,它遵循分析的第一部分变换,但是以相反的顺序。分析的第二部分分解可以大大地缩短,由于存在欧几里得的《数据》,其中的命题证明了若图形中的某些部分或关系已知,则其他部分或关系也已知。关于分析的第一部分,变换的每一步必须是无条件可逆的;而任何失误可由随后的综合看出。第二部分分解可以直接转换为作图,因为已知的东西可以由《原理》中的方法作图用。

上述最好的示范是汉克尔选自帕普斯的例子。

给定一个圆 ABC 以及其外面的两个点 D,E,要求从 D,E 到圆上一点 B 画直线,使得若延长 DB,EB 交圆于 C,A,则 AC 平行于 DE。

分析

假定这个问题已解答,并且在 A 作切线,交 ED 的延长线于 F。

(部分Ⅰ,变换)

因为 AC 平行于 DE,所以角 C 等于角 CDE。

但是,因为 FA 是切线,所以角 C 等于角 FAE。

因而,角 FAE 等于角 CDE,故 A,B,D,F 共圆。

所以,矩形 AE,EB(即由 AE,EB 为边构成的矩形)等于矩形 FE,ED。

(部分Ⅱ,分解)

矩形 AE,EB 给定,由于它等于从 E 到圆的切线上的正方形。

因而,矩形 FE,ED 给定。

又因为 ED 给定,所以 FE 的长度给定。[*Data*,57]

而 FE 的位置给定,因而 F 给定。[*Data*,27]

FA 是从给定点 F 到位置给定的圆 ABC 的切线，所以 FA 的位置和大小给定。[*Data*,90]

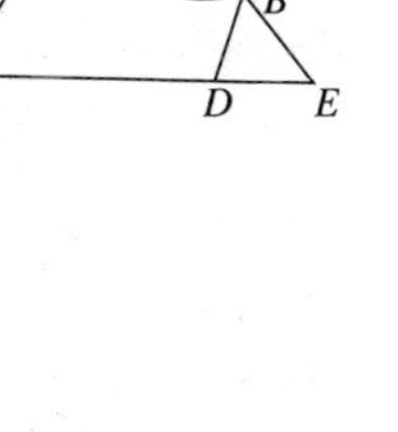

并且 F 给定，因而 A 给定。

而 E 给定，因而直线 AE 的位置给定。[*Data*,26]

又圆 ABC 的位置给定，因而点 B 也给定。[*Data*,25]

但是点 D,E 也给定，所以直线 DB,BE 的位置给定。

综合

（部分Ⅰ，作图）

假定圆 ABC 和点 D,E 给定。

作直线 EF，使它与 ED 构成的矩形等于从 E 到圆的切线上的正方形。

从 F 作圆的切线 FA，切圆于 A；连接 ABE 及 DB，延长 DB 交圆于 C，连接 AC，则可断言 AC 平行于 DE。

（部分Ⅱ，论证）

因为由假设，矩形 FE,ED 等于从 E 到圆的切线上的正方形，而矩形 AE,EB 也等于这个正方形，所以矩形 AE,EB 等于矩形 FE,ED。

所以 A,B,D,F 共圆，因此角 FAE 等于角 BDE。

但是角 FAE 等于角 ACB，因而角 ACB 等于角 BDE。

所以 AC 平行于 DE。

在命题需要判别的情形，即在某些条件下解答才是可能的，分析能够查明这些条件。有时候判别的叙述和证明是在分析的末尾，例如，在阿基米德的 *On the Sphere and Cylinder* 的Ⅱ.7 中；有时候它在上述地方叙述，而证明推迟到综合的末尾，例如，同一本书的Ⅱ.4，这里也保留了欧托基奥斯关于这个命题的注释。分析也能使我们确定问题的解答的个数。

§7. 定义

"真实的"和"名义上的"定义("Real" and "Nominal" Definitions)

亚里士多德说，每当人们讨论一个整体主题时，必须把它的对象分成原来的成分，这些成分是不可分的种类；例如，数必须分为三或二；而后必须给出它们的定义；再如直线的定义，圆的定义，直角的定义。

"定义"这个词的原始含义是"边界"(boundary)、"界石"(landmark)。亚里士多德采用"ὅρος"和"ὁρισμός"这两个词作为定义(definition)，前者常常出现

在 *Topics* 中,后者常常出现在 *Metaphysics* 中 。

我们首先说明定义不能作什么。亚里士多德强调定义没有断言所定义的东西的存在或不存在。它回答一个东西是什么的问题,而不回答哪一个是它。被定义的各种东西的存在性必须证明,除了每一门科学中的几个原始的东西,这几个东西是非论证的并且必须假定在这门科学的基本原理之中;例如,几何中的点和线必须假定其存在,而其他任何东西的存在必须证明。这个在上述引用的那一长段话中有明确的说明。重述这段话如下,“回答‘什么是一个人’的问题与‘一个人存在的事实’是不同的事情。”“显然,即使根据现在流行的观点,定义的东西并没有证明它们存在,”“我们说必须证明任何东西存在,除了最基本的。例如,几何学家假定什么是三角形,但是它的存在必须证明。”“两种类型的知识是必需的,必须预先假定某些东西存在,在其他情形,必须做两件事,例如,两个矛盾方面中的一个必然是真的,而我们必须证明它存在;关于三角形,我们必须知道它意味着这样一个东西;关于单位,我们必须知道它的意义和它的存在。”必须注意米尔(Mill)指出的早期的定义的观点,他说,所谓真实的(real)定义或事物(things)的定义不包含另一种类型的定义,名义上(nominal)的定义或名字(names)的定义;前者是后者加上某个另外的东西,即隐蔽地断言被定义的东西存在,“这个隐蔽的断言不是定义,而是一个公设。定义只给出关于使用语言的信息,并且从它不能得出影响实际的结论。另一方面,相应的公设断言一个事实,它可能导致任何程度的推论。它断言具有某些属性的东西的真实的或可能的存在;并且这可能成为建立整个科学真实性结构的基础。”这句话实际上没有给亚里士多德的说法增加什么,甚至有一些缺点,由于在所有情形下都使用词“公设”来描述“隐蔽的断言”,而不是明确指出在有些情形下存在性必须证明,以区别它必须假定的情形。实际上被定义的东西的存在性可能暂时承认,直到证明它的时候;但是,关于存在性必须证明的情形,亚里士多德认为这个暂时的假定不是公设,而是假设,米尔的关于真实的和名义上的定义之间的差别由现在的萨凯里进一步说明,萨凯里是 *Euclides ab omni naevo vindicatus*(1733)的编辑者,闻名于非欧几何史。在他的 *Logica Demonstrativa* 中,萨凯里明确地说明了名义上的定义与真实的定义之间的差别,前者只是解释这个术语的含义,而后者除了说明词的含义,同时还断言被定义的事物的存在,或者在几何中作出它的可能性。名义上的定义变成真实的定义“要用公设,或者当我们遇到这个东西是否存在的问题时,它是肯定的回答”。名义上的定义本身很随便,既不要求证明也可能不能证明;它们只是暂时的,并且要尽快地变成真实的定义,或者(1)用一个公设,它断言或承认被定义的东西存在或者可以作图,例如,在直线和圆的情形,欧几里得的前三个公设是关于它们的,或者(2)用论证,把所定义的东西的作图归结为逐步进行的一些基本的作图,这些基本的作图的可能性是公设的。因而,真实的定义一般由一系列论证的结果得到。萨凯里给出了一个例子,欧几里得Ⅰ.46的正方形的作图。假定有反对意见,说欧几里得在这一卷的开始,还没有确定这个图形的存在时无权定义正方形;这个反对意见只是在证明并且作出它的图形之前,并且欧几里得承认这个图形给定时才是有力的。而欧几里得没有犯这个错误是显然的,他没有在Ⅰ.46之前预先假定正方形的存在。

根据萨凯里,名义上的和真实的定义之间的混淆是在前者未证明被定义的东西存在之前,主要是因为貌似真实的论证,危险主要在复杂的定义之中,被定义的东西有各种属性,而某个属性是不可能的。

同样的想法也被莱布尼茨(Leibniz)表明,"若我们给出了一个定义,它不是清晰地描述一个事物,我们就不能从这个定义出发论证,因为它可能涉及一个矛盾,这样我们的论证就是无用的。因此,定义并不是随意的。而且这是一个难以充分地知道的秘密。"莱布尼茨喜爱的例子是"正十面体",它的不可能性不是显然的。

一般地说,欧几里得的定义及其使用与亚里士多德的说法是一致的,定义本身并没有说明被定义东西的存在性,它们每一个的存在必须被证明或假定。亚里士多德说,在几何中,点和线的存在只需假定,而其他的存在则要证明。相应地,欧几里得的前三个公设说明作直线和圆的可能性(在《原理》中的线只用到直线),其他的东西应当定义并且而后作图证明其存在,例如,卷Ⅰ.定义20,它说明什么是等边三角形,而后Ⅰ.1作出了它,并且证明了它符合其定义。当正方形被定义(Ⅰ.定义22)之后,这样一个东西是否存在的问题一直保留到Ⅰ.46才作出了它,并且证明了满足其定义。类似地,有直角(Ⅰ.定义10和Ⅰ.11)和平行(Ⅰ.定义23和Ⅰ.27—29)。在几何中,从主观的名字的定义到客观的事物的定义的过渡是由作图完成的,这正如在其他科学中是由经验完成的。

亚里士多德关于定义的要求

根据亚里士多德,我们来说明定义应有的正面特征。

首先,定义中单独一个属性可以涉及比定义的概念更多的东西,而它们联合起来则不可能。亚里士多德的例子是"三",数的若干概念涉及它:奇数、素数,并且最后"有两个含义,(a)不被任何其他的数度量,(b)不能用其他的数相加得到",这里单位不算作数。关于这些属性,某些也表示了所有其他的奇数，而最后的条件也属于“二”，但是，只有“三”才是它们的全部所表示的。这个情况也在几何中出现，例如，在正方形的定义(Ⅰ. 定义22)中，有图形的几个概念、四边、等边和直角的，其中每个涉及比全部表示的概念更多的东西。

其次，一个定义必须用在它前面的并且较好知道的东西来表示。这是显然的，因为定义的目的是给我们被定义的东西的知识，并且用前面知道的东西来获得新的知识，正如论证的过程。但是，术语“在前”和“知道”通常有两种含义，它们可能意味着(1)绝对地或逻辑地在前和知道，或者(2)相对我们自己的知道，在绝对的意义上，或者从推理的立场，点比线较好知道，线比面较好知道，面比立体较好知道，单位比数较好知道。类似地，在绝对的意义上，一个字母在一个音节的前面。但是，这个情形有时候相对我们是不同的；例如，一个立体比一个平面更容易认识，一个平面比一条线更容易认识，一条线比一个点更容易认识。因此，比较科学的是从绝对在前的开始，但是也允许用其他容易理解的东西来解释某些东西，“这样表达的有点、线和面的定义；所有这些都是用后者解释前者，点是作为线的端点，线是作为面的边缘，面是作为立体的边界”，但是，如果能断言用对特殊的个体较易理解的东西做的定义实际上是定义，那么就可以推出这个东西有许多定义。对不同的个体有不同的定义，并且即使对同一个个体，在不同的时间也会有不同的定义，因为在第一次感知这个对象时，它是易理解的，而当有了良好的训练了的头脑时，它却变成不是这样了。因此可以推出，如果一个东西只有唯一的一个不变的定义，那它就应当用绝对在前而不是相对在前的东西来定义。此时我们对欧几里得的下述补充定义有一个解释，在Ⅰ. 定义3中，线的末端是点，在Ⅰ. 定义6中，面的边缘是线，这个补充的定义能使我们更好地理解前面的关于点和线的定义，西姆森说，为了正确地理解点、线和面的定义，我们必须考虑一个立体，它有长、宽和厚。考虑两个接触的立体的共同边界，或者把一个立体分成两个接触部分的边界，这个边界是一个面。我们可以证明它没有厚度。由于去掉一个立体之后，另一个立体的边界仍然保留；若它有厚度，则这个厚度必须是一个立体或另一立体的一部分，此时去掉一个或另一个立体就会去掉这个厚度，因而去掉了边界本身；这是不可能的。因而这个边界或面没有厚度，用同样的办法，线作为两个接触的面的边界，可以证明线没有宽度；点作为两条线的公共边界或端点，可以证明点没有长、宽和厚。

亚里士多德关于非科学的定义

亚里士多德把不是建立在它们前面的知识之上的非科学的定义分为三类。

第一类是用它的相反的东西做定义,例如,“好”(good)用“坏”(bad)来定义;这是错误的,由于相反的东西自然是相关联的,并且相反的两面是同一个东西公用的,因而,两个相反的东西中的一个不可能比另一个更好地知道。因而,在其中一个的概念中必须包含另一个。第二类是存在一个循环,无意识使用了被定义的概念的本身,尽管不是这个名字。特伦德能波尔哥(Trendelenburg)给出了两个例子:(1)量作为可以增加或减少的东西,这是不对的,由于正面或反面的比较“多”或“少”预先假定了正面的“大”的概念;(2)有名的欧几里得定义直线作为“在它上面平放着的点”,其中“平放着”只能凭借被定义的直线来理解。第三类是两个并存的东西中的一个用另一个来定义,例如,“奇数”定义为比偶数大一个单位的数(欧几里得Ⅲ. 定义7的第二个定义);“奇数”和“偶数”是并存的。第三类类似于第一类。特伦德能波尔哥说,把正方形定义为“等边的矩形”是错误的。

亚里士多德的第三个要求

亚里士多德的第三个要求特别关系到几何的定义,“要知道一个东西是什么,等同于知道它是为什么。”“月食是什么?来自月亮的光线被中间的地球所遮挡。为什么会发生月食?由于光线被地球阻挡。什么是调和比?高跨度或低跨度的数的比。为什么有高跨度的比及低跨度的调和比?由于数之间的比有高有低。”“当我们已经处在结果(fact)的位置时,我们寻求其原因(cause)。有时候两者同时是明显的,但是,就所有情况而言,在结果知道之前,不可能知道其原因。”“若我们不知道它是那一个,则不可能知道它是什么。”特伦德能波尔哥说,“概念的定义直到它生成之前是不满足的。正是它产生的原因首先显示了它的本质。几何的名义上的定义只有暂时的重要性,并且应当尽快地用作图使它生成”。例如,平行四边形的生成定义涉及欧几里得Ⅰ.31(平行线的作图)和Ⅰ.33关于连接两条平行且相等的线的端点的线。在用作图证明存在性的地方,因果是同时出现的。

又,“大多数定义只是叙述结果,这是不够的,还应当包含并且表明其原因;而在实际当中,定义通常只是一个结论。例如,什么是求积(quadrature)?作一个等边直角的图形等于一个长方形。这个定义只表示了结论。如果我们说求积是发现一个比例中项,那么就说得有道理。”如果我们把这个与下述的话比较一下就会更好地理解。“原因是中间的术语,而所求的东西在所有过程中。”例如,命题,在半圆内的角是一个直角。此处,中间术语是在半圆内的角等于两个直角的一半。我们有三段论:两个直角的一半是一个直角;在半圆内的角是两个直角的一半;因而(结论)在半圆内的角是一个直角。与论证一样,它应当与定义在一起。一个定义，要说明被定义的东西的生成，就应当包含中间术语或原因；否则，它只是一句结论。例如，把“求积”的定义作为“作一个正方形使其面积等于不等边的矩形”，这个没有提示这个问题的解是否可能或者如何解答；但是，若增加上求两条给定线的比例中项，这就给出了另一条直线，使得它上面的正方形等于前两条线包含的矩形，这样就补充了必要的中间术语或原因。

欧几里得未定义的专业术语

注意此处定义的“求积”或“正方形化”不是一个几何图形，或一个图形或一个图形的一部分的属性，而是用来描述某个问题的专业术语。欧几里得没有定义这些东西；但是，亚里士多德提及这个定义以及“倾斜”(deflection)和“逼近”(verging)的定义，这说明早期的教科书包含这类专业术语的定义，而欧几里得在《原理》中有意略去了这些解释，认为这是多余的。后来这个又向相反的方向发展，正如我们在海伦的许多定义中看到的，例如，它包含倾斜线的定义。欧几里得显然认为不必解释这些术语，它们的含义是可以理解的。

亚里士多德也提及逼近的定义，这说明这个术语在欧几里得之前的初等教科书中没有被排除。这类问题是作一条直线交两条线，例如，两条直线或一条直线和一个圆，使得它逼近一个给定点(即延长后通过它)，并且被给定的两条线所截的部分具有给定的长度。一般地说，这类问题的理论解答要使用圆锥曲线，或者用力学的办法找到它们的实际解答。塞乌腾认为古希腊几何学家为了解答这些问题不只使用了力学的办法，而且也从理论上研究了这类问题并且后来认识到必须使用圆锥曲线。海伯格认为亚里士多德提及逼近可能符合这个情况。我怀疑这个推理，因为包含在初等教科书中的这类问题只局限于用“平面”方法(即用直线和圆)来解决。可以肯定，欧几里得有意排除这一类问题，无疑认为在《原理》中它们不是重要的。

后来未使用的定义

最后，欧几里得定义了某些术语，但后来没有使用，例如，长方形(oblong)、菱形(rhombus)、斜长方形(rhomboid)。“长方形”出现在亚里士多德的著作中，当然所有这些定义出现在早期的《原理》之中。

原　理

卷 I

定义(Definitions)

1. **点**是没有部分的。

2. **线**只有长度而没有宽度。

3. 线的两端是点。

4. **直线**是它上面的点一样地平放着的线。

5. **面**只有长度和宽度。

6. 面的边缘是线。

7. **平面**是它上面的直线一样地平放着的面。

8. **平面角**是在一平面内但不在一条直线上的两条相交线相互的倾斜度。

9. 当包含角的两条线都是直线时,这个角叫作**直线角**。

10. 当一条直线和另一条直线交成的邻角彼此相等时,这些角的每一个叫作**直角**,而且称这一条直线**垂直**于另一条直线。

11. 大于直角的角叫作**钝角**。

12. 小于直角的角叫作**锐角**。

13. **边界**是物体的边缘。

14. **图形**是被一个边界或几个边界所围成的。

15. **圆**是由一条线围成的平面图形,其内有一点与这条线上的点连接成的所有直线都相等。

16. 而且把这个点叫作**圆心**。

17. 圆的**直径**是任意一条经过圆心的直线在两个方向被圆周截得的直线,并且把圆二等分。

18. **半圆**是直径和由它截得的圆周所围成的图形,而且半圆的心和圆心相同。

19. **直线形**是由直线围成的,**三边形**是由三条直线围成的,**四边形**是由四条直线围成的,**多边形**是由四条以上的直线围成的。

20. 在三边形中,三条边相等的,叫作**等边三角形**;只有两条边相等的,叫作**等腰三角形**;各边都不相等的,叫作**不等边三角形**。

21. 此外,在三边形中,有一个角是直角的,叫作**直角三角形**;有一个角是钝角的,叫作**钝角三角形**;三个角都是锐角的,叫作**锐角三角形**。

22. 在四边形中,四边相等且四个角是都直角的,叫作**正方形**;角都是直角,但四边不全相等的,叫作**长方形**;四边相等,但角不是直角的,叫作**菱形**;对角相等且对边也相等,但边不全相等并且角不是直角的,叫作**斜方形**;其余的四边形叫作**不规则四边形**。

23. **平行直线**是在同一平面内的一些直线,向两个方向无限延长,在不论哪个方向它们都不相交。

公设(Postulates)

1. 由任意一点到另外任意一点可以画一条直线。
2. 一条有限直线可以继续延长。
3. 以任意点为心及任意的距离可以画圆。
4. 凡直角都彼此相等。
5. 若一条直线和另外两条直线相交,在同一侧的两个内角的和小于二直角,则这二直线经无限延长后在这一侧相交。

公用概念(Common Notions)

1. 等于同一个东西的东西彼此相等。
2. 相等的加相等的,其和仍相等。
3. 相等的减相等的,其差仍相等。
4. 彼此能重合的物体是相等的。
5. 整体大于部分。

定义 1

A point is that which has no part.

亚里士多德在《形而上学》(*Metaph.* ,1035 b 32)中说“即使点的形状也有部分”,邦尼茨(Bonitz)翻译成“即使其形状也可分为部分”。因而,相应的翻译应当是“点是不可分为部分的”。

M. 卡皮拉(约5世纪)给出了不同的翻译,“点是其部分不存在的”,并且M. 西蒙选择了这个翻译,我认为这没有任何意义,如果点的部分不存在,欧几里得就应当说点本身是“不存在的”。当然,他不能这样做。

欧几里得之前的定义

显然,这个定义不是在较早的教科书中给出的定义;亚里士多德(*Topics* Ⅵ. 4,141 b 20)关于点、线、面的定义说,它们都可用后者定义前者,点是线的末端,线是面的末端,面是立体的末端。

我们知道的点的第一个定义是毕达哥拉斯学派(Pythagoreans)给出的(参考普罗克洛斯 p. 95,21),他把点定义为“具有位置的单子(monad)”,它被亚里士多德频繁地使用,如在 *Metaph.* 1016 b 24 中,他说用任何方法不可分并且没有位置的是单子,而不可分并且有位置的是点。

柏拉图反对这个定义,亚里士多德(*Metaph.* 992 a 20)说,他反对关于点的这种几何虚构,并且称点是线的开端,而且他经常说“不可分的线”,亚里士多德对此回答道,若“不可分的线”必然有末端,则证明线的存在的推理也可以用来证明点的存在。显然,亚里士多德反对把点定义为线的末端这种不科学的观点(*Topics* Ⅵ. 4,141 b 21),这是针对柏拉图的,海伯格推测(*Mathematisches zu Aristoteles*, p. 8)正是由于柏拉图的影响,亚里士多德经常使用的“点”这个词,被欧几里得和阿基米德以及后来的作者所使用的词“*σημεῖον*”所代替,后者好像更现实一些。

亚里士多德关于点的概念,点是不可分的并且具有位置,进一步提出点不是立体(*De caelo* Ⅱ. 13,296 a 17),点没有重量(*De caelo*, Ⅲ. 1,299 a 30);并且我们不能区分点与它所在的位置(*Physics* Ⅳ. 1,209 a 11),他发现了从不可分或者无限小过渡到有限或者可分的大小时的困难。点是不可分的,没有聚积在一起的点,并且不能给出任何可分的东西,而线是可分的量。因此,他承认点不能构成像线这些连续的东西,点不能与点连续(*De gen. et corr.* Ⅰ.

2,317 a 10),并且线不是点构成的(*Physics* Ⅳ. 8,215 b 19)。他说点就像时间的"此刻":"此刻"是不可分的,并且不是时间的一部分,它只是时间的开始,或者终了,或者分点。类似地,点是线的末端、开始或者分点,但不是线的部分,或者量的部分(参考 *De caelo* Ⅲ. 1,300 a 14;*Physics* Ⅵ. 11,220 a 1—2,Ⅳ. 1,231 b 6 sqq.),只能通过运动,点才能产生线(*De anima* Ⅰ. 4,409 a 4),因而点是大小的开端。

其他古代定义

根据安那里兹(ed. Curtze, p. 3),赫鲁得斯(Herundes)把点定义为"量的不可分的开端",波西多尼奥斯把点定义为没有维数的末端,或者线的末端。

评论者的评论

欧几里得的定义,实际上与亚里士多德暗指的是相同的,除了省略了说点必须有位置。那么,这是不是充分的? 看一看其他的没有部分或者不可分的东西,例如,时间中的"此刻",数中的"单位",普罗克洛斯回答道(p. 93,18),点是几何论题中仅有的不可分的东西。因而,对这个特殊的学科来说,这个定义是充分的。其次,这个定义受到批评是由于它纯粹是否定的。普罗克洛斯对此回答道(p. 94,10),否定的描述适用于基本的原理,并且他引用巴门尼德(Parmenides)的话,描述第一和最后推动力只能用否定的办法。亚里士多德也承认有时用否定构造一个定义是必要的,例如,在定义"盲人"时就是用否定的词,并且他好像接受在点的定义中使用否定的词。他说(*De anima* Ⅲ. 6,430 b 20),"点,任何分割(例如,分割一个长度,或一个时间段)以及在这个意义上不可分的东西是用否定展示的。"

辛普利休斯(被安那里兹引用)说"点是大小的开端并且由此开始增长;它也是仅有的具有位置且不可分的东西",他也像亚里士多德一样,通过运动点可以产生量,特别是"一维的"量,即线。由于不能"本身伸展",辛普利休斯进一步注意到欧几里得否定地定义点,由于从立体分出面,从面分出线,最后从线分出点,"因为立体有三维,由此推出点(逐步消去所有三维达到点)没有维数,并且没有部分",这个也不断出现在现代著作中。

安那里兹给出了一个有趣的论述,"如果任何人想知道比线更简单的点的本质,在这个可觉察的世界里,想一想宇宙的中心及极点"。但是在太阳之下没有新东西,同样的观点在亚里士多德的著作中提及,争论者想一想极点在球体运动中的某些影响,"极点自然没有大小,但是它们是端点和终点。"(*De motu animalium* 3,699 a 21)

现代观点

在优秀的新的几何书中,从新的一组公设或公理开始,这是近几年深入研究几何的基本原理的成果[我只提及帕斯奇(Pasch),维朗尼斯(Veronese),恩里奎斯和希尔伯特(Hilbert)],点在线之前,但是没有先验地企图定义点的徒劳;而代之的是叙述一些在性质上易懂的东西,并且说明从它们我们可以得到这个抽象概念,参考 Weber 和 Wellstein,*Encyclopödie der elementaren Mathematik* Ⅱ.,1905,p.9,关于点的概念,"这个概念涉及实际的和假设的质点概念,并利用极限过程,即利用思维行为建立一个无限序列,假定一个沙粒或者光中的一个微粒不断地变得越来越小,持续这个不断变小的过程,点表示空间的一个确定位置并且是不能进一步分割的东西,但是这种观点是站不住脚的;沙粒是如何变得越来越小的,只有当它是可以看见的时候;此后我们完全陷入黑暗之中,我们看不见也不能想象进一步的变小过程,这个过程到达终点是不可想象的。然而,存在一个不能达到的项,我们必须相信或者公认不曾达到它,……这是一个不可理解的纯粹的意识行为。"M.西蒙也注意到(*Euclid*,p.25)"点这个概念属于极限概念(Grenzbegriffe),极限概念是一个无限序列的结论。"他又说,"点是局部化的极限;若持续这个过程,则可导致极限概念'点',相对于位置的保留,空间的容积不断消失,根据对欧几里得的解释,'点'是我们可以想象(不能看见)的最终的极限,并且若我们继续向前,则扩张停止,在这个意义上'部分'是不存在的",我认为西蒙所维护的"部分不存在"最好表示为"没有部分",因为取一个东西的"部分"不能改变被分为不同部分的那个东西的概念。

定义2

A line is breadthless length.

这个定义若不是归功于柏拉图本人,就是归功于柏拉图学派,亚里士多德(*Topics* Ⅵ.6,143 b 11)说,这可能引起反对意见,由于它"用否定的办法分离出这种属性",长度或者没有或者具有宽度;然而,这种反对意见好像是针对柏拉图主义者,由于他说(*Topics* Ⅵ.6,143 b 29),其论点"只是反对那些认为这种属性(即长度)是一种数量的属性的人,即那些承认这个概念的人",他们认为长度概念是一种属性。若这种属性可以分为两类,其中一类断定另一类否定,这是自相矛盾的(Waitz)。

普罗克洛斯(pp. 96,21—97,3)注意到点的定义是完全否定的,线引入了第一个"维数",因而这个定义在这方面是肯定的,而它也有否定的成分,它否定了其他的"维数",宽度和厚度的否定包含在"没有宽度"之中,因为没有宽度的东西也没有厚度,尽管其逆当然不真。

其他的定义

普罗克洛斯提及另一个定义,"一维的量","可以向一个方面延伸的量",安那里兹把这个定义归功于赫罗米兹(Heromides),赫罗米兹与赫鲁得斯可能是同一个人,点的一个定义归功于他,根据亚里士多德,线是"只在一个方面上可分的量",而面是在两个方面可分的量,立体是所有三个方面可分的量(*Metaph*. 1016 b 25—27);或者说线是"在一个方面(或一个方向)连续的"量,不同于在两个方面或三个方面连续的量,有时也分别说成"宽度"或"厚度",他又说"长度"意味着线,"宽"意味着面,而"厚度"意味着立体。

普罗克洛斯给出了另一个定义,"点的流动",即一个点运动的路径,这个概念也归于亚里士多德(*De anima* Ⅰ.4,409 a 4);"线运动产生面,点运动产生线",普罗克洛斯说(p. 97,8—13),"这个定义是完美的,这个定义说明了线的本质:把线定义为点的流动的人似乎是从遗传原因定义它的,并且不是任何线而只有非物质的线;因为它由本身不可分的点产生,这是可分的东西存在的原因。"

普罗克洛斯(p. 100,5—19)又给出了一个注释,这个注释曾在阿波罗尼奥斯学派中流行,当我们寻求路的长度或度量墙的长度时,我们就有线的概念;因为此时我们指的是与宽度无关的东西,即一维的距离,并且,当阴影投射到地球或月球上时,光明与黑暗之间的界限就是线的概念;显然,界限没有宽度,只有长度。

"线"的分类

欧几里得在定义了"线"之后,只提及一类线,即直线,尽管另一类出现在后面的圆的定义中,无疑地,他省略了与他的目的无关的线的分类,然而,海伦在他的定义之后给出了线的一个分类:(1)"直线",(2)非直线的线,后者又进一步分为:(a)"圆周",(b)"螺线型的"线,(c)一般的"曲线",而后解释了这四个术语,亚里士多德告诉我们(*Metaph*. 986 a 25),毕达哥拉斯学派区分了直线和曲线,并且这个区分出现在柏拉图(参考 *Republic* x. 602 c)和亚里士多德(参考

“to a line belong the attributes straight or curved,” *Anal. post*. Ⅰ. 4,73 b 19;“as in mathematics it is useful to know what is meant by the terms straight and curved,” *De anima* Ⅰ. 1,402 b 19)的著作中,但是柏拉图和亚里士多德从“曲线”类分离出“圆”,经常与直线对照的一种曲线,亚里士多德似乎承认形成一个角的折线为一条线;于是“一条弯曲的但连续的线称为一条线”(*Metaph.* 1016 a 2);“直线比弯曲的线更多”(*Metaph.* ,1016 a 12),参考海伦的定义 12,“一条折线是一条当延长时自身不相交的线”。

当普罗克洛斯说柏拉图和亚里士多德两人把线分为“直线”、“圆”或者“两者混合”时,他在最后一类中增加了“平面曲线中的螺形线,立体的截面形成的曲线”(p. 104,1—5),这似乎不是很精确,上述说法可能属于 *Parmenides*,145 B;那样的话,好像线必须有形状,或者直的,或者圆的,或者两者的某种组合;……关于亚里士多德和柏拉图,他们好像有这种想法(*De caelo* Ⅰ. 2,268 b 17),“空间中的所有运动,我们称为转化,是直线、圆,或者这两个的组合;由于前两个是仅有的简单的运动。”

为了完整起见,我们给出普罗克洛斯引用的盖米诺斯关于线的分类。

盖米诺斯关于线的第一个分类

这个分类一开始(p. 111,1—9)把线分为复合线与非复合线,复合线的例子是形成角的折线,而后是非复合线的细分,非复合线的细分及某些细节叙述在后面(pp. 176,27—177,23)。下面是这个分类的图表(括号中的例子是由普罗克洛斯给出的)。

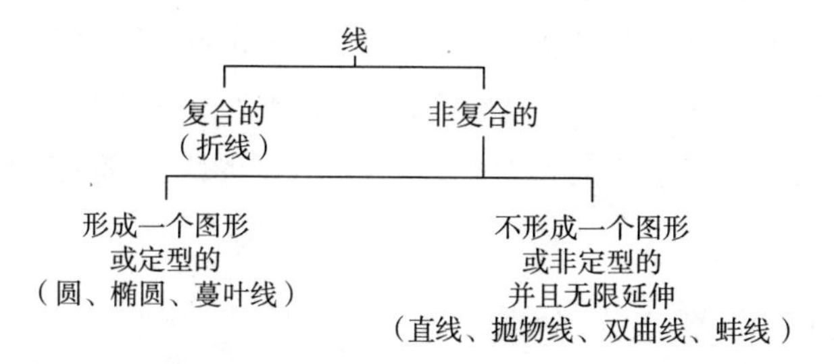

在图表中未说明的第二类的细节如下:

(1)关于无限延伸的线,某些完全不形成图形(如直线、抛物线和双曲线);而某些首先“合在一起并形成一个图形”(即有一个环),“并且其余部分无限延伸”(p. 177,8)。

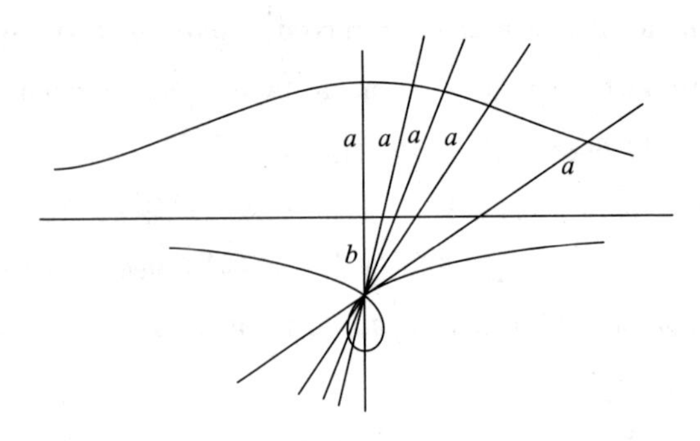

前述的除了抛物线和双曲线之外就是蚌线,唐内里认为有一个环而后无限延伸的曲线是线本身的一种变种,众所周知,通常的蚌线(它被用到倍立方及三分角问题)是用这种方法得到的,假设任意个数的射线通过一个固定点(极点),并且与一个固定直线相交;并假设在射线上,在固定直线的一侧取点,使得射线上的点与固定直线之间的部分等于固定的距离,这些点的轨迹是一条蚌线,这条蚌线以这条固定直线为渐近线。若从射线上的点与给定直线的交点度量的"距离"a 不是从极点向外的方向,而是朝向极点,则我们得到三种曲线,依据 a 小于、等于或大于 b,b 是极点到固定直线的距离,而这条固定直线在每种情况下都是渐近线,在 $a>b$ 的情形,其曲线形成一个环,而后延伸到无限,正如普罗克洛斯所指述的,我们从欧托基奥斯(*Comm. on Archimedes* ed. Heiberg, Ⅲ. p. 98)和普罗克洛斯(p. 272,3—7)知道。尼科米迪斯写的蚌线用的是复数,而帕普斯(Ⅳ. p. 244,18)说,除了"第一种"还有"第二种、第三种和第四种,它们用在其他的定理中"。

(2)普罗克洛斯注意到(p. 177,9),关于无限延伸的线,某些是"渐近线",即"从不相交但无限延伸",某些是"有状的(symptotic)",即"在某一时候相交";关于"渐近线",有些在一个平面内,而有些不在一个平面内,最后,关于一个平面内的"渐近线",有些彼此之间总是保持同样的距离,有些"蚌线与其渐近线距离越来越小"。

盖米诺斯的第二个分类

这个分类(由普罗克洛斯,pp. 111,9—20 及 112,16—18)列举如下:

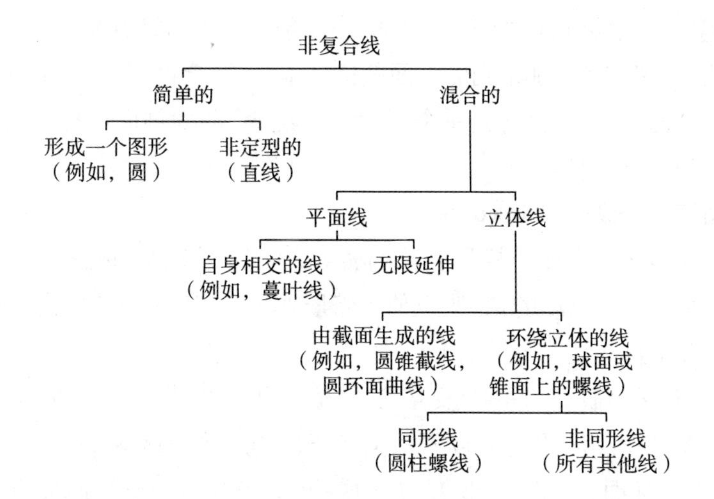

关于“线”的分类和特殊曲线的注

1. 同形线(Homoeomeric lines)

这个术语意味着所有部分都相同,因而任何部分可以与其他任意部分重合,普罗克洛斯注意到这种线只有三个,两个是“简单的”并且在平面上(直线和圆),而第三个是“混合的”,“围着一个立体”,即圆柱螺线,它的图形性质是由阿波罗尼奥斯证明的(Proclus,p. 105,5),仅存在三种同形线是由盖米诺斯证明的,“他证明了预备命题,若从一个点向同形线画两条直线,使得与其夹角相等,则这两条直线相等”(pp. 112,1—113,3,参考 p. 251,2—19)。

2. 混合线(Mixed lines)

普罗克洛斯说(p. 105,11),圆柱螺线是同形线,像直线和圆一样,可能有人认为圆柱螺线也应当是简单的。他说它不是简单的,而是混合的,由于它是两个不同类的运动产生的,盖米诺斯说,两个同类的运动,例如,在一个正方形的相邻边上两个相同速度的运动,产生一个简单的直线,即对角线;又,若一条直线的两端分别在直角的两边上,在这个运动之下,这条直线的中点的轨迹是一个简单曲线圆,而这条直线上其他点的轨迹是一个混合曲线椭圆(p. 106,3—15)。

盖米诺斯也解释了术语“混合的”,并说明了使用到曲线和曲面时的不同意义,当使用到曲线时,“混合的”既不意味着把简单的线“合在一起”,也不意味着由简单线“组合成的”,因而,螺线是一条“混合线”,但是,(1)它不是“合在一起”意义上的“混合”,它不是部分直线与部分圆合在一起的;(2)它不是“组合成的”意义上的混合,因为用任何办法去切割它,它不会显示出任何简单线,曲线情形的“混合”,其成分是化学的化合成的。相反地,“混合的”曲面是一类

"组成"意义上的混合,例如,一个锥面,由一条过一个固定点及过一个圆周的直线生成的;若用平行于那个圆的平面截这个锥面,就会得到一个圆形截线,若用过顶点的平面截它,就会得到一个三角形,"混合"曲面锥面这样被截成简单线(pp. 117,22—118,23)。

3. 圆环面曲线(Spiric curves)

这些曲线像圆锥线一样是立体的截线,由伯尔修斯发现,普罗克洛斯(p. 112,1)引用了珀尔修斯的话,他说伯尔修斯发现了"五种截线中的三种线",普罗克洛斯关于这些线给出了如下评注:

"关于圆环面截线,一种是交错的,类似于马蹄形;另一种是在中间加宽,并且关于中间对称;第三种是在中间加长变窄,在每一侧加宽。"(p. 112,4—8)

"关于圆环面,它是一个圆旋转生成的,这个圆与一个平面成直角并且围绕一个不是中心的点(换句话说,由一个围绕在同一平面内的不过中心的直线生成的)。因此,圆环面(spire)有三种形式,依旋转中心在圆周上、圆周内和圆周外而不同。若旋转中心在圆周上,则是连续圆环面;若在圆内,是交错圆环面;若在圆外,是开圆环面,并且根据这三种不同情形,有三种圆环面截线。"(p. 119,8—17)

"圆环面曲线之一的马蹄形(hippopede),自身形成一个角,这个角也包含在混合线之中。"(p. 127,1—3)

"伯尔修斯证明了圆环面曲线的性质。"(p. 356,12)

圆环面是我们所称的环面,或者锚环,海伦(定义 98)说,它或者称为圆环面或者称为环(ring);他称这种品种为"本身相截的圆",不是"交错的",而是"自身交叉的"。

唐内里及斯切阿帕雷里(Schiaparelli)讨论了这些评注,显然,普罗克洛斯所说的三种曲线的差别对应于三种曲面的差别有失误,这可能是由于太匆忙地翻译了盖米诺斯;所有三种都来自开锚环的平面截线,若 r 是旋转圆的半径,a 是它的中心到旋转轴的距离,d 是截平面(假设平行于轴)到轴的距离,这三种曲线对应于下述情形:

(1)$d = a - r$,此时的曲线是马蹄形,伯努利(Bernoulli)的纽线是当 $a = 2r$ 的特例。

无疑地,作为伯尔修斯的一种曲线的名字是由于它与欧多克索斯的马蹄形相似,后者是一个球与内接于它的一个圆柱的截线。

(2)$a + r > d > a$,此时曲线是卵形线。

(3)$a > d > a - r$,此曲线在中间是最窄的。

唐内里解释了“五个截线中的三个”，他指出对于开环，还有另外两个截线对应于：

(4) $d=a$：从(2)到(3)的过渡。

(5) $a-r>d>0$，此时，截线由两个对称的卵形线构成。

而后他证明了闭的或连续的环只对应于(2)(3)(4)中的 $a=r$，而(1)和(5)是由两个相等的彼此相切的圆构成的截线。

另一方面，第三个圆环面(交错的品种)给出三个新的形式，除了前述的一组五个截线，这三个构成另一组。

我们看到的在这个解释中的困难是这样的，在提及“五个截线中的三个线”之后，普罗克洛斯描述了三种最重要的线；但是这三个线属于开环的五个截线中的三个。

4. 蔓叶线(The cissoid)

由欧托基奥斯(*Comm. on Archimedes*, Ⅲ. p. 79 sqq.)，这个曲线与狄俄克利斯(Diocles)在他的书(*On Burning-glasses*)中解答倍立方问题所用的曲线是相同的，它是下述作图的轨迹。设 AC，BD 是中心为 O 的圆的两条成直角的直径。

设 E，F 分别是象限 BC，BA 上的两点，使得 BE，BF 相等。

作 EG，FH 垂直于 CA，连接 AE 并令 P 是它与 FH 的交点。

蔓叶线是所有这样点 P 的轨迹，E 在象限 BC 的不同位置，而 F 在弧 BA 上，E 与 F 到 B 有相等的距离。

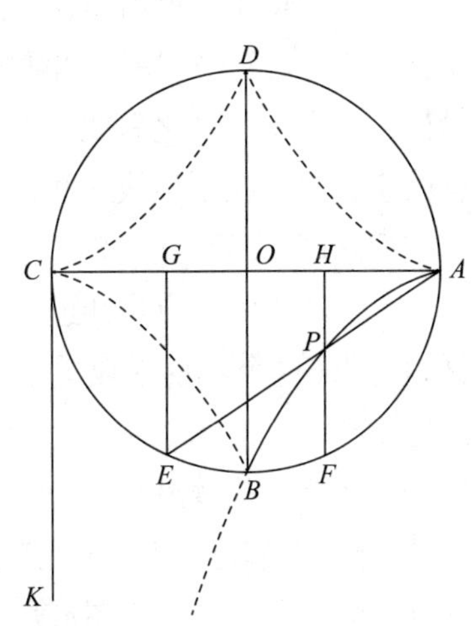

A 是曲线上一点，对应于 C 作为 E，B 是曲线上一点，对应于点 E 与 B 重合。

容易看出，这个曲线在 AB 方向延伸到 B 的外面，并且 CA 的垂线 CK 是它的渐近线。

若 OA，OD 是坐标轴，显然，这个曲线的方程是

$$y^2(a+x)=(a-x)^3,$$

其中 a 是圆的半径。

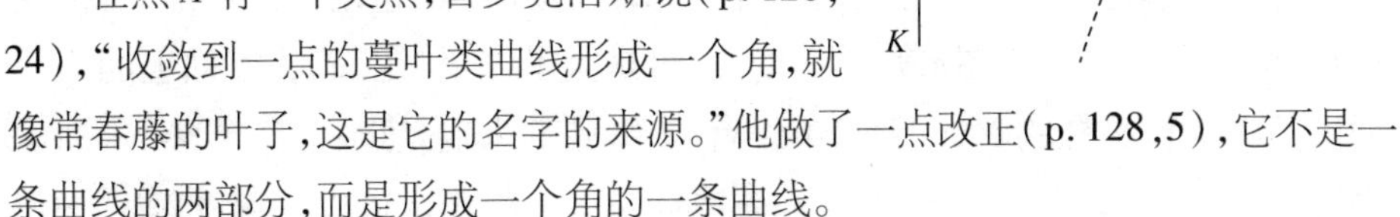

在点 A 有一个尖点，普罗克洛斯说(p. 126, 24)，“收敛到一点的蔓叶类曲线形成一个角，就像常春藤的叶子，这是它的名字的来源。”他做了一点改正(p. 128, 5)，它不是一条曲线的两部分，而是形成一个角的一条曲线。

但是，令人奇怪的是普罗克洛斯好像没有注意到这条曲线通到圆的外面并且有一条渐近线，因为他多次说它是一条闭曲线(形成一个图形并且包围一个

面积)：参考 p. 152,7,“被蔓叶线截出的平面有一条边界线,但是它没有一个中心,使得所有从它引到曲线的直线相等,”显然,普罗克洛斯认为蔓叶线是由图中所示的四条对称的蔓叶类曲线的弧构成的。

更特别的是普罗克洛斯的下述观点。

5. “单圈螺线”(Single-turn spiral)

这个实际上是阿基米德螺线,它是一个点从一条直线的一个固定端点沿直线匀速运动,同时这条直线本身匀速地绕它的固定点运动的轨迹。阿基米德螺线当然有任意个数个圈,其直线也做了同样个数的全旋转,然而,普罗克洛斯用这个螺线的生成方法,但突然停止在这条直线一个全旋转处,这就是单圈螺线:他说“要知道,无限延伸不是所有线的性质;因为它既不属于圆,也不属于蔓叶线,一般地,既不属于形成图形的线,也不属于不形成图形的线,单圈螺线不是延伸到无限,它是在两个点之间,任何同样产生的其他线”(p. 187,19—25)。奇怪的是普罗克洛斯(Ⅷ. p. 1110 sqq.)使用相同的术语于圆柱螺线。

定义 3

The extremities of a line are points.

正如亚里士多德所说,把点定义为线的末端“是不科学的,因为这是用后者定义前者,欧几里得用不同的办法定义了点;而后必然要把点和线联系起来,在给出了这两个定义之后他引入了这个解释,这个解释,无疑是他自己的想法,同样的事也出现在面与线之间,在定义 6 中,面的边缘是线,同样的事也出现在立体与面之间,在Ⅺ. 定义 2 之中,立体的边界是面。

我们缺少两个应当知道的命题,线的“分割处”,像线的“开端”和“终端”一样也是点(这个出现在亚里士多德的 *Metaph*. 1060 b 15),并且两条线的“交叉处”也是点,如果这些解释已给出,普罗克洛斯就会省去下述困难,他发现欧几里得使用的某些线没有“末端”(即无限直线和圆),椭圆也是同样的,在圆和椭圆的情形,我们可以取由点界出的一部分,此时这个定义适用于这个部分,把圆或椭圆区分成线与闭合图形是不必要的,这是为了这个“定义”在字面上的广泛适用,这不如作这样的解释,若一条线有末端,则其末端是点。

定义 4

A straight line is a line which lies evenly with the points on itself.

在欧几里得之前可使用的直线定义只有柏拉图的定义，他把直线定义为“中间的点与端点对齐的线”（即把一个眼放在一个端点并且沿着直线观看），它出现在 *Parmenides* 137 E：“直线是它的中间正对着它的两个端点的线”。亚里士多德用等价的术语引用了它（*Topics* Ⅵ. 11，148 b 27），并且没有提及作者的名字，而是把线的定义与面的边缘放在一起，我们认为他所引用的内容是众所周知的，普罗克洛斯也引用了这个定义（p. 109，21）。这是一个有独创性的定义，但是它隐含地涉及视觉，并且假定了视线是直线（参考 Aristotelian 的 *Problems* 31，20，959 a 39，其中有这样一个问题，为什么用一个眼比用两个眼可以更好地观察直线性质），关于“视线”的直线性，参考欧几里得的 *Optics* Deff. 1，2，他首先说视线是直线，而后说由视线包含的图形是顶点在眼的圆锥。

普罗克洛斯论欧几里得的定义

现在来解释欧几里得的定义，我们发现一些不同的叙述，但是没有一个是很满意的；某些权威，例如，萨维尔认为它们没有用处，因而要求助于普罗克洛斯；并且我们发现他给出了一个有理的解释，他说（p. 109，8 sq.），欧几里得“用这个证明了只有直线才能充满它上面的点之间的距离，因为从一个点到另一个点的距离等于以这两个点为端点的直线的长度；并且这就是直线上的点平放的含义”，“但是，若你在圆周上或任一个其他线上取两个点，它们之间沿着这条线的距离大于它们之间的区间，并且这个对直线之外的任何线成立。因此，通常所说的，沿直线行走的人只走了必要的距离，而不走直线的人，走的比必要距离更多。”（参考亚里士多德 *De caelo* Ⅰ. 4，271 a 13，“我们总是把到任意东西的直线称为距离。”）

因而，普罗克洛斯做了如下解释：“直线是这样的线，它表示的延伸等于它上面的点之间的距离，”这个解释试图把阿基米德（*On the Sphere and Cylinder* Ⅰ. *ad init.*）的下述设想移植到欧几里得的定义：“有相同端点的所有线之中直线最短。”这个解释难以应用到平面的定义，欧几里得（定义 7）把平面定义为“它上面的线一样地平放着的面”，与直线的定义联系，普罗克洛斯试图这样定义平面:"若在平面上作两条直线,则它充满的空间等于这两条直线之间的空间。"但是两条直线不能确定任何空间;如果我们有一个闭合图形以平面上的曲线为边界,那么就有阿基米德的另一个设想:"有同样平面边界的所有曲面之中,平面有最小面积",另外辛普利休斯给出了与普罗克洛斯一样的解释(an-Nairīzī,p. 5)。

定义的语言和结构

现在我们考虑这个定义的用词及语法,"平放着的"意味着"相等的度量","没有差别的"或者"没有偏斜";"它上面的点一样地平放着"意味着"它上面的点一样地放着",M. 西蒙说,"直线上的点是相同的","直线是由它的点对称地确定的",他又增加了概念方向,并且认为方向和距离是原始的不可再简化的概念。

而语言似乎是含糊的,我们可以有把握地说,欧几里得想表达的概念是要表示它上面的所有点有相同的形状,没有任何不规则或不对称的性质来区分一部分与另一部分。

关于定义的来源和含义的猜测

人们会问,欧几里得的定义的来源是什么,或者说他是如何得到启发的?我认为它的基础是柏拉图的定义:"中间的点与端点对齐的线。"欧几里得曾经是一个柏拉图主义者,自然地他应当选择柏拉图的定义,但是,他保留了它的本质,改变了用词的形式,以使得它与物理因素的视线无关,他是否能找到一个纯粹的几何定义?我相信欧几里得的定义试图使用几何学家不能拒绝的几何的东西来表示柏拉图的定义。

其实欧几里得的尝试是不可能的,正如浦夫莱德勒(Pfleiderer)说(Scholia to Euclid),"直线的概念,由于它的简单性,不可能用任何正规的定义来解释,这些正规的定义不可能不隐含地包括要被定义的概念(例如方向,相等,位置的均匀或平放,不转变的)。若一个人不知道术语直线的含义,为了教他知道,可以在他前面用某种方法放置一个图画。"这个已在一些书中做了,例如,维朗尼斯的 *Elementi di geometria*(Part Ⅰ.,1904,p. 10):"一条伸展的线,例如,一条铅垂线由一个小孔射进黑暗的屋子的一丝光线就是直线,它们的图像给我们有限的直线,即直线段的概念。"

其他的定义

我们将给出关于直线的某些有名的定义,下述是普罗克洛斯给出的(p. 110,18—23)。

1. **伸展到最远的线**. 这个出现在海伦的著作中,并且增加了“朝向端点”(Heron,Def. 5)。

2. **一条直线不可能一部分在平面内,而另一部分在平面外**。这是欧几里得的命题Ⅺ. 1。

3. **它的每个部分能够同样地吻合在任意其他部分**。海伦也有这个定义(Def. 5),但是把“同样地”换成“用所有办法”,它更好地指出了所用的部分可用一个办法或相反的办法得出同样的结果。

4. **直线是当它的端点保持固定不变时,它本身也保持固定不变的线**。海伦对此增加了“当它在同一个平面上转一圈时”,他又说,“当它以它的两个端点为极旋转时它的位置不变”,高斯(Gauss)给出了这样的定义:“当围绕着两个固定点在空间旋转时,它上面的所有点保持它们的位置不变的是直线,”斯科腾(Schotten,Ⅰ. p. 315)强调,直线概念与两点决定一条直线的性质是逻辑循环。

5. **直接是那样的线,它与它的同类不能完成一个图形**。这是显然的,因为它假定了图形的概念。

最后,应当提及莱布尼茨的定义:**直线是这样一条线,它把平面分为两半,这两半除了位置之外完全相同**,这个定义引入了平面,并且这个定义与前面的定义比较没有任何优点。

勒让德使用了直线的阿基米德公理:**直线是两点之间的最短距离**,范斯文登(Van Swinden)指出(*Elemente der Geometrie*,1834,p. 4),要以这个作为定义,就要假定这个命题,三角形的任两边大于第三边,并且证明具有两个公共点的直线完全重合(参考 Legendre,*Éléments de Géométrie* Ⅰ. 3,8)。

上述所有定义都证实了安格的看法(*Die Geometrie des Euklid*,1833):“直线是一个简单的概念,因而,所有关于它的定义必须失败,但是,如果一旦真正掌握了直线概念,就会理解通常给它的各种定义;所有这些定义只是关于它的解释,并且它们当中最好的是从它可以立即推出直线的本质。”

定义 5

A surface is that which has length and breadth only.

欧几里得以后的作者用词“ἐπιφάνεια”来记面，而他们喜欢用词“ἐπί-πεδον”来记平面。亚里士多德的确使用这两词作为面。

其他的定义

面的定义对应于线的定义，在亚里士多德的著作中，线是这样一个量，“在一个方面或一维延伸的”，“在一个方面连续”，或“在一个方面可分”，而面是这样一个量，在两个方面延伸或连续，在欧几里得的著作中，面只有“长度和宽度”，在亚里士多德的著作中，宽是面的特征，并且用于面的同义语（*Metaph.* 1020 a 12），“而长度是由长和短构成的，面是由宽和窄构成的，立体是由深和浅构成的”（*Metaph.* 1085 a 10）。

亚里士多德提及通常的解释，线的运动产生面（*De anima* Ⅰ.4，409 a 4），他也给出了面的描述，面是“立体的边界”（*Topics* Ⅵ.4，141 b 22），并且是“立体的截面或分割”（*Metaph.* 1060 b 14）。

普罗克洛斯指出（p. 114，20），当我们用长和宽来测量面积时，我们得到面的概念；并且观看阴影的时候，我们也得到面的概念，因为阴影没有深度（它们不会穿透地面），而仅有长度和宽度。

面的分类

对应于盖米诺斯关于线的分类，海伦关于面给出（Def. 75，p. 23，ed. Hultsch）两种分类：（1）非复合的与复合的，（2）简单的与混合的。

（1）非复合面是“当延伸时落到（或接合）它自身的”，即连续弯曲的，例如，球面。

复合面是“当延伸时彼此相截的”，关于复合面，某些是（a）由非同质的元素构成的，例如圆锥面、圆柱面、半球面，另一些是（b）由同质的元素构成的，即直线面。

（2）另一个分类是，简单面是平面和球面，别无它；混合面包括所有其他面，因而有无穷种。

海伦特别提及属于混合类的面，（a）圆锥面、圆柱面等等，它们是平面和圆面混合成的，（b）圆环面，它是“由两个圆周混合成的”（这意味着两个圆的元素，即生成圆以及绕一个在同一平面内的轴的圆周运动）。

普罗克洛斯指出，奇怪地，混合面可以由简单曲线旋转生成，例如，圆环面，也可以由混合曲线旋转生成，例如，由抛物线生成的“直角劈锥曲面”，由双曲线生成的“另一个劈锥曲面”，分别由椭圆绕其长轴和短轴旋轴生成的“长的”和

“平的”椭球面(pp. 119,6—120,2),同形面,即它的任一部分可与任意另一部分重合,只有两种(即平面和球面),而不是同形线时的三种(p. 120,7)。

定义 6

The extremities of a surface are lines.

亚里士多德说,把线定义为面的边缘是不科学的,欧几里得避开了这个用后者定义前者的错误,并且给出了另一个定义,而后为了说明线与面的联系,他给出了这个与线的定义等价的解释。

与上述定义 3 相对应,他略去了亚里士多德(*Metaph.* 1060 b 15)所说的立体的“截面”或“分界”也是面,以及立体的两部分接合处也可能是面(*Categories* 6,5 a 2)。

普罗克洛斯讨论了当面是像球面的这样面时,定义 6 是否为真,“它确是有边缘的,但不是线”,他的解释(p. 116,8—14)是“若我们取球面,在两个方面延伸它,我们就发现它的长度和宽度的边界是线;并且我们考虑球面,用一个新的东西覆盖它,我们关注它的末端与开端合在一起时的情况,把两个边界合为一个,隐含地是一个,而实际上不是。”

定义 7

A plane surface is a surface which lies evenly with the straight lines on itself.

希腊人模仿直线的定义,普罗克洛斯指出,直线的所有定义可以用到平面,只要改变类别,例如,平面是这样一个面,“它的中间对齐它的末端”(这个适用于柏拉图的直线定义)。

不管柏拉图是否实际上给出了平面的这个定义,我认为欧几里得关于平面的定义,直线在它上面平放着,试图表达同样的意思而不求助于视力(正如在直线的定义的情形)。

正如定义 4 后面的注释,普罗克洛斯试图把阿基米德的设想“有同样平面边界的所有曲面之中,平面有最小面积”用在欧几里得的定义中,但是,正如我已说过的,他的解释似乎是不可能的,尽管它已被辛普利休斯选用(见 an-Nairīzī)。

古代的其他定义

古代的其他定义如下：

1. **伸展到最远的面**，普罗克洛斯认为它与欧几里得的定义等价，参考 Heron Def. 11“平整延伸出去的面”，他把这个增加在欧几里得的定义中。

2. **具有同样边缘的所有面中的最小面**，普罗克洛斯在此（p. 117,9）显然引用了阿基米德的设想。

3. **它的所有部分都能吻合在一起的面**（Heron，Def. 11）。

4. **直线能吻合在它的所有部分的是面**（Proclus，p. 117,8），或者直线能以任何方式吻合在它上面（Proclus，p. 117,20）。

这个可以比较下面的：

5. **“若一条直线过它上面的两个点，则这条直线全部在它上面的是平面”**（Heron，Def. 11），这个也出现在士麦那的塞翁（p. 112,5，ed. Hiller），因而可以追溯到至少一世纪，它当然与 R. 西姆森给出的定义相同，并且被作为欧几里得定义的代用品。

这个定义也出现在安那里兹（ed. Curtze. p. 10）的著作中，他在引用了辛普利休斯关于欧几里得的定义的解释之后，继续说“在其上可以从任一点到任意另一点画一条直线的是平面”。

通常定义中的困难

高斯在给贝塞尔（Bessel）的信中说到平面的定义，**若在它内面取任意两个点，则过这两个点的直线完全放在这个面内的面**（为了简短起见，我们称它为西姆森的定义），这个定义包含的比必要的更多，在这个定义中，平面可以这样得到，只要在它内面取一条直线，从这条线外但仍在这个平面内的一点投射那条直线；事实上，这个定义包含一个定理或一个公设，这个对欧几里得的平面定义也是真的，欧几里得的定义是“它上面的线一样地平放着的面”，因为下述对于平面的定义就已足够，若“平放”的这些线只要过它们上面的一个固定点。

但是，由欧几里得观点，一个定义是否包含的比最少必要的更多不是重要的，只要包含在定义中的是以后可以证明的性质，然而，并没有对平面作这件事，没有关于平面的性质的命题在卷Ⅺ. 之前出现，尽管它存在于卷Ⅰ. —Ⅳ. 以及Ⅵ. 中，而不在卷Ⅺ. 中，那里通过作图证明存在一个适用的面，这个解释可能是这样的，平面的存在像点和线的存在是一开始就假定了的，它的存在必须作为未证明的原理，而任何其他的存在必须证明；并且亚里士多德已经把平面、点和线用在他的话之中，他一般地从平面几何取他的例子。

但是，不论选取平面的哪一个定义，发展它的重要性质是很困难的，克里利(Crelle)在一篇论文 *Zur Theorie der Ebene* (read in the Academie der Wissenschaften in 1834)中指出，因为平面是几何的几乎所有部分的领域，并且它的一个正确定义对于理解欧几里得 I.1 是至关重要的，所以人们期望平面的理论至少应当与平行线的理论同样引起注意，然而，远远不是这样，这可能是由于平行线的理论(它预先要假设平面的概念)比平面的理论更容易，关于平面的困难最近被弗兰克兰得(Frankland, *The First Book of Euclid's Elements*, Cambridge, 1905)指出：不论平面的定义是最简单的或是比较复杂的，例如，西姆森的定义，某些公设必须在建立基本性质之前建立。克里利注意到西姆森的定义包含的比必要的更多。假设在一个平面内有三角形 ABC，设 AD 连接顶点 A 与 BC 上任一点 D，设 BE 连接顶点 B 与 CA 上任一点 E。那么，由定义，AD 完全在这个三角形的平面内；BE 也是同样的，但是，若 AD 和 BE 两者都在一个平面内，AD，BE 必然相交，譬如说交在 F，若它们不相交，此时就有两个平面，不是一个平面，但是，这两条线相交，AD 不过 BE 的上面或下面的事实并不是自明的。

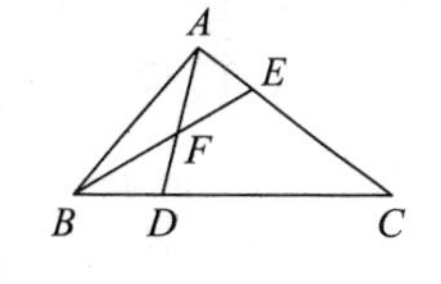

弗兰克兰得也指出了关于平面的较简单的定义中的类似的困难，把平面定义为过一个固定点并且与一个固定直线相交的线产生的面。设 OPP'，OQQ' 是 O 引出的与直线 X 分别交在 P，Q 的两条线，设 R 是 X 上任意第三个点，则需要证明，OR 与 $P'Q'$ 相交在某个点，譬如说 R'，然而，若没有某些公设，则难以证明这个，甚至难以证明 $P'Q'$ 与 X 相交。

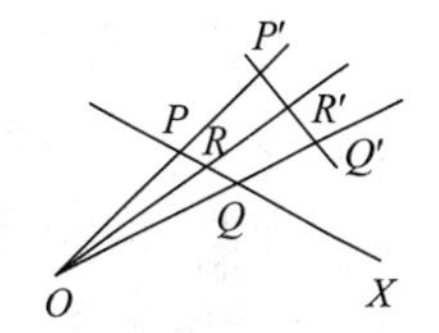

克里利的论文。傅立叶、迪拉和贝克的定义

克里利认为一个良好的定义的标准是不只是尽量地简单，而且能在简单原理的帮助下容易推出属于这个定义的进一步的性质，他被一个属于傅立叶(Fourier)的定义所吸引，这个定义是，**一个平面是由所有这样的直线聚积起来的，这些线通过空间中一条直线上一点，并且垂直于这条直线。**[这实际上是欧几里得的命题XI.5 的改制品，大意是若四条共点直线中的一条与其他三条中的每条成直角，则这三条直线在一个平面内，这个命题也被亚里士多德使用(*Meteorologica* III.3, 373 a 13.)]但是克里利强调他不能由此推导出必要的性质，并且不得不以下述代替这个定义，**一个平面是这样一个面，它包含通过一个固定点并且与空间中一条直线相交的所有直线**；并且经过一系列命题之后，证明了"傅

立叶”或“垂直”面与刚才提到的其他定义的平面是等价的，而后“傅立叶”面的性质可以用于这些面，傅立叶定义的优点是利用两个三角形全等的命题：(1)当两条边与其夹角分别相等，以及(2)当所有三个边分别相等，就容易导出西姆森定义中表示的性质，但是，为了建立这两个全等定理，克里利使用了一些关于等角、补角、直角、角的大于和小于等命题；并且很难怀疑斯科腾的下述批评的合理性，这些概念本身实际上预先假定了平面的概念，由于傅立叶使用“垂直”这个词的困难无疑可以克服，于是迪拉(Deahna)在学位论文(Marburg，1837)中构造了一个平面如下，预先假定了直线和球面概念，他注意到，若一个球面绕一个直径旋转，它的面上的所有点描绘闭曲线圆，这些圆中的每一个在旋转时都沿着它本身运动，并且其中一个把球面分为两个全等的部分，则连接中心与这个圆上的点的线聚积在一起形成平面，又，贝克(J. K. Becker，*Die Elemente der Geometrie*，1877)指出，一个直角绕它的一边旋转产生一个锥面，它不同于所有由其他的角旋转生成的锥面，事实上，**这个特别的圆锥与它正对的圆锥全等**；这个特征可以用来避免使用**直角**。

W. 波尔约(W. Bolyai) 和罗巴切夫斯基(Lobachewsky)

类似于迪拉的等价于傅立叶定义的命题，W. 波尔约和罗巴切夫斯基给出了类似的命题(Frischauf，*Elemente der absoluten Geometrie*，1876)，他们由莱布尼茨首先使用的概念出发，简单地说，他们的方法就是如下形成一个平面和一条直线：想象从空间两个固定上 O，O'为中心，具有逐渐增长的相等半径的无数对同心球，这些相等球面的对相交成同类曲线(圆)，并且这些相交的曲线聚积起来形成一个**平面**，若 A 是这些圆中一个圆(譬如说 K)上的一点，假定点 M，M'同时从 A 以相同的速度沿相反方向运动，直到交于 B，则 B 对着 A，并且 A，B 把圆周分为两个相等的半圆，若点 A，B 固定，并且围绕它们转动整个系统，直到 O 转到 O'的位置，O'变到 O 的位置，圆 K 与以前一样有相同位置(而转向不同)，每个其他圆的两个相点 P，Q 在运动时像 A，B 一样保持稳定：所有这些保持稳定的点形成一条**直线**，其次注意这个被定义的**平面**可以由绕 OO'的旋转生成，并且这就提示了下述平面的构造，设一个圆是一对球面的交线，像前面一样被 A，B 分为两个相等的半圆，设弧 ADB 被 D 平分，并设 C 是 AB 的中点，这就确定了一条直线 CD，它定义为 AB 的“垂线”，绕 AB 旋转 CD 产生一个**平面**，在西姆森定义中所说的性质可以利用在欧几里得Ⅰ.8 和Ⅰ.4 证明的全等定理来证明，这两个全等定理的第一个原理的证明是考虑对偶性及同类性，若两个以 O，O'为中心但不必相等的

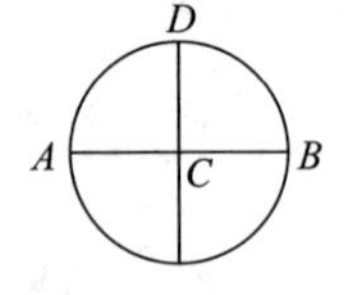

球面相交，在交线（圆）上取两个点 A，B 如前。第二个定理（欧几里得 Ⅰ.4）是用简单的贴合证明的，劳森波尔哥（Rausenberger）反对这些证明，由于第一个证明假定了两个球面相交于一个曲线，而不是几条曲线，第二个证明比较了角，他说可以比较的角只能在一个平面内，因而实际上预先假定一个平面。关于角的比较，劳森波尔哥可能是过于苛刻了，但是，关于欧几里得 Ⅰ.8 的定理的证明很难说是严密的（除非使用点的一致运动来平分线）。

西姆森的定义的性质用两个全等定理证明如下。假设 AB 是到一个平面的两条母线 CM，CN 的"垂线"（如约尔波定义的），或者说假设 CM，CN 分别与 AB 形成两个彼此相等的角，只要证明若 P 是直线 MN 上的任一点，则 CP 就像 CM，CN 一样与 AB 形成两个彼此相等的角，因而 CP 也是一条母线，我们逐步证明下述几对三角形全等：

ACM，BCM

ACN，BCN

AMN，BMN

AMP，BMP

ACP，BCP

因而，角 ACP，BCP 相等。

其他观点

恩里奎斯、阿马尔迪（Amaldi，*Elementi di geometria*，Bologna，1905）、维朗尼斯（在他的 *Elementi*），以及希尔伯特都把西姆森的定义中的性质假设作为一个**公设**，但是 G. 英格拉米（G. Ingrami，*Elementi di geometria*，Bologna，1904）证明了它，用一系列严格论证了的命题并基于不易理解的公设，他从三角形的理论发展了平面的理论，三角形开始于**三边形**，即一个**框架**。

他的公设关系到三边形，并且每一个连接一个顶点与对边的一个点的"直线段"与类似地连接其他两个顶点与其对边上的点的直线段相交，反之，若在连接一个顶点与对边上一点的线段取一个点，则从另一个顶点到这个点的直线将与对边（或其延长线）相交，于是一个**三角形**定义为这样一个图形：由所有连接三边形顶点与对边上的点的线段聚积而成。经过一系列命题之后，英格拉米认为**一个平面是这样一个图形：由三角形的一个内点向周边的点投射的"半直线"形成**，而后再经过两个定理，证明了一个平面由不在一条直线上的三个点决定，**两个点在一个平面上的直线的所有点在这个平面上**。

波尔约和罗巴切夫斯基形成平面的论点当然与下述定义等价,**平面是所有到空间中的两个固定点等距的点的轨迹**。

莱布尼茨在吉奥丹诺(Giordano)的信中把平面定义为**这样一个面:它把空间分为两个全等的部分**,吉奥丹诺评论到,人们可以想象把空间或平面分为两个全等部分的面或线,分别不必是平面或直线。比斯(Beez,*Über Euklidische und Nicht-Euklidische Geometrie*,1888)指出,完善这个定义的进一步条件是两个全等空间可以**相互滑动**时而不破坏重合,并且宣称用这种方法完善定义的优先权,但是,平面的所有部分与所有其他部分吻合的观点是古老的,我们已看到它出现在 Heron,Def. 11 中。

定义 8,9

A plane angle is the inclination to one another of two lines in a plane which meet one another and do not lie in a straight line.

And when the lines containing the angle are straight, the angle is called rectilineal.

"不在一条直线上"是奇怪的,看来这个定义的意图是使用到由曲线和直线形成的角,并且认为线是**连续的**;而且海伦认可这个含义,因为他曾经认为线不是**连续的**,看来尽管欧几里得实际上打算定义**直线**角,但是重新考虑后,让步给通常认可的曲线角,把"直线"换成了"线",并且把定义分为两个。

我认为所有证据提示我们,欧几里得把角定义为"倾斜度"是个新东西,这个词没有出现在亚里士多德的著作中,并且在他那个年代与角联系的概念是线的偏斜或折断。

普罗克洛斯有一个关于这个定义的长的注释,大多(pp. 121,12—126,6)取自他的老师西里安奥斯的著作,在这个注释中有两个评论,其中一个是:若角是倾斜度,则一个倾斜度可以产生两个角。另一个(p. 128,2)的大意是:这个定义似乎要排除由一条线与它自己形成的角,例如完整的蔓叶线(我们称为"尖点")或者曲线马蹄形(形状像双纽线)。但是,这样一个角属于高等几何,欧几里得没有叙述。

其他古代定义:阿波罗尼奥斯,普鲁塔克,卡普斯

普罗克洛斯的注释记录了其他有趣的定义,阿波罗尼奥斯把角定义为**一个面或一个立体在一个点处的折线或折面的限制**,在此角仍然是由一个折线或折

面形成的,更有趣的是有人说“**角是在点之下的第一距离**”,这些人中有普鲁塔克,他坚认阿波罗尼奥斯的含义就是这样,他说:“在折线或折面之下必然有某个第一距离,尽管在点之下的距离是连续的,不可得到实际的第一距离,因为任何距离可以无限可分。”在使用词“距离”时存在某种含糊不清,反对的意见是:“若我们分开第一距离,并且通过它画一条直线,我们得到一个三角形而不是一个角。”尽管有这个反对意见,在普鲁塔克和其他人的思想中,我不能不看到有用的无限小的微生物,试图得到一个在交点处的线之间的分散程度来度量它之间的角。

角的第三个观点属于安条克的卡普斯,他说:“角是一个量,即包含它的线或面之间的**距离**,这意味着它是另一个**意义**上的距离(或分散度),尽管角不是直线,因为不是任何东西的延伸都是线的一个意义上的延伸。”正是短语“在一个方面延伸”用来定义**线**,自然地,卡普斯的观点应当认为是一个最大的悖论,这个困难似乎是需要一个不同的术语来表示新的概念引起的;卡普斯无疑地期望更新的角概念来表示**分散度**而不是距离,并且另一个**意义**的含义不同于**一个方面**或**一维**。

角属于什么范畴?

关于角应当属于哪一个范畴(依据亚里士多德的方案),在哲学家中引起许多争论:它是一个**量**、**特性**或**关系**?

1. 认为它属于量的范畴的人的论点是:平面角是由线分开的,立体角由面分开,正是因为平面角由线分开,立体角由面分开,所以其结论应当说角是面或立体,因而是量,而同类的有限量,例如平面角,一定能相互比较,或者把一个不断地加倍直至超过另一个,然而,这个对一个直线角与一个尖角不成立,一个尖角指一个圆与它的一条切线之间的夹角,因为(欧几里得Ⅲ.16)后面这个角小于任何直线角,其反对意见是认为这假定了两类角是同类的。普鲁塔克和卡普斯两人属于这类人,他们认为角属于量的范畴,正如上述注解所说,普鲁塔克认为阿波罗尼奥斯是这个观点的支持者,尽管词“限制”(面或立体)为后者所使用,但它并不比欧几里得使用的倾斜度有更多的提示量。正是后面的讨论导致辛普利休斯的朋友阿干尼斯给出了代替阿波罗尼奥斯的话“**一个有维数和边缘并且达到一个点的量**”(an-Nairīzī, p. 13)。

2. 亚里士多德学派的人欧德莫斯写了一本关于角的著作,坚持认为角属于**特性**范畴,亚里士多德给出的**特性**的第四种是“图形,直性曲性,等等”(*Categories* 8,10 a 11)。他说每个个别的东西说成是**特性**关系到它的形状,并且他以三角形和正方形为例,后面再次使用它们(*Categories* 11 a 5)来说明不是所有的特性是受更多和更少影响的;又,在 *Physics* Ⅰ.5,188 a 25 中说,**角**、**直性**、**曲性**是**图形**类。无疑地,亚里士多德认为**偏斜**与直性和曲性属于同一类,欧德莫斯认为在线的**折断**或**偏斜**内有它的原点:若直性是特性,则偏斜也是特性,并且在特性内有它的原点的东西本身是特性。反对这个观点的论点是:若角是特性,就像热或冷一样,它怎么能分开呢?事实上它能分开,并且可分性是其本质属性的东西是一种**量**,而不是特性,故角不是特性,并且,**更多**和**更少**是特性的属性,而不是相等或不等;因而,若角是特性,我们就不应当说一个较大,另一个较小,而应当说一个更多,另一个更少,并且两个角不是相等的,而是**不相似的**,事实上,辛普利休斯(538,21,on Arist. *De caelo*)说,认为角是特性范畴的人的确把相等的角称为相似角(*De caelo*,296 b 20,311 b 34)。

3. 按照西里安奥斯的说法,欧几里得以及所有认为角是倾斜度的人应当把角分在**关系**类,然而,欧几里得当然认为角是量;这个显然既可由讨论角的早期命题可知,例如,Ⅰ.9,13,也可由下一个定义中关于角的描述以及由形成它的两条线所**包含**可知(Simon,*Euclid*,p. 28)。

普罗克洛斯说,真理在这三个观点之间,事实上角分享所有这些范畴:它要求**量**,涉及大小、相等、不等;它要求**特性**,它是由它的**形状**给出的;它要求**关系**,它是线或平面之间的东西。

“角”的古代分类

普罗克洛斯(pp. 126,7—127,16)给出的角的分类可能归属于盖米诺斯,为了使用列表说明这个分类,需要对术语作一个约定,角理解为各种类型,“线-圆周”意味着由直线和圆弧包含的角;“线-凸”意味着由直线和向外凸的圆弧包含的角,等等。

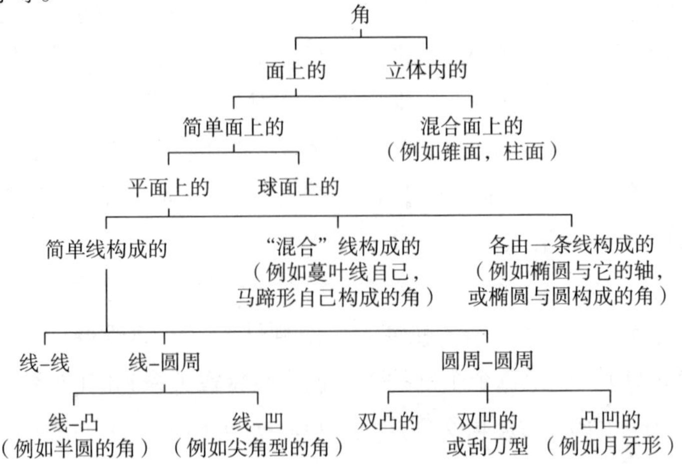

角的定义的分类

正像对点、直线和平面一样，斯科腾给出了关于角的迄今为止的不同观点的概述、分类和评论（*Inhalt und Methode des planimetrischen Unterrichts*，Ⅱ. 1893，pp. 94—183），并且关于后来的发展由维朗尼斯在 *Questioni reguardanti le matemati che elementari*（by Amaldi，Bologna，1900）的参考文献中给出。

斯科腾说，除了一两个例外，角的定义可以分为三类：

1. **角是两条直线之间的方向的差**（欧几里得的角为倾斜度的定义可以与这一类比拟）。

2. **角是在该平面的旋转一条边到另一条边的量或者度量**。

3. **角是交于一点的两条直线（或从一点发出的两条射线）之间的平面部分**。

然而，值得注意的是几乎所有的教科书（给出的定义不同于第二类定义），增加了角和旋转之间的联系，明显地指出角的本质与旋转有密切的联系，并且一个好的定义必须涉及这个联系。

第一类定义是同义反复或循环的，实际上他们预先假定了角的某个概念，无疑地，**方向（作为两个点之间的）**被看成原始概念，并且它可能定义为"两个点之间的一种关系，这个关系使我能认清这条射线"（斯科腾），但是"一个方向没有大小，因为，两个方向不可能有任何量的差"[伯克楞（Bürklen）]。方向也没有特性，例如颜色之间的差别。方向是一个单一的东西，不可能有不同类型或不同程度的方向，如果我们说"不同的方向"，我们使用了多义性的词；我们的意思是"另外的方向"，实际上，角作为方向的差的这些定义无意识地要求方向概念之外的某种东西，要求某个等价于角本身的概念。

新近的意大利人的观点

第二类定义（阿马尔迪说）基于平面内一条直线或射线绕一点旋转的概念，它是一个可以方便地引入角的概念，但是，它必然与距离概念无关，与全等概念无关，因而，首先引出角的概念，而后就是相等角的概念。

第三类定义满足不包含距离概念的条件；但是，它们没有完全对应角的直观概念，它有以射线为元素的一维实体的特征，或者有以点为元素的二维实体的特征，它可以称为角扇形，其不足之处容易弥补，只要把角看作"从顶点发出的并且包含在这个角扇形内的射线的聚积"。

进一步考虑得到平面的基本性质的逻辑基础的基本方法，由此可得到角的定义，阿马尔迪把它分为两种观点：(1)生成的；(2)实际的。

（1）从第一个观点出发，我们考虑直线丛或射线丛（平面内过一个点的所有直线的聚积，或者端点在那一点的所有射线的聚积），可以看作由平面内的一条直线或射线绕一个点生成的，这个导致假设一丛直线或射线的顺序或者布置，其次是考虑两个丛的布置之间的联系，等等。

（2）从实际的观点出发，我们置角的定义的基础于平面的分割，平面被直线分为两部分（两个半平面）。接下来，平面内交于一点 O 的两条直线（a,b）分平面为四个区域，这些区域称为角扇形（凸的）。最后，角（ab）或（ba）可以定义为从 O 发出并且属于以 a 和 b 为边的角扇形的射线的聚积。

维朗尼斯的程序（在他的 *Elementi* 内）如下，他开始于下述的平面的基本性质。

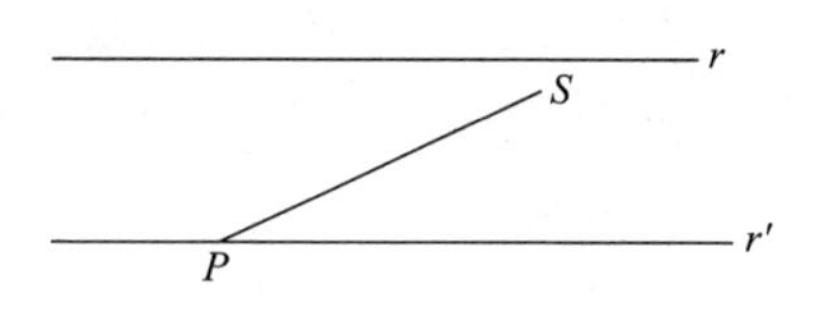

这个图形是由连接一条直线 r 上的点与它外面的一点 P 的所有直线以及过 P 且平行于 r 的直线给出的，这个图形将称为直线丛、射线丛或一个平面，这依据我们所考虑的图形的元素是直线、射线或点。

［值得注意的是产生平面的这个方法涉及 r 的平行线，这种表述不会对维朗尼斯造成困难，因为他预先定义了平行线，不涉及平面，借助于关于一个点 O 的反射图形或相对图形："两条直线称为平行的，若其中一条直线包含两个点，这两个点是另一条直线上两个点关于这两条直线的横截线的中点的反射点。"他利用公设证明了平行线 r' 的确属于平面 Pr，英格拉米避免使用平行线，把平面定义为"这样一个图形，由半直线形成，这些半直线从三角形的一个内点（即三边形的一个顶点到对边的一个点的连线上的点）投射到它的周边上的点"，并且定义一射线丛为"这样的半直线的聚积，这些半直线从一平面内的一个给定点开始，通过包含这个点的三角形的周边上的点"。

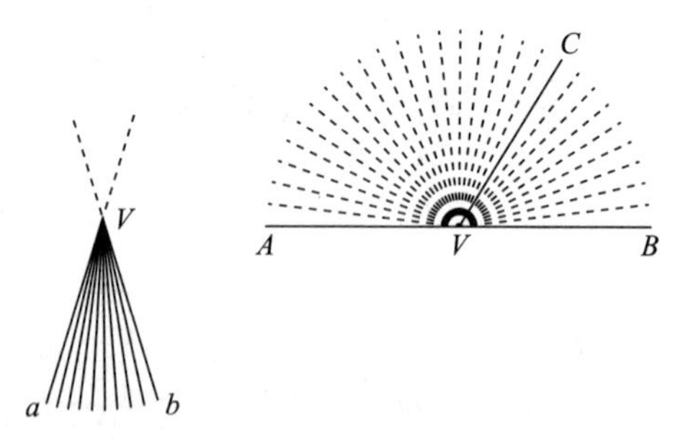

维朗尼斯继续给出了角的定义：

"我们把一个射线丛的一部分称为角，它以两条射线为边界（正像线段是直线的一部分，它以两个点为边界）。"

"两条边界射线是相反的角称为平角。"

而后，使用关于直线段和直线的公设，维朗尼斯证明了所有平角是相等的。

因此，他总结道："射线丛是同类线的系统，它的元素是射线，而不是点，所有从(维朗尼斯的)公设1导出的对于直线的命题适用于它。例如,关于对线段的和或差:只要把点换成射线,把线段换为角。”

定义10,11,12

When a straight line set up on a straight line makes the adjacent angles equal to one another, each of the equal angles is right, and the straight line standing on the other is called a perpendicular to that on which it stands.

An obtuse angle is an angle greater than a right angle.

An acute angle is an angle less than a right angle.

ἐφεξῆς是邻角的正常用词,字面意思是“相邻顺序”,我没有发现亚里士多德关于角的用词,但是,他解释了这个短语(*Physics* Ⅵ. 1,232 b 8):“那些东西相邻是指在它们之间没有同类的东西。”

垂直意味着让其下垂,完全的表述是垂直的直线,正像我们从欧几里得Ⅰ. 11的说明中看到的,并且这个概念是铅垂线,是一条让其下垂到地面的直线,普罗克洛斯(p. 283,9)告诉我们在古代垂直称为磬折方式,由于磬折是对水平作一个直角。

这三类角是在几何学家讨论的偏斜之中,亚里士多德讨论了直角与锐角的优先权(*Metaph*. 1084 b 7):一方面,直角是在先的,即在定义时在先,另一方面,锐角是在先的,即作为部分,并且由于直角可分为锐角,作为物质锐角是在先的,直角是由它形成的;参考 *Metaph*. 1035 b 6,“直角的概念不能分出锐角的概念,但是反之成立,因为当定义锐角时,要使用直角”,普罗克洛斯(p. 133,15)注意到正是由于垂直,我们才能度量图形的高度,正是由于参照直角,我们才能区分其他直线角,否则,就不能把一个与另一个区分开来。

亚里士多德学说的 *Problems*(16,4,913 b 36)包含一个值得引用的解释。所讨论的问题是为什么当落到地面并且弹回时与碰接点两侧的地面形成“相似”角,并且值得注意的是“直角是相对角的极限”,其中的相对似乎意味着与垂线的相对两侧的地面形成的相等的角,而不是互补的角(或锐角和钝角)。

普罗克洛斯注意到,小于直角的角是锐角这句话在没有限定时是不对的,因为:(1)尖角状的角(圆周与切线之间)小于直角,因为它小于锐角,但不是锐角;(2)“半圆角”(弧与直径之间)也小于直角,但不是锐角。

直角的存在证明在Ⅰ.11中。

定义 13

A boundary is that which is an extremity of anything.

普罗克洛斯(p. 136,8)说,词“边界”起源于几何的开端,它起源于从边界划定的面积的度量。

定义 14

A figure is that which is contained by any boundary or boundaries.

柏拉图在 *Meno* 中说,圆是一个“图形”,直线以及许多其他东西也是图形,而后他问到什么是它们的共性,由此我们对它们使用术语“图形”,他的答案是(76 A):“**我认为立体的终止在其内面的东西是图形**,简单地说,**一个图形是一个立体的边缘**”,这种说法与亚里士多德的说法类似(*Physics* Ⅰ.5,188 a 25),角、直线和圆是一类图形,在 *Categories* 8,10 a 11 中,把“图形”与直性和曲性放在特性的范畴。然而,此处的“图形”意味着**形状**,而不是此处意义上的“图形”,亚里士多德认为图形是“一类量”(*De anima* Ⅲ.1,425 a 18),并且他区分了两类平面图形,但不像欧几里得的语言,这两类分别由直线和圆构成:“每个平面图形由直线形或者圆形线构成,并且直线形由几条线构成,圆形线只由一条线构成。”(*De caelo* Ⅱ.4,286 b 13)他详细地解释了一个平面不是图形,一个图形也不是一个平面,但是平面的图形是一个概念,并且是这类图形的一种(*Anal. post.* Ⅱ.3,90 b 37)。亚里士多德没有试图定义一般的图形,事实上,他说它是无用的:“除了三角形、四边形等之外,再没有图形,一个定义应当适用于所有图形,而不是特别地适用于特别的图形,因此,在此寻求一个一般的定义是荒谬的。”(*De anima* Ⅱ.3,414 b 20—28)

把欧几里得的定义与上述比较,我们注意到,由于引入边界,他把直线排除在外,而亚里士多德认为直线是图形。无疑地,他也把角排除在外,这也可由下述判别:(1)海伦的话“一条直线或两条直线不能完成一个图形”;(2)直线的另一个定义是“它与另一条同类线不能构成一个图形”;(3)盖米诺斯关于线的分类,有形成一个图形的和无限延伸的线,后面这个术语包含双曲线和抛物线。

代替柏拉图的说法,称图形是“一个立体的边缘(或界限)”,欧几里得把图形描述为它有一条边界或几条边界,尽管亚里士多德反对,他确实试图给出一般的定义,包括所有类型的图形,立体的和平面的。因而,欧几里得的定义完全是他自己的定义。

图形的另一个观点,普罗克洛斯(p. 143,8)把这一观点归功于波西多尼奥斯,后者把**图形**局限于边缘或界限,“把图形的概念从量(或者大小)分离出来,并且说明了定义的理由”。这样,波西多尼奥斯在他的观点中似乎只有从外面围绕它的边界,而欧几里得是指整个内容,因而,欧几里得把圆作为它包含的整个平面,而波西多尼奥斯只是指它的圆周,“波西多尼奥斯把图形的概念作为界限本身局限的大小”。

普罗克洛斯说,一个精细的评论家可能反对欧几里得从种定义类。因为由一条边界包围或几条边界包围图形是两种图形,关于这个的最好的答案可能是上述引用的亚里士多德的 *De anima* 的话。

定义 15,16

A circle is a plane figure contained by one line such that all the straight lines falling upon it from one point among those lying within the figure are equal to one another.

And the point is called the centre of the circle.

欧几里得略去了圆周的定义,实际上这个定义没有包含新的东西,柏拉图(*Parmenides*,137 E)说:“圆是这样的,它的边缘到中间有相等的距离。”在亚里士多德的著作中我们发现下述表述:“圆的平面图形的边界是一条线。”(*De caelo* Ⅱ. 4,286 b 13—16)“到中间相等的平面是一个圆。”(*Rhetoric* Ⅲ. 6,1407 b 27)他也比较了圆与某个其他图形,它没有到中间相等的线,如卵形线(*De caelo* Ⅱ. 4,287 a 19),词“中心”也正规地使用着,参考普罗克洛斯引用的“中心,从它到所有边缘是相等的”。

这个定义没有生成的特征,没有说关于被定义的东西的存在或不存在的话,也没有说任何构造它的方法,它只解释了词“圆”的含义,并且是一个暂时的定义,直到证明圆的存在之前不能使用,一般地,存在性由实际的作图来证明,但是此处关于作图的可能性,因而它的存在性是公设(公设 3)。一个生成的定义可以叙述为:一个圆是这样一个图形,平面内的一条直线绕一个固定点旋转,直到它的开始位置(Heron,Def.29)。

实际上,辛普利休斯指出,圆规的一对足之间的距离是从圆心到圆周的直线,以一个端点为中心旋转这条直线就可以构造欧几里得所预期的圆。并且安那里兹指出:(1)欧几里得关于圆的定义是一个平面图形,意思是由圆周界定的整个平面,而不是圆周本身;(2)关于略去提及"圆周",是因为在这个构造中圆周不是分离出来作为一条线,但是不必假定欧几里得本人比传统的观点做得更多,因为我们已经看到在亚里士多德的著作中出现的把圆作为平面图形的同样概念。然而,当欧几里得说圆周或弧时,谨慎地记"一个圆的圆周",也有这种情况,"圆"意味着"一个圆的圆周",例如,在Ⅲ.10 中:"一个圆截另一个圆不多于两点。"

海伦、普罗克洛斯和辛普利休斯都谨慎地指出:圆心不是唯一的到圆周的所有点有相等距离的点,圆心是在圆所在的平面内的唯一的这种点是对的;不在同一平面内的这种点是一个极点,如果你放置一个"拐尺形"(一个垂直杆)在圆心(即一条线过圆心垂直于圆所在的平面),它的上端是一个极点(Proclus, p.153,3);垂线是所有这种极点的轨迹。

定义 17

A diameter of the circle is any straight line drawn through the centre and terminated in both directions by the circumference of the circle ,and such a straight line also bisects the circle.

最后这句话"把圆二等分"被西姆森和跟随他的编者省略了,但是它是必要的,尽管它不属于这个定义,而只是所定义的直径的性质,因为若没有这个解释,则欧几里得就不能合理地把半圆描述为由直径和被它截下的圆周界定的圆的部分。

辛普利休斯注意到,之所以叫直径,是由于它通过整个圆面,并且也由于它把圆分为两个相等的部分。他又说,它是一条线,通过圆形最宽处,并且等分它。在亚里士多德的著作中,空间中"在直径放置的东西"是在它的最大距离处,直径在欧几里得的著作中及其他地方经常使用,如正方形的直径、平行四边形的直径,而对角线是后来的术语,由海伦定义为从一个角到一个角的直线。

普罗克洛斯(p.157,10)说,泰勒斯第一个证明了一个圆被它的直径所平分,但是我们不知道他如何证明了这个。普罗克洛斯给出了这个性质的理由:

"过圆心的不偏离的直线。"他又说,若要数学地证明它,只要想象把直径分开的圆的一部分贴合到另一部分,显然,它们必然重合,因为若不是这样,一个就陷进另一个的内部或外部,则从圆心到圆周的直线就不是都相等的,矛盾。

萨凯里的证明值得引用,它依据三个"引理":(1)两条直线不能包围一个空间;(2)两条直线不能有一个公共线段;(3)若两条直线交于一点,则不能重合,而是在此彼此相截。

"设 *MDHNKM* 是一个圆,*MN* 是直径,假设圆的部分 *MNKM* 绕固定点 *M*,*N* 旋转,使其最终与其余部分 *MNHDM* 重合。

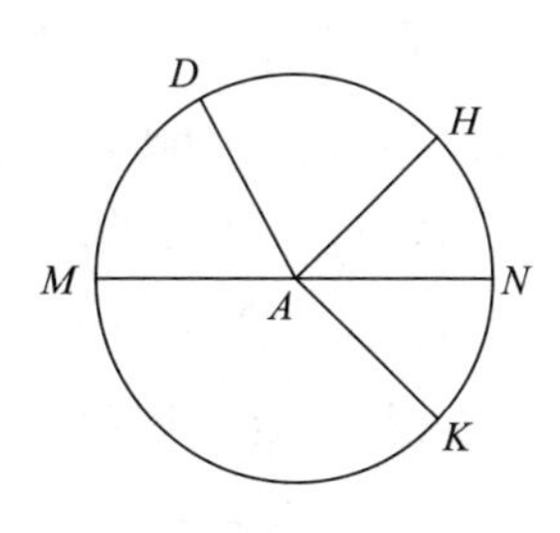

"则(1)整个直径 *MAN* 以及所有它的点显然保持相同的位置,否则两条直线就会围一个空间(矛盾于第一引理)。

"(2)显然圆周 *NKM* 的点 *K* 不会陷入由直径 *MAN* 与圆周的另一部分 *NHDM* 包围的面之内,也不会在它们外面,否则,矛盾于圆的性质,半径 *AK* 就小于或大于另一半径 *AH*。

"(3)显然任一半径 *MA* 直线地延长,只能沿着唯一的另一个半径 *AN*,否则,两条直线,例如 *MAN*,*MAH* 就有一个公共线段,与第二引理矛盾。

"(4)显然圆的所有直径彼此相截在中心(上述引理 3),并且在那儿彼此平分。"

"由所有这些,显然直径 *MAN* 把这个圆及其圆周正好分为两个相等的部分,并且同样的结论对同一个圆的任一直径成立。"

西姆森说这一性质容易以Ⅲ.31 和 24 推出,因为从Ⅲ.31 推出,圆的这两个部分是一个圆的"相似段"(包含相等角的段,Ⅲ.Def. 11),再由Ⅲ.24,它们彼此相等。

定义 18

A semicircle is the figure contained by the diameter and the circumference cut off by it. And the centre of the semicircle is the same as that of the circle.

后面的话"而且半圆的心和圆心相同"是普罗克洛斯加在原稿上的,斯卡伯格指出,半圆没有心,后面这句话不是欧几里得的,只是普罗克洛斯作的注释,然而,我认为这是名副其实的,并不是普罗克洛斯加上去的一个无用的注释,他说半圆是唯一的在它的周边上有中心的平面图形!“于是断定中心有三个位置,它可以在图形内面,正如圆的情形;或者在周边上,正如半圆;或者在外面,正如某些圆锥曲线(可能指单支的双曲线)!”

普罗克洛斯和辛普利休斯指出,符合欧几里得定义的图形按顺序,首先是由一条线界定的图形(圆),其次是由两条线界定的图形(半圆),再次是三角形,由三条线界定,等等。普罗克洛斯区分了由两条线界定的不同类型的图形(pp. 159,14—160,9),它们是:

(1)由圆周和圆周。例如:(a)形成月牙形的图形,并且这个图形由两个向外凸的弧包含;(b)无角的,如两个同心圆包含的图形(花环)。

(2)由圆周和直线。例如,半圆或弓形(小于半圆的)。

(3)由“混合”线和“混合”线。例如,两个彼此相截的椭圆。

(4)由“混合”线和圆周。例如,椭圆和圆相交成的图形。

(5)由“混合”线和直线。例如,半个椭圆。

在原稿的定义 18 之后是弓形的定义,这显然是由Ⅲ. 定义 6 插入的。普罗克洛斯、卡皮拉和伯伊修斯省略了这个。

定义 19,20,21

Rectilineal figures are those which are contained by straight lines, trilateral figures being those contained by three, quadrilateral those contained by four , and multilateral those contained by more than four straight lines.

Of trilateral figures, an equilateral triangle is that which has its three sides equal, an isosceles triangle that which has two of its sides alone equal, and a scalene triangle that which has its three sides unequal.

Further, of trilateral figures, a right-angled triangle is that which has a right angle, an obtuse-angled triangle that which has an obtuse angle, and an acute-angled triangle that which has its three angles acute.

定义 19

这个定义的后面部分所区分的三边形、四边形和多边形可能属于欧几里得本人，因为这些没有出现在柏拉图和亚里士多德的著作中，由于他使用了四边形，欧几里得终止了含糊地使用的“四角形”，并且把它只局限于正方形，参考关于定义 22 的注释。

定义 20

柏拉图和亚里士多德都曾使用了等腰的。不等边的被亚里士多德使用于没有两条边相等的三角形，柏拉图(*Euthyphro* 12 D)使用术语“不等边的”于奇数，而使用“等腰的”于偶数，普罗克洛斯(p. 168,24)把它与弯曲联系在一起，其他人把它与钩形、倾斜联系在一起，阿波罗尼奥斯使用“不等边的”于斜圆锥。

三角形首先依边分类，其次依角分类，普罗克洛斯指出了七种不同的三角形：(1)等边三角形；(2)三种等腰三角形，直角的、钝角的和锐角的；(3)同样的三种不等边三角形。

普罗克洛斯给出了针对既根据边又根据角的双重分类，一个奇怪的理由，即欧几里得曾经注意到的一个事实，不是每个三角形是三边的，他解释这句话是参考(p. 165,22)一个称为倒钩形(barb-like)的图形，而季诺多鲁斯，称它为空虚角的(hollow-angled)图形，普罗克洛斯在他关于Ⅰ.22 的注释(p. 328,21 sqq.)中作为一个几何的悖论，这个图形在那个命题的图形内，这个“三角形”是具有一个内进角的四边形；它只有三个角是由于有一个非认可的第四个角(它大于两个直角)，因为普罗克洛斯说四条边的三角形是“一个几何悖论”，所以不能认为这个错误的概念存在于普罗克洛斯的脑子中；并且没有任何证据说明季诺多鲁斯所说的图形是一个三角形(参考 Pappus, ed. Hultsch, pp. 1154,1206)。

定义 22

Of quadrilateral figures, a square is that which is both equilateral and right-angled; an oblong that which is right-angled but not equilateral; a rhombus that which is equilateral but not right-angled; and a rhomboid that which has its opposite sides and angles equal to one another but is neither equilateral nor right-angled. And let quadrilaterals other than these be called trapezia.

毕达哥拉斯和亚里士多德也都用 τετράγωνον 表示正方形。

长方形(边的长度不同)也是毕达哥拉斯用过的术语。

直角四边形在此意味着矩形(即所有角是直角);尽管曾经试图用这个词表示正方形,正像对三角形一样(即有一个角是直角),但是这个对长方形不成立,除非说它的三个角是直角。

托德亨特认为正方形的定义假设了比必要的更多东西,等边并且有一个直角就已足够,但是由欧几里得的观点,多余的东西没有关系,相反地,在一个东西的定义中包含它的本质属性越多越好,只要被定义的东西的存在性以及它的所有那些属性在这个定义实际使用之前已被证明;欧几里得用 Ⅰ.46 的作图对正方形做了这件事,在那个命题之前没有使用这个定义。

词"菱形"显然来自旋转,并且意味着旋转陀螺,阿基米德使用术语"立体菱形"来记一个立体图形,由两个顶点相对的具有公共底圆的直圆锥构成,我们容易想象这个立体由旋转生成;并且若这两个圆锥相等,则过公共轴的截面就是平面菱形,它也是旋转立体用眼看去的外观,这样命名的困难是阿基米德构成这个立体的圆锥不必是相等的。然而,若这个立体是由两个相等的圆锥构成,则平面菱形的名字可以由这个立体得到,并且阿基米德起用老名字,扩张了它的含义(参考 J. H. T. Müller, *Beiträge zur Terminologie der griechischen Mathematiker*, 1860, p. 20)。

而普罗克洛斯认为菱形是变形的正方形,而把斜长方形作为长方形的变形,试图把菱形作为旋转的正方形的外观。

显然,斜长方形作为对边及对角彼此相等的定义也是比必要的更多,对这个反对意见的回答如同对于正方形的定义。

欧几里得在《原理》中没有使用长方形、菱形和斜长方形,包含这些图形的定义无疑是从早期的教科书中取来的,"其余的四边形叫作不规则四边形",这句话中的不规则可能是一个新名字或者是旧名字的新应用。

正像欧几里得没有定义平行线一样,他也没有定义平行四边形,他也没有作出四边形的更详细的分类,关于这个分类,普罗克洛斯把它归功于波西多尼奥斯,这个分类也出现在海伦的定义中,它可以列表如下,区分了七种四边形。

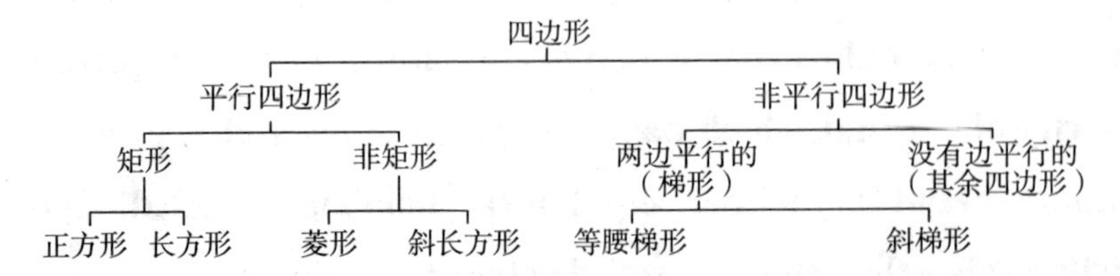

值得注意的是,欧几里得在上述定义中,把正方形、长方形、菱形和斜长方形之外的四边形称为不规则的四边形,而在这个分类中,同一个词 trapezium 局限于仅有两条边平行的,即梯形,而另一个词 trapezoid 用于其余的图形,即不规则四边形,欧几里得也使用梯形在他的书中,亚里士多德也同样地使用了它。

定义 23

Parallel straight lines are straight lines which, being in the same plane and being produced indefinitely in both directions, do not meet one another in either direction.

显然,亚里士多德的平行概念也是不相交的直线,这与欧几里得一样,亚里士多德讨论了若想象平行线相交会引起的几何的或非几何的错误(*Anal. post.* Ⅰ. 12,77 b 22),并且更有趣的是这与欧几里得有关,他注意到不同的假设会导致的错误,若人们认为平行线是相交的,则会导致:(a)内角大于外角;(b)一个三角形的内角和大于两个直角(*Anal. prior.* Ⅱ. 17,66 a 11)。

另一个定义,普罗克洛斯归功于波西多尼奥斯,他说:"**平行线是在一个平面内的两条线,既不会聚又不分散,并且从一条线上的点到另一条线的垂线都相等**。而当垂线越来越小时,这两条线就会聚,因为垂线决定面积的高度以及线之间的距离,出于这个原因,当垂线相等时,两条直线之间的距离是相等的,但是,当它们变大或变小时,则区间变小,两条直线会聚在垂线变小的方向。"(Proclus, p. 176,6—17)

波西多尼奥斯的定义,用直线之间的距离以及它们的会聚和分散,与辛普利休斯引用的定义(an-Nairīzī, ed. Curtze, p. 25)相同,它描述平行线为**当在两个方面无限延长时,它们之间的距离或从一条线到另一条线的垂线总是相等的**,反对的意见是应当证明两条平行线之间的距离是它们之间的垂线,辛普利休斯对此回答道,若略去所提及的垂线,这个定义也成立,并且只要说距离保持相等,尽管"为了证明这个事情,只要说一条直线是两者的垂线"(an-Nairīzī, ed. Besthorn-Heiberg, p. 9),而后,他引用了"哲学家阿干尼斯"的定义:"**平行直线是放在同一平面内的两条直线,当同时在两个方向无限延长它们时,它们之间的距离处处是相同的。**"(这个定义是"阿干尼斯"试图证明平行公设的基础)关于这个定义,辛普利休斯说,"在同一平面内"是不必要的,因为若两条直线之间的距离处处是相同的,则一条不能向另外一条倾斜,它们必然在同一平面内,他又说“距离”的定义是连接它们的最短线,于是,点与点之间的距离是连接它们的直线;点与直线之间或点与平面之间的距离是从这个点到直线或平面的垂线;“至于两条线之间的距离,若这两条线是平行的,在这两条线的所有地方距离是相同的,是两条线的垂线”。(an-Nairīzī, ed. Besthorn-Heiberg, p. 10)

同样的观点出现在普罗克洛斯(p. 177,11)引用的盖米诺斯的话内,作为线的分类的一种,它们不相交,他说:“关于不相交的线,某些在一个平面内,另外一些不在一个平面内,关于不相交并且在一个平面内的线,某些是它们之间总有相同的距离,另外一些是距离逐渐变小,如双曲线和它的渐近线,蚌线和它的渐近线,对于这些线,距离逐渐变小,不相交,尽管它们会聚,但它们没有完全会聚,并且这是几何中的一个悖论,因为它说明某些线会聚但非会聚。但是,关于分开相等距离的线,在一个平面内的直线,并且它们之间的距离从不变小的是平行线。”

于是,平行线的等距离理论在古代是很多的,我也在希腊著作中看到了一个等价于有误的方向理论的概念,它被现代的许多教科书所通用。亚里士多德有一句有用的话(*Anal. prior.* Ⅱ. 16,65 a 4),提及那些想建立平行理论的人所犯的逻辑循环:“因为他们无意识地假定了这样的东西,若平行线不存在,它是不能证明的。”显然,由此在流行的平行理论中存在有误的循环;某些依赖于平行线理论的东西被用在那些性质的证明中,例如,一个三角形的三个角构成两个直角,这个在欧几里得的著作中没有出现,他摆脱了逻辑循环,在Ⅰ. 29之前预先构造了有名的第5公设,它是几何领域的时代成就,但是,亚里士多德的评论者菲洛庞奥斯有一个关于上述的注释,目的是给出逻辑循环的特征;并且此处暗指平行线的方向理论,不论是否菲洛庞奥斯是正确的或不正确的,这个是在亚里士多德的预料之中。

菲洛庞奥斯说:“同样的事情对要作平行线的人也发生了,他们认为可以从子午圈画平行直线,他们假定一个点落在子午圈的平面上,并且这样画平行直线,此时所要求的东西就是所假设的,因为不承认平行线的人也不承认所指出的点。”我认为其含义如下,给定一条直线和一个点,通过这一点可以画一条平行于它的直线,我们假定这个给定的直线在子午平面内,而后通过给定点在子午平面内画另一条直线,但是,与子午圈的大小相比,点与直线之间的距离是可以忽略不计的;并且,这个等价于假定在子午平面内很远处有一点并且连接给定点到它,但是,显然地,没有尺子伸长到这一点,并且反对者会说,我们实际上不能画一条直线保持同样的距离,除非这条线就是平行于它的直线,因而这是一个逻辑循环。我确信菲洛庞奥斯暗指方向理论可由斯科腾的一个注释所证明,这个注释是关于子午面的,是用来维护那个理论的。斯科腾说,方向不是这样一个概念,你可以断言两条不同的线有同一个方向,“如果一个人设想许多线都有从北到南的方向”,那么他会说这只是表示一个名义上的方向,而不是真正的方向。

现在回到现代,我们可以把平行线的不同定义分为三类(Schotten, *op. cit.* Ⅱ. p. 188 sqq.)。

(1)平行直线没有公共点,在这个一般概念之下,包括下面几种:

(a)它们不相截;

(b)它们相交在无穷远;

(c)它们在无穷远处有一个公共点。

(2)平行直线有相同的方向,这一类定义必然包括引入横截线并且说平行线与横截线形成相等的角。

(3)平行直线之间有固定的距离,我们可以把下述定义与这一类联系起来,平行线是所有到一条直线有相等距离的点的几何轨迹。

但是这三种观点有许多共同点,它们中的一个容易导出另一个。没有公共点的线的观点能导出在无穷远有一个公共点的概念,通过现代几何的影响寻求在一个概念之下包括不同的情况;并且在无穷远有一个公共点的线的观点可以提示它们有相同的方向,“非横截的”观点自然地导致等距离的(3),因为我们的注释说明相互靠近的东西朝向相交,因而,若线不相交则它们不会靠近,即保持同样的距离。

现在我们来按顺序叙述这三类。

(1)斯科腾首先注意到这一类中的几种把平行线作为(a)相交在无穷远,或(b)在无穷远处有一个公共点[首先由开普勒(Kepler)于1604年明显地提出,而后被德萨格(Desargues)于1639年使用],至少对初等教科书是不适当的定义,我们如何知道线相截或相交在无穷远?我们没有权利假设它所相交在或者不相交在无穷远,由于“无穷远”在我们观察的范围之外,并且我们不能证实它。正如高斯说(给Chumacher的信)“有限的人不可能用通常的观察方法来掌握无穷远”。

斯坦纳(Steiner)在说到射线通过一个点以及一条直线上的接连不断的点时,注意到当交点不断地远离时,射线运动在同一个方向;只是在一个位置,它是平行于这条直线的,在射线与直线之间没有真实的相截;此时我们说这条射线是“**导向直线上的无穷远点**”,实际上,高等几何必须假设这些线相交于无穷远;这些线是否存在是没有关系的(正像我们讨论“直线”,尽管没有这样的东西作为直线),但是,若两条线在任何有限距离处不相截,同样的事情在无穷远就不是真的吗?是否可以想象两条线在无穷远处不相截,并且总是彼此保持相同的距离,即使在无穷远处?让我们考虑铁路线,两条铁轨必然相交在无穷远,因而火车就不能停在它们上面吗?因而,最好把一条线上的无穷远点以及两条直线相交在无穷远,想象的交点,留给高等几何,并且对初等几何来说,依据于能明显地区分正常人的智力容易掌握的"平行"和"相截",这是欧几里得在他的定义中所选择的方法,当然这属于第一类定义,把平行作为非相截的。

我认为有意义的是,这些权威,像英格拉米(*Elementi di geometria*,1904),恩里奎斯和阿马尔迪(*Elementi di geometria*,1905)在讨论了基本原理之后,给出的平行线的定义等价于欧几里得的"在一个平面内没有任何公共点的两条直线称为平行线"。希尔伯特选择了同样的观点。维朗尼斯走了不同的路线,在他的伟大著作 *Fondamenti di geometria*(1891)中,他取一条射线平行于另一条,当第二条线上的无穷远点位置在第一条上时,但是,他的结论是这个定义不适用于他的 *Elementi*,然而,他避免给出欧几里得的平行线定义"在一个平面内的无限延长也不相交的两条直线",因为"没有人曾经看见这样的两条直线",并且因为与这个定义有联系的公设不是明显的,在我们的经验中,只有一条直线可以通过两个点,因此,他给出一个不同的定义,并且宣称它的优点,它与平面无关,它基于"关于一个点相对的"图形(或者反射图形),"两个图形关于一个点 O 是相对的,例如,图形 ABC……和 $A'B'C'$……若对一个图形上的任一点存在对应的另一个图形上的一个点,并且若连接一个图形上的这些点到 O 的线段 OA,OB,OC……分别等于相对的线段 OA',OB',OC'……"而后,两条直线的一条横截线是任一个线段,它的一个端点在一条线上,而另一个端点在另一条线上,则"**两条直线称为是平行的,若其中一条包含两个点,这两个点关于一条公共横截线的中点相对于另一条上的两个点**"。维朗尼斯说,这样定义的平行线与欧几里得平行线在本质上是相同的。但是,很难说这个定义给出的平行线本质与欧几里得的定义同样好,当然,维朗尼斯必须证明他的平行线没有公共点,并且他的"平行公设"比欧几里得的更明显,"若两条直线平行,则它们是关于所有它们的横截线段的中点的相对图形"。

(2)方向理论

这个理论的缺点完全被道奇森(C. L. Dodgson)所揭露(*Euclid and his modern Rivals*,1879),根据基林(Killing,*Einfuhrung in die Grundlagen der Geometrie* Ⅰ. p. 5),它的根据是莱布尼茨。在教科书中方向概念是作为原始的,不是导出的概念,因为没有给出定义,但是,我们应当知道当两条不同的直线被给出,如何识别它们具有同一方向，但是这个问题没有现成的答案，其实对于非重合的直线来说，其观念来自平行线的性质；这就是用自己来解释自己。作为同方向的平行概念可能来自角的概念，角作为不同的方向（它的虚假性我们已经揭露）；作为平行的同方向性来自“方向的不同”，两者都相对于第三条线，但是这是不充分的，正如高斯所说（*Werke* Ⅳ. p. 365），“如果方向本身由与第三条直线形成的角的相等来识别，那么我们仍然不知道是否与第四条直线以及任意个数的其他横截线形成的角也相等”，并且为了使这个平行理论有效，必须假设一个公理，即“与某个横截线形成相等角的两条直线也与任意横截线形成相等角”（Dodgson，p. 101）。

（3）把平行线作为等距离的直线大概会实际上被克拉维乌斯（欧几里得的编辑，1537 年生于班贝格，）和博雷里（*Euclides restitutus*，1658）所选用，尽管他们似乎没有这样定义平行线，萨凯里指出，在这个定义使用之前，必须证明“与一条直线等距离的点的轨迹也是一条直线”，为此，克拉维乌斯看到了这一点并且试图证明它：他说根据欧几里得的定义，这个轨迹是直线，因为“它上面的所有点是平放着的”；但是，此处有混淆，因为这样的“平放”应当是相对于这个轨迹，没有任何东西可以证明它本身具有这个性质，事实上，没有一个公设这个定理就不能证明。

公设 1

To draw a straight line from any point to any point.

根据亚里士多德，几何学家必须设想一个东西是什么，或者给出它的定义，而且必须证明存在某个东西对应这个定义：只有两个最原始的东西，点和线不必证明其定义及其所定义的东西的存在性，欧几里得确实没有把断定点的存在的假设分离出来，我们发现现代的教科书，如维朗尼斯、英格拉米、恩里奎斯的教科书中，都有“存在不同的点”或“存在无穷多个点”，但是，在《原理》中讨论的线只有直线和圆，其存在性分别在公设 1 和公设 3 中被肯定，然而，公设 1 比（1）公设直线存在的内容更多。正是（2）回答了反对者，反对者说人们不可能画一条数学的直线，并且因而（用亚里士多德的话 *Anal. post.* Ⅰ. 10，76 b 41）几何学家使用了错误的假设，因为他所说的一条线只有一英尺长，此时它不是直线，或者称它是直线，实际上它不是直线，安那里兹认为这个公设的一个目的是拒绝这样的批评：“前三个公设的用处是保证我们有一个科学的证明。”（ed. Curtze，p. 30）正如亚里士多德所说，事实上，几何学家的证明不关心我们画的特殊的不完善的直线，而关心的是理想的直线。辛普利休斯也指出，这条公设的反对者认为不能画一条数学的直线，它是想象的，不能实际上实现：“他应当画一条从白羊座到天秤座的直线。”

从这个公设及直线的定义还能推出(3)连接两点的直线是唯一的，换句话说，若两条直线（维朗尼斯称它们为“直线段”）有相同的端点，则它们完全重合，欧几里得省略了说如此多的话，尽管他在Ⅰ.4中假设了它，并且这无疑等价于假设两条直线不能包围一个空间，这个不断地出现在原稿和其他版本中，或者在公理中，或者在公设中。“公设”包含它，普罗克洛斯在Ⅰ.4(p. 239,16)的注释中说：“因而，两条直线不包围空间，并且《原理》的作者说这个事实包含在第一个公设中：由任意一点到另外任意一点可以画一条直线，这隐含着一条直线，而不是两条直线。”

普罗克洛斯试图在同一个注释(p. 239)中证明两条直线不能包围一个空间，他使用圆的直径的定义以及它的任一直径把这个圆分为两个相等部分的定理。

假设 ACB，ADB 是包含一个空间的两条直线，无限地延长它们，以 B 为中心，以 AB 为半径画一个圆，分别截延长线于 F，E。

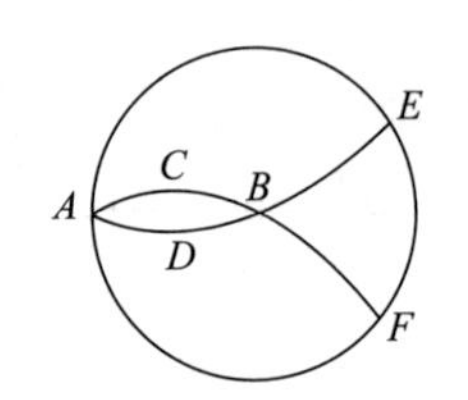

因为 $ACBF$，$ADBE$ 是圆的两条直径，所以弧 AE，AEF 相等，这是不可得的，因而命题得证。

然而，值得注意的是假设了被延长的直线与圆交了两个不同的点 E，F，但是 E，F 可以重合，并且两条直线可以有三个公共点，因而这个证明不成立。

萨凯里给出了一个不同的证明，由欧几里得关于直线的定义，它上面的点是平放着的，由此推出，当一条直线绕它的两个端点旋转时，两个端点保持固定，直线上的所有点一直保持相同的位置，并且当旋转进行时，不可能占据不同的位置。“由直线的这个观点，断言两条直线不能包围一个空间的命题就是显然的，事实上，若两条线包围一个空间，并且两个点 A，X 是其公共交点，则容易看出，这两条线中没有一条，或者只有一条是直线”。

然而，最好是假设一个公设，只存在一条直线包含两个给定点，或者若两条直线有两个公共点，则它们完全重合。

公设 2

To produce a finite straight line continuously in a straight line.

现代几何学家把有限直线称为**直线段**，即具有两个端点的直线。

正如公设 1 断言从任一点到另一点可以画一条直线，并且如此画的直线是唯一的，同样地，公设 2 保证可以在一条直线上不断地延长一个有限直线（“直线段”），并且断言这条直线只能在一个方向在任一端延长，或者延长的部分在两个方向是唯一的；换句话说，**两条直线不可能有一个公共线段**，后面这个假设在欧几里得的XI.1 之前没有出现，但是在卷 I. 的一开头就需要它，普罗克洛斯（p. 214，18）说，伊壁鸠鲁学派（Epicurean）的季诺（Zeno）认为，第一个命题 I.1 要求承认“两条直线不可能有一个公共线段”；否则，*AC*，*BC* 在到达 *C* 之前可能相交，并且它们的其余长度公用，此时由它们和 *AB* 形成的三角形就不是等边的，假设两条直线不可能有一个公共线段也是 I.4 需要的，此时一个三角形的一条边放在另一个与其相等的三角形的那条边上，并且可以推出两条重合的边在它们整个长度上重合：若两条直线可以有一条公共线段，则决不能推出这个，普罗克洛斯（p. 215，24）注意到公设 2 指出的延长的部分必然是一条，并试图证明它，但没有成功，他与辛普利休斯实际上使用了相同的论据。假设直线 *AC*，*AD* 以 *AB* 为公共线段，以 *B* 为心，以 *BA* 为半径画一个圆（公设 3），交 *AC*，*AD* 于 *C*，*D*，那么，因为 *ABC* 是过中心的直线，所以 *AEC* 是半圆，类似地，*ABD* 也是过中心的直线，*AED* 也是一个半圆，因而，*AEC* 等于 *AED*，这是不可能的。

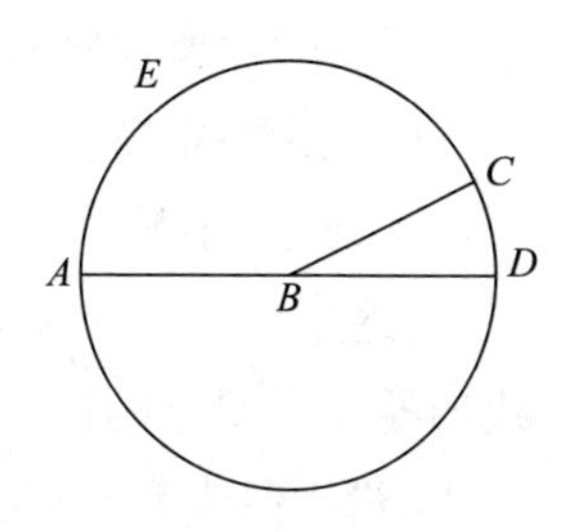

普罗克洛斯说，季诺反对这个证明，因为它实际上依据于一个假设，“两个圆周不可能有一个公共部分”；在未证明一个圆被它的直径平分之前，这个证明是无效的，但是，真正的反对意见是，圆被直径平分的证明本身假设了两条直线不可能有一个公共线段；若我们希望画一个圆的直径，它的一个端点是圆周上的给定点，则我们必须连接给定点与圆心（公设 1），而后延长这条直线直到与圆再次相交（公设 2），并且必须证明延长部分是唯一的。

萨凯里又选取了一个正确的顺序，他首先给出命题：两条直线不可能有一个公共线段，而后是命题圆的任一直径平分这个圆和它的圆周。

萨凯里给出的关于前者的证明是很有趣的，它有五个步骤，我只给出第一步的详细论证，其余部分只给出简短的概述。

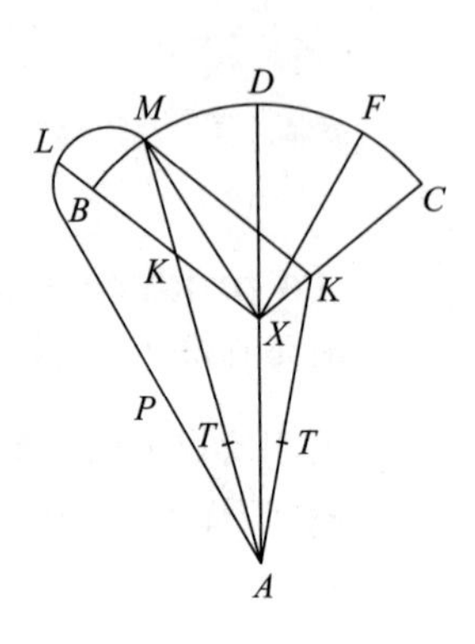

假设 AX 是两条直线 AXB,AXC 的公共线段,以 X 为中心,以 XB 或 XC 为半径作弧 BMC,并且从 X 到弧上的任何一点画直线 XM。

(1)我断言线 AXM 也是直线,它是从 A 到 X 的直线的延长。

因为,若这条线不是直线,则我们可以画另一条直线 AM,这条直线或(a)截两条直线 XB,XC 中的一条于点 K,或者(b)包围它们中的一条,譬如说 XB,在以 AX,XM 和 $APLM$ 为边界的区域内。

但是情形(a)显然与前述引理(两条直线不能包围空间)矛盾,因为此时两条直线 AXK,ATK 就会包围一个空间。

情况(b)也出现同样的问题,因为当延长 XB 时,它必然与 $APLM$ 交于一点 L,此时两条线 $AXBL$,APL 假设是直线,就会包围一个空间,若我们假设直线 XB 延长后与直线 XM 或直线 XA 相交于一点,我们可以得到同样的结论。

由此,可以明显地推出线 AXM 是一条直线,断言得证。

其余的步骤大概如下:

(2)若直线 AXB 以 AX 为轴旋转,则在这同一个平面内它不可能有多于两个位置,例如,在一个位置 XB 与 XC 重合,在另一位置与 XM 重合。

[这个由考虑对称性证明,从同一侧(左或右)来看,AXB 与 AXC 不能"相似或相等",否则它们将重合,而假设它们不重合,但是,没有任何东西妨碍从左侧看 AXB"相似或等于"从右侧看,因而 AXB 可以被引进位置 AXC。

然而,AXB 也不能占领另一条线 AXM 的位置,若在一侧是相同的,则它们重合;若在对侧它们相同,则 AXM,AXC 就重合。]

(3)在旋转时,AXB 的其他位置必然在原来平面的上面或下面。

(4)可以断言,在弧 BC 上存在一点 D,使得 AXD 不只是直线,而且从左面看它与从右面看它是完全"相似或相等"的。

[首先,可以证明在这个弧上找到两个点 M,F,对应于 B,C 并且较为靠近,当然 AXM,AXF 都是直线。

其次,类似的对应点可以越来越近,直到(a)我们到达一个点 D,使得当比较右侧和左侧时,AXD 完全像它本身,或者(b)存在两个最远的点 M,F,使得 AXM,AXF 都有这个性质。

最后,参考直线的定义,(b)可以删除。

因此,只有(a)是真的,并且只存在一个点 D,如上所述。]

(5)最后,萨凯里断言,如此决定的直线 *AXD*“是一条直线,并且其延长部分是 *A* 超越 *X* 到 *D*”,仍然依赖于直线作为“平放着的点”的定义。

西姆森把命题两条直线不可能有一个公共线段作为I. 11 的推论;但是,这个论证完全是一个逻辑循环,由托德亨特在他的关于这个命题的注释中证明。

普罗克洛斯(p. 217,10)记录了一个古代证明。这个证明也依赖于命题Ⅰ. 11。他说,季诺曾建议这个证明,而后又批评了它。

假设两条直线 *AC*,*AD* 有公共线段 *AB*,并且画 *BE* 与 *AC* 成直角。

则角 *EBC* 是直角,若角 *EBD* 也是直角,则这两个角相等,这是不可能的。

若角 *EBD* 不是直角,画 *BF* 与 *AD* 成直角;因而角 *FBA* 是直角。

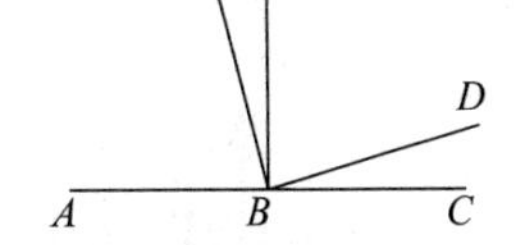

但是 *EBA* 是直角。

因而,角 *EBA* 与角 *FBA* 相等,这是不可能的。

普罗克洛斯说,季诺反对这个,因为它在证明中假设了后面命题Ⅰ. 11,波西多尼奥斯说,在《原理》中没有发现这个证明的痕迹,这只是季诺试图中伤同时期几何学家的行为。

波西多尼奥斯又说即使这个证明有某种道理,则必然存在某条直线与两条直线 *AC*,*AD* 成直角(正是直角的定义假设了这个):“它正是我们要作的直线。”此时,我们就有一个古代的假设作图(hypothetical construction)的例子,但是用这样的维护术语(“即使这个证明有某种道理”),我们可以说,它不能被当时的几何学家接受为一个证明命题的合理手段。

托德亨特提出了由Ⅰ. 13 推出两条直线不可能有一个公共线段,但是,这个没有被接受,因为这个假设实际上依照于Ⅰ. 4。

最好的方法是使它成为一个公设。

公设 3

To describe a circle with any centre and distance.

距离,这个词的含义是很广泛的(参考亚里士多德 *Metaph*. 1055 a 9),“端点之间的距离是最大的”(*Metaph*. 1056 a 36),“在它们之间的某个东西就是某个距离”,并且也有“维数”意义上的“距离”(如“空间有三维,长、宽和高”,Arist. *Physics* Ⅳ. 1,209 a 4)。这个词也用来描述一个具有某个半径的圆,其想法是圆周上的每个点到中心有那个距离(参考 Arist. *Meteorologica* Ⅲ. 5,376 b 8:“若画一个圆……以距离 MΠ”),希腊人没有对应于半径的词,若他们必须表示它,就说“从圆心画的直线”(欧几里得Ⅲ. Def. 1 和 Prop. 26)。

弗兰克兰得注意到,与公设 1 和公设 2 不同,这个公设只是说可以任意中心和任意半径画圆,我们可以把它看成欧几里得几何要研究的空间的完全描述。这个公设对圆的大小没有任何限制,它可以:(1)是无限小,并且这个隐含着空间是连续的,不是离散的(相邻点之间有一个最小距离);(2)这个圆可以是无限大,它隐含着空间的无限性的基本假设,这后面的假设对证明Ⅰ.16 是重要的,Ⅰ.16 是一个定理,它对有限的空间是无效的,然而,不能假设欧几里得预见这个公设的这种用处。

公设 4

That all right angles are equal to one another.

这个公设断言了一个重要的真理,直角是一个确定的量,它实际上是一个不变的标准,用它可度量其他的角(锐角和钝角),从下述讨论可以看出它隐含更多的东西,如果要证明这个命题,它只能用下述方法,贴合一个直角到另一个上并且断言它们相等,但是这个方法不是有效的,除非假设图形的不变性,因而就必须有一个先行的公设。欧几里得直接选择了一个公设,即直角都彼此相等;因而这个公设必然等价于图形不变性原理,或者等价于空间的一致性。

根据普罗克洛斯,盖米诺斯认为这个公设不应当分在公设类,而应当作为一个公理,因为它不像前三个公设一样断言某种作图的可能性,而是表示直角的一个基本性质,普罗克洛斯进一步注意到(p. 188,8),它也不是亚里士多德意义上的公设(我认为他是错的,如上所述),普罗克洛斯给出了一个证明。

设 *ABC*,*DEF* 是两个直角。

若它们不相等,它们中的一个较大,譬如说 *ABC*。

若我们贴 *DE* 于 *AB*,则 *EF* 就落在 *ABC* 内,设为 *BG*。

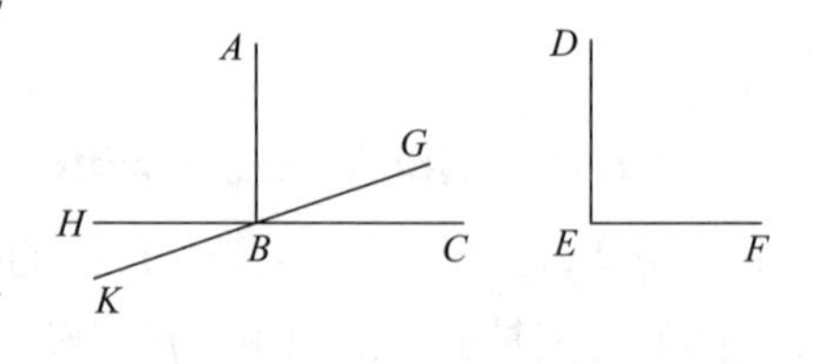

延长 *CB* 到 *H*,那么,因为 *ABC* 是直角,所以 *ABH* 是直角,并且这两个角相等(由定义,一个直角等于它的邻角)。

因而,角 *ABH* 大于角 *ABG*。

延长 *GB* 到 *K*,类似地,我们有两个角 *ABK*,*ABG* 都是直角并且彼此相等;因而角 *ABH* 小于角 *ABG*。

这是不可能的,因而,定理得证。

这个证明的不足之处是假设 *CB*,*GB* 的延长,每个只能在一个方面,并且 *BK* 落在角 *ABH* 的外面。

萨凯里给出了一个更精细的证明,他预设了第三个引理和两个断言。第三个引理:若两条直线 *AB*,*CXD* 相交在点 *X*,则它们不能在交点相切,而只能彼此相截。两个断言:(1)两条直线不能包围一个空间;(2)两条直线不能有一个公共线段。

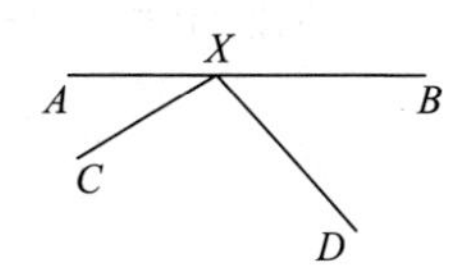

假设 *DA* 垂直于 *BAC*,两个角 *DAB*,*DAC* 相等,由定义每一个是直角。

类似地,*LH* 与直线 *FHM* 形成直角 *LHF*,*LHM*。

设 *DA*,*HL* 相等,并且假定把整个第二个图形放在第一个上,使得点 *H* 落在点 *A*,点 *L* 落在点 *D*。

则直线 *FHM* 与直线 *BC* 在 *A* 不相切,或者它:

(a)与 *BC* 正好重合,或

(b)与 *BC* 相截,一个端点,譬如 *F* 落在 *BC* 之上,而另一个端点 *M* 应在 *BC* 之下。

若(a)是真的,我们就已证明了所有直线的直角相等。

在情形(b),我们证明角 *LHF* 等于角 *DAF*,小于角 *DAB* 或 *DAC*,并且小于角 *DAM* 或 *LHM*,这与题设矛盾。

[因而,(a)是仅有的可能,于是凡直角都相等。]

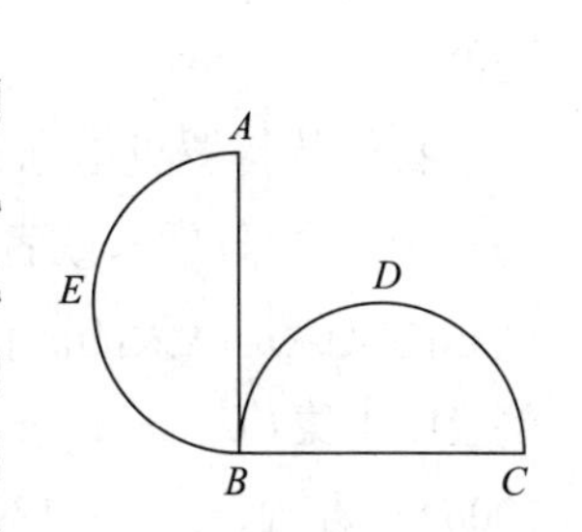

值得注意的是萨凯里所说的"所有直线的直角相等"。普罗克洛斯(p. 189,11)引用帕普斯的注释,萨凯里在思想上认为这个公设的逆,即一个等于直角的角也是直角不必是真的,除非它是直线的,假定两个相等的直线 *BA*,*BC* 形成一个直角,并且如图在 *BA*,*BC* 上分别画两个半圆 *AEB*,*BDC*,那么,因为这两个半圆是相等的,所以当贴合时,它们完全重合,因此,角 *EBA*,*DBC* 相等,对每个角增加"角" *ABD*;这就推出月牙角 *EBD* 等于直角 *ABC*(类似地,若 *BA*,*BC* 倾斜成锐角或钝角,我们就会发现一个月牙角等于一个锐角或钝角),这是希腊评论者喜爱的一个稀奇古怪的东西。

维朗尼斯、英格拉米、恩里奎斯和阿马尔迪推出凡直角都相等这个事实是从等价的事实凡平角都相等得来的,后者或者假设为一个公设或者从某个另外的公设推出。

希尔伯特采取了十分不同的路线,他认为欧几里得错误地把公设 4 放在"公理"之中。在他的第三组包含六个与全等相关的公理之后,他证明了几个有关三角形和角的全等定理,而后推出了这个公设。

至于公设 4 的存在和位置,有一点是确信无疑的。从欧几里得的观点,它在公设 5 之前是重要的,因为在公设 5 的条件中,一对角的和都小于两直角是无用的,除非事前明确直角是一个确定的角和不变的量。

公设 5

That, if a straight line falling on two straight lines make the interior angles on the same side less than two right angles, the two straight lines, if produced indefinitely, meet on that side on which are the angles less than the two right angles.

尽管亚里士多德给出了公设的概念,但是他没有给出一个几何公设,他也没有提及欧几里得的公设,我们自然地推出建立这些公设是欧几里得自己的工作。公设 5 有更深的根据,在关于平行线的定义的注释中提及了某些逻辑循环。欧几里得摆脱了这个指责,他建立了这个划时代的公设,当我们想到在长达二十个世纪中无数次地试图证明这个公设的人,他们当中许多是有能力的几何学家,我们不得不承认这些人中的天才,他们断言这个公设实际上是不能证明的。

我们从普罗克洛斯知道,从一开始这个公设就受到抨击,或者企图把它作为一个定理来证明,或者放弃它而选取其他的平行线定义;而且现代关于这个问题的文献是巨大的。在 1607—1887 年,有二十本四开本的专著是关于公设 5 的,M. 西蒙(*Ueber die Entwicklung der Elementar-geometrie im XIX. Jahrhundert*, 1906)注释到,一直到 1891 年(在高斯给出了非欧几何基础一个世纪之后),他看到有三次试图证明平行线理论与这个公设无关,M. 西蒙本人(pp. 53—61)写了大量的关于这个主题的文章,并且涉及丰富的信息,从内容到名字包含在斯科腾的书(*Inhalt und Methode des planimetrischen Unterrichts*, Ⅱ. pp. 183—332)中。

这个注释包含一些最有意义的试图证明这个公设的内容和摘要。对古代的这些证明有长有短,对现代讨论这个公设有重要贡献的,特别是对非欧几何基础有贡献的几何学家给出了简短的注释，我将使用有价值的文章 6，“*Sulla teoria delle parallele e sulle geometrie non-euclidee*”（by Roberto Bonola），在 *Questioni riguardanti la geometria elementare*（pp. 143—222）。

普罗克洛斯（p. 191，21 sqq.）明确地说出了反对这个公设的情况：

“应当从公设中勾销这个公设；因为它是涉及许多困难的一个定理，托勒密在一本书中要求证明它，并说证明它要求一些定义和定理，并且它的逆实际上已被欧几里得证明作为一个定理，有些人可能被骗并认为适当地安排这个公设，以便提供一个基础，使得两条直线会聚和相交，对于这个，盖米诺斯正确地回答到，从这门科学的创始者知道，不能有任何似乎有理的想象包括在几何学的推理之中，亚里士多德说要求一个几何学家接受似乎有理的东西就像要求一个修辞学者接受科学证明一样；柏拉图说他认为那些由可能性形成证明的人是胡说八道，于是，事实是当两直角变小时，这两条线会聚是真的并且是必然的，但是下述这种说法，因为当延长它们时它们越来越会聚，所以它们将相交，在没有某个论据证明这是真的时，这两条直线相交，这是似是而非的，而且不是必然的，因为事实是存在某些线无限趋近但不相交，尽管这似乎是不可能的并且是一个悖论，然而，这是真的并且已证实对其他类型的线成立，同样的事情对直线的情形是否成立？事实上，在这个公设被证明期间，对其他线可能发生相反情况，尽管反对这两条直线相交的论据应包含许多令人警诫的东西，但是否存在更多的理由从这门学科中排除可能有理的假设？

“显然，我们必须寻找一个这个定理的证明，并且它无关于公设的特殊性质，但是应当如何证明它，以及用什么类型的证据，我们必须说明《原理》的作者实际上采用了它并且把它作为明显的，此时必须说明它的明显的特性与证明无关，而是由证明转化为知识。”

在过渡到托勒密和普罗克洛斯企图证明这个公设之前，我注意到辛普利休斯说（in an-Nairīzī，ed. Besthorn-Heiberg，p. 119，ed. Curtze，p. 65）这个公设绝不是明显的，而是要求证明，并且阿布幸尼思奥斯和狄俄多鲁斯（Diodorus）用许多不同的命题证明了它，同时托勒密也解释并且证明了它，使用了欧几里得 I. 13、15 和 16（或 18），这里提及的狄俄多鲁斯可能是 *Analemma* 的作者，帕普斯给它写了一个评论，难以猜测阿布幸尼思奥斯是谁，在阿拉伯教科书的一个地方出现过名字阿布幸尼思奥斯（H. Suter in *Zeitschrift für Math. und Physik*，XXXVIII.，hist. litt. Abth. p. 194）。我认为他可能是北桑（Peithon），Antinoeia（Antinoupolis）的塞忍纳斯（Serenus）的一个朋友，塞忍纳斯长期作为 Antissa 的塞忍纳斯。塞忍纳斯说（*De sectione cylindri*，ed. Heiberg，p. 96）：“几何学家北桑在他的著作中解释过平行线,他对欧几里得的说法不满意,并且用一个例子更好地说明了它们的性质;他说,平行直线就像当我们在一些柱子后面点上灯或放上火炬后在墙上或地上照出的影子,尽管这是令人可笑的,但是我不能嘲笑他,因为他是我的朋友。”若北桑作为 Antinoeia 的人或 Antissa 的人,这两个可能是一个人;但是这不过是一个猜测。

辛普利休斯说,他的朋友或他的老师阿干尼斯曾试图证明这个公设。

普罗克洛斯在他关于欧几里得Ⅰ.29 的注释中回到了这个主题(p. 365,5)。他说,在他之前,一些几何学家把这个公设作为定理并且想证明它,而后,他给出了托勒密的论证。

证明这个公设的著名的尝试

托勒密

我们从普罗克洛斯(p. 365,7—11)知道,托勒密写了一本书是关于命题“从小于两直角的两个角画出的两条直线若延长必相交”的,并且在他的“证明”中使用了欧几里得Ⅰ.29 之前的许多定理,普罗克洛斯重建了托勒密论证的前面部分,提及欧几里得的定理Ⅰ.28。若两条直线与一条横截线相交,使得同侧两内角等于两直角,则这两条直线不相交。

Ⅰ.从普罗克洛斯关于Ⅰ.28 的注释(p. 362,14 sq.),我们知道托勒密的证明如下:

假设两条直线 AB,CD,$EFGH$ 与它们相交,角 BFG,FGD 等于两直角,则我断言 AB,CD 平行,即它们不相截。

若可能相交,令 FB,GD 交于 K。

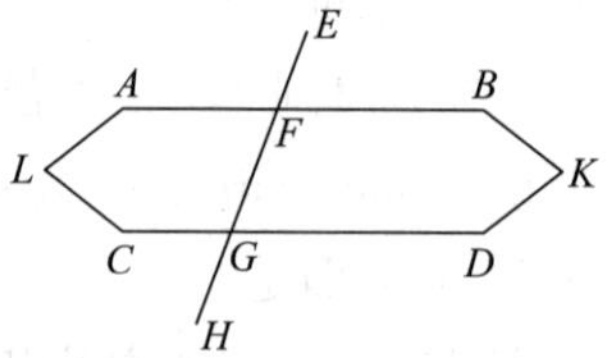

因为角 BFG,FGD 等于两个直角,所以四个角 AFG,BFG,FGD,FGC 共等于四个直角。

角 AFG,FGC 等于两个直角。

若其两内角等于两直角的 FB,GD 交于 K,则直线 FA,GC 若延长也相交,因为角 AFG,CGF 也等于两直角。

因而,若两对内角都等于两直角,这两条直线或者在两个方向相交,或者不相交。

令 FA,GC 交于 L。

因而,直线 $LABK$,$LCDK$ 就包围一个空间,这是不可能的。

因而,当两内角等于两直角时,这两条直线不可能相交。

[上述黑体字的推理是显然的,若已证 EH 一侧的两内角交错地等于另一侧的两内角,即 BFG 等于 CGF,FGD 等于 AFG;假定 FB,GD 交于 K,我们可以取三角形 KFG 并且如下放置它(例如,在这个平面内绕 FG 的中点 O 旋转),使得 FG 落在 GF 的位置,GD 落在 FA,此时 FB 必须落在 GC;因此,因为 FB,GD 交于 K,所以,GC,FA 交于对应点 L,正如弗兰克兰得所做的,我们可以用过 FG 的中点 O 并且垂直于平行线中一条,譬如 AB 的直线 MN 代替 FG,此时,因为两个三角形 OMF,ONG 有两个角分别相等,即 FOM 等于 GON(Ⅰ.15),OFM 等于 OGN,并且一条边 OF 等于边 OG,所以这两个三角形全等,角 ONG 是直角,MN 垂直于 AB 和 CD,由同样的贴合方法,MA,NC 与 MN 形成的三角形 MALCN 与三角形 NDKBM 全等,并且 MA,NC 交于 K 对应的点 L,于是这两条直线交于两点 K,L,这就是在黎曼(Riemann)假设之下所发生的事情,此时两条直线不能包围一个空间的公理不成立,而所有交于一点的直线也有另一个公共点,例如,在这个图中,K,L 是所有垂直于 MN 的直线的公共点,若我们假设 K,L 不是不同的点,而是同一个点,则与两条直线不能包围一个空间的公理就不再抵触。]

Ⅱ.托勒密现在试图证明Ⅰ.29,不用这个公设,而后从它推出这个公设(Proclus,pp.365,14—367,27)。

证明Ⅰ.29 的推理如下:

一直线截平行线,同侧内角的和必然等于、大于或小于两直角。

设 AB,CD 平行,并令 FG 与它们相交,我断言(1)同侧内角不大于两直角。

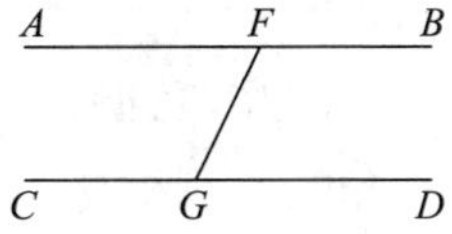

若角 AFG,CGF 大于两直角,则其余角 BFG,DGF 小于两直角。

但是这两个角也大于两直角,因为 FB,GD 与 AF,CG 一样是平行的,因而,若落在 AF,CG 上的直线形成的内角大于两直角,则落在 FB,GD 上的直线形成的内角也大于两直角。

但是这两个角小于两直角,这是不可能的。

类似地,(2)我们可以证明在平行线上的直线形成的同侧内角不能都小于两直角。

但是,(3)若直线与平行线形成的同侧内角既不大于也不小于两直角,则它们只能等于两直角。

Ⅲ.托勒密如下推导公设 5:

假设与横截线形成的角小于两直角的两条直线在这一侧不相交。

那么,更不容置疑,它们在形成的角大于两直角的另一侧不相交。

因而,这两条直线在两个方向都不相交,故它们平行。

但是,如果是这样,由上述命题(Ⅰ.29),它们与横截线形成的角等于两个直角。

因而,这些角既等于又小于两个直角,这是不可能的。

故这两条线相交。

Ⅳ.最后,托勒密加强了他的结论,两条直线在小于两直角的一侧相交,由上述证明中的不容置疑的步骤,令图中的角 AFG,CGF 合起来小于两个直角。因而,角 BFG,DGF 大于两个直角。

我们已经证明这两条直线不相截。

如果它们相交,那么它们必然交于 A,C 方向或 B,D 方向。

(1)假设它们相交于 B,D 方向的 K。

那么,因为角 AFG,CGF 小于两直角,并且角 AFG,GFB 等于两直角,去掉公共角 AFG,就有:

角 CGF 小于角 BFG,

即三角形 KFG 的外角小于其内对角 BFG,这是不可能的。

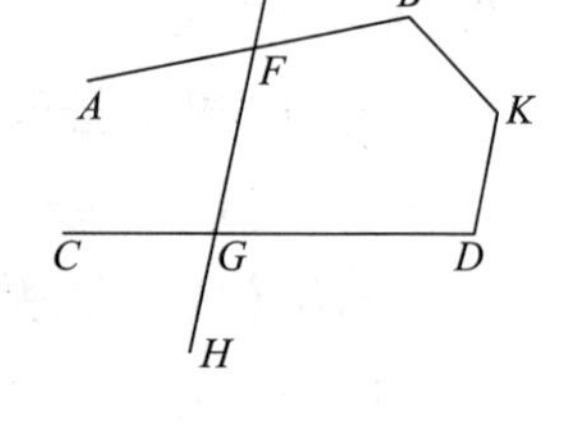

因而,AB,CD 不能在 B,D 方向相交。

(2)但是它们的确相交,因而,它们必然在另一个方向相交。

因此,它们在 A,B 方向相交,即在这两个角小于两直角的一侧相交。

托勒密推理的毛病当然是在Ⅰ.29证明中的黑体部分,正如普罗克洛斯所说,他没有权利假设若 AB,CD 平行,则不论 FG 一侧的内角是真的(即它们合起来等于、大于或小于两直角),另一侧的内角同时也是真的,托勒密的理由是下述假设,FB,GD 与 FA,GC 一样是平行的,这等价于假设过任意点只有一条直线平行于给定直线,即他假设了一个与他要证明的这个公设的等价命题。

普罗克洛斯

普罗克洛斯(p. 368,26,sqq.)在给出他的证明之前,查看了一个有名的推理[阿其里(Achilles)与乌龟],用来证明这个公设中的两条线不可能相交。

设 AB,CD 与 AC 作成的角 BAC,ACD 合起来小于两直角。

平分 AC 在 E,在 AB,CD 上分别取 AF,CG 使得每个等于 AE。

平分 FG 在 H,并作 FK,GL,每个等于 FH,等等。

那么，AF，CG 不会相交在 FG 上的任一点，因为若它们这样相交，则一个三角形的两边就会等于第三边，这是不可能的。

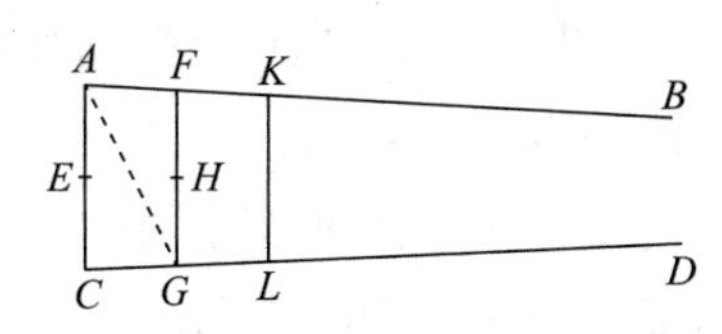

类似地，AB，CD 不会相交在 KL 上的任一点；"无限地进行这个过程；连接非重合的点，平分所连的线，从这两条线上截出连线的一半，他们说这就证明了直线 AB，CD 在任何地方不相交"。

不必惊奇普罗克洛斯没有揭露此处的毛病(事实是这个过程无限，但是这两条直线在有限的距离内相交)，但是普罗克洛斯的批评包含某些有价值的东西，他说这个推理能证明更多的东西，因为我们只要连接 AG，就可以看出两内角小于两直角的两条直线的确相交，即 AG，CG，因而，若没有某些限制，就不可能断言从小于两直角的两个角引的直线不相交，相反地，明显地某些从小于两直角的两个角引的直线的确相交，尽管这个推理要求证明这个性质对所有这样的直线成立，人们可能说，小于两直角不是限制，在保持这两条直线不相截的条件下，但是在超过这个的条件下，它们相交(p. 371，2—10)。

[此处我们看到罗巴切夫斯基思想的萌芽，即在一个平面内从一点引出的一些直线可以参考这个平面内的一条直线被分为两类，"相截的"和"非相截的"，并且我们可以定义平行线为这样两条直线，它们分开相截的与非相截的。]

普罗克洛斯(p. 371，10)以一个公理为基础给出了他的论证，"正如亚里士多德用来证明宇宙是有限的，若无限延长在一个点形成一个角的两条直线，则这两条直线之间的距离就会超过任一有限量。亚里士多德说，若从圆心到圆周所画的直线是无限的，则它们之间的区间是无限的，因为若它是有限的，则距离不可能增加，这些直线(半径)就不是无限的，因此，当无限延长这些直线时，它们彼此之间的距离就会大于任意有限的量"。

这是在 *De caelo* Ⅰ. 5，271 b 28 中亚里士多德论证的很好的表示，尽管它不是普罗克洛斯所说的公理的一个证明。

普罗克洛斯继续说(p. 371，24)：

Ⅰ. "我断言，若两条平行线中的一条被任一直线所截，则它也截另一条直线。

"令 AB，CD 平行，并令 EFG 截 AB，我断言，它也截 CD。

"因为 BF，FG 是从一个点 F 引出的两条直线，当无限延长它们时，它们之间的距离大于任意量，因而它也会大于这两条平行线之间的区间，因而当它们之间的距离大于这两个平行线之间的距离时，FG 就截 CD。

"因而，等等。"

Ⅱ."由于证明了这个,作为它的推论,我们将证明这个定理。

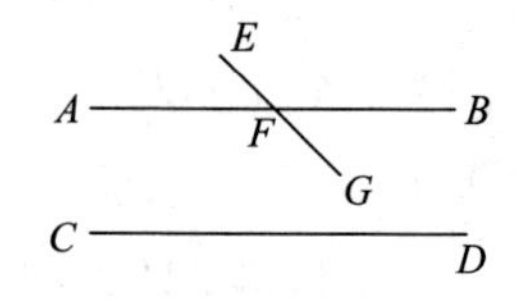

"*AB*,*CD* 是两条直线,并令 *EF* 落在它们上面,使得角 *BEF*,*DFE* 小于两直角。

"我断言,这两条直线就交在这两个角小于两直角的那一侧。

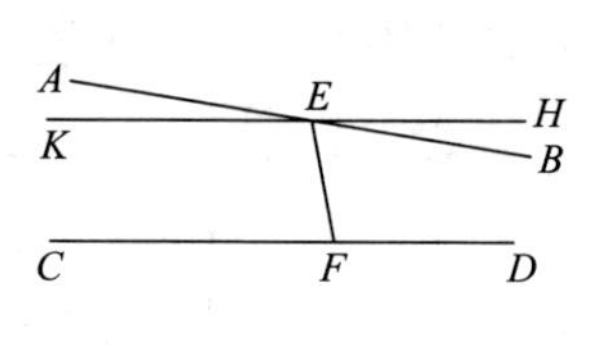

"因为角 *BEF*,*DFE* 小于两直角,所以可以令角 *HEB* 等于两直角超出它们的部分,并且令 *HE* 延长到 *K*。

"因为 *EF* 落在 *KH*,*CD* 并且形成的两内角 *HEF*,*DFE* 等于两直角,所以直线 *HK*,*CD* 平行。

"而 *AB* 截 *KH*,因而,由前面证明的,它也截 *CD*。

"因而,*AB*,*CD* 相交在这两个角小于两直角的一侧。

"因此,定理得证。"

克拉维乌斯批评这个证明基于的公理本身需要证明,他指出,正像不能假设两条不断趋近的线彼此相交(如双曲线和它的渐近线),同样地,不能假设对两条不断发散的线,从一条上一点作的垂线落在另一条上的部分大于任意指定的量;他援引尼科米迪斯的蚌线,它不断地趋近它的渐近线,并且不断地在顶点处远离;然而,从曲线上任一点的垂线到切线的部分总是小于切线和渐近线之间的距离,萨凯里支持这个反对意见。

普罗克洛斯的第一个命题对这个反对意见是开放的,假设两条"平行线"(在欧几里得意义上),或者有公共垂线的两条直线(不必是等距的)如此关联,当无限延长它们时,从一条线上的一点的垂线到另一条保持有限。

最后这个关于双曲线假设的假设是不正确的;这个取自亚里士多德的"公理"关于椭圆假设不成立。

亚特秋西

亚特秋西(1201—1274),欧几里得的编辑者,他有三个引理导致这个最后的命题,它们的内容本质上如下,第一个引理被认为是显然的。

Ⅰ.(a)若 *AB*,*CD* 是两条直线,从 *AB* 上的点到 *CD* 的垂线 *EF*,*GH*,*KL* 与 *AB* 形成不等的角,在朝向 *B* 的一侧总是锐角,在朝向 *A* 的一侧总是钝角,则线 *AB*,*CD*,只要它们不相截,在锐角方向不断地趋近,在钝角方向不断地发散,并且朝向 *B*,*D* 方向的垂线变小,而朝向 *A*,*C* 方向的垂线增大。

(b) 相反地，若如此画的垂线在 B,D 方向不断地变短，在 A,C 方向变长，则直线 AB,CD 在 B,D 方向不断地趋近，而在另一个方向不断地发散；并且每一条垂线与 AB 形成的两个角中一个是锐角，另一个是钝角，并且所有锐角在 B,D 方向，钝角在相反的方向。

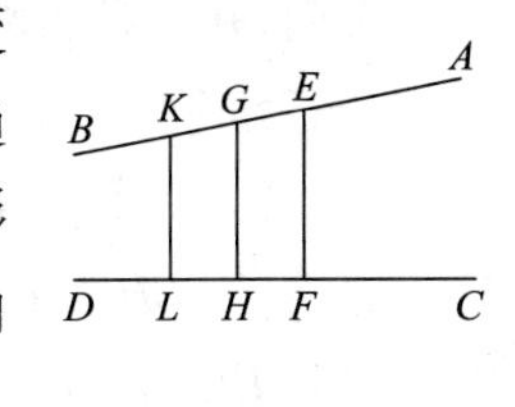

[萨凯里指出，即使第一部分(a)也需要证明，关于其逆(b)，他问到，为什么这些垂线与 AB 形成的角不应当是相邻的锐角，而其余的是锐角，变得越来越大，当这些垂线变得越来越小，直至最终达到一个两条线的公共垂线？若发生这个，作者的努力就是徒劳的，并且，若假设引理中的命题是真的而不要证明，为什么就不能假设公设与这个命题作为公理？]

Ⅱ. 在 AB 的两个端点作 AC,BD 与 AB 成直角，并且令 AC,BD 相等，连接 CD，则角 ACD,BDC 是直角，并且 CD 等于 AB。

这个引理的第一部分用反证法从前述引理可得，若角 ACD 不是直角，则它必然是锐角或钝角。

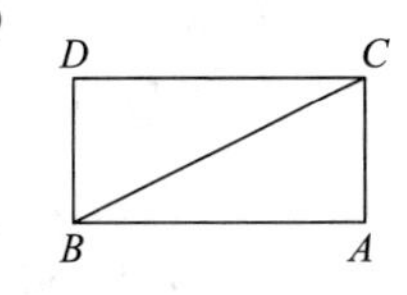

假设它是锐角，则由引理Ⅰ，AC 大于 BD，这与题设矛盾，等等。

角 ACD,BDC 被证明是直角，容易证明 AB,CD 相等。

[在这个“证明”中假设了若角 ACD 是锐角，则角 BDC 是钝角，并且反之也成立了。]

Ⅲ. 在任一三角形中，三个角合起来等于两个直角。

这个对直角三角形用上述引理证明，上述引理中的四边形 $ABCD$ 的四个角都是直角，因为任一个三角形可以分为两个直角三角形，所以这个命题对任意三角形是真的。

Ⅳ. 现在给出公设 5 的最后“证明”，区分为三种情况，但是只要证明一个内角是直角，而另一个角是锐角的情形就已足够。

假设 AB,CD 是两条直线，与 FCE 相交并形成直角 ECD，角 CEB 是锐角。

在 EB 上取任一点 G，作 GH 垂直于 EC。

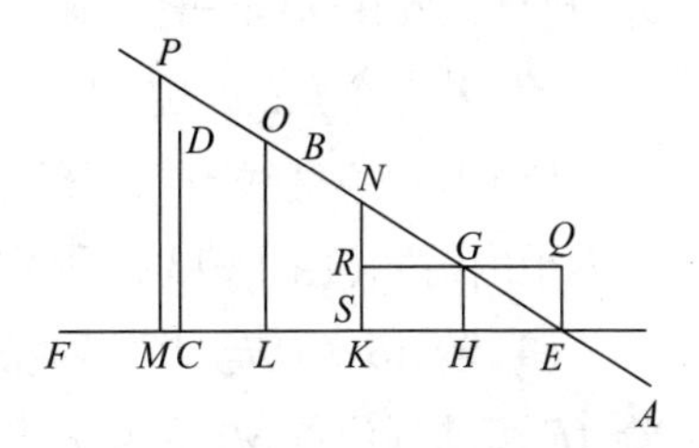

因为角 CEG 是锐角，则垂线 GH 将落在 E 的朝向 D 的一侧，并且或者与 CD 重合，或者不与它重合，在前一种情况下命题得证。

若 GH 与 CD 不重合，但是落在 CD 的朝向 F 的一侧，则 CD 在由这条垂线和 CE,EG 构成的三角形内,并且必然截 EG。[此处用到一个公理,即若充分延长 CD,它必然通向这个三角形的外面,因而截某个边,这必然是 EB,因为它不可能是这条垂线(Ⅰ.27)或 CE.]

最后,设 GH 落在 CD 的朝向 E 的一侧。

沿着 HC 取 HK,KL 等,使得每一个等于 EH,直到得到第一个超过 C 的分点 M。

沿着 GB 取 GN,NO 等,使得每一个等于 EG,直到 EP 是 EG 的倍数与 EM 是 EH 的倍数相同。

那么,我们可以证明由 N,O,P 到 EC 的垂线分别落在点 K,L,M。

因为,取由 N 作的第一个垂线为 NS。

作 EQ 与 EH 成直角并且等于 GH,又沿着 SN 取 SR 等于 GH,连接 QG,GR。

那么(第二引理)角 EQG,QGH 是直角,并且 $QG=EH$。

类似地,角 SRG,RGH 是直角,并且 $RG=SH$。

于是 RGQ 是一条直线,并且对顶角 NGR,EGQ 相等,角 NRG,EQG 都是直角,并且由作图,$NG=GE$。

因而(Ⅰ.26)$RG=GQ$。

所以 $SH=HE=KH$,S 与 K 重合。

类似地,对其他的垂线进行。

于是,PM 垂直于 FE。因此,CD 平行于 MP 并且在三角形 PME 内,若充分延长,则必然截 EP。

沃利斯

众所周知,沃利斯(1616—1703)的论证假设了一个公设,**给出一个图形,就有另一个与它相似的并且具有任意大小的图形**,实际上,沃利斯只是对三角形做了这个假设,他首先证明了:

(1)若一条有限直线放在一条无限直线上,并且在它的方向上运动随便多远,则它总放在这同一条无限直线上。

(2)若一个角的一边沿着一条无限直线滑动,则这个角保持相同或相等。

(3)若两条直线被第三条直线所截,使得同侧内角小于两直角,则每一个外角大于内对角(由Ⅰ.13 证明)。

(4)若 AB,CD 与 AC 形成的内角小于两直角,假定 AC(AB 固定在它上)沿着 AF 运动到位置 $\alpha\beta$,使得 α 与 C 重合,若 AB 在位置 $\alpha\beta$,则 $\alpha\beta$ 完全在 CD 的外面[由上述(3)证明]。

(5)在同样的假设下，直线 $\alpha\beta$ 或 AB 在它的运动期间，在 α 达到 C 之前，必然截直线 CD。

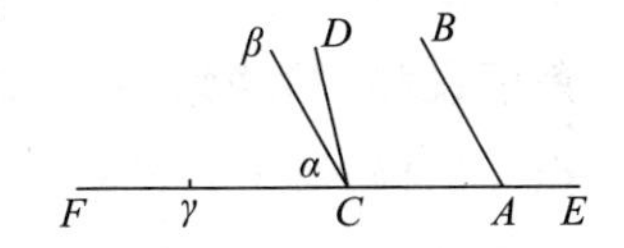

(6)这就是上述公设的确切的说明。

(7)现在证明公设5。

设 AB，CD 是两条直线与无限直线 ACF 相交，内角 BAC，DCA 合起来小于两直角。

假设 AC（AB 固定在它上）沿着 ACF 运动，直至 AB 到位置 $\alpha\beta$，截 CD 于 π。

则 $\alpha C\pi$ 是一个三角形，由上述公设，我们可以在 CA 上画一个三角形相似于三角形 $\alpha C\pi$，设这个三角形是 ACP。

[沃利斯在此处插入了假设的作图。]

于是 CP 和 AP 交于 P；并且由相似图形的定义，三角形 PCA，$\pi C\alpha$ 的角分别相等，角 PCA 等于角 $\pi C\alpha$，角 PAC 等于角 $\pi\alpha C$ 或 BAC，由此推出 CP，AP 分别在 CD，AB 的延长线上。

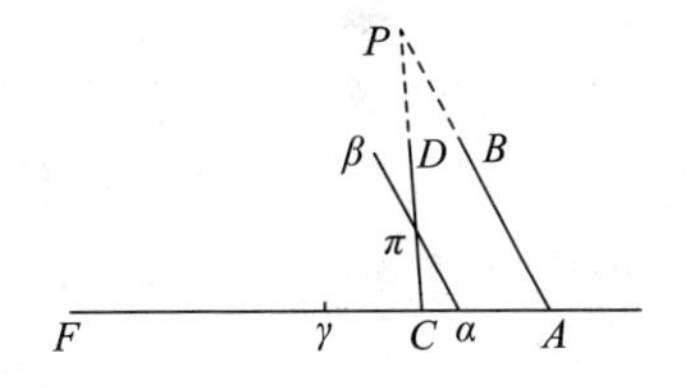

因此，AB，CD 相交在两个角小于两直角的一侧。

[这个证明的全部依据是公设相似图形的存在；正像萨凯里指出的，这个等价于“直角假设”，因而，等价于欧几里得的公设5。]

萨凯里

萨凯里（1667—1733），耶稣会会士，Pavia 大学教授，著有 *Euclides ab omni naevo vindicatus*（1733），这本书比所有早期试图证明公设5的文献更为重要，因为萨凯里是第一个仔细考虑不同于欧几里得的这个公设的假设的可能性，并且从这些假设推出了一些推论，正如贝尔特纳米（Beltrami）及黎曼所说，他是勒让德和罗巴切夫斯基的真正的先驱者，正如维朗尼斯所说（*Fondamenti di geometria*, p. 570），萨凯里看见了平行理论的所有可能性，而勒让德、罗巴切夫斯基和 G. 波尔约先验地排除了“钝角假设”或黎曼假设，然而，萨凯里预想仅有可能的几何是欧几里得的，他是预想概念的受害者，他是这样一个奇怪的人，他努力地建立了一个新的基础上的结构，但是又想摧毁它；为了证明他的假设的不正确性，他在他建立的体系的中心寻求矛盾。

为了建立他的假设，他取一个平面四边形 $ABDC$，它的两条对边 AC，BD 相等并且垂直于第三边 AB，那么，容易证明在 C 和 D 的角相等，由欧几里得的假设，它们都是直角；但是，离开这个假设，它们可能都是钝角或者都是锐角，萨凯里把这三种可能性用下述名字来区分：(1) **直角假设**，(2) **钝角假设**和(3) **锐角假设**，对应地有一群定理；并且萨凯里的观点是这样，这个公设被完全证明，若从后面两个假设推出的推论包含不协调的结果。

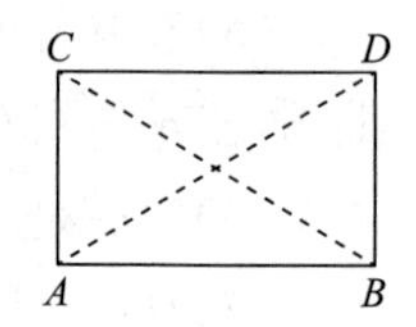

他的命题中最重要的如下：

(1) 若直角假设，或者钝角假设，或者锐角假设中的一个被证明是真的，则其他两种也是真的（命题Ⅴ.，Ⅵ.，Ⅶ.）。

(2) 根据直角、钝角或者锐角假设是真的，一个三角形的三个角的和分别等于、大于或者小于两个直角（命题Ⅸ.）。

(3) 由存在一个三角形，它的角的和等于、大于或者小于两直角，可以推出直角、钝角或者锐角假设分别是真的（命题ⅩⅤ.）。

这些命题涉及如下内容：若在一个三角形中，它的角的和等于、大于或者小于两直角，则任一个三角形的角的和分别等于、大于或者小于两直角，大约一个世纪之后，勒让德证明了两种情形，即其和等于或者小于两直角的情形。

这些证明不是没有缺陷的，命题Ⅻ. 和命题ⅩⅢ. 的部分证明关系到钝角假设，萨凯里使用了欧几里得的Ⅰ.18，这个命题依据于Ⅰ.16，这个命题只对假设**直线是无限长**时有效，因为这个假设本身在钝角假设（黎曼假设）之下不成立。

萨凯里用了较长的篇幅处理锐角假设，并且他对书的这一部分不大满意；但是它包含下述命题，后来罗巴切夫斯基和波尔约重新证明：

(4) 在一个平面内的两条直线（即使在锐角假设之下）或者有一个公共垂线，或者在延长后在有限距离内相交一次，或者彼此不断地趋近。（命题ⅩⅩⅢ.）

(5) 在从一点发出来的一束射线中，总存在（在锐角假设之下）两条确定的直线，它把与一条固定直线相交的直线和与它不相交的直线分开，终于与固定直线有公共垂线的直线。（命题ⅩⅩⅩ.，ⅩⅩⅪ.，ⅩⅩⅫ.）

兰伯特（Johann Heinrich Lambert）

克鲁杰尔（G. S. Klügel）的博士论文 *Conatuum praecipuorum theoriam parallelarum demonstrandi recensio*（1763）包含了大约三十个关于公设 5 的证明的检查，以及值得注意的结论，第一次明确地怀疑它的可证明性，并且注意到欧几里得假设的真实性不是一系列严格论证的结果，而是经验的观察结果，有较大价值的是关于兰伯特（1728—1777）的平行理论，他的《平行理论》写于 1766 年，在他逝世之后由 G. Bernoulli 和 C. F. Hindenburg 出版，由 Engel 和 Stäckel 再版（*op. cit*. pp. 152—208）。

兰伯特的书的第三部分讨论与萨凯里同样的三个假设,直角假设是兰伯特的第一个假设,钝角假设是他的第二个假设,锐角假设是他的第三个假设;兰伯特开始于具有三个直角的四边形(即萨凯里的四边形被中线分开的一半),这三个假设分别假设第四个角是直角、钝角或者锐角。

兰伯特在从第二和第三假设推出新命题方面比萨凯里走得更远,最重要的内容如下:

在第二和第三假设之下,平面三角形的面积与三个角的和与两直角的差成比例。

在第三假设之下,三角形的面积的数值表示:

$\triangle = k(\pi - A - B - C)$……(1),

在第二假设之下:

$\triangle = k(A + B + C - \pi)$……(2),

其中 k 是一个常数。

一个重要的注释是附录(§82):"与此相联系的是第二假设成立,用球面三角形代替平面三角形,在前者中角的和大于两直角,并且超出部分与三角形的面积成比例。

"更重要的是我断言,可以证明球面三角形与平行线的困难无关。"

这个发现,即第二假设可以在球面上实现与后来的发展,与黎曼假设(1854)有重要关系。

更加重要的是下述预言:"**我倾向这样一个结论,第三假设实现在虚球面上**。"(参见 Lobachewsky,*Géométrie imaginaire*,1837)

无疑地,兰伯特确信这个是由于下述事实,在上面(2)中,$k = r^2$,表示球面三角形的面积,若用 $r\sqrt{-1}$代替 r,并且 $r^2 = k$,则我们得到公式(1)。

勒让德

如果没有勒让德(1752—1833)关于平行线理论的有价值的研究,那么关于这个主题的叙述就不是完整的,他把证明欧几里得的这个公设的各种尝试包含在他的专著 *Éléments de Géométrie* 第一版(1794)至第十二版(1823)之中,包含了他关于这个主题的全部研究,后来,1833 年在 *Mémoires de l'Académie Royale des Sciences*, Ⅻ. p. 367 sqq. 中他发表了他的不同证明的汇集,题目是"*Réflexions sur différentes manières de démontrer la théorie des parallèles*",像萨凯里一样,他的叙述清楚并且坚持平行线理论与三角形的角的和之间的联系,在 *Éléments* 第一版中,命题**一个三角形的角的和等于两直角**被解析地证明,基于假设**长度单位**

的选择不影响所证明的命题的正确性，显然这等价于沃利斯的**存在相似图形**的假设，一个类似的解析证明在第十二版的注释中给出，在他的第二版中，勒让德证明了公设5，基于下述假设，**给定不在一条直线上的三个点，存在一个圆过这三个点**，在第三版(1800)中，他给出命题**一个三角形的角的和不大于两直角**；其证明原来是几何的，后来用另一个证明代替，依赖于类似欧几里得Ⅰ.16的作图，不断地贴合，使得任意个数的三角形在它内面展开，而每一个的角的和等于原来三角形的角的和，其中一个角不断地增加而另外两个角不断地减小，但是，勒让德发现命题一个三角形的角的和不小于两直角的证明具有很大的困难，他首先注意到，正如在球面三角形的情形(此时角的和大于两直角)，角的和超过两直角的部分与三角形的面积成比例，同样地，在直线三角形中，若角的和小于两直角，有一个亏空，这个亏空与三角形的面积成比例，因此，若开始于一个给定的三角形，我们可以作另一个三角形，使得它包含至少m个原来的三角形，则这个新三角形的亏空至少等于原来三角形的m倍，于是，更大三角形的角的和就逐渐变小，当m增大时，它就变成零或负的，这是荒谬的，全部困难归结为作一个三角形至少包含两个给定的三角形；但是，这个简单问题的解答要求假设(或证明)下述命题，**过一个小于三分之二个直角内一点总可以画一条直线与这个角的两边相交**，然而，这个实际上等价于欧几里得的这个公设，这个证明过程如下：

要求证明一个三角形的角的和不可能小于两直角。

假设A是三角形ABC的三个角中最小的，在其对边BC上贴一个等于ACB的三角形DBC，并且使得角DBC等于角ACB，角DCB等于角ABC，再过D作任一直线截AB，AC的延长线于E，F。

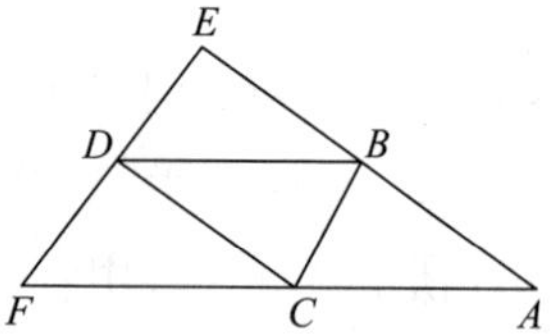

若三角形ABC的角的和小于两直角，譬如说等于$2R-\delta$。

因为其余三角形DEB，FDC的三个角的和分别不大于两直角(勒让德关于这个的证明见下面)，这四个三角形的十二个角的和不大于

$4R+(2R-\delta)+(2R-\delta)$，即$8R-2\delta$。

现在每个点B，C，D处的三个角的和是$2R$，减去这九个角，三角形AEF的三个角不大于$2R-2\delta$。

因此，若三角形ABC的角的和小于两直角的量是δ，则较大的三角形AEF的角的和小于两直角的量至少是2δ。

我们可以继续这个作图，作出比AEF更大的三角形，等等。

然而，不论δ多么小，我们可以达到倍数$2^n\delta$，它可以超过任意给定的角，因而，超过$2R$；于是，充分大的三角形的三个角的和就会是零或小于零，这是荒谬的。

因而，等等。

上述提及的假设引起的困难使得勒让德在第九版中放弃了这个从第三版到第八版中的方法，并且回到欧几里得的纯粹的、简单的方法。

但是，在第十二版中，他又回到这个计划，构造了任意个数相继的三角形，使得所有三角形的三个角的和都等于原来三角形的三个角的和，但是，这些新三角形的两个角变得越来越小，而第三个角变得越来越大；并且这一次在一个命题中证明了原来三角形的三个角的和等于两直角，使不断地作出新三角形并且不断地压缩两个较小的角，直到最后一个三角形成为零，而第三个角同时变成平角，作图及其证明如下：

设ABC是给定的三角形。设AB是最大边，BC是最小边，因而，C是最大角，而A是最小角。

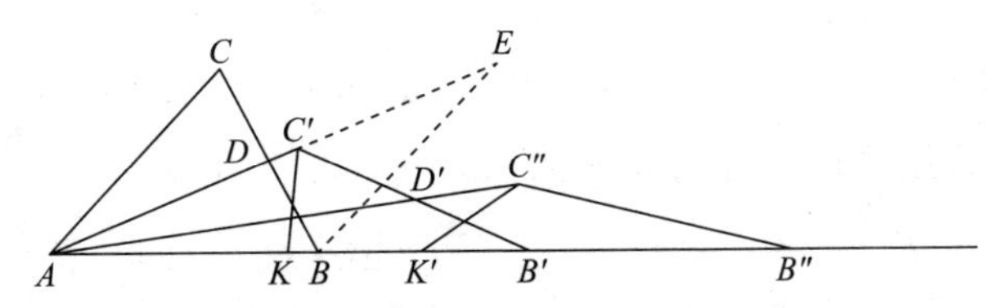

从A作AD到BC的中点，并延长AD到C'，使得AC'等于AB。

延长AB到B'，使得AB'等于二倍的AD。

则三角形$AB'C'$的三个角的和等于三角形ABC的三个角的和。

沿着AB取AK等于AD，连接$C'K$。

那么，三角形ABD，$AC'K$有两个边及其夹角分别相等，因而全等；并且$C'K$等于BD或DC。

其次，在三角形$B'C'K$，ACD中，角$B'KC'$，ADC相等，由于它们分别是相等角AKC'，ADB的补角；并且这两个等角的两边分别相等。

因而三角形$B'C'K$，ACD全等。

于是角$AC'B'$是分别等于原来三角形的角B，C的和；并且在原来三角形中的角A是分别等于在三角形$AB'C'$中在A和B'处的角的和。

由此推出，新三角形$AB'C'$的三个角的和等于三角形ABC的角的和。

并且，AC'等于AB，因而大于AC，也大于$B'C'$，由于$B'C'$等于AC。

因此，角$C'AB'$小于角$AB'C'$；因而，角$C'AB'$小于$\frac{1}{2}A$，其中A记原来三角形

中的角 CAB。

[值得注意的是三角形 $AB'C'$ 实际上与欧几里得 I.16 中的三角形 AEB 是同一个三角形,但不同的是最长边沿 AB 放着。]

取 $B'C'$ 的中点 D',重复同样的作图,我们得到三角形 $AB''C''$,使得(1)它的三个角的和等于 ABC 的三个角的和,(2)两个角 $C''AB''$,$AB''C''$ 的和等于前面三角形的角 $C'AB'$,因而小于 $\frac{1}{2}A$,并且(3)角 $C''AB''$ 小于角 $C'AB'$ 的一半,因而小于 $\frac{1}{4}A$。

继续这个过程,我们将得到一个三角形 Abc,使得它在 A 和 b 的角的和小于 $\frac{1}{2^n}A$,并且在 c 的角大于前面三角形中相应的角。

勒让德说,无限地继续这个作图,使得 $\frac{1}{2^n}A$ 小于任意指定的角,点 c 最终落在 Ab 上,并且这个三角形的三个角的和(等于原来三角形的三个角的和)变得与在 c 处的角相等,即等于平角,因而等于两直角。

然而,J. P. W. Stein 在 Gergonne 的书(*Annales de Mathématiques*, XV., 1824, pp. 77—9)中说这个证明有毛病(关于最后的推理)。

我们提出简短地再给出勒让德这些定理的本质,它们具有永久的价值并且不依赖于关于平行线的特殊假设。

I. 三角形的三个角的和不大于两直角。

勒让德用两个方法证明这个。

(1)第一个证明(在 *Éléments* 的第三版中)。

设 ABC 是给定的三角形,并且 ACJ 是一条直线。

作 CE 等于 AC,角 DCE 等于角 BAC,并且 DC 等于 AB,连接 DE。

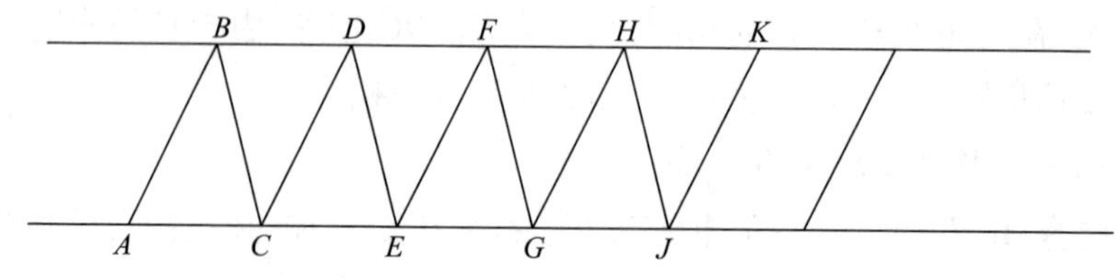

那么,三角形 DCE 全等于三角形 ABC。

若三角形 ABC 的三个角的和大于 $2R$,则这个和必然大于角 BCA,BCD,DCE 的和,后者的和等于 $2R$。

两边减去两个等角,我们得到:

角 ABC 大于角 BCD。

但是,三角形 ABC 的两边 AB,BC 分别等于三角形 BCD 的两边 DC,CB。

因而,底 AC 大于底 BD(欧几里得 Ⅰ.24)。

其次,作三角形 FEG(由同样的作图)全等于三角形 BAC 或 DCE;并且用同样的方法证明 CE(或 AC)大于 DF。

此时,BD 等于 DF,由于角 BCD,DEF 相等。

继续这个作图,不管 AC 与 BD 的差多么小,我们最终可以达到这个差的某个倍数,譬如说图中的直线 AJ 与复合线 $BDFHK$ 之间的差可以大于任一个指定的长度,因而大于 AB 与 JK 的和。

因此,在假设三角形 ABC 的角的和大于 $2R$ 之下,折线 $ABDFHKJ$ 小于直线 AJ,这是不可能的。

因而,等等。

(2)后来的证明。

若设 $2R+\alpha$ 是三角形 ABC 的三个角的和,并且 A 不大于其他两个角中的每一个。

平分 BC 于 H,并且延长 AH 到 D,使得 HD 等于 AH;连接 BD。

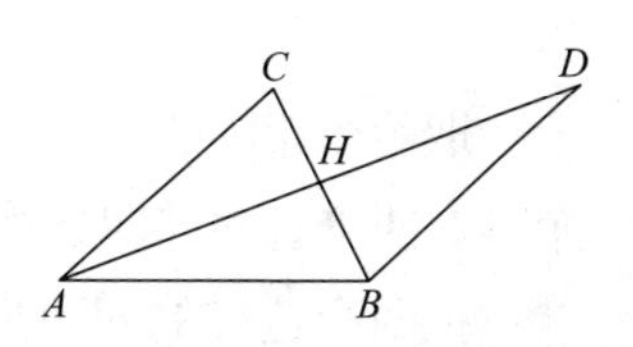

那么,三角形 AHC,DHB 全等(Ⅰ.4);并且角 CAH,ACH 分别等于角 BDH,DBH。

由此推出,三角形 ABD 的角的和等于原来三角形的角的和,即 $2R+\alpha$。

并且,角 DAB,ADB 中有一个等于或者小于角 CAB 的一半。

继续对 ADB 同样地作图,我们得到第三个三角形,它的角的和仍然是 $2R+\alpha$,而它们中一个角等于或小于$\frac{1}{4}\angle CAB$。

按这个方法进行,我们得到一个三角形,它的角的和是 $2R+\alpha$,而它的一个角不大于$\frac{1}{2^n}\angle CAB$。

若 n 充分大,这就小于 α;此时,我们有一个三角形,它的两个角合起来大于两直角,这是荒谬的。

因而,α 等于或小于零。

[注意,在这两个证明中,正如在欧几里得 Ⅰ.16 中,当然地认为一条直线在长度上是无限的并且不会返回到本身,在黎曼假设之下这不是真的。]

Ⅱ. 在假设一个三角形的角的和小于两直角的情况下，若一个三角形由两个三角形构成，则前者的“亏空”等于两个小三角形的“亏空”的和。

事实上，若两个小三角形的角的和分别是 $2R-\alpha$，$2R-\beta$，则大三角形的角的和是：

$(2R-\alpha)+(2R-\beta)-2R=2R-(\alpha+\beta)$。

Ⅲ. 若一个三角形的三个角的和等于两直角，则从一个顶点到对边的直线分开的所有三角形也是同样的。

因为三角形 ABC 的角的和等于 $2R$，所以若三角形 ABD 的角的和是 $2R-\alpha$，则可以推出三角形 ADC 的角的和是 $2R+\alpha$，这是荒谬的(由上述Ⅰ.)。

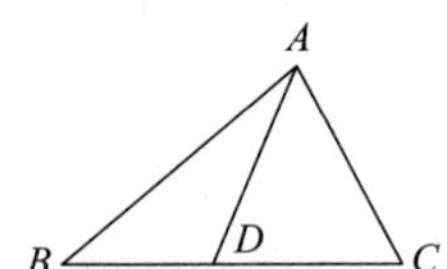

Ⅳ. 若在一个三角形中，三个角的和等于两直角，则可作一个四边形，使得四个角都是直角并且四个相等的边的长度超过任意指定的直线段。

设 ABC 是一个三角形，它的角的和等于两直角，我们可以假设 ABC 是等腰直角三角形，由于我们可以用过顶点的直线细分 ABC(如上面命题Ⅲ)达到这个。

取两个相等的这种类型的三角形并且把它们的斜边放在一起，我们得到一个具有四个直角和四条相等边的四边形。

把四个这样的四边形放在一起，我们得到一个新的同类的新四边形，而它的边是第一个四边形的边的二倍。

经过 n 次这样的操作，我们有一个具有四个直角和四个相等边的四边形，每条边等于边 AB 的 2^n 倍。

这个四边形的对角线把它分为两个相等的等腰直角三角形，每一个的角的和等于两直角。

因此，由存在一个其三个角的和等于两直角的三角形可以推出存在一个等腰直角三角形，其边大于任意指定的直线段并且它的三个角的和等于两直角。

Ⅴ. 若一个三角形的三个角的和等于两直角，则任一个三角形的三个角的和也等于两直角。

只要对直角三角形证明这个就足够，因为任意三角形可以分为两个直角三角形。

设 ABC 是任意直角三角形。

那么，若一个三角形的角的和等于两直角，则我们可以作(由上述命题)一个具有同样性质的等腰直角三角形，并且它的垂直边大于 ABC 的垂直边。

设 $A'B'C'$ 是这样一个三角形，并且设它如图贴于 ABC。

应用上述命题Ⅲ.，首先，我们推出三角形 $AB'C'$ 的三个角的和等于两直角，其次，同样的理由，原来三角形 ABC 的三个角的和等于两直角。

Ⅵ. 若一个三角形的三个角的和小于两直角，则任意其他三角形的三个角的和也小于两直角。

这个可由上述定理推出。

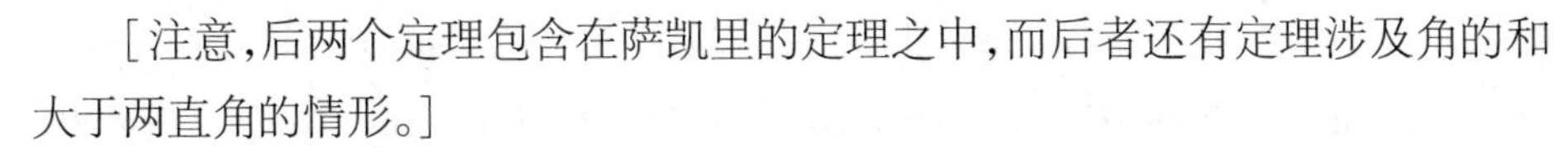

[注意，后两个定理包含在萨凯里的定理之中，而后者还有定理涉及角的和大于两直角的情形。]

现在我们要看这些命题对欧几里得公设 5 的作用，下一个定理是：

Ⅶ. 若一个三角形的三个角的和等于两直角，则在一个平面内过任一点只能作给定直线的一条平行线。

证明需要下述。

引理：过一个点 P，总可以引一条直线与给定直线 r 形成一个小于任意指定角的角。

设 Q 是 P 到 r 的垂线的足。

设在 r 上取线段 QR 等于 PQ。

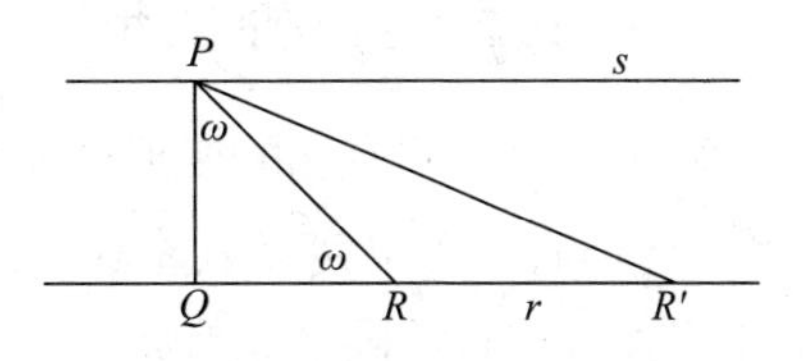

连接 PR，并取 RR' 等于 PR；连接 PR'，若用 ω 表示角 QPR 或角 QRP，则等角 RPR'，$RR'P$ 不大于 $\omega/2$。

继续这个作图，经过一定次数的操作，我们得到一个三角形 $PR_{n-1}R_n$，每一对等角等于或小于 $\omega/2^n$。

因此，我们就达到一条直线 PR_n，从 P 开始并且与 r 相交，与 r 形成的角要多小就多小。

现在回到这个公设。从 P 画一条直线 s 垂直于 PQ。

那么，任一从 P 画的与 r 交于 R 的直线就与 r 和 s 形成等角，因为由假设三角形 PQR 的角的和等于两直角。

因为由引理，过 P 总可以画直线，与 r 形成任意小的角，由此推出，除了 s 之外所有过 P 的直线与 r 相交，因此，s 是仅有的过 P 与 r 平行的线。

试图证明公设 5 或者它的等价命题的历史现在到了十字路口，独立于这个公设的进一步发展开始于施韦卡特(Schweikart，1780—1857)、陶林奥斯(Taurinus，1794—1874)、高斯(1777—1855)、罗巴切夫斯基(1793—1856)、J. 波尔约

(1802—1860)和黎曼(1826—1866),属于非欧几何的历史,它在这部著作的范围之外。我希望读者参考论文"*Sulla teoria delle parallele e sulle geometrie non-euclidee*",作者是邦诺拉(R. Bonola),发表在 *Questioni riguardanti la geometria elementare*,1900,我在上面多次使用了它,参考同一作者的 *La geometria non-euclidea*(Bologna,1906),参考基林的 *Einführung in die Grundlagen der Geometrie*(Paderborn,1893)的第一卷,曼深(P. Mansion)的 *Premiers principes de métagéométrie* 以及巴巴润(P. Barbarin)的 *La géométrie non-Euclidienne*(Paris,1902),参考维朗尼斯的 *Fondamenti di geometria*(1891, p. 565 sqq.)的历史概要,参考 Engel 和 Stäckel 的 *Die Theorie der Parallellinien von Euklid bis auf Gauss*(1895),*Urkunden zur Geschichte der nicht-Euklidischen Geometrie* Ⅰ.(Lobachewsky, 1899)以及 Ⅱ.(Wolfgang und Johann Bolyai)。我只提及正是高斯第一次确信这个公设决不能证明;他在 *Göttingische gelehrte Anzeigen*(20 April 1816)中指出这个,并且在给贝塞尔的信(27 January. 1829)中证实了这个,这个公设的真正不可证明性由贝尔特纳米(1868)和豪尹尔(Hoüel)证明(*Note sur l' impossibilité de démontrer par une construction plane le principe de la théorie des parallèles dit Postulatum d' Euclide* in Battaglini's *Giornale di matematiche*,Ⅷ.,1870,pp. 84—9)。

公设 5 的各种变形

下面是一些有名的变形。

(1)过一个给定点只能画一条平行给定直线的直线,或者两条相截的直线不可能都平行于同一条直线。

这个通常称为浦莱费尔公理(Playfair's Axiom),但是它当然不是新发现,它明确地叙述在普罗克洛斯对欧几里得Ⅰ.31 的注释中。

(1a)若一条直线与两条平行线中的一条相截,则它与另一条也相截(普罗克洛斯)。

(1b)平行于同一条直线的两条直线彼此平行。

(1a)和(1b)完全等价于(1)。

(2)存在处处等距的两条直线(波西多尼奥斯和盖米诺斯);对照普罗克洛斯的假设,平行线彼此之间始终保持一个有限的距离。

(3)存在一个三角形,它的三个角的和等于两直角(勒让德)。

(4)给出任一个图形,存在一个任意大小的相似图形(沃利斯,Carnot,Laplace)。

萨凯里指出,不必假设如此多,只要假设存在两个有相等角的不相等的三角形。

(5)过小于三分之二直角的角内任一点可以画一条直线与这个角的两边相交(勒让德)。

对照洛伦兹的类似公理(*Grundriss der reinen und angewandten Mathematik*, 1791),过一个角内一点的任一直线必然与这个角的一边相交。

(6)给定不在一条直线上的三个点,存在过它们的一个圆(勒让德,W. 波尔约)。

(7)"若我能证明一个直线三角形可以容纳任一给定的面积,则我就能完美严格地证明整个几何"(高斯给 W. 波尔约的信,1799)。

参考上述勒让德的命题Ⅳ.,以及 Worpitzky 的公理,不存在每个角任意小的三角形。

(8)若在一个四边形中,三个角是直角,则第四个角也是直角[克莱绕特(Clairaut),1741]。

(9)若两条直线平行,则它们是关于所有它们的横截线段的中点的反射图形(Veronese,*Elementi*,1904)。

或者,若两条平行直线截过它们之间一个线段中点的任一横截线,则截其中点是前一个线段的中点的其他线段(Ingrami,*Elementi*,1904)。

维朗尼斯和英格拉米直接推出浦莱费尔公理。

公理或公用概念

在论文"*Sur l'authenticité des axiomes d'Euclide*"(*Bulletin des sciences mathématiques et astronomiques*,2e *sér*. Ⅷ.,1884,p. 162 sqq.)中,唐内里强调,这些公用概念(包括前三个)不在欧几里得的著作中,而是后来插入的,他的主要论据如下:(1)若欧几里得已经建立了(a)对所有证明科学的和(b)特别针对几何的不可以证明的原理之间的区别,则他当然不能把公用原理放在第二位,而把特别的原理(公设)放在第一位。(2)若这些公用概念是欧几里得的,则它们的这个名称也必然是他的;因为他必须使用某个名字来把它们与这些公设区分开来,若他已经使用了另外的名字,譬如说**公理**,则难以想象为什么那个名字后来变成了不大适合的名字,词"概念"(notion)从来没有用来命名一个命题意义上的概念,而是某个对象(object)的概念;也没有发现柏拉图和亚里士多德在任何专业意义上使用这个词。(3)按照唐内里的观点,**公用概念**这个词形成于阿波罗尼奥斯时代,并且引入它是由于他的著作与《原理》的关系(我们从普罗克洛斯知道,阿波罗尼奥斯试图证明这些**公用概念**)。唐内里认为这个概念"巧合”于由普罗克洛斯提供的在引号内的**概念**(p. 100,6):“我们同意阿波罗尼奥斯的看法,当我们命名被测量的道路或墙的长度时,我们有了线的**概念**。”

回答的论据是(1)安排几何的公设在前,而不是特别针对几何的**公用概念**在后,这说明首先给出定义,而后插入**公用概念**把它们与公设分开是一个难以处理的安排,这些公设是如此地与这些定义紧密相连,在这些定义中的某些东西继续在公设中,如直线和圆的存在性。

(2)虽然在柏拉图和亚里士多德的著作中,一般地概念针对一个对象,而不是一个事实或命题,但是在亚里士多德的著作中有例子,它确实是一个事实的概念:在 *Eth. Nic.* Ⅸ. 11,1171 a 32 中说到“他们高兴于好运的概念(或意识)”,柏拉图和亚里士多德确实没有在专业意义上使用这个词,但是,在亚里士多德时代明显地也没有任何固定的专业术语是我们称为的“公理”,因为他把它们说成“所谓的数学中的公理”“所谓的公用的公理”“公用的东西”,以及“公用意见”,因此,我认为没有理由说欧几里得不应当给“公用概念”一个专业意义,“公用概念”至少是对“公用意见”的改进。

(3)关于普罗克洛斯的引号内的概念,我认为这与唐内里的观点是一个不幸的耦合,因为在那里它完全是古老意义上的一个**对象**的概念(即一条线的概念)。

无疑地,很难确信欧几里得本人使用了术语“公用概念”,普罗克洛斯的评论一般用语是公理。但是,即使普罗克洛斯(p. 194,8)在解释了词“公理”的含义之后,继续说“按照亚里士多德和几何学家的观点,**公理**和**公用概念**是同一个东西”。我认为这可能是对使用词“公理”的一种辩解,正如普罗克洛斯曾经突然想到,他曾经说亚里士多德和几何学家使用一个术语“公理”,而他又说当亚里士多德说“公理”的同时,“几何学家”(事实上,欧几里得)称它们为“**公用概念**”。可能出于同样的原因,在另一个段落(p. 76,16),引用了亚里士多德的观点,把“公理”作为不同于公设和假设之后,他说:“不是凭借**公用概念**,我们想象圆是这样一个图形。”若刚才引用的两段的观点是正确的,则加强了**公用概念**作为欧几里得术语的真实性。

又,显然从亚里士多德提及“在数学中的公用公理”以来,在他的时代的教科书中,有多于一个的这类公理;并且他经常引用特殊的公理;**若从相等的东西去掉相等的东西,则剩余的相等**,它是欧几里得的**公用概念** 3,由此看来至少前三个**公用概念**是欧几里得从早期的教科书中选取的,此外,决不能相信,若阿波罗尼奥斯试图证明的公用概念没有被早期引入(例如,欧几里得),则它们应当作为公理被插入,而不是作为命题来证明,阿波罗尼奥斯的路线更好地解释了这个假设,他曾经要证明的公理已经在欧几里得的《原理》之中。

普罗克洛斯认为在这个教科书中给出了五条公用概念，他告诫我们，不仅反对不必要地再增加公理的错误，而且反对过分地减少它们的个数(p. 196, 15)，“海伦只列出了三个；而下述也是公理，**整体大于部分**，事实上，几何学家在许多地方用它作证明，并且下述也是公理，**重合的东西是相等的**”。

于是，海伦承认这些**公用概念**中的前三个，而且这个事实与亚里士多德提及的“公用公理”(用复数)合在一起，以及特别是我们的公用概念3，可以证实至少前三个公用概念包含在欧几里得的《原理》之中。

公用概念1

Things which are equal to the same thing are also equal to one another.

亚里士多德始终强调公理是自身明显地真的，它不可能被证明，他说，若任何人试图证明它们，则他完全是无知的，因而，亚里士多德无疑地与普罗克洛斯指责阿波罗尼奥斯试图证明这些公理是一致的，普罗克洛斯给出(p. 194,25)阿波罗尼奥斯试图证明的这些公理的一个样本，这些公用概念中的第一个，“A 等于 B，B 等于 C，则我断言 A 等于 C，因为 A 等于 B，所以 A 与 B 占有同样的空间；又因为 B 等于 C，所以 B 与 C 占有同样的空间。

因而，A 与 C 也占有同样的空间。”

普罗克洛斯正确地指出(p. 194. 22)，“中间的话不比结论更易理解，如果它不是更引起质疑的话”，又(p. 195,6)这个证明假设了两个东西，(1)“占有同样空间”的东西是相等的，(2)占有同样空间的两个东西与同一个东西占有彼此相同的空间；这是用更含糊的东西来解释显然的东西，因为空间比存在空间中的东西更难理解。

亚里士多德也反对这个片面的而不是一般的证明，因为它只是针对可以占有空间的东西，而这个公理对数、速度和时间区间也是真的，尽管每一门学科只使用与这个学科有关的公理。

公用概念2,3

If equals be added to equals, the wholes are equal.

If equals be subtracted from equals, the remainders are equal.

这两个公用概念被海伦和普罗克洛斯认为是真正的公理，后者是亚里士多德特别喜爱的一个公理。

在手稿和一些版本中，在它们后面有四个同类型的东西，其中三个被海伯格在括号中给出，第四个被略去。

这三个是：

(a)若相等的加到不相等的，则整体不相等。

(b)同一个东西的两倍的东西彼此相等。

(c)同一个东西的一半的东西彼此相等。

第四个曾经在(a)与(b)之间，是

(d)若不相等的减去相等的，则其剩余不相等。

普罗克洛斯认为公理不应当重复，他指出所有这些应当去掉，它们都可以从他承认的五个推出(p. 155)。他提出(b)可以去掉，因为它由公用概念 1 推出，普罗克洛斯没有提及(a)，(c)，(d)；安那里兹按顺序(a)，(d)，(b)，(c)给出了它们，并且加上了辛普利休斯的注释："三个是古代手稿中幸存的，而近来增加了个数。"

(a)自身有错，因为"不相等"没有告诉我们任何东西，容易从Ⅰ.17 看出，此处同一个角加在一个较大和一个较小的角，并且推出第一个和大于第二个和，然而，如(a)所说，加相等的到较大的和较小的可以产生较小和较大，因而，若要给出这个公理，它应当分为两个。海伯格猜测这个公理可能取自帕普斯的评注，他有一个关于相等加到不等的公理(e)；若是这样，它可能是不适当地选用了帕普斯的某个注释，因为他的公理(e)有某种意义，而(a)是无用的。

关于(b)我同意唐内里的看法，没有充分的理由去掉它，若我们去掉它，则在Ⅰ.47 中的话"但是同一个东西的两倍的东西彼此相等"就应当是一个错误的插入，若它们被插入，则我们应当在Ⅰ.42 中有同样的插入，这里这个公理却是默认地假设的，我认为可能是这样的，欧几里得可能在一种情况下插入这样的话，而在另一种情况下放弃它们，不是必然地隐含或者引用了他自己的正式的**公用概念**，或者他没有把明显的特定的事实包括在他的公用概念之中。

若(b)不是公理，则对应的关于相等的一半的(c)很难说是真正的公理，并且普罗克洛斯没有提及它，然而，唐内里注意到，在Ⅰ.37，38 中，海伯格把"相等东西的一半彼此相等"用括号括了起来，基于公理(c)被插入(尽管在塞翁时代之前)，并且解释到欧几里得在他的推理中使用了公用概念 3，显然他是错了，因为公理(b)是公用概念 2 的一个明显的推论，而公理(c)不是公用概念 3 的推论，唐内里在一个注释中说，(c)可以借助公理(b)用反证法来证明，即可以用公用概念2证明。但是,在这个反证法中的假设应当是一半大于另一半,因而要证明整体大于部分,而公理(b)或者公用概念2只是关于**相等**的,一些理由必须加在公用概念2中。我认为欧几里得没有做证明(c)的过程,而是假设它与(b)是同样明显的。

普罗克洛斯(pp. 197,6—198,5)去掉了帕普斯给出的上述这类公理中的另外两个,并且认为它们可以由真正的公理推出,它们在绝大多数抄本中被略去。

(e)若不相等的加在相等的,则整体的差等于所加部分之间的差。

(f)若相等的加在不等的,则整体的差等于原来不等之间的差。

普罗克洛斯和辛普利休斯(在安那里兹内)给出了两者的证明,辛普利休斯给出的前一个的证明如下:

设 AB,CD 是两个相等的量,又设 EB,FD 分别加在它们上面,EB 大于 FD。

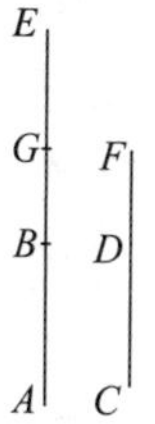

我断言 AE 超出 CF 与 BE 超出 DF 相同。

从 BE 截出等于 DF 的量 BG。

那么,因为 AE 超出 AG 的是 GE,并且 AG 等于 CF,BG 等于 DF,所以 AE 超出 CF 与 BE 超出 DF 相同。

E G B A F D C

公用概念4

Things which coincide with one another are equal to one another.

关于公用概念4,唐内里注意到它无可争辩地具有几何特征,因而,应当从公用概念中去掉;又,难以理解为什么它没有伴随它的逆,欧几里得在Ⅰ.4中使用它的对象都是直线(还应当加上角),唐内里说,此处我们有一个几何相等的定义,而不是一个真正的公理。

事实上,普罗克洛斯似乎承认这个公用概念以及下一个是真正的公理(p. 196,15—21),在此处他说我们不应当把公理降至最少,不能像海伦只给出了三个公理;但是这个话似乎有保留,而不是权威的,而是基于假设欧几里得一开始就明确地说,所有公理都可以使用它的推论,并且不减少其他的推论,在Ⅰ.4中这个公用概念没有加括号;直接推出"底 BC 与 EF 重合,并且等于它",这个论断与同一个命题中的下述话相同,"若……底 BC 不与 EF 重合,则两条直线就包围一个空间,这是不可能的";并且,若我们承认欧几里得没有公理"两条直线不能包围一个空间”，则我们不必推出他有公用概念4，因而，我倾向于认为后者更可能是插入的。

显然，这个专用概念的目的是断言重合是证明两个图形相等的一个合理的方法，换句话说，是作为**全等的公理**。

例如，在Ⅰ.4和Ⅰ.8中欧几里得使用了所指出的方法，这些命题的用语没有留下怀疑的空间，把一个图形**移动**并且**放在**另一个上。

在Ⅰ.4中他说“三角形*ABC*被贴于三角形*DEF*，并且点*A* **放在**点*D*上，直线*AB* **放在** *DE*上，则*B*就与*E*重合，由于*AB*等于*DE*”；在Ⅰ.8中“若边*BA*，*AC*不与*ED*，*DF*重合，而是**落在它们旁边**，则……”等等。显然欧几里得不喜欢这个方法并尽量避免它，例如，在Ⅰ.26中，他要证明两个三角形相等，这两个三角形有两个角分别等于两个角并且一个的一条边等于另一个的对应边，尽管他发现这个方法在于边（我们不能假设若泰勒斯证明一个圆的直径把它分为两个相等部分，他做这个用不同于重叠的其他方法），并且可以应用它，在一些情况下他用这个方法，只是由于他认为不能有一个满意的代替，但是，看一看《原理》是多么直接或间接地依赖于Ⅰ.4，就不能认为这个方法只有次等的重要性；相反地，它是基本的，事实上，我们没有发现任何怀疑这个方法的合理性的表示，阿基米德使用它证明任一球形图形被一个过中心的平面分为两个相等部分，不论是表面或体积；在*Equilibrium of Planes* Ⅰ.中，他又假设“当相等的和相似的平面图形重合，若彼此贴合，则它们的重心也重合”。

基林（*Einführung in die Grundlagen der Geometrie*，Ⅱ.pp.4，5）比较了希腊几何学家与哲学家的态度，哲学家的态度是同意从几何中排除运动，为了支持这个观点，他引用了亚里士多德多次表示的观点，数学必须研究静止的对象，并且只有在天文学承认的数学科学部分中，运动本可以作为数学的题目，参考*Metaph.* 989 b 32“作为数学对象是离开运动存在的物体，除了与天文学有关的东西”；*Metaph.* 1064 a 30“物理学研究运动的原理；数学是理论科学并且关心固定的不可分离的东西”。在*Physics* Ⅱ.2，193 b 34中，他说数学的主题“在思维上离开运动”。

但是，我怀疑在亚里士多德使用词“静止的”“没有运动”等等作为数学的主题，这是否隐含着基林所说的。我们从物质对象抽象出数学概念；并且正像我们在思想上消去物质，根据亚里士多德，我们消去了像质变和运动这样的物质属性。对我来说，使用“静止的”意思不比这个更多，我认为亚里士多德并不认为移动一个几何图形从一个位置到另一个位置是不合法的；我推出这个从*De caelo* Ⅲ.1的一段话，此处他批评“那些人用平面放在一起来构成立体，并且再次分解它为平面”，这个注释要追到 *Timaeus*（54 B sqq.），此处柏拉图用这个方法构成了四个元素。他开始于一个直角三角形，它的斜边等于最短边的二倍；六个这样的三角形适当地放在一起可以产生一个等边三角形，分别用（a）三个，（b）四个，（c）五个这些等边三角形构成立体角，并且取必要个数的这些立体角，即分别取四个（a），六个（b），十二个（c）放在一起分别形成（α）四面体，（β）八面体，（γ）二十面体，作为第四个元素，四个等腰直角三角形放在一起形成一个正方形，而后六个这样的正方形放在一起形成一个立方体，亚里士多德（299 b 23）说“只容许把平面沿一条线放在一起是不合理的；因为正像一条线和另一条线可以用两种方法放在一起，沿着长度方向和宽度方向，同样地对一个平面和另一个平面也成立，一条线可以与另一条线在重叠的意义上，而不是相加组合起来”；因而，一个平面可以重叠在另一个平面上，这正是一类运动；并且亚里士多德好像否定了他的许诺，并且责备柏拉图没有使用它。参考 *Physics* Ⅴ.4，228 b 25，此处亚里士多德说“螺线或其他，任一部分不与其他任一部分重合的图形”，此处明显地仔细地考虑了重叠。

不变形的运动

众所周知，赫尔姆霍茨（Helmholtz）主张几何要求我们假设存在刚体并且与流动性无关，因此他推出几何依赖于力学。

维朗尼斯指出了其中的缺点（*Fondamenti di geometria*, pp. xxxv—xxxvi，239—240 note，615—7），他的论据如下：因为几何关心空的空间，它是静止的，如果在定义和证明性质时必须求助于物体的真正运动，这至少是不可思议的，我们必须区分直观的运动本身与不变形的运动，一个运动的图形的任一点变换到空间中的另一点。“不变形”意味着图形的点之间的相互关系不变，但是它们和另一个图形之间的关系的确在变化（因为若它们不变，则图形就不能移动），现在考虑图形 A 从位置 A_1 移动到位置 A_2 的含义，A 在位置 A_2 的点之间的关系与它们在位置 A_1 没有变化，事实上这与 A 没有移动而保持在 A_1 是相同的，我们只能说，在识别这个图形（或者消去物理性质的立体）时，在两个不同位置的印象是相等的，事实上，我们使用了两个不同图形之间相等的概念，于是，如果我们说两个立体是相等的，当它们可以用不变形的运动使其重叠，我们犯了预期理由的逻辑错误，空间相等的概念实际上是先于刚体概念或不变形运动的概念，赫尔姆霍茨为了支持他的观点，引用了测量的过程，测量的对象必须是至少接近刚体，但是，存在一个刚体作为测量的标准，以及如何发现两个空间是相等的都不是几何学家关心的，依赖于不变形运动的重叠方法只是用于实际的检验;它与几何理论无关。

斯科蓬号尔(Schopenhauer,*Die Welt als Wille*,2 ed. 1844,Ⅱ. p. 130)批评道:"我很惊奇,代替第十一个公理(平行公设),第八个却没有受到抨击:'重合的图形彼此相等',因为重合或者是同文反复,或者完全是经验的,它不属于纯粹的直观,而属于外部感觉的经验,事实上它预先假设了图形的运动性;但是在空间可运动的是物质,于是求助于重合意味着离开纯粹空间,过渡到物质的和经验的。"

罗素(Bertrand Russell)注意到(*Encyclopaedia Britannica*, Suppl. Vol. 4, 1902, Art. "Geometry, non-Euclidean")在此处明显地使用运动是骗人的;在几何中所谓运动只是把我们的注意力从一个图形转移到另一个,被欧几里得在名义上使用了重叠,实际的重叠是不需要的,所有的需要是转移我们的注意力从原来的图形到新的图形,这个新图形由某些它的元素的位置和某些与原来图形共享的性质所定义。

若放弃重叠的方法作为在理论上定义两个图形相等的手段,则某些其他的相等定义就是必要的。但是这样一个定义的形成出自经验的或实际的观察两个物质的图形重叠的结果。这个由维朗尼斯(*Elementi di geometria*,1904)和英格拉米(*Elementi di geometria*,1904)完成。英格拉米说(p. 66):

若一张纸被双折叠起来,并且一个三角形画在它上面,而后剪开,我们得到两个重叠的三角形,我们实际上称为相等的,若点 A,B,C,D……标在一个图形上,则当我们放这个三角形到另一个上(正如重合于它)时,我们看见每一个在第一个上的特定点重叠于第二个上的特定点,使得线段 AB,AC,AD,BC,BD,CD……分别重叠于第二个三角形的线段,因而它们分别相等,用这种方法我们给出下述定义。

相等的定义

"任意两个图形称为是相等的,当一个的点可以这样一一对应于另一个的点,使得一个图形中连接两个点的线段分别等于另一个图形中连接对应点的线段。"

当然英格拉米预先假定了已经知道术语"相等(直)线段"的含义,关于这个我们有一个实际的概念,我们可以放一个到另一个上,或者可以放第三个可移动的线段到这两个上。

全等公设的新体系

在第三篇论文"*Questioni riguardanti la geometria elementare*"(1900,pp. 65—82),给出了三种不同的体系:(1)帕斯奇体系,见 *Vorlesungen uber neuere Geometrie*,1882,p. 101 sqq.,(2)维朗尼斯体系,根据 *Fondamenti di geometria*,1891,和 *Elementi*,(3)希尔伯特体系(见 *Grundlagen der Geometrie*,1903,pp. 7—15)。

这些体系的不同在于这三个作者选取的原始概念。(1)帕斯奇选取作为原始概念的是任一个由有限个数个点构成的图形之间的全等或相等概念。全等线段和全等角的定义必须用引用的论文第 68—69 页的方法推导出,而后是欧几里得的 Ⅰ.4 以及欧几里得的 Ⅰ.26(1), Ⅰ.8。

(2)维朗尼斯选取作为原始概念的是线段(直线段)之间的全等概念,过渡到全等角,再用下述公设过渡到三角形:

设 AB,AC 和 $A'B'$,$A'C'$ 是两对交在 A,A' 的直线,那么,若 BC,$B'C'$ 是全等的,则两对直线是全等的。

(3)希尔伯特选取作为原始概念的是线段的全等和角的全等。

从理论观点看,维朗尼斯的体系在帕斯奇体系的前面,因为线段之间的全等概念比任意图形之间的全等概念简单;但是,从教学法上看,从维朗尼斯体系开始比从帕斯奇体系开始展开理论更为复杂。

从几何教学的观点来看,希尔伯特的体系比其他两个有许多优点,因而,我只给出他的体系的一个简短介绍。

希尔伯特体系

下述是公设。

(1)若一条线段与另一条线段全等,则第二条也与第一条全等。

(2)若一个角与另一个角全等,则第二个角也与第一个角全等。

(3)与第三条线段全等的两条线段彼此全等。

(4)与第三个角全等的两个角彼此全等。

(5)任意一条线段 AB 与本身全等。

这个可以用符号表示为:

$$AB \equiv AB \equiv BA。$$

(6)任意一个角(ab)与本身全等。

这个可以用符号表示为:

$$(ab) \equiv (ab) \equiv (ba)。$$

(7)在任一直线 r' 上,从它上的任一点 A' 开始,并且在它的每一侧,存在且只存在一个线段与属于直线 r 的一个线段 AB 全等。

(8)给定一条从 O 发出的射线 a,在包含它的任一平面内,并且在它的两侧中的每一侧,存在且只存在一条从 O 发出的射线 b,使得角 (ab) 与已知角 $(a'b')$ 全等。

(9)若 AB,BC 是同一条直线 r 的两条相连的线段(即两条有一个公共端点而没有其他公共点的线段),并且 $A'B'$,$B'C'$ 是另一条直线 r' 上的两条相连的线段,并且若 $AB \equiv A'B'$,$BC \equiv B'C'$,则

$$AC \equiv A'C'。$$

(10)若 (ab),(bc) 是同一个平面 π 内两个相邻角(即有公共顶点和一条公共边的两个角),并且 $(a'b')$,$(b'c')$ 是另一个平面内两个相邻角,并且若 $(ab) \equiv (a'b')$,$(bc) \equiv (b'c')$,则

$$(ac) \equiv (a'c')。$$

(11)若两个三角形有两条边以及其夹角分别全等,则它们的第三边全等,并且全等边所对的角分别全等。

事实上,对应于(11)的希尔伯特的公设没有断言第三边的相等,而只是断言了两个其他角的相等,他用反证法证明了第三边的相等(因而完成了欧几里得的Ⅰ.4)。设 ABC,$A'B'C'$ 是两个三角形,边 AB,AC 分别全等于边 $A'B'$,$A'C'$,并且夹角 A 全等于夹角 A'。

那么,由希尔伯特自己的公设,角 ABC,$A'B'C'$ 全等,角 ACB,$A'C'B'$ 也全等。

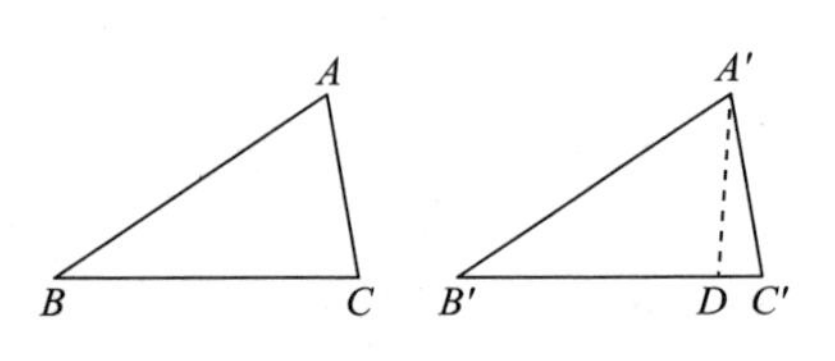

若 BC 不与 $B'C'$ 全等,设在 $B'C'$ 上取 D,使得 BC,$B'D$ 全等,连接 $A'D$。

则两个三角形 ABC,$A'B'D$ 有两条边及其夹角分别全等;因而,由同一个公设,角 BAC,$B'A'D$ 全等。

但是,角 BAC,$B'A'C'$ 是全等的;因而,由上述(4),角 $B'A'C'$,$B'A'D$ 全等,这是不可能的,因为它与上述(8)矛盾。

因此,BC,$B'C'$ 不能不全等。

欧几里得的Ⅰ.4就是这样证明的,而且正像上述(11)所作的,最好把那个定理的全部包括在这条公设中,因为它的两部分的相等是由观察一个重叠的结果提示的。

一个类似的证明直接建立了欧几里得Ⅰ.26,(1)其次希尔伯特证明了:

若两个角 ABC,$A'B'C'$ 彼此全等,则它们的补角 CBD,$C'B'D'$ 也彼此全等。

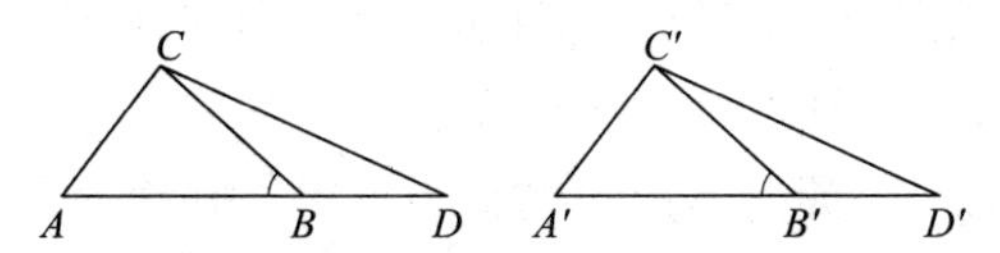

我们在构成第一个角的一条直线上取 A,D，并且在构成第二个角的一条直线上取 A',D'，又在构成角的另一条直线上取 C,C'，使得 $A'B'$全等于 AB，$C'B'$全等于 CB，并且 $D'B'$全等于 DB。

由上述(11)，三角形 ABC，$A'B'C'$全等；并且 AC 全等于 $A'C'$，角 CAB 全等于角 $C'A'B'$。

于是，由(9)，AD，$A'D'$全等，再由(11)，三角形 CAD，$C'A'D'$也全等；因此，CD 全等于 $C'D'$，并且角 ADC 全等于角 $A'D'C'$。

最后，由(11)，三角形 CDB，$C'D'B'$全等，并且角 CBD，$C'B'D'$全等。

希尔伯特的下一个命题是：

若已知在平面 α 内的角 (h,k) 全等于在平面 α' 内的角 (h',k')，并且 l 是一条在平面以内从角 (h,k) 的顶点发出的，并且在这个角内面的半射线，则在第二个平面 α' 内总存在从角 (h',k') 的顶点发出的，并且在这个角内面的半射线 l'，使得：

$$(h,l)\equiv(h',l'),(k,l)\equiv(k',l')$$

若 O，O′是两个顶点，我们在 h，k 上分别取 A，B，在 h′，k′上分别取 A′，B′，使得 OA，O′A′全等，OB，O′B′全等。

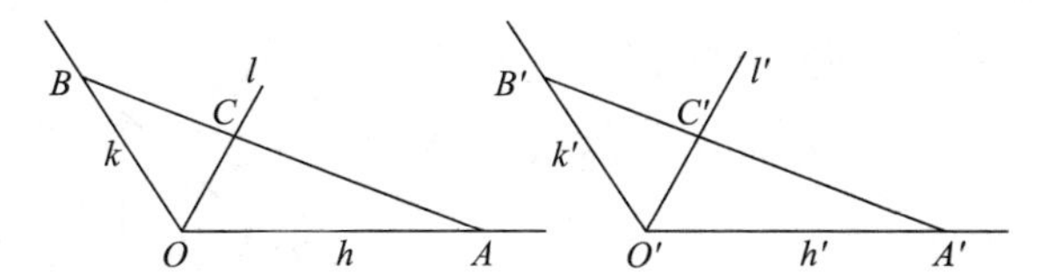

则三角形 OAB，O′A′B′全等；并且，若 l 交 AB 于 C，我们可以在 A′B′上取 C′，使得 A′C′全等于 AC。

则由 O′发出过 C′的 l′是要求的半射线。

角(h,l)，(h′,l′)的全等由(11)直接推出，并且在我们用(9)推出 AB，AC 分别全等于 A′B′，A′C′，以及差 BC 全等于差 B′C′之后，可以用同样的方法推出(k,l)与(k′,l′)全等。

用刚才给出的两个命题希尔伯特证明了：

所有直角彼此全等。

设角 BAD 全等于邻角 CAD，并且类似地，角 B′A′D′全等于邻角 C′A′D′，则所有四个角都是直角。

若角B′A′D′不全等于角BAD,令角BAD″全等于角B′A′D′,于是AD″或者落在角BAD内或者落在角DAC内,假定是前者。

由倒数第二个命题(关于邻角的),角B′A′D′,BAD″全等,角C′A′D′,CAD″全等。

因此,由题设和上述公设(4),角BAD″,CAD″全等。

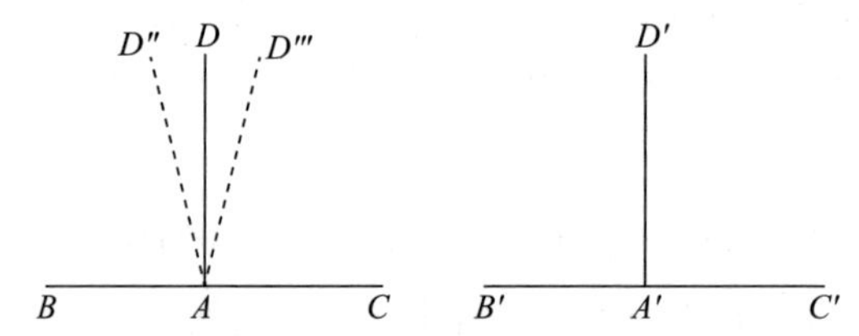

并且,因为角BAD,CAD全等,我们可以在角CAD内找到一条半射线CAD‴使得角BAD″,CAD‴全等,并且类似地,角DAD″,DAD‴全等(由最后这个命题)。

但是,角BAD″,CAD″全等(见上),并且由(4)可推出,角CAD″,CAD‴全等;这是不可能的,因为它与公设(8)矛盾。

因而,等等。

欧几里得的Ⅰ.5可使用上述公设(11)到看作不同的三角形ABC,ACB直接推出。

上述公设(9),(10)实际上给出了下述命题:“分别相等的两条线段或两个角的和或差相等。”

最后,希尔伯特使用欧几里得的定理Ⅰ.5以及刚才叙述的命题与角证明了欧几里得的Ⅰ.8。

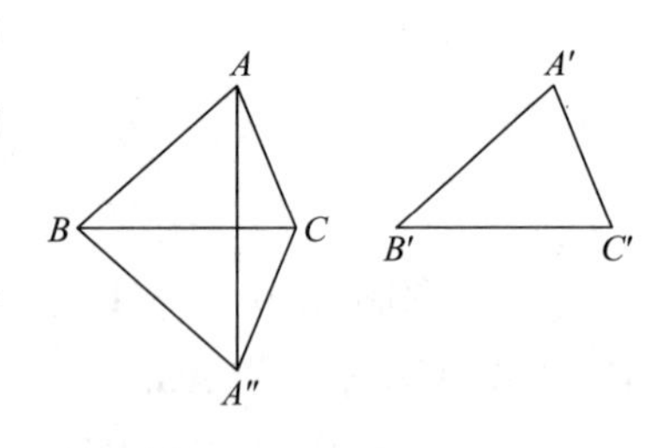

ABC,A′B′C′是给定的两个三角形,三个边分别全等,我们假设角CBA″全等于角A′B′C′,并且在A的对侧,又BA″等于A′B′。

其证明是显然的,等价于在教科书中给出的关于欧几里得1.8的证明。

公用概念5

The whole is greater than the part.

普罗克洛斯把它作为“公理”,其理由与前一个相同,然而,我认为存在着强有力的反对意见,唐内里就是这样,它是欧几里得Ⅰ.6中的话的不同的表达,

“三角形 *DBC* 就等于三角形 *ACB*,小的等于大的,这是荒缪的”,这个公理是以抽象或一般化形式出现的,它是代替了几何图形的推理产生的,它以整体和部分的定义出现,许多人反对它作为真正的公理,尽管普罗克洛斯认可它。

克拉维乌斯增加了公理:**整体等于它的部分的和**。

欧几里得时代之后引入的其他公理

(9)**两条直线不包含一个空间**。

普罗克洛斯(p. 196. 21)提及这个在于展示过多的增加的公理,并且,他提出一个反对意见,它属于几何的主题,而公理具有一般的特征,并不特别针对任一科学,真正的反对这个公理的意见是认为它是不必要的,因为事实上它包含在公设1的意义内,无疑地,它来自Ⅰ.4中的话“若……底BC不与底EF重合,**则两条直线就包含一个空间,这是不可能的**”,我们当然认为它是插入进来的,尽管有两个手稿把它放在公设5的后面,一个手稿把它作为**公用概念**9。

帕普斯增加了另外一些公理,而普罗克洛斯反对,因为它们或者在这些定义之前或者由它们推出。

(g)**平面的所有部分,或者直线的所有部分彼此重合**。

(h)**一个点分开一条线,一条线分开一个面,一个面分开一个立体**;关于这个,普罗克洛斯注释到,任何东西被以它为边界的东西分开。

安那里兹(ed. Besthorn-Heiberg, p. 31, ed. Curtze, p. 38)在他的说法中,也把这个公理归功于帕普斯,省去了关于立体,并且提及平面作为面的特殊情形。

(α)**一个面截一个面于一条线**;

(β)**若两个彼此相截的面是平面,则它们彼此相截于一条直线**;

(γ)**一条线截一条线于一个点**,这最后一个是第一个命题需要的。

(κ)**量可以允许无限,用相加的办法或逐渐减少的办法,但是仅限于潜在的情形**。

安那里兹关于这个指的只是直线和平面:

关于直线和平面,由于它们的性质,可以无限地延伸它们。

帕普斯的这个“公理”被普罗克洛斯引用,好像来自亚里士多德在 *Physics* Ⅲ.5—8中的讨论,亚里士多德常常使用术语**除法**(分开)(division)作为**加法**(addition)的对立面,他有时也说**减法**(subtraction)或**减少**(diminution)。汉克尔(*Zur Geschichte der Mathematik im Alterthum und Mittelalter* 1874, pp. 119—20)给出了一个关于这个主题的亚里士多德观点的极好的概括。无限只是潜在地存在,而不是实际上存在,无限是如此无终点地变为另外一个东西,像日子(day)或奥林匹克运动(*Phys.* Ⅲ.6,206 a 15—25)。无限随着时间,随着人(Man),随着量的分开有不同的形式,一般地,无限是由不断地取新的,本身总是有限的但总是不同的东西构成的,因而,无限不能作为特殊的东西,像人、房屋,而是作为变化或衰变的过程,并且在任何时刻是有限的,时时有不同的形式,但是,上面提及的形式是有区别的,在量的情形,一旦取定就会保持,在时间和人的情形,它超过或消失但过程没有停止,加法的情形在某种意义上与除法(分开)相同;在有限量的情形,前者在相反方向取代后者的位置;因为当我们看到有限量被无限地分开时,同样地,我们发现加法给出一个朝向确定极限的和。我的意思是,在有限量的情形,你可以按确定的比例从它取出部分,并且按同样的比例加到它;若现在逐个的加项没有包括同样的量,你不能达到终点,得到这个有限量,但是,若这个比例如此增加,使得每一项包括同样的量,你就达到终点,得到这个有限量,对于任意有限量,由不断地从它按确定的比例取出部分,它就被穷尽,因而,无限的存在没有其他意义,只是在刚才提到的意义上,即潜在地消失的方法(206 a 25—b 13)。并且,在这个意义上,你可以潜在地无限地增加,其过程与无限地分开相同;对于加法的情形,你说能发现在总量以外的某些东西,但是总量决不超过任意指定的量,在分开的方向上,其结果就通过任意确定的量,即变得小于它,因而,无限在这种意义下也不能潜在地存在,即作为逐步相加的结果而超过任意有限量(206 b 16—22)。由此推出,关于无限的正确观点是相反于通常的观点,它不是在它的外面没有东西,而是在它的外面总有某些东西(206 b 33—207 a 1)。

比较数和量的情形,亚里士多德指出:(1)在数量中,在小的方向上存在一个界限,即单位,但是在另一个方向上没有界限;数可以超过任意指定的数;但是(2)关于量是相反的;你可以找到一个量小于任一指定的量,但是,在另一个方向上,没有这样的东西作为无限量(207 b 1—5)。他用下面的推理说明后面的断言。然而,一个大的东西可以有如此大的实物,但是没有量可以感知它是无限的,因而,超过任意指定量是不可能的;否则就会存在某个大于宇宙的东西(207 b 17—21)。

亚里士多德注意到物理量的本质,在前面(*Phys.* Ⅲ.5,204 a 34)他提出一个更一般的问题,在数学及思维领域无限是不是可能的,以及没有大小的东西;但是,他为他自己辩解,他说他的主题是物理和可感知的东西,然而,他回到容忍关于数学的结论(Ⅲ.7,207 b 27):"我的论点不是剥夺数学家的研究,尽管他否定无限在这种意义下不存在,即实际存在某个东西增加到这样一个程度,它不能被超过；因为若是这样，他们甚至不需要这样的无限并且不使用它，而只是需求有限的直线可以任意长；并且另一个任意大小的量可以被截出。因此，对证明的目的来说是没有差别的。”

最后，若逼迫认为无限存在于思维中，则亚里士多德回答道这个不涉及事实上的存在。一个东西不大于某一个大小是可以想象的，而且它就是这样；并且量在思维中不是无限的(208 a 16—22)。

汉克尔和卡兰(Görland)没有引用上述关于量的无限序列(206 b 3—13)的话；但是，我认为数学家有兴趣于亚里士多德观点的不同表述，存在一个以量为项的无限序列是不可能的，除非它是收敛的，并且(参考黎曼的发展)这个话与几何无关，若直线在长度上无限，则只要它可以任意长。

亚里士多德否定量的和的潜在存在与欧多克索斯证明关于棱锥的体积的定理使用的引理或假设相冲突，这个引理由阿基米德(*Quadrature of a parabola*，前言)这样叙述：“若不断地相加两个不等面积中大的超过小的超出部分，则它会超过任意指定的有限面积。”因而，我们可以理解为什么阿基米德必须说明他自己使用的这个引理是合理的：“早期的几何学家也使用了这个引理；由它的帮助他们证明了圆彼此之间的比与它们直径的二次方成比例，球彼此之间的比与它们的直径的三次方成比例，等等，并且，所述定理的结果与不用这个引理证明的结果同样被接受。”

连续原理

使用实际的作图作为证明存在具有某个性质的图形的方法是《原理》的特点之一。作图是根据公设 1—3 作直线和圆实现的，它们的本质是这些直线和圆用它们的交点决定其他点，并且这些点又用来决定新的线，等等，这样的交点的存在性必须被公设或像决定它们的直线一样被证明。但是，除了公设 5 欧几里得没有这个特点的公设，公设 5 断言若满足一定条件，则两条直线相交，这个条件具有辨别的性质；并且，若交点的存在没有被承认，则用到这个交点的问题的解答一般地不能提供存在作图的证明。

但是，与直线的相交同样，圆与直线的相交，以及圆与圆的相交都用在作图中，因此，除了公设 5，我们需要公设断言圆与直线以及圆与圆的交点真正存在，在第一个命题中，要求的等边三角形的顶点由两个圆的交点决定，因而，我们需要保证两个圆相交，欧几里得好像假设它是显然的，其实并不是这样；并且他在Ⅰ.22 中作出了类似的假设，事实上，在后者中，欧几里得又说明两条给定的直线的和必须大于第三条；但是，没有任何东西证明若这个条件满足，则这个作图总是可能的。在Ⅰ.12中,为了保证一个给定中心的圆与给定直线相交,欧几里得作这个圆过一个点,这个点与中心在这条线的两侧,显然,在这种情况下,他的推理依赖于圆的定义以及这个事实,在它内面称为圆心的点在这条直线的一侧,而圆周上一点在另一侧,并且,在两个相交圆的情形也基于类似的考虑,在卷Ⅲ.中,有几个命题与两个圆的相关位置有关,但是,我们没有发现讨论两个圆有两个、一个或没有公共点的条件。

这个缺陷只能由**连续原理**来弥补。

基林(*Einführung in die Grundlagen der Geometrie*,Ⅱ. p. 43)给出了下述形式,它对大多数目的已足够。

(a)假定一条线完全属于一个分为两部分的图形;那么,若这条线与每一部分至少有一个公共点,则它必然与这两部分之间的边界相交,或者

(b)若一个点在一个分为两部分的图形中运动,并且若它的运动开始点在一部分中,并且终点在另一部分中,则它必然在运动期间到达这两部分之间的边界。

在*Questioni riguardanti la geometria elementare*,Article 4(pp. 83—101)中,连续原理的讨论用到戴德金公设,并且首先说明这个公设如何导致连续原理,其次,它如何使用到初等几何。

假设直线段 AB 内一个点 C 把 AB 分为两个线段 AC,CB,若我们考虑点 C 属于这两条线段 AC,CB 中的一个,我们就把线段 AB 分为两部分,并且具有下述性质。

1. 线段 AB 的任一点属于这两部分中的一个。

2. 点 A 属于这两部分中的一个(我们称它为第一部分),而点 B 属于另一部分;点 C 属于这两部分中的一个或另一个是没有区别的,只依赖于我们的选择。

3. 在顺序 AB 之下,第一部分的任一点在第二部分任一点的前面。

(一般地,我们也可以假设点 C 落在 A 或 B,分别考虑 C 属于第一部分或第二部分的情形,我们仍然有一个分割,它具有上述提及的性质,此时一部分只有一个点 A 或 B。)

现在仔细考虑上述命题的逆,我们看到它与直线的连续性的概念一致,因此,我们有了一个如下公设。

若一条直线段 AB 被分为两部分,使得

(1)线段 AB 的任一点属于这两部分中的一个,

(2)端点 A 属于第一部分,端点 B 属于第二部分,

(3)在顺序 AB 之下,第一部分的任一点在第二部分的任一点的前面,

则存在线段 AB 的一个点 C(它属于一个或者另一个),使得在 C 之前的 AB 的任一点属于第一部分,而 C 之后的 AB 的任一点属于第二部分。

(若两部分中的一个由单点 A 或 B 构成,则点 C 是这个线段的端点 A 或 B。)

这就是戴德金公设,它是戴德金本人以下述稍微不同的形式宣布的(*Stetigkeit und irrationale Zahlen*,1872,新版 1905,p. 11):

"若把一条直线的所有点分为两类,使得第一类的任一点在第二类的任一点的左面,则存在一个并且只有一个点,它把所有点分为两类,分割直线为两部分。"

上面的叙述可以说对应于我们的直观概念,若在一个直线段内,两个点从两个端点开始相向来描绘这个线段,则它们相交在一点,这个交点可以看成属于两部分,但是,就现在的目的而言我们必须把它看成只属于一个,而从另一部分中减去它。

应用戴德金公设于角。

若我们考虑一个小于两直角的角,其边界是两条射线 a,b,并且作直线连接 a 上的一点 A 与 b 上的一点 B,我们看到有限线段 AB 上的所有点一一对应于这个角的所有射线,对应于任一射线的点是这个射线截线段 AB 的点;并且,若一条射线绕这个角的顶点从位置 a 运动到位置 b,则线段 AB 的对应点以同样的顺序从 A 到 B。

因此,若角(ab)被分为两部分,使得

(1)角(ab)的每一条射线属于这两部分中的一部分,

(2)射线 a 属于第一部分,b 属于第二部分,

(3)第一部分的任一射线在第二部分的任一射线的前面,

则线段 AB 的对应点决定了这个线段的两部分,使得

(1)线段 AB 的任一点属这两部分中的一部分,

(2)端点 A 属于第一部分,B 属于第二部分,

(3)第一部分的任一点在第二部分的任一点的前面。

但是,此时存在 AB 上的一点 C(它属于这两个部分中的一个或另一个)使得在 C 之前的 AB 的任一点属于第一部分,在 C 之后的 AB 的任一点属于第二部分。

于是,正好同样的事情对 c 成立,c 是 C 对应的射线,角(ab)分为两部分。

不难把这个折射到平角或大于两直角的角(ab);假设这个角分为两个角(ad),(db),每一个小于两直角,并且考虑三种情形:

(1)射线 d 是这样的,在它前面的射线都属于第一部分,在它后面的射线都

属于第二部分，

(2)射线 d 后面有第一部分的某些射线，

(3)射线 d 前面有第二部分的某些射线。

应用于圆弧。

若我们考虑圆心为 O 的圆弧 AB，这个弧的点以相同的顺序一一对应于从点 O 发出的过这些点的射线，用从一个直线段过渡到一个角的同样的推理可以用到从角到弧的过渡。

直线与圆的相交

使用戴德金公设可以证明：

若一条直线有一个点在一个圆的内面，一个点在圆的外面，则它与这个圆有两个公共点。

为了这个目的，必须假设(1)关于从一个给定点到一条给定直线的垂线和斜线的命题，即所有从一个给定点到一条给定直线的线中，垂线最短，并且关于其他斜线，较长的在这直线上有较长的投影，相等的有相等的投影，因而，对于任意给定长的投影，有两个相等的斜线并且只有两个，每一个在垂线的一侧，(2)命题：三角形的任一边小于其他两边的和。

考虑圆 C，圆心 O，和一条直线 r 及其一个点 A 在这个圆的内面，一个点 B 在这个圆的外面。

由圆的定义，若 R 是半径，则 $OA<R$，$OB>R$。

作 OP 垂直于直线 r。

则 $OP<OA$，因而 $OP<R$，P 在圆 C 内。

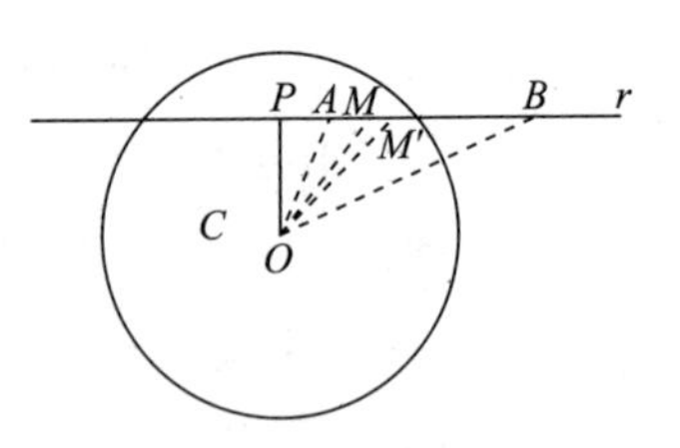

现在让我们把注意力放在直线 r 的有限线段 AB 上，它可以分为两部分：(1)包含所有点 H，$OH<R$(即圆 C 内的点)，(2)包含所有点 K，$OK\geqslant R$(即圆 C 外或者圆周上的点)。

于是，回忆从一个给定点到一条给定直线的两条斜线，较大者投影较大，我们可以断言，在圆 C 内一点之前的所有 PB 的点在圆 C 内，并且在 C 的圆周上或 C 的外面一点之后的点在 C 的外面。

因此，由戴德金公设，在 PB 上存在一点 M 使得它之前的点属于第一部分，而在它之后的点属于第二部分。

我断言 M 是直线 r 与圆 C 的公共点，或者

$$OM=R。$$

因为，若假设 $OM<R$，

则存在一个线段（或长度）α 小于 R 与 OM 的差。

考虑点 M'，在 M 之后的一个点，使得 MM' 等于 α。

那么，由于三角形的任一边小于其他两边的和，

$$OM'<OM+MM'$$

但是 $$OM+MM'=OM+\alpha<R。$$

所以 $$OM'<R。$$

矛盾。

类似的矛盾可以由假设 $OM>R$ 推出。

因而，OM 等于 R。

显然，对应于 PB 上的，r 与 C 的公共点 M，存在 r 上的另一点，它具有同样的性质，即它是 M 关于 P 的对称点。

命题被证明。

两个圆的相交

我们可以类似地使用戴德金公设证明

若在一个给定的平面内，一个圆 C 有一个点 X 在另一个圆 C' 的内面，有一个点 Y 在 C' 的外面，则这两个圆相交在两点。

我们必须首先证明下述引理，

若 O,O' 是两个圆 C,C' 的中心，R,R' 是它们的半径，则直线 OO' 交圆 C 于两点 A,B，一个在 C' 内，另一个在 C' 外。

这两个点中的一个必然落在（1）$O'O$ 的延长线 O 之外，或者（2）OO' 本身，或者（3）OO' 的延长线上超过 O'。

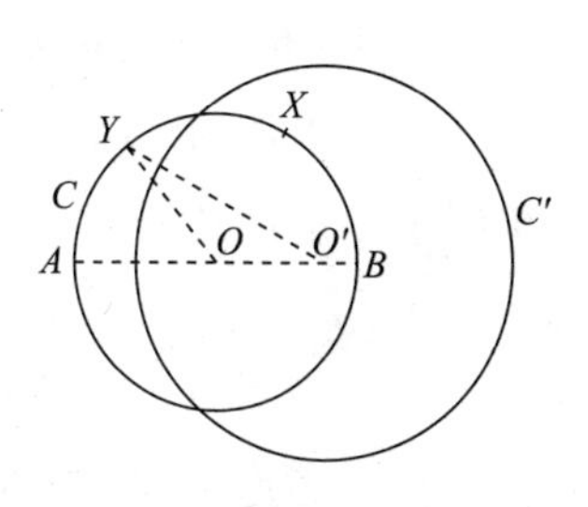

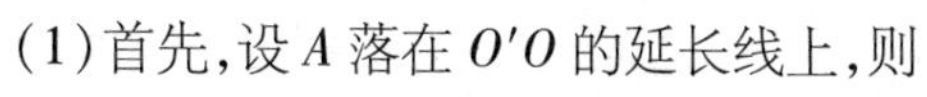

（1）首先，设 A 落在 $O'O$ 的延长线上，则

$$AO'=AO+OO'=R+OO'\cdots\cdots(\alpha)$$

但是，在三角形 $OO'Y$ 中

$$O'Y<OY+OO',$$

又因为 $$O'Y>R',OY=R,$$

所以 $$R'<R+OO'。$$

由（α）推出 $AO'>R'$，因此，A 在 C' 的外面。

（2）假设 A 在 OO' 上，则

$$OO'=OA+AO'=R+AO'\cdots\cdots(\beta)$$

由三角形 $OO'X$,我们有

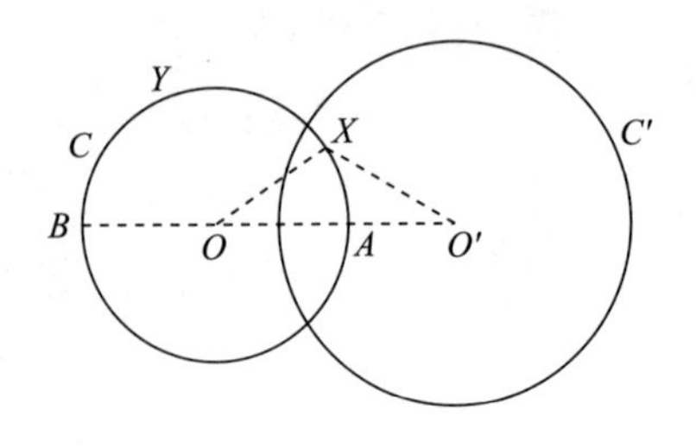

$OO' < OX + O'X$,并且因为 $OX = R$, $O'X < R'$,所以

$$OO' < R + R',$$

由(β),$AO' < R'$,因而 A 在 C'内。

(3)第三,假设 A 在 OO'的延长线上。

则 $R = OA = OO' + O'A \cdots\cdots (\gamma)$

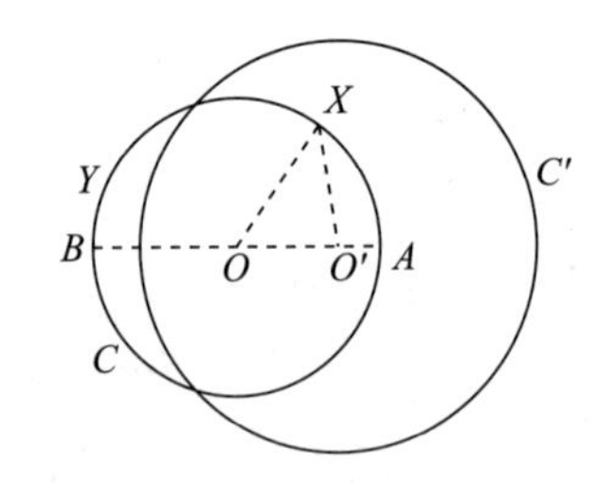

在三角形 $OO'X$ 中。

$$OX < OO' + O'X,$$

即 $\qquad R < OO' + O'X$

由(γ) $\qquad OO' + O'A < OO' + O'X$

或者 $\qquad O'A < O'X,$

因而 A 在 C'内。

注意:两个点 A,B 中的一个在情形(1)的位置,或者情形(2)的位置,或者情形(3)的位置,因而,两个点 A,B 中的一个在圆 C'的内面,另一个在 C'的外面。

定理的证明。

圆 C 被点 A,B 分为两个半圆,考虑其中一个,并且假设它被一个点从 A 描绘到 B。

在上面取两个点 P,Q,设 P 在 Q 的前面。

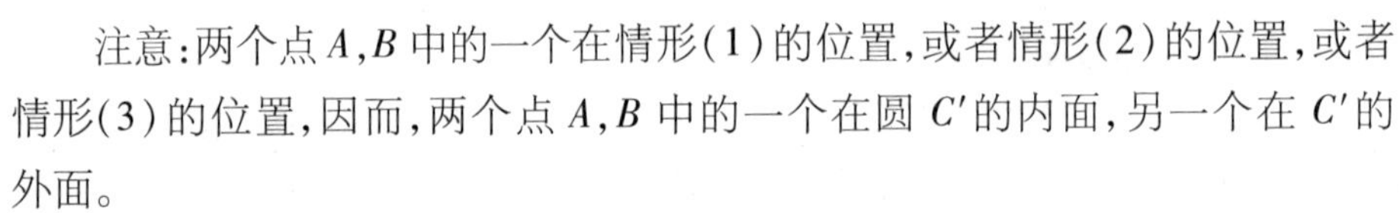

比较三角形 $OO'P$,$OO'Q$,我们注意到一条边 OO' 公用,OP 等于 OQ,并且角 POO'小于角 QOO'。

因而,

$$O'P < O'Q。$$

现在,考虑半圆 $APQB$ 被分为两部分,使得第一部分的点在圆 C'的内面,而第二部分的点在 C'的圆周上或它的外面,我们有应用戴德金公设必要的条件,因此,存在一个点 M 分割这两部分。

我断言 $O'M = R'$。

因为,若不是,假设 $O'M < R'$。

若用 σ 表示 R'和 $O'M$ 的差,假设在这个半圆上面在 M 之后取点 M',使得弦 MM'不大于 σ(作这个的方法见示)。

则在三角形 $O'MM'$ 中，

$$O'M' < O'M + MM' < O'M + \sigma,$$

因而

$$O'M' < R'。$$

由此推出，弧 MB 上的一点 M' 在圆 C' 内。矛盾。

类似地，可以证明 $O'M$ 不大于 R。

因此，$O'M = R$。

[为了找到点 M'，使得弦 MM' 不大于 σ，我们可以如下进行。

从 M 作一条直线 MP，不同于 OM，并且在它上面截 MP 等于 $\sigma/2$。

连接 OP，并且作另一个半径 OQ，使得角 POQ 等于角 MOP。

OQ 与圆的交点 M' 满足要求的条件。

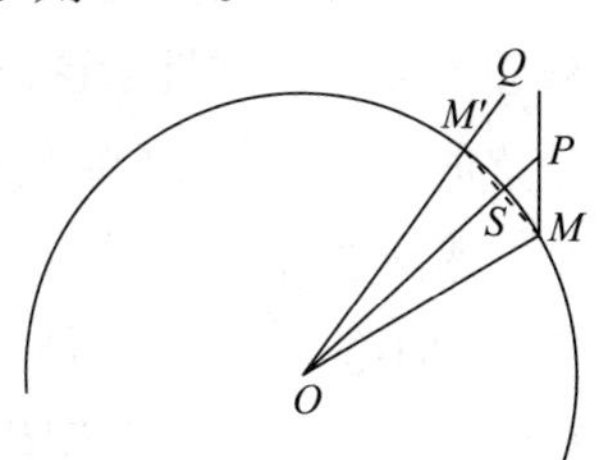

因为 MM' 与 OP 交成直角，交点是 S。

因而，在直角三角形 MSP 中，MS 不大于 MP（除非 MP 与 MS 重合时相等，应当小于）。

因而，MS 不大于 $\sigma/2$，于是 MM' 不大于 σ。]

命题

命题 1

在一个给定的有限直线上作一个等边三角形。

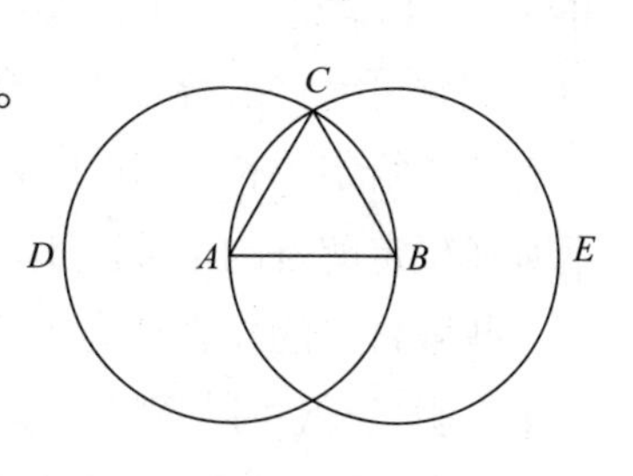

设 AB 是所给定的有限直线。

要求在线段 AB 上作一个等边三角形。

以 A 为心，并且以 AB 为距离画圆 BCD； [公设 3]

再以 B 为心，并且以 BA 为距离画圆 ACE； [公设 3]

由两圆的交点 C 到 A，B 连线 CA，CB。 [公设 1]

因为，点 A 是圆 CDB 的圆心，所以 AC 等于 AB。 [定义 15]

又因为点 B 是圆 CAE 的圆心，所以 BC 等于 BA。 [定义 15]

但是，已经证明了 CA 等于 AB；所以线段 CA，CB 都等于 AB。

而且等于同量的量彼此相等；　　　　　　　　　　　　　　　［公理1］

因此，CA 也等于 CB。

三条线段 CA，AB，BC 彼此相等。

所以三角形 ABC 是等边的，即在已知有限直线 AB 上作出了这个三角形。

这就是所要求作的。

毫无疑义，欧几里得无权假定这两个圆交于一点 C。为了补充所要的东西，我们必须援引连续原理（p. 194）。在Ⅰ.22 中也有类似的隐含的假定。为此，只要使用基林提出的假设，“若一条线（此处，圆周 ACE）完全居于一个图形（此处，一个平面），它被分为两部分（即圆 BCD 的圆周之内的部分及这个圆的外面的部分），并且若这条线至少有一个点与每一部分公用，则它必然与这两部分之间的边界相交（即圆周 ACE 必然与圆周 BCD 相交）。”

季诺注释到，除非承认两条直线不能有公共线段（公设2的注，p. 155），这个问题不能解答。于是，若 AC，BC 在达到 C 之前相交在 F，并且有公共部分 FC，所得到的三角形 FAB 就不是等边的，FA，FB 就小于 AB，但是公设2已经隐含两条直线不能有公共线段。

普罗克洛斯给出了相当大的空间来讨论季诺的批评，并且提出另外的部分，大意是也必须假定两个圆周（有不同的中心）不能有公共部分。即理论上也可能有任意个数点 C 对两个圆周 ACE，BCD 公用。在Ⅲ.10 证明了两个圆不能相交多于两个点之前，我们无权做这个假定，我们最多只能说一个具有给定底的等边三角形可以被找到；只有两个这样的三角形的结论必须在后面去证明。事实上，Ⅰ.7 证明了在底 AB 的每一侧只有一个等边三角形，于是，Ⅰ.7 给出了这个问题可允许的解答的个数，并且对Ⅰ.22 提供了同样的要求，此处的三角形具有三条给定的长度；即Ⅰ.7 提供了一个完整的判别，它不只确定可能性条件，而且还确定解答的个数。Ⅰ.7 及Ⅲ.10 是Ⅰ.1 和Ⅰ.22 绝对需要的，这就改正了一些教科书的作者认为Ⅰ.7 只是Ⅰ.8 的引理，并且若能选择两个命题的另一个证明，它就可以省略的观点。

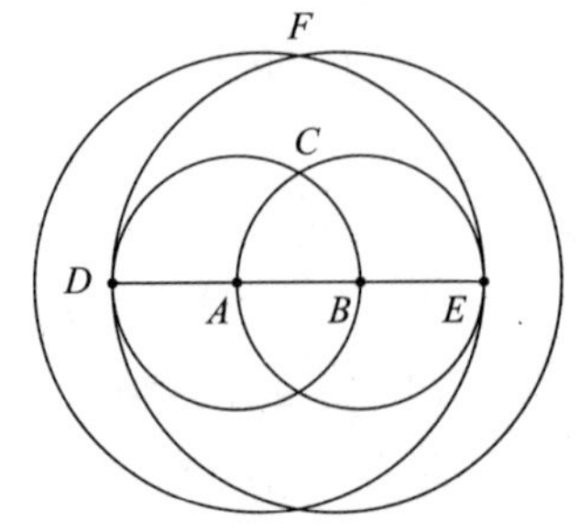

从Ⅰ.1 我们就会明白等腰和不等边三角形确实存在，普罗克洛斯说明如何利用这个命题的图形来作一个等腰三角形和不等边三角形。为了作一个等腰三角形，他延长 AB，交两个圆于 D，E，而后，分别以 A，B 为心，以 AE，BD 为半径画圆，其结果是一个等腰三角形，两个边都是第三边的二倍。为了

作出一个等腰三角形,相等边也有任意的长度,就要使用Ⅰ.3;并且在Ⅰ.22之前不难讨论这个问题。作等腰三角形的较容易的方法是作一个圆的任意两个半径并且连接其端点。

普罗克洛斯关于不等边三角形的作图,假定 AC 是这两个圆中一个的半径,并且 D 是 AC 上一个点,AC 是以 A 为心的圆的半径并且在以 B 为心的圆的外面,连接 BD,我们有一个不等边三角形 ABD。

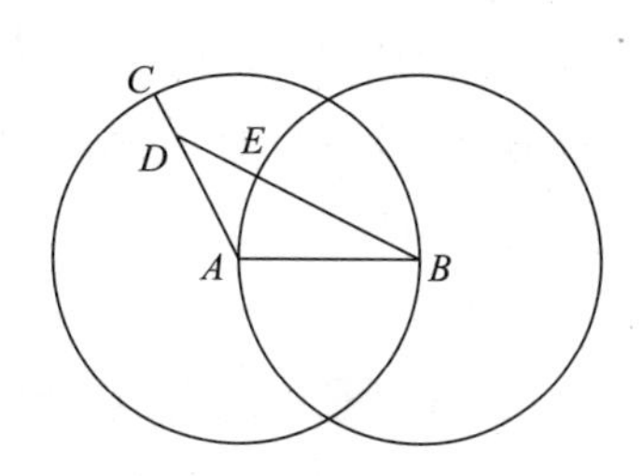

上述两个作图公理在安那里兹的评论中,并在海伦的名字之下,普罗克洛斯未提及他的源泉。

关于上述不等边三角形的作图(作出的三角形的"给定"边大于其余两边中的一个并且小于另一个),海伦给出了另外两种情形,"给定"边(1)小于,(2)大于另两边中的每一个。

命题 2

由一个所给定的点(作为端点)作一线段等于已知线段。

设 A 是所给定的点,BC 是已知线段,

那么,要求由点 A(作为端点)作一线段等于已知线段 BC。

由点 A 到点 B 连线段 AB, [公设1]

而且在 AB 上作等边三角形 DAB, [Ⅰ.1]①

延长 DA,DB 成直线 AE,BF, [公设2]

以 B 为心,以 BC 为距离画圆 CGH。 [公设3]

再以 D 为心,以 DG 为距离画圆 GKL。 [公设3]

因为点 B 是圆 CGH 的心,故 BC 等于 BG。

并且点 D 是圆 GKL 的心,故 DL 等于 DG。

又 DA 等于 DB,所以余量 AL 等于余量 BG。 [公理3]

但已证明了 BC 等于 BG,所以线段 AL,BC 的每一个都等于 BG。又因等于同量的量彼此相等。 [公理1]

所以,AL 也等于 BC。

从而,由给定的点 A 作出了线段 AL 等于已知线段 BC。

---

① [Ⅰ.1]表示第Ⅰ卷第1个命题,此后均如此。

这就是所要求作的。

这个命题给普罗克洛斯一个机会来区分各种情形,有些定理和问题有多种情形,允许一些不同的图形,允许不同的位置,并且把这些情形展现在作图之中,他区分了这个问题中的情形,给定点相对于给定线的不同位置。可能(1)在线的外面,(2)在线上,若(1),可能(a)在线的延长线上,(b)不在延长线上;若(2),可能(a)在线的一个端点,(b)在线上中间一个点。普罗克洛斯的细分导致情形(2)(a),这是无用的,因为在这个情形我们给出了所要求的,因而实际上没有问题要解答。

普罗克洛斯给出了(2)(b)的作图,按照欧几里得的方法,G 是以 B 为心的圆与 DB 延长线的交点,而后因等边三角形的不同作法也细分为三种情形,(1) AB 等于 BC,(2) AB 大于 BC,(3) AB 小于 BC,此处的情形(1)也是无用的,因而若 AB 等于 BC,则问题已经解答。而普罗克洛斯的另外两种的图形值得给出,一种情形是 G 在 BD 的延长线上,另一种情形是 G 在 BD 上。

看一下这些图形,若它们用在命题中,每个要作一点修改,(1)关于作图,在一种情形下,BD 延长超过了 D,在另一种情形下,BD 没有延长,(2)关于证明,在一种情形下,BG 是 DG 与 DB 的和,在另一种情形下,BG 是 DB 与 DG 的差。

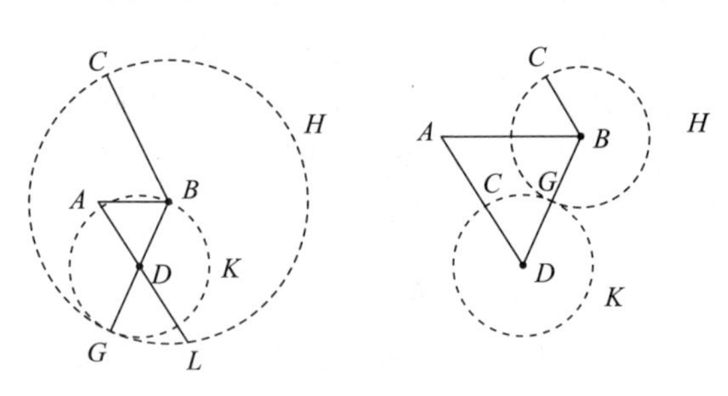

现代编辑者一般的是根据作图中的变化来分类各种情形,而不是根据数据的差别,于是,拉得纳、波茨和托德亨特根据三种可能变化区分了八种情形,这三种可能的变化是,(1)给定点可以与给定直线的任一端点连接,(2)等边三角形可以画在边线的任一侧,(3)延长的等边三角形的边可以在任一方向延长(但是应当注意,AB 大于 BC 时,第三个变化是延长 DB 和不延长 DB)。波茨增加了当给定点在线上或在线的延长线上,其区别来自连接线的两个端点与给定点不再存在,并且仅有四种情形有解答。

普罗克洛斯提到下述错误,为了解答 I.2,以给定点为心,以等于 BC 的距离画圆,他说这是一个逻辑循环。德·摩根把这个事情说得很清楚(*Supplementary Remarks on the first six Books of Euclid's Elements* in the *Companion to the Almanac*,1849,p.6)。他说,我们应当“坚持对前三个公设的限制,它不允许以圆规携带着距离画圆，假定圆规停止接触纸时就会闭合，而人们认为公设 3 不允许任意用圆规是难以理解的”。

命题 3

已知两条不相等的线段，试由大的上边截取一条线段使它等于另外一条。

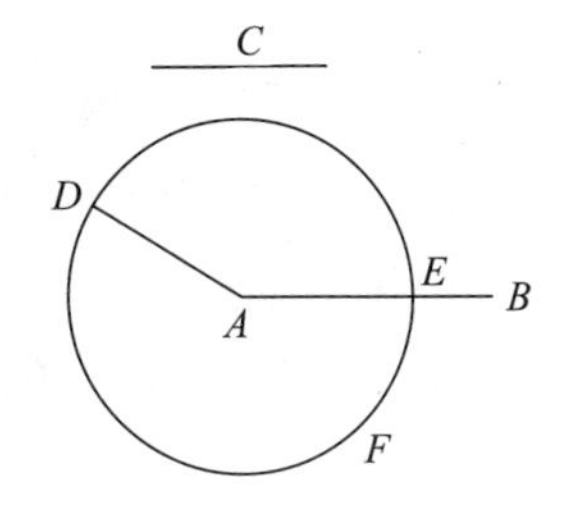

设 AB，C 是两条不相等的线段，并且 AB 大于 C。

要求由较大的 AB 上截取一段等于较小的 C。

由点 A 取 AD 等于线段 C，［Ⅰ.2］

并且以 A 为心，以 AD 为距离画圆 DEF。［公设 3］

因为点 A 是圆 DEF 的圆心，故 AE 等于 AD。［定义 15］

但 C 也等于 AD，所以线段 AE，C 的每一条都等于 AD；这样，AE 也等于 C。［公理 1］

所以，已知两条线段 AB，C，由较大的 AB 上截取了 AE 等于较小的 C。

这就是所要求作的。

普罗克洛斯给出了这个命题的许多“情形”，并且给出了八个图形。但是，他产生的各种情形是对照上一个命题的作图。若承认命题 2，现在的命题实际上只有一种情形，波茨区别了两种情形，根据从直线的哪一个端点来截取线段。

命题 4

如果两个三角形中，一个的两边分别等于另一个的两边，而且这些相等的线段所夹的角相等。那么，它们的底边等于底边，三角形全等于三角形，这样其余的角也分别等于相应的角，即等边所对的角相等。

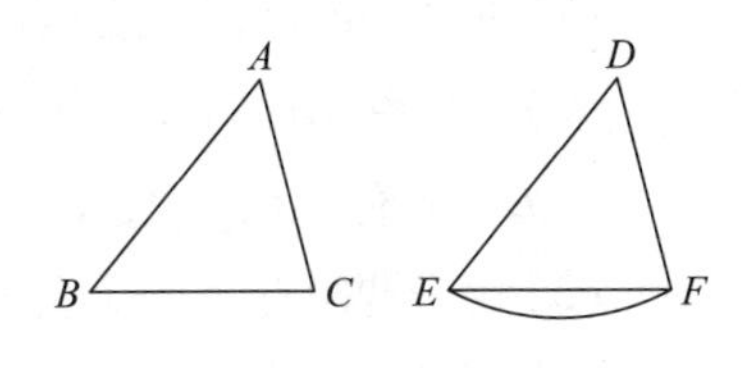

设 ABC，DEF 是两个三角形，两边 AB，AC 分别等于边 DE，DF，即 AB 等于 DE，并且 AC 等于 DF，以及角 BAC 等于角 EDF。

我断言底 BC 也等于底 EF，三角形 ABC 全等于三角形 DEF，其余的角分别等于其余的角，即这些等边所对的角，也就是角 ABC 等于角 DEF，并且角 ACB 等于角 DFE。

如果移动三角形 ABC 到三角形 DEF 上，若点 A 落在点 D 上且线段 AB 落在

DE 上,因为 AB 等于 DE,那么,点 B 也就与点 E 重合。

又,AB 与 DE 重合,因为角 BAC 等于角 EDF,线段 AC 也与 DF 重合。

因为 AC 等于 DF,故点 C 也与点 F 重合。

但是,B 也与 E 重合,故底 BC 也与底 EF 重合。

[事实上,当 B 与 E 重合且 C 与 F 重合时,底 BC 不与底 EF 重合,则二条直线就围成一块空间:这是不可能的,所以底 BC 就与 EF 重合]二者就相等。

[公理 4]

这样,整个三角形 ABC 与整个三角形 DEF 重合,于是它们全等。

并且其余的角也与其余的角重合,于是它们都相等,即角 ABC 等于角 DEF,且角 ACB 等于角 DFE。

这就是所要证明的。

在公用概念 4 的注释中,我已提及欧几里得勉强地使用重合方法,并且给出了这个方法不能作为证明相等的手段的理由,尽管它可以用作实际的检验,并且可以提供寻找公设的经验基础。罗素注意到(*Principles of Mathematics* I. p. 405)欧几里得应当把I. 4 作为公理,正像希尔伯特所做的(*Grundlagen der Geometrie*, p. 9)。可能欧几里得本人也注意到对这个方法的反对意见。佩里塔里奥斯关于这个命题有一个长的注释(*In Euclidis Elementa geometrica demonstrationum libri ser*, 1557),他说若线和图形的重合可以作为证明的方法,则整个几何就会充满这样的证明,它也可以用在I. 2,3 中(在I. 2 中,我们只要把线拿起来放在这个点),并且在什么程度上可以从几何的尊严去掉这个方法。他又说,这个定理本身是显然的,并且不要求证明;尽管它作为定理,但是欧几里得似乎把它作为定义而不是定理。"因为我不能想象两个角是相等的,除非我有了什么是角的相等这个概念。"为什么欧几里得把这个命题作为定理,而不是作为公理?

在公用概念 4 的注中,用现代术语表达了全等公理,欧几里得实际上假定的是:

(1)在线 DE 上,存在一点 E,E 在 D 的任一侧,使得 AB 等于 DE。

(2)在射线 DE 的任一侧,存在射线 DF,使得角 EDF 等于角 BAC。

在 DF 上有一点 F,使得 DF 等于 AC。

(3)我们要求这样一个公理,从它推出三角形的两个其余的角分别相等,并且底也相等。

我已说过(pp. 188—9),希尔伯特有一个公理说其余的角相等,但证明了底的相等。

另一个变化是帕斯奇的（*Vorlesungen über neuere Geometrie*，p. 109），他给出一下述“过分注意规则”的话：

若两个图形 *AB* 和 *FGH* 给定（*FGH* 不包含在一条直线中），并且 *AB*，*FG* 全等，并且若一个平面通过 *A* 和 *B*，我们可以在这个平面内找到两个点 *C*，*D*，使得 *ABC* 和 *ABD* 与 *FGH* 全等，并且直线 *CD* 与 *AB* 或其延长线有一个公共点。

我现在考虑欧几里得证明的两个细节：

(1)因为 *B* 与 *E* 重合，*C* 与 *F* 重合，所以三角形的底重合，基于两条直线不能包含一个空间。

(2)大多数编辑者没有注意，在证明的开始做了更多的假定，但是没有证明，即若 *A* 放在 *D*，*AB* 放在 *DE*，则点 *B* 就与 *E* 重合，由于 *AB* 等于 *DE*，即假定公用概念 4 的逆对直线成立。普罗克洛斯只注意到，关于这个公用概念的逆，它只是对“具有同样形式”的东西是真的，他解释其含义是直线，同一个圆的弧，以及由相似的线包含，并在相似位置的角。（p. 241，3—8）。

然而，萨维尔看到其困难并且在他的关于这个公用概念的注解中解决它。他说，所有具有两个公共点的直线在它们之间重合（否则，两条直线就包括一个空间）。设有两条直线 *AB*，*DE*，并且令 *A* 放在 *D*，*AB* 放在 *DE*，则 *B* 就与 *E* 重合，因为若不是这样，令 *B* 落在不到 *E* 或超过 *E* 的地方；在每一种情况下，将推出较小的等于较大的，这是不可能的。

萨维尔假定（拉得纳给出了同样的证明）若这两条直线“贴合”（applied），*B* 就落在 *DE* 上或 *DE* 的延长线上某个地方。但是这个假定的理由应当说明；我认为必须使用公设 1 和公设 2，不只是其中一个（换句话说，不只要假定两条直线不能包括一个空间，而且也要假定两条直线不能有一个公共线段）。因为安全的过程是放 *A* 在 *D* 上，而后 *AB* 经 *D* 旋转，直到 *AB* 上的在 *A* 与 *B* 之间的某个点与 *DE* 上的某个点重合。在这个位置 *AB* 和 *DE* 有两个公共点。而后，公设 1 使我所推出两个公共点之间的直线重合，公设 2 所推出过第二个公共点朝向 *B* 和 *E* 的部分重合。这样，这两条直线完全重合；萨维尔的推理证明了 *B* 与 *E* 重合。

命题 5

在等腰三角形中，两底角彼此相等，并且若向下延长两腰，则在底以下的两个角也彼此相等。

设 *ABC* 是一个等腰三角形，边 *AB* 等于边 *AC*，并且延长 *AB*，*AC* 成直线 *BD*，*CE*。 ［公设 2］

我断言角 ABC 等于角 ACB，并且角 CBD 等于角 BCE。

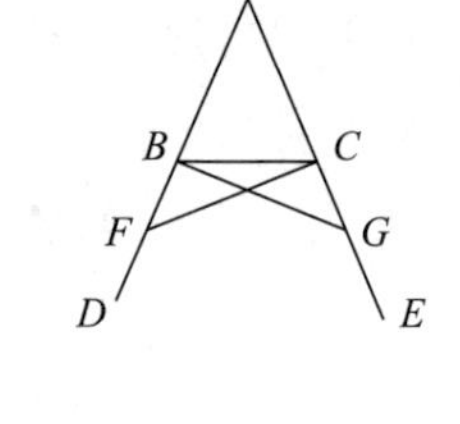

在 BD 上任取一点 F，且在较大的 AE 上截取一段 AG 等于较小的 AF。 [Ⅰ.3]

连接 FC 和 GB。 [公设 1]

因为 AF 等于 AG，AB 等于 AC，两边 FA，AC 分别等于边 GA，AB，并且它们包含着公共角 FAG。

所以底 FC 等于底 GB，并且三角形 AFC 全等于三角形 AGB，其余的角也分别相等，即相等的边所对的角，也就是角 ACF 等于角 ABG，角 AFC 等于角 AGB。 [Ⅰ.4]

又因为，整体 AF 等于整体 AG，且在它们中的 AB 等于 AC，余量 BF 等于余量 CG。

但是已经证明了 FC 等于 GB；

所以，两边 BF，FC 分别等于两边 CG，GB，并且角 BFC 等于角 CGB。

这里底 BC 是公用的；所以，三角形 BFC 也全等于三角形 CGB；又，其余的角也分别相等，即等边所对的角。

所以角 FBC 等于角 GCB，并且角 BCF 等于角 CBG。

因此，由于已经证明了整个角 ABG 等于角 ACF，并且角 CBG 等于角 BCF，其余的角 ABC 等于其余的角 ACB。

又它们都在三角形 ABC 的底边以上。

从而，也就证明了角 FBC 等于角 GCB，并且它们都在三角形的底边以下。

证完

根据普罗克洛斯(p. 250,20)，这个定理的发现者是泰勒斯，然而，他称这两个角相似(similar)，而不是相等(equal)。(参考 Arist. *De caelo* Ⅳ. 4,311 b 34.)

欧几里得之前关于Ⅰ.5 的证明。

在亚里士多德指责欧几里得的证明与亚里士多德熟悉的证明，即欧几里得之前的教科书中的证明的区别一段话中提及了Ⅰ.5。这一段话(*Anal. Prior.* Ⅰ.24,41 b 13—22)是如此重要，我必须完整地引用。亚里士多德要证明在任一推理中，有一个命题必然是肯定的和普遍的。他说，“这个在几何命题的情形较好地被证明”，例如，等腰三角形的两底角相等的命题。

“令 A，B 连接到中心。

“若我们假定(1)角 AC[即 $A+C$]等于角 BD[即 $B+D$]，没有一般地断言半圆上的角是相等的，并且，又(2)角 C 等于角 D，没有作出进一步假定所有线段上的两个角是相等的，并且，因为整个两个角是相等的，从它们减去相等的角，所以剩余的角 E,F 是相等的，我们犯了逻辑循环的错误，除非我们假定(一般地)相等的减去相等的，剩余的是相等的。”

上述语句值得解释。

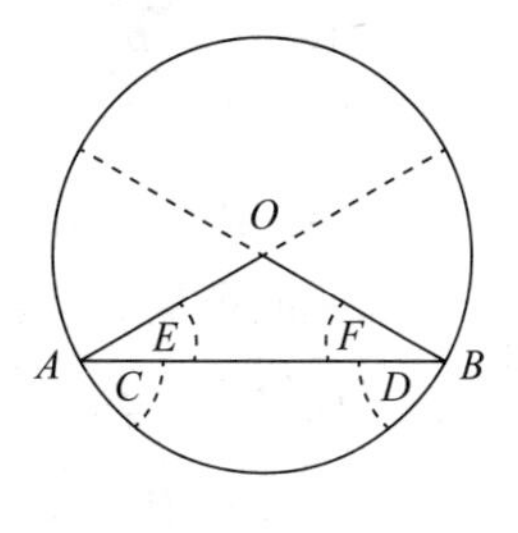

(1)A,B 连接到中心(以两条相等边为半径的圆的中心)。

(2)角 AC 是角 A 和 C 的和，A 指等腰三角形的在 A 的角，而在后面亚里士多德称 E,C 是“混合”角，是 AB 与 AB 所藏的较小圆弧形成的角。

(3)“半圆的角”(即直径与圆周之间在直径端点处的夹角)和“线段的角”出现在欧几里得的Ⅲ.16 和Ⅲ.定义 7 中，显然这是早期教科书残留的。

但是最重要的事实是在欧几里得之前的教科书中，“混合”角起着重要的作用。特别地，至少两个命题关系到这样的角，即**半圆的混合角是相等的，以及圆的任一线段的两个混合角是相等的**。这两个命题中的第一个的用词是含糊的，它可能意味着在一个半圆中的两个混合角是相等的，并且没有证据说明它断言不同大小的半圆的角是相等的。同样地，“因为半圆的角是相等的”，出现在拉丁文译本中(译自阿拉伯的海伦的 *Catoptrica*, Prop. 9)，但是，它只推出一个圆的不同的半径与圆周做成相等的“角”；并且在 Pseudo-Euclidean *Catoptrica* (Euclid, Vol. Ⅶ., p. 294)有类似的命题，一个圆的同类型的角是相等的，“由于它们是半圆的角”。因而，这两个命题的第一个只是第二个的特殊情形。

但是注意，第二个命题(一个圆的任一线段的两个角是相等的)在早期的教科书中，放在欧几里得的Ⅰ.5 的前面。我们很难假定它的证明不同于半圆的重合；并且无疑地，这个证明与泰勒斯的另一个命题有密切关系，即一个圆的任一直径平分这个圆，它也是用重合证明的。

从亚里士多德的这段话可以自然地推出，欧几里得关于Ⅰ.5 的证明是他自己的，并且他的革新关系到这个学科的开始部分的命题。

不必延长边的证明。

由普罗克洛斯给出的这个证明(pp. 248, 22—249, 19)，D 和 E 取在 AB,AC 上，而不是在 AB,AC 的延长线上，并且 AD,AE 相等。证明的方法完全与欧几里得相同，但是没有证明超过底的角相等。

帕普斯的证明。

普罗克洛斯(pp. 249, 20—250, 12)说，帕普斯用一种简短的无须任何作图的方式证明了这个定理。

这个有趣的证明如下：

“设 ABC 是等腰三角形，并且 AB 等于 AC。

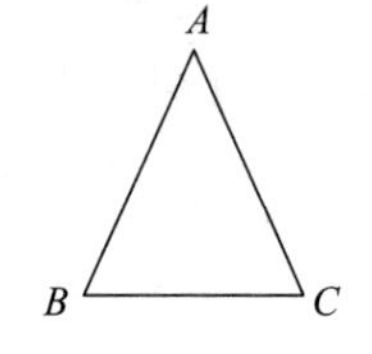

我们设想这个三角形为两个三角形，并且如下推理。

因为 AB 等于 AC，所以 AC 等于 AB，两个边 AB，AC 等于两个边 AC，AB。

并且角 BAC 等于角 CAB，由于它是同一个角。

因而，所有相应的部分相等，即

BC 等于 CB，

三角形 ABC 等于三角形 ACB，

角 ABC 等于角 ACB，

并且角 ACB 等于角 ABC，

（因为这些角是等边 AB，AC 对的角。）

因而，等腰三角形的两底角相等。”

无疑地，这个是现代编辑者给出另外证明的基础，尽管他们没有援引帕普斯。他所用不同的形式，通常是把三角形拿起来，反过来放在它上面，而后使用欧几里得在Ⅰ.4 中重合的方法。显然，这里有一个困难，假定把这个三角形拿起来，而同时又保持它在那里。（参考 Dodgson，*Euclid and his modern Rivals*，p. 47.）为了说明上述是合理的，实际上等价于假定作出另一个三角形，在各个方面等于给定的三角形；这样一个假定与欧几里得的原则和实践并不一致。

我认为帕普斯的证明是最好的，其理由是(1)它没有真实地或假设地作出第二个三角形，(2)它避免了重复前一个命题的证明过程。如果要问如何认识帕普斯的两个三角形的观点，答案是我们保持一个三角形，而只是在两个方面看它。如果这对初学者有困难，我们可以这样说，一个三角形是从前面看这个三角形，另一个三角形是从后面看同一个三角形。

帕普斯的证明当然不包括这个命题的第二部分，即关于底下面的角，我们应当用欧几里得的方法证明它。

定理的第二部分的目的。

一个有趣的问题是欧几里得插入第二部分的理由，应当注意，其逆命题Ⅰ.6没有任何对应的东西。事实上，对欧几里得的原文的后面的证明，它是不需要的，但是，只对插入的Ⅰ.7 的第二部分是需要的，并且Ⅰ.5 的第二部分的真实性使得编辑相信Ⅰ.7 的第二部分也是欧几里得需要的。普罗克洛斯的解释是插入Ⅰ.5 的第二部分的目的是反对一种异议，这个异议以特殊的理由说这个定理不彻底,由于它不能包括所有可能的情形,从这个观点,Ⅰ.5 的第二部分不只用于Ⅰ.7,并且也用于Ⅰ.9,西姆森好像没有理解普罗克洛斯的含义,他说:“普罗克洛斯承认增加命题 5 的第二部分是基于命题 7,但是给出了一个可笑的理由,它可以提供一个反对略去第 7 个命题的异议。”

命题 6

如果在一个三角形中,有两角彼此相等,则等角所对的边也彼此相等。

设在三角形 ABC 中,角 ABC 等于角 ACB。

我断言边 AB 也等于边 AC。

因为,若 AB 不等于 AC,其中必有一个较大,设 AB 是较大的,由 AB 上截取 DB 等于较小的 AC;

连接 DC。

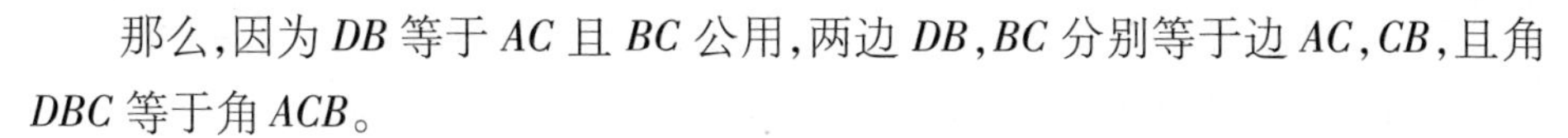

那么,因为 DB 等于 AC 且 BC 公用,两边 DB,BC 分别等于边 AC,CB,且角 DBC 等于角 ACB。

所以,底 DC 等于底 AB,并且三角形 DBC 全等于三角形 ACB,即小的等于大的;这是不合理的。

所以,AB 不能不等于 AC,从而它等于它。

证完

欧几里得假定,因为 D 在 A 和 B 之间,所以三角形 DBC 小于三角形 ABC。为了证明这个假定是合理的,必须有某个公设;考虑一个小于二直角的角,譬如这个命题的图中的角 ACB,作为一组以 C 发出的射线,以射线 CA,CB 为边界,并且连接 AB(A 和 B 分别是 CA,CB 上的任意两个点),我们看到从 CA 到 CB 的每一条射线对应 AB 上一个点,即射线与 AB 的交点,并且 AB 上的所有点从 A 到 B 顺次一一地对应从 CA 到 CB 的所有射线。

我们在此处第一次在《原理》中使用了反证法,参考以前讨论这个的其他专业术语。

这个命题是上述命题的逆,它引导我们讨论

几何的逆命题。

这个必须与逻辑的逆命题区别。命题所有等腰三角形中,等边对的角相等,其逻辑的逆是某些具有两个等角的三角形是等腰三角形。于是,Ⅰ.6 是Ⅰ.5的几何的逆,而不是逻辑的逆。另一方面,德·摩根指出(*Companion to the*

Almanca,1849,p.7),Ⅰ.6 可以从Ⅰ.5 纯逻辑推出,并且Ⅰ.18 和Ⅰ.19 也是这样。关于一般的推理见Ⅰ.19 的注。对于现在这个命题,只要说明如下。令 Z 记有两条不同于底的边相等的这类三角形,P 记有两个底角相等的这类三角形;非 Z 是不同于底的两条边不相等的这类三角形,非 P 是底角不相等的这类三角形。

于是,我们有

所有 Z 是 P, [Ⅰ.5]

所有非 Z 是非 P; [Ⅰ.18]

并且纯逻辑地推出

所有 P 是 Z。 [Ⅰ.6]

根据普罗克洛斯(p.252,5 sqq.),几何的逆有两种不同的形式。

(1)完全的或简单的逆,定理的假设和结论改变位置,定理的结论成为逆定理的假设,原来定理的假设成为逆定理的结论。Ⅰ.5 的第一部分和Ⅰ.6 具有这个特征。前者的假设是三角形的两边是相等的,结论是两底角相等,而其逆(Ⅰ.6)的假设是两个角相等,证明它所对的边相等。

(2)逆的另一种形式称为部分逆,一个定理以两个或更多的假设联合成一个阐述,并且导出一个结论,逆定理用这个结论代替原来定理的一个假设,与原来定理的其余假设一起得到原来定理的被代替的假设,即作为它的结论。Ⅰ.8 是Ⅰ.4 在这个意义上的逆。Ⅰ.4 的假设(1)两个三角形的两条边分别相等,(2)夹角相等,证明了(3)底相等,而Ⅰ.8 把(1)和(3)作为假设,证明了(2)。显然,完全的逆是唯一的,而一个定理根据它的假设个数可以有许多部分的逆。

关于可逆定理,把种类取作假设,证明了一个性质的是主定理,而以性质为假设,结论是具有那个性质的种类的是逆定理。于是,Ⅰ.5 是主定理,Ⅰ.6 是它的逆,此时种类是等腰三角形。

Ⅰ.5 第二部分的逆。

普罗克洛斯问道,为什么欧几里得没有给出Ⅰ.5 的第二部分的逆?他给出了两个理由:(1)Ⅰ.5 的第二部分本身对于原来正文中的证明是不需要的,(2)若需要,其逆可以由Ⅰ.6 推出,用Ⅰ.13 可以证明,若延长三角形的两条边超过底形成的两个角相等,则两底角相等。

普罗克洛斯给出了Ⅰ.5 第二部分的逆的一个证明,即若延长三角形的两条边超过底形成的两个角相等,则这个三角形是等腰三角形;但是,它有相当的长度,因而只是给出了它的约简,其结果是改写欧几里得Ⅰ.6 中的方法,于是,用Ⅰ.5 的作图,首先用Ⅰ.4 证明了三角形 BFC,CGB 全等,因而,FC 等于 GB,并

且角 *BFC* 等于角 *CGB*。而后，我们必须证明 *AF*，*AG* 相等，若它们不相等，令 *AF* 是较大者，并且从 *FA* 截出 *FH* 等于 *GA*，连接 *CH*。

在三角形 *HFC*，*AGB* 中，我们有

两条边 *HF*，*FC* 等于两条边 *AG*，*GB*，

并且角 *HFC* 等于角 *AGB*。

因而（Ⅰ.4），三角形 *HFC*，*AGB* 相等。但是三角形 *BFC*，*CGB* 也相等。

分别去掉这些相等的三角形，三角形 *HBC*，*ACB* 相等，这是不可能的，

所以 *AF*，*AG* 不会不相等。

因此，*AF* 等于 *AG*，并且若分别减去相等的 *BF*，*CG*，则 *AB* 等于 *AC*。

这个证明出现在安那里兹的评论中（ed. Besthorn-Heiberg，p. 61；ed. Curtze，p. 50）。

Ⅰ.6 的另一个证明。

托德亨特指出，在Ⅱ.4 之前不需要Ⅰ.6，Ⅰ.6 可以向后推，并且可以用Ⅰ.26 证明它，用一条直线平分角 BAC 交底于 D，则三角形 *ABD*，*ACD* 全等。

安那里兹给出了依赖Ⅰ.26 的另一个证明方法。

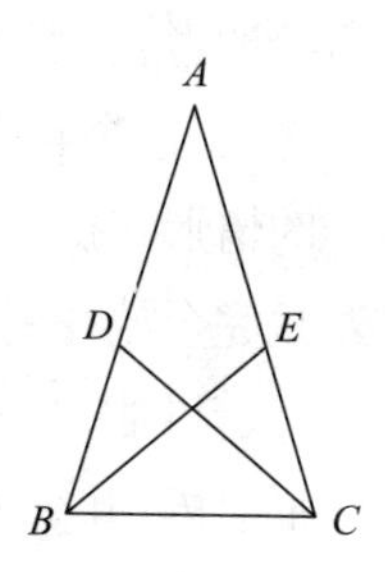

在边 *BA*，*CA* 上取相等长度的 *BD*，*CE*，连接 *BE*，*CD*。

则由Ⅰ.4，三角形 *DBC*，*ECB* 全等；因而，*EB*，*DC* 全等，并且角 *BEC*，*CDB* 相等。

后面两个角的补角相等（Ⅰ.13），因而，三角形 *ABE*，*ACD* 有两个角分别相等并且边 *BE* 等于边 *CD*。

所以（Ⅰ.26）*AB* 等于 *AC*。

命题 7

设在给定的线段上（从它的两个端点）作出相交于一点的二线段，则不可能在该线段（从它的两个端点）的同侧作出相交于另一点的另外二条线段，使得作出的二线段分别等于前面二线段，即每个交点到相同端点的线段相等。

因为，如果可能的话，在给定的线段 *AB* 上作出交于点 *C* 的两条线段 *AC*、*CB*，设在 *AB* 同侧能作另外两条线段 *AD*，*DB* 相交于另一点 *D*，而且这二线段分别等于前面二线段，即每个交点到相同的端点，这样 *CA* 等于 *DA*，它们有相同的端点 *A*，并且 *CB* 等于 *DB*，它们也有相同的端点 *B*，连接 *CD*。

因为，AC 等于 AD，角 ACD 也等于角 ADC，　　[Ⅰ.5]

所以，角 ADC 大于角 DCB，角 CDB 比角 DCB 更大。

又，因为 CB 等于 DB，并且角 CDB 也等于角 DCB，但是已被证明了它更大于它：这是不可能的。

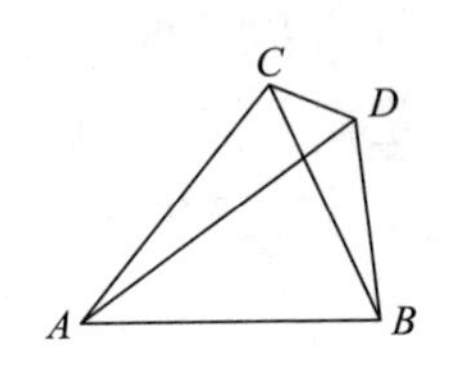

证完

正如Ⅰ.6，我们需要一个公设从理论上保证 CD 落在角 ACB 之内，因而，三角形 DBC 小于三角形 ABC，此处我们需要公设保证 CA，CB，CD 的相对位置，以及 DC，DA，DB 的相对位置，以使推出角 BDC 大于角 ADC，角 ACD 大于角 BCD。

德·摩根（*op. cit.* p.7）注意到，如果初学者熟悉公用概念“若两个量相等，则任一个大于其中一个的量也大于任一个小于另一个的量”，则初学者就容易理解Ⅰ.7。然而，我怀疑初学者是否能容易地掌握这个；可能更容易理解下述，“若任一个量 A 大于一个量 B，则量 A 大于任一个等于 B 的量，并且大于任一个小于 B 的量。”

已经提及（关于Ⅰ.5的注）西姆森给出了Ⅰ.7的第二种情形，并且不在原来的正文中（根据欧几里得的习惯，只给出最困难的一种情形，并且把其他情形留给读者）。普罗克洛斯给出的第二种情形是为了回答对欧几里得命题的可能的异议，这个异议说这个命题不是普遍地真的，因为这个证明没有包括所有可能的情形。提出异议者认为欧几里得宣称的不可能情形仍然是可能的，即若一对线完全放在另一对线之内；而且Ⅰ.5的第二部分不能够排除这个异议。

若可能，令 AD，DB 完全在 AC，CB 和 AB 形成的三角形之内，并令 AC 等于 AD，BC 等于 BD。

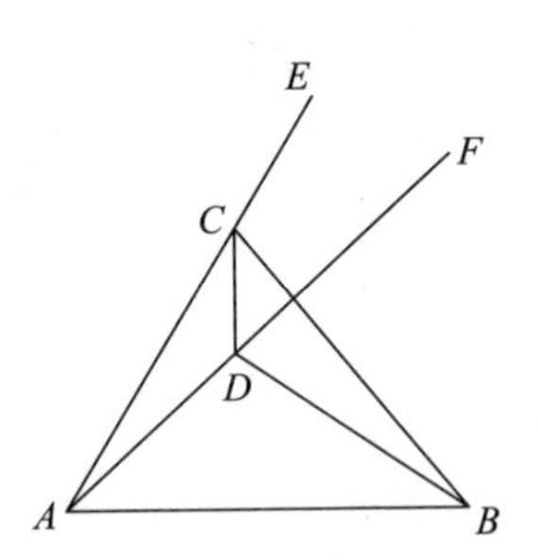

连接 CD，并延长 AC，AD 到 E，F。

因为 AC 等于 AD，所以

三角形 ACD 是等腰三角形。

并且底下的角 ECD，FDC 相等。

但是角 ECD 大于角 BCD，因而，角 FDC 也大于角 BCD。

因而，角 BDC 更大于角 BCD。

又因为 DB 等于 CB，所以三角形 BDC 的两底角相等。　　[Ⅰ.5]

即角 BDC 等于角 BCD。

因而，同一个角 BDC 既大于又等于角 BCD，这是不可能的。

D 落在 AC 或 BC 上的情形不需要证明。

我已经提及（Ⅰ.1 的注）某些编辑者的错误，把Ⅰ.7 看成除了证明Ⅰ.8 之外别无用处，Ⅰ.7 证明了若终止在底的每一个端点处的边的长度给定，则只有一个满足这些条件的三角形在给定底的同一侧作出。因此，Ⅰ.7 不只能够证明Ⅰ.8，而且它补充了Ⅰ.1 和Ⅰ.22，证明了这些命题的作图中，在底的同一侧只有一个三角形。道奇森（*Euclid and his modern Rivals*, pp. 194—5）说，“它（Ⅰ.7）证明了所有平面图形可以由链接枝条做成，三边的图形并且只有三边的图形是坚固的（这是在同一个底上不能有两个这样的图形的另一种说法）。这个类似于这个事实，由平面链接起来的立体，任一个这样的立体是坚固的。并且Ⅰ.7,8 和Ⅲ.23,24 非常类似。这些类似给几何许多美感，我认为它们不应当被忽略。”因而，那些编辑者错误地讨论省略Ⅰ.7，并且对Ⅰ.8 用菲洛的证明。

普罗克洛斯给出了（pp. 268—9）保留Ⅰ.7 的另一个解释，尽管表面上只是Ⅰ.8 要求的。据说天文学家使用它来证明三次接连的日（月）食不可能在相等的时间区间出现，即第三个不能跟随第二个与第二个跟随第一个有同样的时间区间；并且争论欧几里得看到这个命题的时间区间。但是，我们看到有其他的理由保留这个命题。

命题 8

如果两个三角形的一个的两边分别等于另一个的两边，并且一个的底等于另一个的底，则夹在等边中间的角也相等。

设 *ABC*，*DEF* 是两个三角形，两边 *AB*、*AC* 分别等于两边 *DE*、*DF*，即 *AB* 等于 *DE*，并且 *AC* 等于 *DF*。又设底 *BC* 等于底 *EF*。

我断言角 *BAC* 等于角 *EDF*。

若移动三角形 *ABC* 到三角形 *DEF*，并且点 *B* 落在点 *E* 上，线段 *BC* 落在 *EF* 上，点 *C* 也就和 *F* 重合，

因为，*BC* 等于 *EF*。

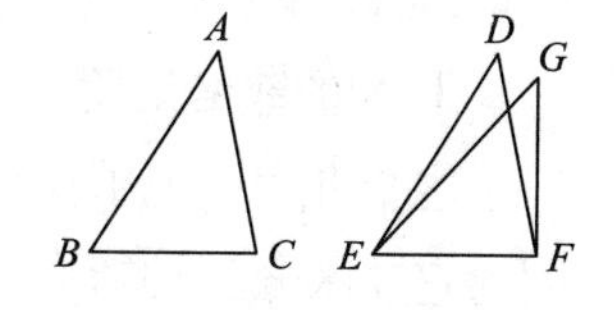

故 *BC* 和 *EF* 重合，*BA*，*AC* 也和 *ED*，*DF* 重合。

因为，若底 *BC* 与底 *EF* 重合，而边 *BA*，*AC* 不与 *ED*，*DF* 重合且落在它们旁边的 *EG*，*GF* 处。

那么，在给定的线段（从它的端点）以上有相交于一点的已知两条线段，这时，在同一线段（从它的端点）的同一侧作出了交于另一点的另外两条线段，它们分别等于前面二线段，即每一交点到同一端点的连线。

但是，不能作出后二线段。　［Ⅰ.7］

如果把底 BC 移动到底 EF，边 BA，AC 也和 ED，DF 不重合，这是不可能的。因此，它们要重合，这样一来，角 BAC 也重合于角 EDF，即它们相等。

证完

正如上面所说，Ⅰ.8 是Ⅰ.4 的部分逆。

注意，在Ⅰ.8 中，欧几里得满足于证明顶角相等，并且像在Ⅰ.4 中，不要增加两个三角形是相等的以及其余的角分别相等。其理由（正像普罗克洛斯和萨维尔指出的）是，一旦证明了顶角相等，其余的依照Ⅰ.4，不难证明其他东西。

亚里士多德在 *Meteorologica* Ⅲ.3，373 a 5—16 中提及这个定理。他说，若相等的射线从同一个点反射到同一个点，则反射点在同一个圆周上，“因为令折线 ACB，AFB，ADB 都从点 A 反射到点 B，AC，AF，AD 都相等，CB，FB，DB 也都相等；连接 AEB，可以推出，这些三角形都相等；因为它们有相等的底 AEB。”

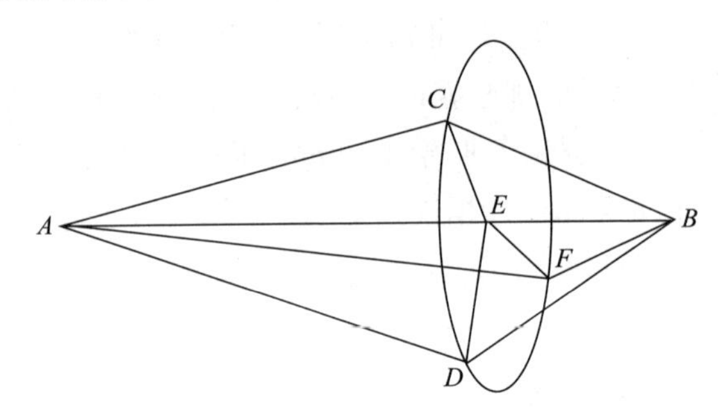

他又说，“从角点 C，F，D 作到 AEB 的垂线 CE，FE，DE，则它们相等；因为它们都在相等的三角形中并且在相同的地方；它们都是 AEB 的垂线，并且交于同一点。因而，C，F，D 在一个圆上，这个圆的中心是 E。”亚里士多德注意到，这三条垂线交于 AEB 上的点 E 是在作垂线 CE，FE，DE 之前。当然，这个可以从它们“在相等的三角形”中推出（由欧几里得Ⅰ.26）；并且，从这些垂线交于 AB 上一点，可以推出所有这三条线在一个平面上。

Ⅰ.8 的菲洛证明。

这个证明避免了使用Ⅰ.7，并且是一个很好的证明；但是它有一些不方便，因为它要区分三种情形。普罗克洛斯给出的证明如下（pp. 266，15—268，14）。

设 ABC，DEF 是两个三角形，边 AB，AC 分别等于 DE，DF，并且底 BC 等于 EF。

令三角形 ABC 贴于三角形 DEF，使得 B 在 E 上，BC 在 EF 上，但是 A 落在 G，G 在 D 关于 EF 的对侧，则 C 与 F 重合，由于 BC 等于 EF。

FG 可能在直线 DF 上，也可能与 DF 形成一个角，在后面情形下，这个角可能在图形的内面，也可能在图形的外面。

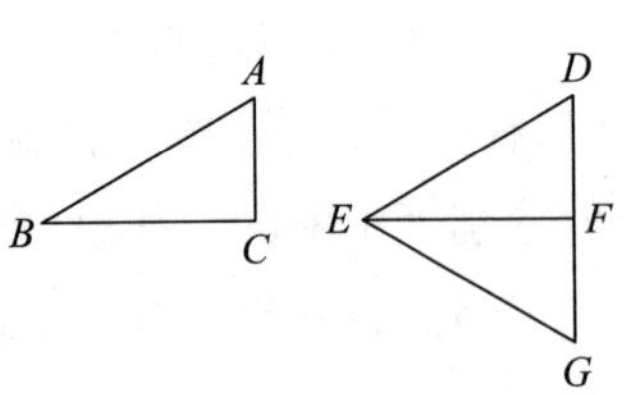

Ⅰ. FG 在直线 DF 上。

此时，因为 *DE* 等于 *EG*，并且 *DFG* 是直线，所以 *DEG* 是等腰三角形，并且角 *D* 等于角 *G*。 [Ⅰ.5]

Ⅱ. *DF*，*FG* 形成图形内一个角。

连接 *DG*。

因为 *DE*，*EG* 相等，所以角 *EDG* 等于角 *EGD*。

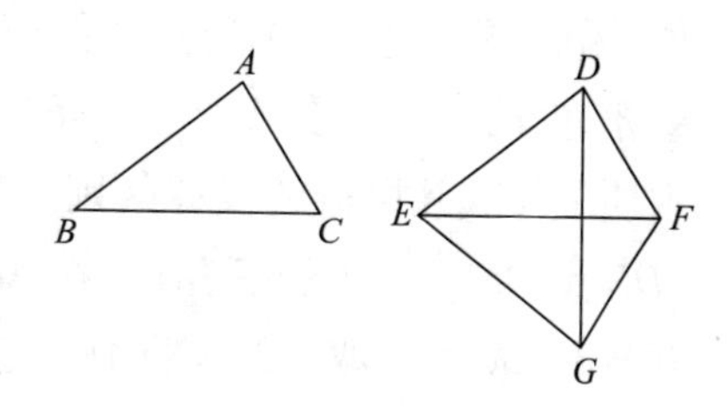

又因为 *DF* 等于 *FG*，所以角 *FDG* 等于角 *FGD*。

因而，用加法，整个角 *EDF* 等于整个角 *EGF*。

Ⅲ. *DF*，*FG* 形成图形外面一个角。

连接 *DG*。

其证明如上，只是用减法代替了加法。

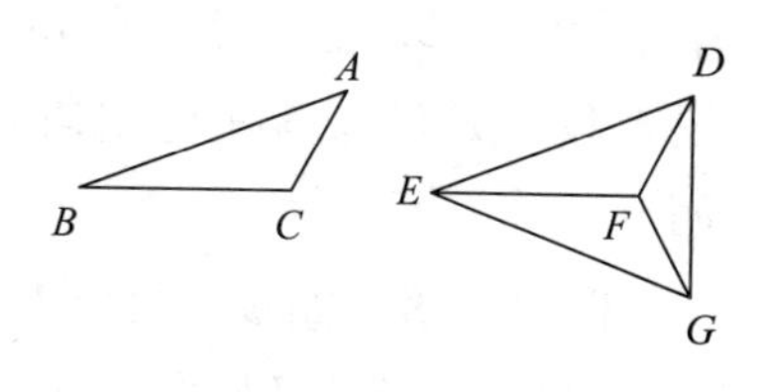

剩余角 *EDF* 等于剩余角 *EGF*。

因而，在所有三种情形下，角 *EDF* 等于角 *EGF*，即角 *BAC*。

注意，根据希腊几何学家的习惯，把不小于二直角的角不看成“角”，四边形 *DEGF* 的凹角被忽略，并且角 *DFG* 称为图形外面的角。

命题 9

二等分一个给定的直线角。

设角 *BAC* 是一个给定的直线角，要求二等分这个角。

设在 *AB* 上任意取一点 *D*，在 *AC* 上截取 *AE* 等于 *AD*； [Ⅰ.3]

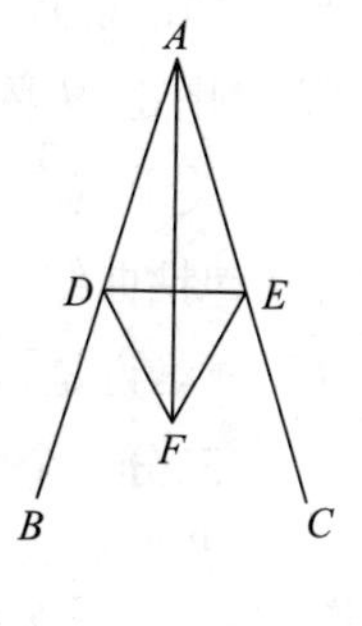

连接 *DE*，且在 *DE* 上作一个等边三角形 *DEF*，连接 *AF*。

我断言角 *BAC* 被 *AF* 所平分。

因为，*AD* 等于 *AE*，且 *AF* 公用，两边 *DA*，*AF* 分别等于两边 *EA*，*AF*。

又底 *DF* 等于底 *EF*；

所以，角 *DAF* 等于角 *EAF*。 [Ⅰ.8]

从而，直线 *AF* 二等分已知直线角 *BAC*。

证完

注意,从这个命题的译文来看,欧几里得没有说等边三角形应当作在对着 A 的一侧;他把这个留作从他的图形推出。普罗克洛斯注意到在 DE 下面没有空间的情形,他假定这个等边三角形画在朝向 A 的一侧,因而,要考虑三种情形,等边三角形的顶点落在 A,落在 A 之上,落在 A 之下。第二种和第三种情形本质上与欧几里得的没有区别。在第一种情形下,ADE 是 DE 上的等边三角形,在 AD 上任取一点 F,并且在 AE 上截取 AG 等于 AF。连接 DG,EF,交于 H;连接 AH,则 AH 是所要的平分线。

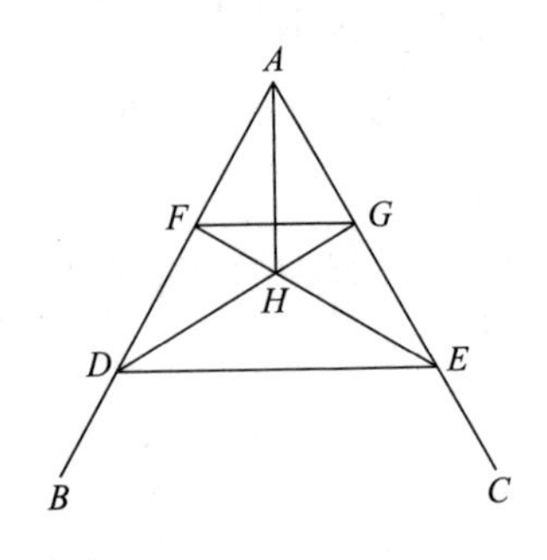

普罗克洛斯也回答了可能对欧几里得的证明提出的异议,欧几里得的证明基于假定若 DE 上的等边三角形在 A 的对面,则它的顶点就在角 BAC 之内,异议者假定 F 可以落在构成角的一条线上或者在它的外面。这两种情形讨论如下。

假定 F 落点如右边两个图形。

因为 FD 等于 FE,所以角 FDE 等于角 FED。

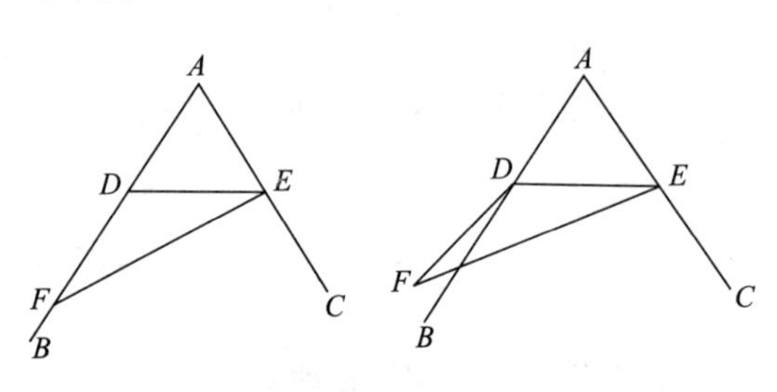

因而,角 CED 大于角 FDE;并且在第二个图形中,角 CED 显然大于角 BDE。

但是,由于 ADE 是等腰三角形,并且两个等边已延长,所以底下面的角相等,即角 CED 等于角 BDE。

而已证角 CED 较大,这是不可能的。

此处,从普罗克洛斯的观点,Ⅰ.5 的第二部分是用来驳斥这个异议的。

关于这个命题,普罗克洛斯强调给定的角必然是直线角,平分任意类型的角(包括曲线与曲线或者曲线与直线形成的角)不在初等几何的范围之内。"因而,很难说是否可以平分所谓的月牙角(由圆周和切线形成的角)。"

三分一个角。

普罗克洛斯在此给出了关于三分任一锐角的有价值的历史评注,这里(以及分一个角为任意的比)要求不同于圆的其他曲线,即盖米诺斯所说的"混合"曲线。"尼科米迪斯用蚌线三分一个直线角。其他人做同样的事情用希皮亚斯和尼科米迪斯的割圆曲线(quadratrix),再次使用'混合'曲线。另一些人从阿基米德的螺线开始，把一个直线角分为给定比。”

(a)用蚌线三分。

我已经说过尼科米迪斯的蚌线(定义2的注)；只需要说明如何用它三分一个角，帕普斯解释这个如下。

设 ABC 是给定的锐角，从 AB 上任一点 A 作 AC 垂直于 BC。

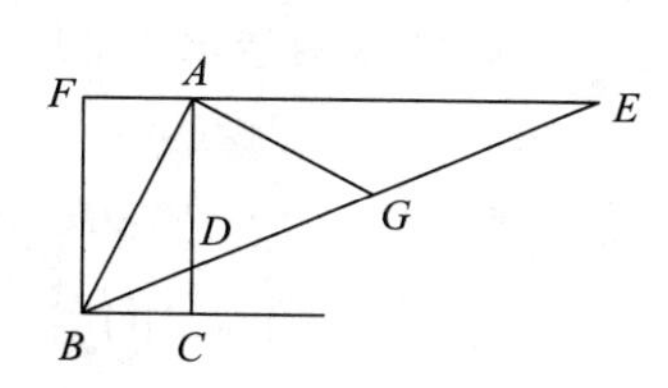

完成平行四边形 $FBCA$，延长 FA 到点 E，连接 BE，使得 BE 在 AC 和 AE 之间的截线段 DE 等于 AB 的二倍。则可断言，角 EBC 是角 ABC 的三分之一。

连接 A 与 DE 的中点 G，则三条直线 AG，DG，EG 相等，并且角 AGD 是角 AED 或 EBC 的二倍。

但是 DE 是 AB 的二倍；因而等于 DG 的 AG 等于 AB。

故角 AGD 等于角 ABG。

所以角 ABD 也是角 EBC 的二倍，角 EBC 是角 ABC 的三分之一。

帕普斯把这个作图归结于作 BE，使得 DE 等于 AB 的二倍。

这就是蚌线的作图，以 B 为极点，AC 为准线，距离等于二倍的 AB，这个蚌线截 AE 于要求的点 E。

(b)使用割圆曲线。

割圆曲线由 Elis 的希皮亚斯大约在前420年发现，根据普罗克洛斯，希皮亚斯证明了它的性质；尼科米迪斯也研究了它并且用来三分一个角；帕普斯说，狄诺斯特拉托斯和尼科米迪斯以及某些新近的作者用来化圆为方，它描述如下(Pappus，Ⅳ. p. 252)。

假定 $ABCD$ 是一个正方形，BED 是一个圆的四分之一，圆心是 A。

假定(1)这个圆的半径绕 A 从位置 AB 到 AD 均匀运动，(2)同时线 BC 从位置 BC 均匀地向下运动到位置 AD。

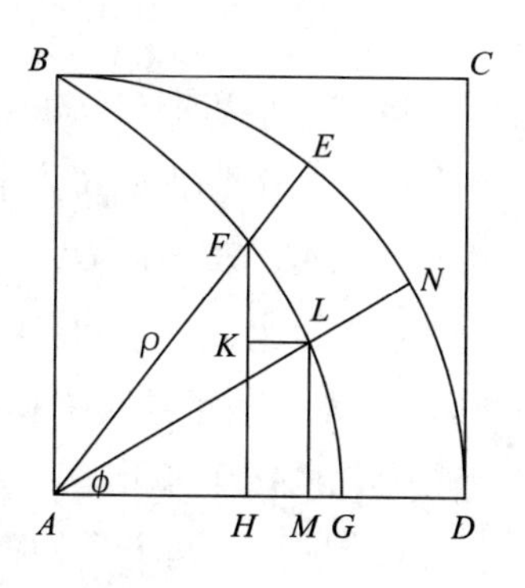

则半径 AE 与运动的线 BC 在任一时刻有一个交点 F，F 的轨迹就是**割圆曲线**。

这个曲线的性质是，若 F 是任一个点，则弧 BED 比弧 ED 等于 AB 比 FH。

换句话说，若 ϕ 是角 FAD，ρ 是半径向量 AF，a 是正方形的边，则

$$\frac{\rho\sin\phi}{a}=\frac{\phi}{\frac{1}{2}\pi}。$$

利用割圆曲线,角 EAD 不只能被三分,而且能够分成任意给定比(Pappus,Ⅳ. p. 286)。

设 FH 在分点 K 被分为给定比。

作 KL 平行于 AD,交曲线于 L;连接 AL 并延长,交圆于 N。

则容易证明,角 EAN,NAD 的比等于 FK 比 KH。

(c)使用阿基米德螺线。

用阿基米德螺线三分一个角或者分一个角成任意比是一件简单的事情。假定任一个角包括在螺线的两个半径向量 OA 与 OB 之 间,要求分角 AOB 为给定比。因为半径向量的增加与向量的角的增加成比例,所以我们只要在较大的半径向量 OB 上截取 OC 等于 OA,用 D 分 CB 为给定比,而后以 O 为中心,以 OD 为半径画圆,截螺线于 E,则 OE 分角 AOB 为要求的给定比。

命题 10

二等分已知有限直线。

设 AB 是已知有限直线,那么,要求二等分有限直线 AB。

设在 AB 上作一个等边三角形 ABC。 [Ⅰ.1]

并且设直线 CD 二等分角 ACB。 [Ⅰ.9]

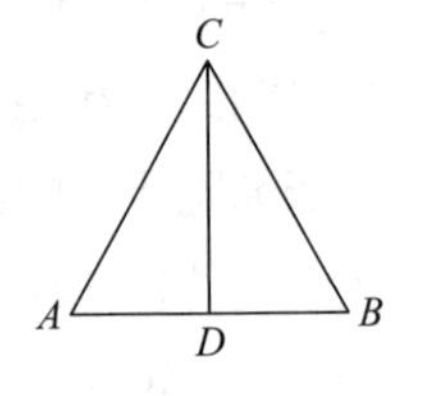

我断言线段 AB 在点 D 被二等分。

事实上,由于 AC 等于 CB,并且 CD 公用;两边 AC,CD 分别等于两边 BC,CD;并且角 ACD 等于角 BCD。

所以,底 AD 等于底 BD。 [Ⅰ.4]

从而,将给定的有限直线 AB 二等分于点 D。

证完

阿波罗尼奥斯(Proclus,pp. 279,16—280,4)平分一条直线 AB 用类似于Ⅰ.1 的作图。分别以 A,B 为中心,以 AB,BA 为半径画两个圆,这两个圆交于 C,D。连接 CD,AC,CB,AD,DB。阿波罗尼奥斯证明了 CD 平分 AB。

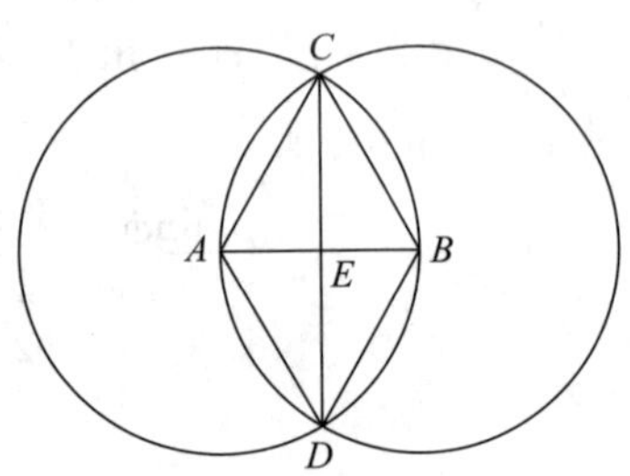

(1)因为在三角形 ACD,BCD 中,两条边 AC,CD 等于两条边 BC,CD,并且底 AD,BD 相等,所以角 ACD 等于角 BCD。 [Ⅰ.8]

(2)后面这两个角相等,并且 AC 等于 CB,CE 公用,由Ⅰ.4 推出 AE,EB 相等。

对这个证明的异议是，Ⅰ.9 已经实现了二分一个角 ACB，而阿波罗尼奥斯向后并包括了二分一个角的作图。他不必再次做前面已做的事情。

普罗克洛斯(pp. 277,25—279,4)告诉我们，关于这个命题，几何学家预先假设一条线不是由个体组成的。若一条线由个体组成，则一条有限线或者由偶数个或者由奇数个个体组成。若这个是奇数，为了二分这条线，就必须二分一个个体。此时就不能平分一条直线。但是，如果不是如此组成的，则这条直线可以无限分割。或者说没有极限。因此，普罗克洛斯说，量的可分性假定作为一条几何原理是有争议的。对此他回答道，遵循盖米诺斯，几何学家的确假定一个连续量是可以的。但是没有假定无限可分；这个由基本原理所证明。他说："因为他们证明了不可公度的量存在，并且不是所有的东西彼此可公度，他们没有证明任何量可以永远分割，并且不能达到个体，即量的最小公度。这是一个证明问题，而任何连续的东西是可分的是一条公理，因而有限的连续线是可分的。《原理》的作者平分一条有限直线，从后面的概念开始，而不是从假定它是无限可分的。"普罗克洛斯已说，这个命题也可以用来拒绝赞诺可雷迪斯(Xenocrates)的不可分线的理论。普罗克洛斯的论证不存在不可分线在本质上是亚里士多德使用的(参考 *Physics* Ⅵ.1,231 a 21,sqq.，特别是Ⅵ.2,233 b 15—32)。

命题 11

由给定的直线上一已知点作一直线和给定的直线成直角。

设 AB 是给定的直线，C 是它上边的已知点。那么，要求由点 C 作一直线和直线 AB 成直角。

设在 AC 上任意取一点 D，并且使 CE 等于 CD，

[Ⅰ.3]

在 DE 上作一个等边三角形 FDE，连接 FC。

[Ⅰ.1]

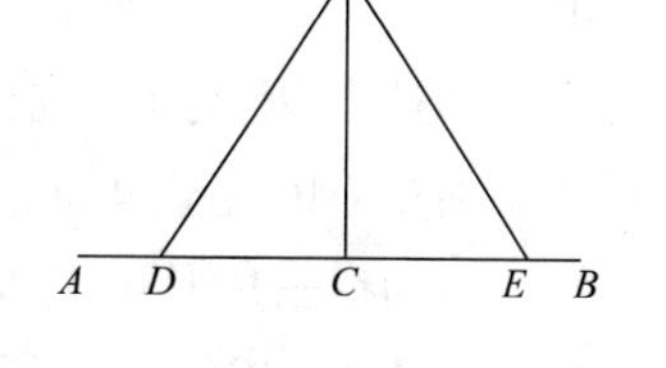

我断言直线 FC 就是由已知直线 AB 上的已知点 C 作出的和 AB 成直角的直线。

因为，由于 DC 等于 CE，并且 CF 公用；两边 DC，CF 分别等于两边 EC，CF，并且底 DF 等于底 FE。

所以，角 DCF 等于角 ECF。 [Ⅰ.8]

它们又是邻角。但是，当一直线和另一条直线相交成相等的邻角时，这些

等角的每一个都是直角。 [定义 10]

所以,角 DCF,FCE 每一个都是直角。

从而,由给定的直线 AB 上的已知点 C 作出的直线 CF 和 AB 成直角。

证完

德·摩根注释这个命题,它是“平分由直线和它的延长线构成的角”(即平角),是Ⅰ.9 的一个特殊情形,其作图是相同的。

阿波罗尼奥斯给出了一个不同于欧几里得的作图(见 Proclus, p. 282, 8),正像他为了平分一条直线的作图。代替作等边三角形,阿波罗尼奥斯取 D 和 E 与 C 有相同距离,而后以Ⅰ.1 的方式画圆,交于 F。这个必须再次证明 DF 等于 FE;而欧几里得说“作等边三角形 FDE”,使他省却作圆并且证明 DF 等于 FE。然而,用阿波罗尼奥斯的作图代替Ⅰ.10 和 11 说明在像欧几里得的理论著作中有不完善的安排,它们完全适合于所谓的实用几何,并且这可能是阿波罗尼奥斯关于这些作图的异议以及关于Ⅰ.23 的另一个证明的原因。

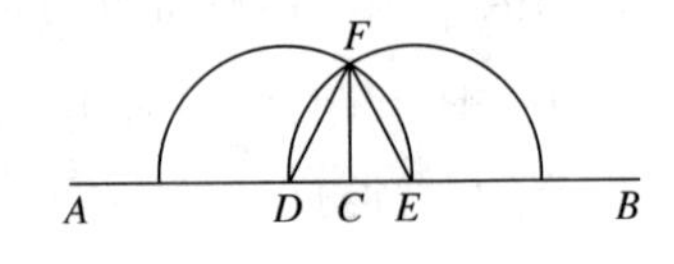

普罗克洛斯给出了一个作图,作一条直线与另一条直线成直角,但是在它的端点,而不是在它的中间点,并假定不允许延长这条直线。在安那里兹的评论(ed. Besthorn-Heiberg, pp. 73—4; ed. Curtze, pp. 54—5)中,这个作图归功于海伦。

要求从 A 作一条直线与 AB 成直角。

在 AB 上任取一点 C,并且以这个命题的方式作 CE 与 AB 成直角。

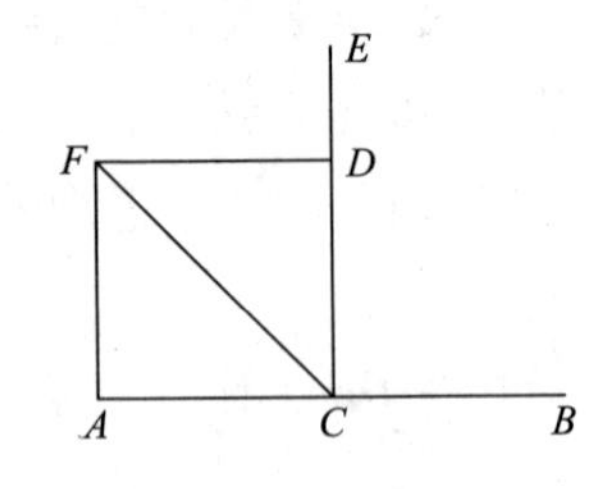

在 CE 上截取 CD 等于 AC,用直线 CF 平分角 ACE, [Ⅰ.9]

并且作 DF 与 CE 成直角,交 CF 与 F。连接 FA,则角 FAC 是直角。

因为在三角形 ACF,DCF 中,两边 AC,CF 分别与两边 DC,CF 相等,并且其夹角 ACF 与 DCF 相等,所以

这两个三角形全等。 [Ⅰ.4]

因而,角 A 等于角 D,是一个直角。

命题 12

由给定的无限直线外一已知点作该直线的垂线。

设 AB 为给定的无限直线，且设已知点 C 不在它上。要求由点 C 作无限直线 AB 的垂线。

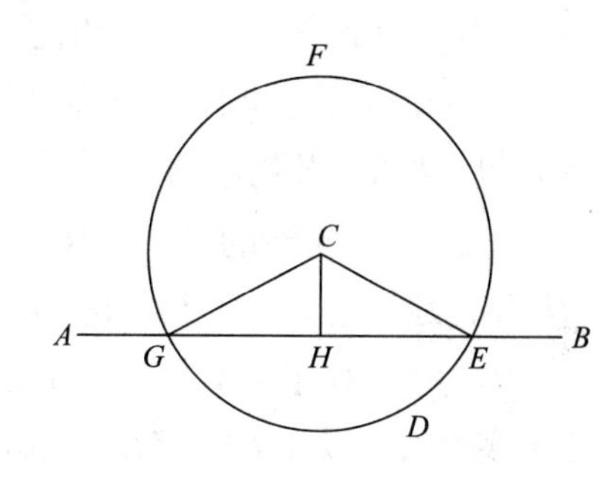

设在直线 AB 的另一侧任取一点 D，并且以点 C 为心，以 CD 为距离作圆 EFG。

[公设 3]

设线段 EG 被点 H 二等分，　[Ⅰ.10]

连接 CG，CH，CE。　[公设 1]

我断言 CH 就是由不在已知无限直线 AB 上的已知点 C 所作该直线的垂线。

因为 GH 等于 HE，且 HC 公用；两边 GH，HC 分别等于两边 EH，HC；并且底 CG 等于底 CE。

所以，角 CHG 等于角 EHC。　[Ⅰ.8]

并且它们是邻角。

但是，当两条直线相交成相等的邻角时，每一个角都是直角，而且称一条直线垂直于另一条直线。　[定义 10]

所以，由不在所给定的无限直线 AB 上的已知点 C 作出了 CH 垂直于 AB。

证完

普罗克洛斯说(p. 283，7—10)，“伊诺皮迪斯(前 5 世纪)首先研究了这个问题，他认为它对天文学是有用的。然而，他以古代的方式，把垂线称为拐尺状(gnomon-wise)，由于拐尺与水平成直角。”在早期意义上，拐尺是一个杆(staff)，放在垂直位置，其目的是投射阴影，作为测量时间的手段(Cantor，*Geschichte der Mathematik*，Ⅰ$_3$，p. 161)。这个词用在欧几里得卷Ⅱ. 及其他地方的后来意义将在卷Ⅱ. 定义 2 的注中解释。

普罗克洛斯说，要区别两种垂线，“平面的”和“立体的”，前者是在一个平面的垂直一条线，后者是垂直一个平面。术语“立体的垂线”有些奇怪，它与希腊术语“立体轨迹”相对照，根源在圆锥截线。

大多数编辑者注意到这个命题中的下述假定，只有当 D 取在 AB 的远离 C 的一侧时，以 CD 为半径的圆必然截 AB 于两点。为此，像Ⅰ.1 一样，我们需要某个连续公理,例如。基林提示的(见上述关于连续原理的注):“若一个点在被直线分为两部分的图内运动,开始在一个部分,而后在另一个部分,在运动期间它必然截这两部分的边界。”当然,这个适用于 *D* 向两个方向运动。

但是,这些编辑者没有注意到关于这个的可能的异议,在不使用后面命题的情况下提出它有些困难,我们如何知道这个圆不截 AB 于三个或更多的点?普罗克洛斯(pp. 286,12—289,6)试图消除这些异议,来看看这些推理是有意义的,尽管它不是确定的。他给出了三种可能的假设。

1. 这个圆不能如图那样交 *AB* 于第三个点 *K* 吗? *K* 是 *GE* 的中间点。

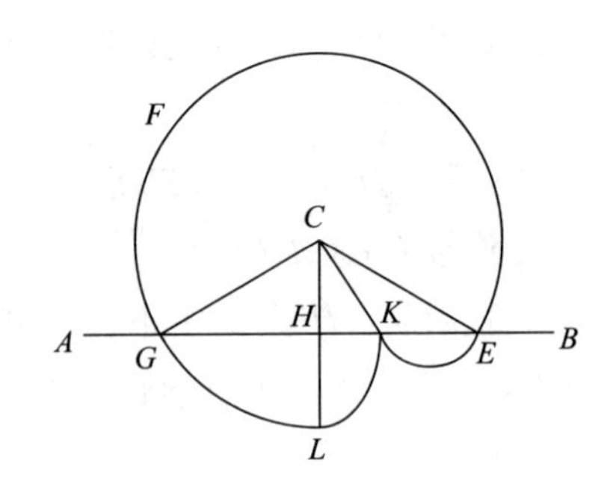

假定这是可能的。平分 *GE* 于 *H*,连接 *CH*,并且延长它交圆于 *L*。连接 *CG*,*CK*,*CE*。

因为 *CG* 等于 *CE*,并且 *CH* 公用,底 *GH* 等于底 *HE*,所以角 *CHG*,*CHE* 相等,并且因为它们是邻角,所以它们都是直角。

又因为 *CG* 等于 *CE*,所以在 *G* 和 *E* 的角相等。

最后,因为 *CK* 等于 *CG*,并且等于 *CE*,所以角 *CGK*,*CKG* 相等,角 *CKE*,*CEK* 也相等。

因为角 *CGK*,*CEK* 相等,由此可以推出角 *CKG*,*CKE* 相等,因而都是直角。

所以角 *CKH* 等于角 *CHK*,并且 *CH* 等于 *CK*。但是 *CK* 等于 *CL*,这是由圆的定义;因而,*CH* 等于 *CL*:这是不可能的。

2. 这个圆不能如图那样交 *AB* 于 *GE* 的中点 *H* 吗?

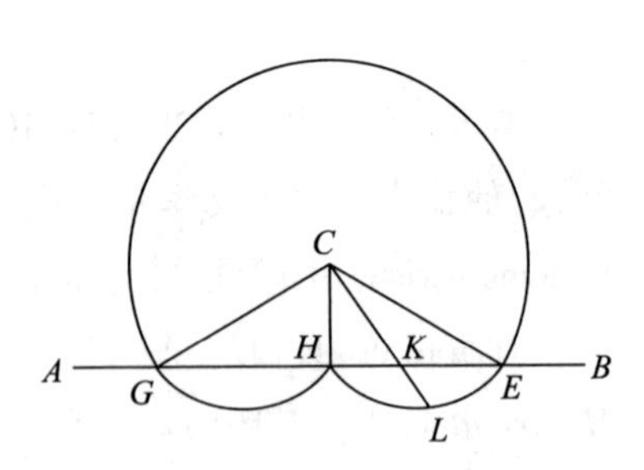

此时如前,连接 *CG*,*CH*,*CE*。而后,平分 *HE* 于 *K*,连接 *CK* 并延长它交圆周于 *L*。

因为 *HK* 等于 *KE*,*CK* 公用,并且底 *CH* 等于底 *CE*,所以在 *K* 的两个角都是直角。

因而角 *CHK* 等于角 *CKH*,*CK* 等于 *CH*,等于 *CL*,这是不可能的。

3. 这个圆不能如图那样交 *AB* 于另外两个点 *K*,*L* 吗?

用同样的方法,普罗克洛斯证明了 *CM* 等于 *CH*,这是不可能的。

事实上,普罗克洛斯的几种情形没有穷尽所有情形,并且他的证明只能说明若这个圆交 *AB* 于除了 *G*,*E* 之外的一点,则相交于更多的点。我们可以用平分任两个交点之间的距离的办法找到一个新交点,并且可以无限地使用这个方法。最终这个以半径为 CH(或 CG)的圆与 AB 重合。可以推出一个以 C 为中心,以大于 CH 为半径的圆就完全与 AB 不相交。又因为所有从 C 到 AB 上的点的直线有相等的长度,所以就存在从 C 到 AB 有无限多个垂线。

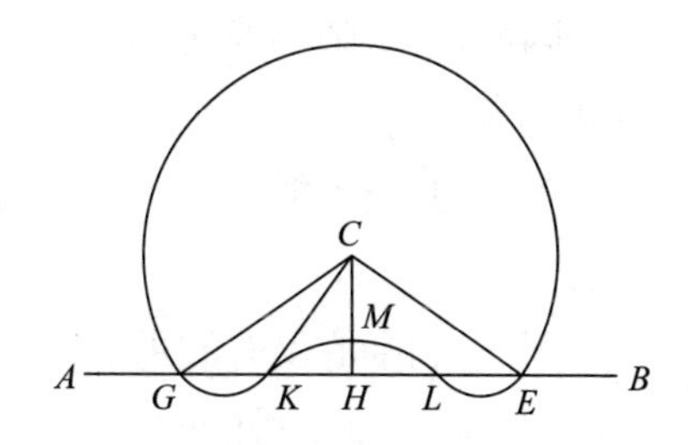

在任何情况下这个可能吗?在欧几里得空间中这是不可能的,但是,在黎曼假设之下它是可能的[此时直线是一个“闭链”(closed series)并且返回到它本身],此时 C 是直线 AB 的极(pole)。

关于在欧几里得空间中只有一条从一个点到一条直线的垂线的证明要等到Ⅰ.16,在黎曼假设之下的这个命题只是在某个限制下是有效的。等到Ⅰ.16 没有困难,由于在这个命题之前Ⅰ.12 没有被应用;并且这与为了明了Ⅰ.1 的解的个数必须等到Ⅰ.7 是同样的。

如果我们希望证明这个假设的真实性,而不用后面的命题,那么我们可以用Ⅰ.7 来做这件事。

若这个圆交 AB 于 G,E,令 H 是 GE 的中点,并且假定这个圆又交 AB 于 AH 上的另一点 K。

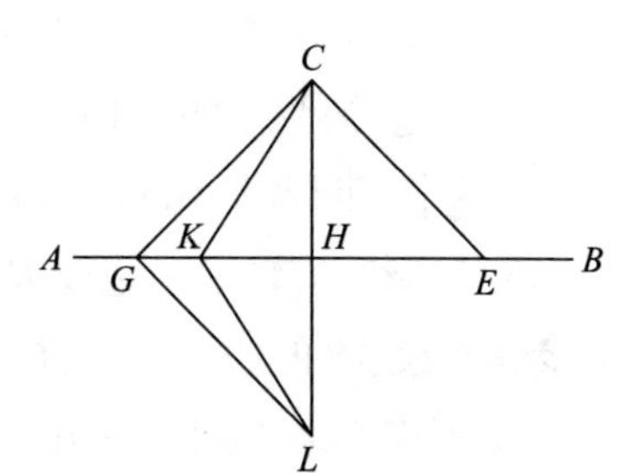

从 H 向 C 的另一侧作 HL 与 AB 成直角,并且使 HL 等于 HC。

连接 CG,LG,CK,LK。

在三角形 CHG,LHG 中,CH 等于 LH,HG 公用。

角 CHG,LHG 都是直角,故相等。

所以底 CG 等于底 LG。

类似地,可证 CK 等于 LK。

由假设 K 在圆上,所以

CK 等于 CG。

因而 CG,CK,LG,LK 都相等。

下一个命题Ⅰ.13 告诉我们 CH,HL 是一条直线;但是我们不假定这个。连接 CL。

则在同一个底 CL 上并且在它的同侧有两对从 C,L 到 G 和 K 的直线,使得 CG 等于 CK,LG 等于 LK。

但是,这不可能。 [Ⅰ.7]

因而，这个圆不能在 CL 的 G 的一侧截 BA 或 BA 的延长线于不同于 G 的任意其他点。

类似地，它不能在 CL 的另一侧截 AB 或 AB 的延长线于不同于 E 的任意其他点。

因而，剩余的仅有的可能是，这个圆截 AB 与 CL 于相同的点。但是，由Ⅰ.7的证明说明这是不可能的。

假定是这样，存在 CL 上的某个点 M，使得 CM 等于 CG，LM 等于 LG。

设这个成立，延长 CG 到 N。

因为 CM 等于 CG，所以角 NGM 等于角 GML（Ⅰ.5，第二部分）。

所以角 GML 大于角 MGL。

又因为 LG 等于 LM，所以角 GML 等于角 MGL。

既大于也等于，这是不可能的。

因此，原图中的圆不能截 AB 与 CL 于相同点。

所以这个圆不能截 AB 于 G 和 E 之外的任何点。

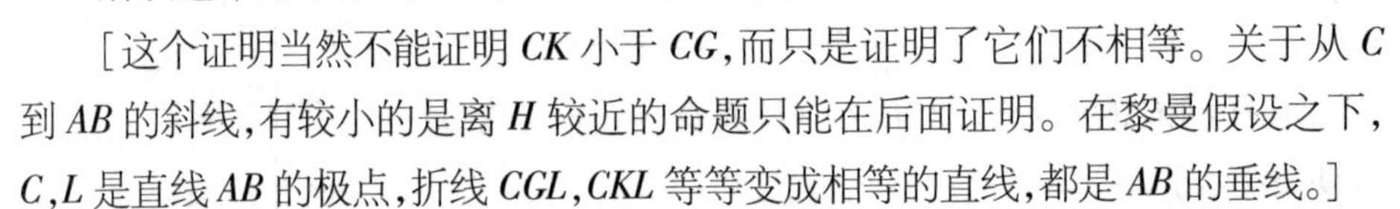

[这个证明当然不能证明 CK 小于 CG，而只是证明了它们不相等。关于从 C 到 AB 的斜线，有较小的是离 H 较近的命题只能在后面证明。在黎曼假设之下，C，L 是直线 AB 的极点，折线 CGL，CKL 等等变成相等的直线，都是 AB 的垂线。]

普罗克洛斯正确地指出（p. 289，18 sqq.），不必把 D 取在 AB 的远离 A 的那一侧，若异议者说“在那一侧没有空间”。如果不希望侵犯 AB 的那一侧，我们可以把 D 取在 AB 上的任何地方，并且在 C 所在的一侧画圆弧。如果恰巧圆只交 AB 于一个点 D，我们只需以 CD 为半径作圆，而后在这个圆上取一点 E，并取一点 F 比 E 到 C 更远。以 CF 为半径作圆弧交 AB 于两个点。

命题 13

一条直线和另一条直线所交成的角，或者是两个直角或者它们的和等于两个直角。

设任意直线 AB 在直线 CD 的上侧和它交成角 CBA，ABD。

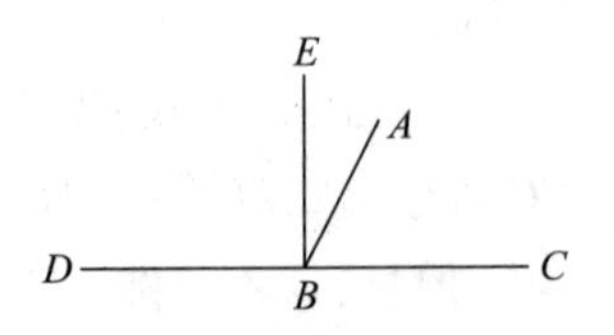

我断言角 CBA，ABD 或者都是直角或者其和等于两个直角。

现在,若角 CBA 等于角 ABD,那么它们是两个直角。 [定义 10]

但是,如果不是直角,让 BE 从 B 点与 CD 绘制成直角。 [Ⅰ.2]

于是角 CBE,EBD 是两个直角。

这时因为角 CBE 等于两个角 CBA,ABE 的和,给它们各加上角 EBD;则角 CBE,EBD 的和就等于三个角 CBA,ABE,EBD 的和。 [公理 2]

再者,因为角 DBA 等于两个角 DBE,EBA 的和,给它们各加上角 ABC;则角 DBA,ABC 的和就等于三个角 DBE,EBA,ABC 的和。 [公理 2]

但是,角 CBE,EBD 的和也被证明了等于相同的三个角的和。

而等于同量的量彼此相等, [公理 1]

故角 CBE,EBD 的和也等于角 DBA,ABC 的和。但是角 CBE,EBD 的和是两直角。

所以,角 DBA,ABC 的和也等于两个直角。

证完

命题 14

如果过任意直线上一点有两条直线不在这一直线的同侧,并且和直线所成的邻角的和等于二直角,则这两条直线在同一直线上。

因为,过任意直线 AB 上面一点 B,有两条不在 AB 同侧的直线 BC,BD 成邻角 ABC,ABD,其和等于二直角。

我断言 BD 和 CB 在同一直线上。

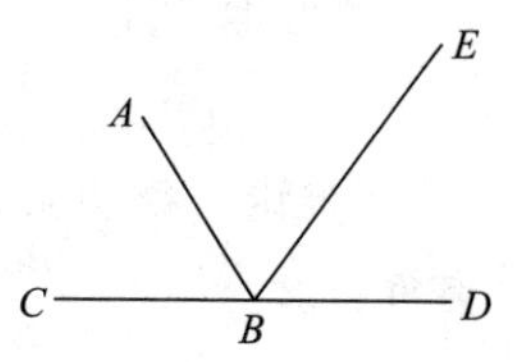

事实上,如果 BD 和 CB 不在同一直线上,设 BE 和 CB 在同一直线上。因为,直线 AB 位于直线 CBE 之上,角 ABC,ABE 的和等于两直角。 [Ⅰ.13]

但角 ABC,ABD 的和也等于两直角。

所以,角 CBA,ABE 的和等于角 CBA,ABD 的和。 [公设 4 和公理 1]

由它们中各减去角 CBA,于是余下的角 ABE 等于余下的角 ABD。[公理 3]

这时,小角等于大角:这是不可能的。

所以,BE 和 CB 不在一直线上。

类似地,我们可证明除 BD 外再没有其他的直线和 CB 在同一直线上。

所以,CB 和 BD 在同一直线上。

证完

普罗克洛斯注意到(p.297),若两条在另一条直线同侧出发于同一点的直线与这条直线的一部分形成两个其和为两直角的两个角,则这两条直线不在一条直线上。他引用了波菲里的一个作图,两条直线与给定直线形成两个角,分别等于半个直角和一个半直角。如图,*CE*,*CF* 与给定直线 *CD* 构成如上描述的角。

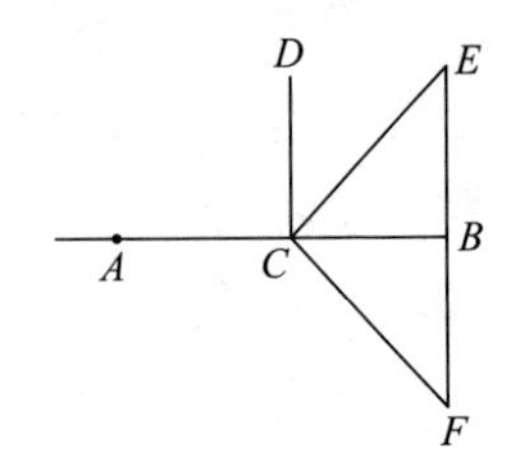

命题 15

如果两直线相交,则它们交成的对顶角相等。

设直线 *AB*,*CD* 相交于点 *E*。

我断言角 *AEC* 等于角 *DEB*,并且角 *CEB* 等于角 *AED*。

事实上,因为直线 *AE* 位于直线 *CD* 上侧,而构成角 *CEA*,*AED*;角 *CEA*,*AED* 的和等于二直角。 [Ⅰ.13]

又,因为直线 *DE* 位于直线 *AB* 的下侧,构成角 *AED*,*DEB*;角 *AED*,*DEB* 的和等于二直角。 [Ⅰ.13]

但是,已经证明了角 *CEA*,*AED* 的和等于二直角。

故角 *CEA*,*AED* 的和等于角 *AED*,*DEB* 的和。 [公设 4 和公理 1]

由它们中各减去角 *AED*,则其余的角 *CEA* 等于其余的角 *BED*。 [公理 3]

类似地,可以证明角 *CEB* 也等于角 *DEA*。

证完

[**推论** 很明显,若两条直线相交,则在交点处所构成的角的和等于四直角。]

根据欧德莫斯,这个定理首先由泰勒斯发现,但是欧几里得给出了其科学证明(Proclus,p.299,3—6)。

普罗克洛斯给出了上述逆定理。若一条直线与另外两条在它的不同侧的直线交于同一点,并且形成的对顶角相等,则后两条线在同一直线上,不必给出证明,因为它几乎是自明的:(1)直接用Ⅰ.13,14,或(2)间接地用Ⅰ.15 和反证法。

关于此处的这个"推论"(Porism),权威的手稿认为它不是真实的,而普罗克洛斯和普西卢斯都有它。这个词 Porism 在此处不同于欧几里得遗失的著作 *Porisms*(前面译为《推断》)的含义。推论是一类特殊的命题,普罗克洛斯描述了一类介于定理和问题之间的命题(要找到我们知道存在的那个东西)。Porism 在此(在《原理》中)有它的第二个含义,即我们说的"推论"(corollary),也即从定理的证明或问题的解答顺便得到的结果,一个不是直接寻找但是无须再费力意外地得到的结果,正如普罗克洛斯所说,是一种横财或红利。这些推论出现在《原理》的几何和算术卷中,来自定理或推论。此处的这个推论是几何的,并且来自定理;Ⅶ.2 提供了一个算术的推论。关于问题的推论见第二卷;关于此见Ⅱ.4 和Ⅳ.15 的注。

普罗克洛斯说,这个推论是下述定理的基础,这个定理证明了只有下述三个正多边形可以围绕一点填满整个空间,等边三角形,正方形,正六边形。事实上,我们可以围绕一点放六个等边三角形,三个正六边形,四个正方形。只有这些正多边形的角可以组成四个直角,这个定理属于毕达哥拉斯。

普罗克洛斯进一步指出,从这个推论可以推出,若任意个数直线交于一点,所有形成的角的和等于四直角。这个在下一卷作为推论 2 给出。

命题 16

在任意的三角形中,若延长一边,则外角大于任何一个内对角。

设 ABC 是一个三角形,延长边 BC 到点 D。

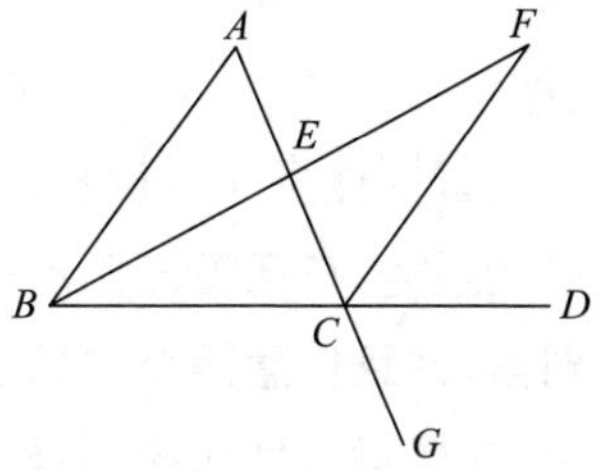

我断言外角 ACD 大于内角 CBA, BAC 的任何一个。

设 AC 被二等分于点 E, [Ⅰ.10]

连接 BE 并延长至点 F,使 EF 等于 BE, [Ⅰ.3]

A F E B C D G

连接 FC, [公设 1]

延长 AC 至 G。 [公设 2]

那么,因为 AE 等于 EC, BE 等于 EF,两边 AE, EB 分别等于两边 CE, EF,又角 AEB 等于角 FEC,因为它们是对顶角。 [Ⅰ.15]

所以,底 AB 等于底 FC,并且三角形 ABE 全等于三角形 CFE,余下的角也分别等于余下的角,即等边所对的角。 [Ⅰ.4]

所以,角 BAE 等于角 ECF。

但是,角 ECD 大于角 ECF。 [公理 5]

所以,角 ACD 大于角 BAE。

类似地,若 BC 被平分,则角 BCG,也就是角 ACD, [Ⅰ.15]

可以证明它大于角 ABC。

证完

众所周知,这个命题不是普遍地真的,在黎曼假设之下,一个空间在容量上是无止境的,但是在大小方面不是无限的。在这个假设之下,一条直线是一个“闭链”并且返回到它本身;两条有一个交点的直线还有另一个交点,它平分这个直线的整个长度。长度是由它上的第一个点再到同一个点;因而,欧几里得几何的公理,两条直线不能包围一个空间不成立。若用 $4\triangle$ 记一条直线的有限长度,从任一点再回到同一点,$2\triangle$ 是两条相交直线的两个交点之间的距离。两个点 A,B 不能唯一地决定一条直线,除非它们之间的距离不同于 $2\triangle$。为了使从 C 到直线 AB 只有一条垂线,C 一定不是这条直线的两个“极”之一。

为了使这个命题的证明是普遍地有效,必须要求 CF 落在角 ACD 之内,因而角 ACF 小于角 ACD。但是在黎曼假设之下不总是这样。(1)若 BE 等于 $\triangle$,BF 等于 $2\triangle$,则 F 就是 BE 与 BD 的第二个交点;即 F 在 CD 上,并且角 ACF 就等于角 ACD。此时,外角 ACD 就等于内角 BAC。(2)若 BE 大于 $\triangle$,而小于 $2\triangle$,BF 大于 $2\triangle$,而小于 $4\triangle$,则角 ACF 就大于角 ACD,因而角 ACD 就小于内角 BAC。例如,在一个直角三角形中,不是直角的两个角可能是(1)两个都是锐角,(2)一个锐角,一个钝角,(3)两个都是钝角,依据两个垂直边(1)都小于 $\triangle$,(2)一个小于,一个大于 $\triangle$,(3)两个都大于 $\triangle$。

普罗克洛斯告诉我们(p. 307,1—12),这个定理与下一个定理结合起来可以阐述为:**在任意三角形中,若延长一个边,则这个三角形的外角大于任一个内对角,并且任意两个内角小于两直角。**在欧几里得 Ⅰ. 32 中已经提示了这个结合,**在任意三角形中,若延长一边,则外角等于两个内对角的和,并且三角形的三个内角的和等于两直角。**

这个命题能使普罗克洛斯证明他的关于 Ⅰ. 12 的注,即**从一个点不能向同一直线作三条有相等长度的直线。**

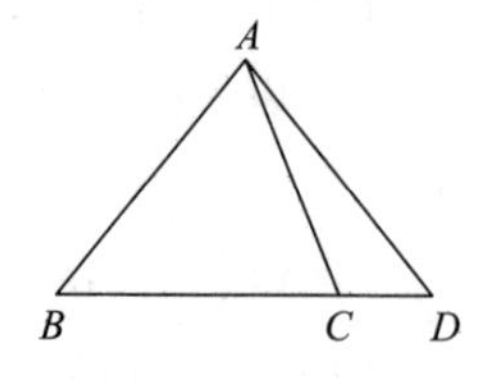

若可能,设 AB,AC,AD 都相等,B,C,D 在一条直线上。

因为 AB,AC 相等,所以角 ABC,ACB 相等。

类似地,因为 AB,AD 相等,所以角 ABD,ADB 相等。

因而角 ACB 等于角 ADC,即外角等于这个内对角,这是不可能的。

普罗克洛斯用 Ⅰ. 16 证明了,**若一条直线落在两条直线上,形成的外角等于**

内对角,则这两条直线就不能形成一个三角形,或者说不能相交,因为此时同一个角就会大于和等于一个角。

这个证明实际上等价于欧几里得Ⅰ.27的证明。若 *BE* 落在直线 *AB*,*CD* 上,角 *CDE* 等于内对角 *ABD*,则 *AB*,*CD* 不能形成一个三角形,或者说不能相交。因为若它们相交,则由Ⅰ.16,角 *CDE* 就大于角 *ABD*,而由题设它们相等。

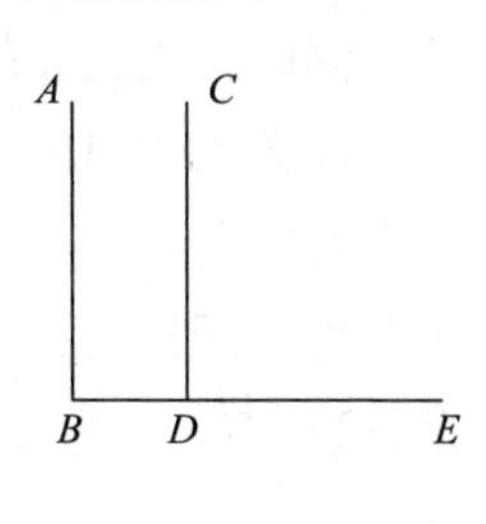

普罗克洛斯说,为了使 *BA*,*DC* 形成一个三角形,必须绕着端点 *B*,*D* 旋转,使得另外两个顶点接近。这个可以用下述三个方法之一实现:(1)*AB* 保持固定,*CD* 绕 *D* 旋转使得角 *CDE* 增大;(2)*CD* 保持固定,*AB* 绕着 *B* 旋转使得角 *ABD* 变小;(3)*AB* 和 *CD* 同时运动使得角 *ABD* 变小,角 *CDE* 增大。

普罗克洛斯在另一段(p. 371,2—10)说Ⅰ.16假设普遍地真,直线 *BA*,*DC* 之一或两者旋转一个不大于某个有限角并且不相交。

命题 17

在任何三角形中,任意两角之和小于两直角。

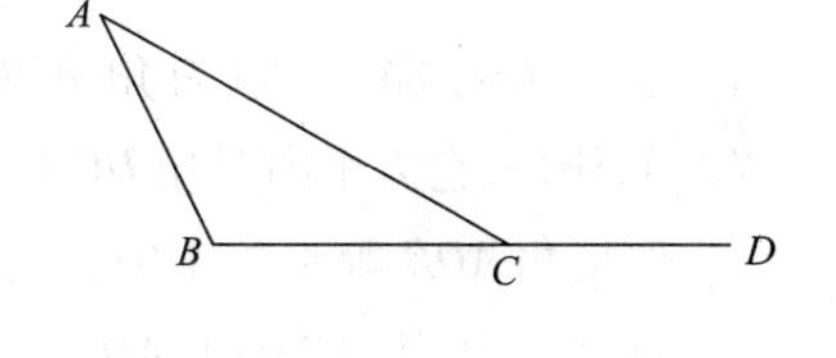

设 *ABC* 是一个三角形,我断言三角形 *ABC* 的任意两个角的和小于二直角。

将 *BC* 延长至 *D*。 [公设2]

于是角 *ACD* 是三角形 *ABC* 的外角,它大于内对角 *ABC*。 [Ⅰ.16]

把角 *ACB* 加在它们各边,则角 *ACD*,*ACB* 的和大于角 *ABC*,*BCA* 的和。

但是角 *ACD*,*ACB* 的和等于两直角。 [Ⅰ.13]

所以,角 *ABC*,*BCA* 的和小于两直角。

类似地,我们可以证明角 *BAC*,*ACB* 的和也小于二直角;角 *CAB*,*ABC* 的和也是这样。

证完

正像普罗克洛斯的上一个命题的注,他试图说明这个性质的原因。他取两条直线与一条横线都形成直角,并且注意到当两条直线互相接近时,两个直角减小,产生一个三角形。他认为外角大于内对角不是这个性质的原因。不必延长一条边,不必作任一个外角。

普罗克洛斯给出了这个定理的不用延长一条边的证明。

设 ABC 是一个三角形。在 BC 上任取一点 D，连接 AD。

则三角形 ABD 的外角 ADC 大于内对角 ABD。

类似地，三角形 ADC 的外角 ADB 大于内对角 ACD。

因而，由加法，角 ADB，ADC 的和大于角 ABC，ACB 的和。

而角 ADB，ADC 的和等于两直角；因而，角 ABC，ACB 的和小于两直角。

普罗克洛斯还证明了，从一个点到一条直线不可能有多于一条的垂线。因为若可能，则这两条垂线就会形成一个三角形。在这个三角形中，两个角是直角，这是不可能的，由于一个三角形的任两角的和小于两直角。

命题 18

在任何三角形中大边对大角。

设在三角形 ABC 中边 AC 大于 AB。

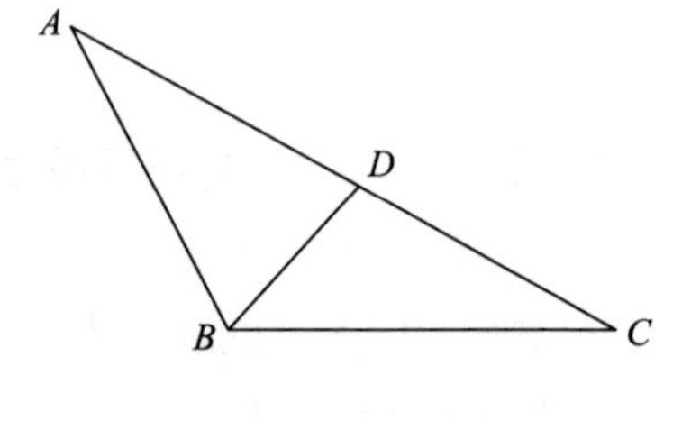

我断言角 ABC 也大于角 BCA。

事实上，因为 AC 大于 AB，取 AD 等于 AB。 [Ⅰ.3]

连接 BD，那么，因为角 ADB 是三角形 BCD 的外角，它大于内对角 DCB。 [Ⅰ.16]

但是角 ADB 等于角 ABD。

这是因为，边 AB 等于 AD。

所以，角 ABD 也大于角 ACB，从而角 ABC 比角 ACB 更大。

证完

为了帮助学生记住这两个命题（Ⅰ.18，19）中哪一个是直接证明的，哪一个是间接证明的，可以注意Ⅰ.5 和Ⅰ.6 的顺序。

波菲里给出了Ⅰ.18 另一个有趣的证明（见 Proclus，pp. 315，11—316，13）。在 AC 上取 CD 等于 AB。延长 AB 到 E，使得 BE 等于 AD。连接 EC。

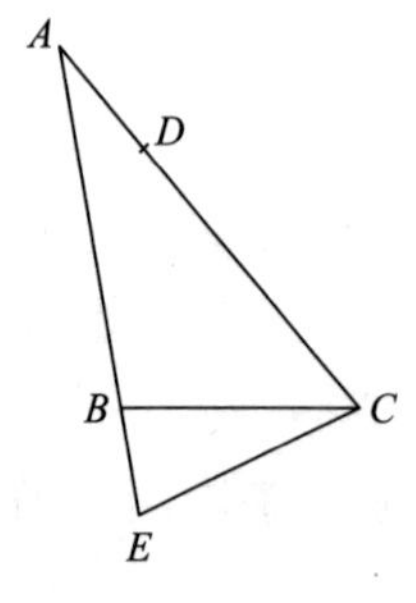

因为 AB 等于 CD，以及 BE 等于 AD，所以 AE 等于 AC。

因而角 AEC 等于角 ACE。

角 ABC 大于角 AEC，［Ⅰ.16］

因而，大于角 ACE。

因此角 ABC 更大于角 ACB。

命题 19

在任何三角形中，大角对大边。

设在三角形 ABC 中，角 ABC 大于角 BCA。

我断言边 AC 也大于边 AB。

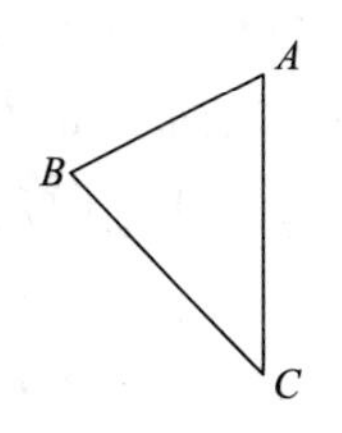

因为，假若不是这样，则 AC 等于或小于 AB。现在设 AC 等于 AB；那么，角 ABC 也等于角 ACB。［Ⅰ.5］

但它是不等的，所以，AC 不等于 AB。

AC 也不能小于 AB，因为这样角 ABC 也小于角 ACB，［Ⅰ.18］

但是，它不是这样的。所以，AC 不于小 AB，

已经证明了一个不等于另外一个。从而 AC 大于 AB。

证完

德·摩根指出，像Ⅰ.6一样，这个命题的证明只用逻辑推理从Ⅰ.5和Ⅰ.18推出。在他的 *Formal Logic*（1847）第25页出了这个推理的一般形式：

"假设，有任意个数命题或断言，譬如三个，X，Y，Z，每个是一条性质，一个并且只一个是真的。又有另外三个命题 P，Q，R，它也是一个并且只一个是真的性质。设这些断言的联系是

当 X 真，则 P 真，

当 Y 真，则 Q 真，

当 Z 真，则 R 真。

推论，可以推出

当 P 真，则 X 真，

当 Q 真，则 Y 真，

当 R 真，则 Z 真。"

使用这个到现在的情形，记三角形 ABC 的边为 a，b，c，对着这些边的角分别为 A，B，C，并假定 a 是底。

则我们有三个命题，

当 b 等于 c,则 B 等于 C, [Ⅰ.5]

当 b 大于 c,则 B 大于 C,
当 b 小于 c,则 B 小于 C。 [Ⅰ.18]

并且逻辑地推出,

当 B 等于 C,则 b 等于 c, [Ⅰ.6]

当 B 大于 C,则 b 大于 c,
当 B 小于 C,则 b 小于 c。 [Ⅰ.19]

用穷尽的反证法。

普罗克洛斯说(p. 318),欧几里得在此处"用分离法(division)"证明了不可能性。这意味着分开不同的假设,证明每一个与定理的真实性不相容,因而逐步地证明是不可能的。若一条直线不大于一条直线,则它或者等于它或者小于它;因而用反证法证明定理Ⅰ.19,必须逐步地反证两个假设与定理的真实性不相容。

另一个(直接的)证明。

普罗克洛斯给出了一个直接证明(pp. 319—21),安那里兹也有断言,把这个归功于海伦。它要求一个引理,这个引理和证明值得给出。

引理。

若一个三角形的一个角被平分并且这个分角线与底的交点把底分为不相等的两部分,则包含这个角的两个边不相等,并且与底的较大部分相交的较大,与底的较小部分相交的较小。

设 AD 是三角形 ABC 的角 A 的分角线,交 BC 于 D,CD 大于 BD。

则可断言 AC 大于 AB。

延长 AD 到 E,使得 DE 等于 AD。因为 DC 大于 BD,所以可截 DF 等于 BD。

连接 EF 并且延长到 G。

因为两边 AD,DB 分别等于 ED,DF,并且在 D 的对顶角相等,所以

AB 等于 EF。

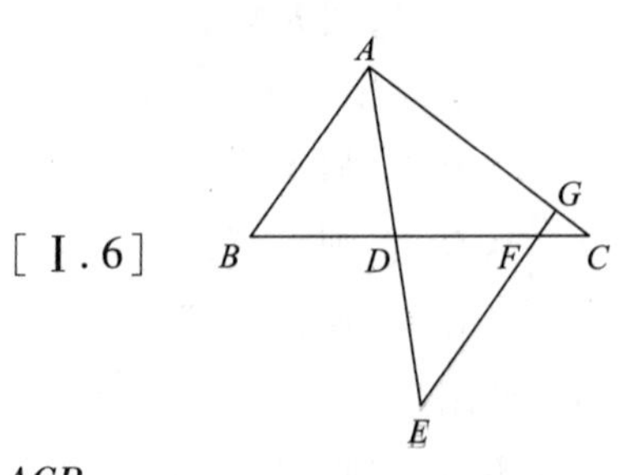

角 DEF 等于角 BAD,

等于角 DAG(题设)。

因而 AG 等于 EG,大于 EF 或 AB。 [Ⅰ.6]

因此,AC 大于 AB。

Ⅰ.19 的证明。

设 ABC 是一个三角形,其中角 ABC 大于角 ACB。

平分 BC 于 D，连接 AD，并延长到 E，使得 DE 等于 AD，连接 BE。

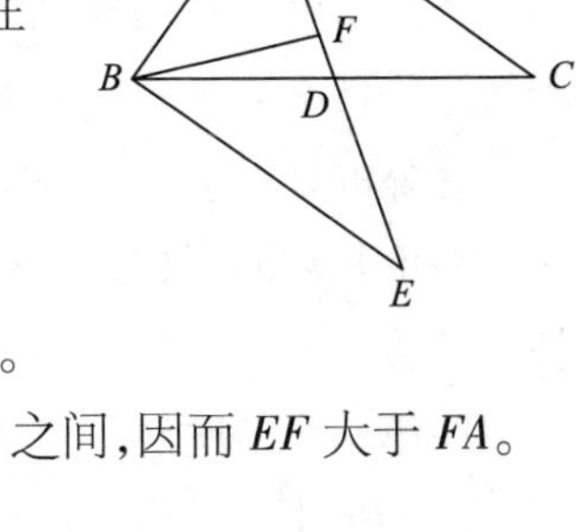

因为两边 BD，DE 分别等于两边 CD，DA，并且在 D 的对顶角相等，所以

BE 等于 AC。

角 DBE 等于角 C。

但是角 C 小于角 ABC，所以角 DBE 小于角 ABD。

因此，若 BF 平分角 ABE，则 BF 交 AE 于 A 和 D 之间，因而 EF 大于 FA。

由引理，BE 大于 BA，

即 AC 大于 AB。

命题 20

在任何三角形中，任意两边之和大于第三边。

设 ABC 为一个三角形。

我断言在三角形 ABC 中，任意两边之和大于其余一边，即

BA，AC 之和大于 BC，

AB，BC 之和大于 AC，

BC，CA 之和大于 AB。

事实上，延长 BA 至点 D，使 DA 等于 CA，连接 CD。

则因 DA 等于 AC，

角 ADC 也等于角 ACD； [Ⅰ.5]

所以，角 BCD 大于角 ADC。 [公理 5]

由于 DCB 是三角形，它的角 BCD 大于角 BDC，而且较大角所对的边较大， [Ⅰ.19]

所以 DB 大于 BC，

但是 DA 等于 AC，

故 BA，AC 的和大于 BC。

类似地，可以证明 AB，BC 的和也大于 CA；BC，CA 的和也大于 AB。

证完

普罗克洛斯说（p. 322），埃皮柯里恩习惯地认为这个定理即使对傻瓜也是

明显的，并且不需要证明，这是基于这个事实，若把食物放在一个角点上，傻瓜在另一个角点上，为了得到食物，他不会走三角形的两条边，而只会走与他相隔的一条边。普罗克洛斯回应道，感觉定理的真实性不同于科学证明，并且不同于知道为什么它是真的。并且正如西姆森所说，公理的个数不能太多。

另外的证明。

海伦和波菲里(Proclus，pp. 323—6)用不同的方法证明了这个定理，不必延长一条边。

1. 第一个证明。

设 ABC 是三角形，要证明边 BA，AC 之和大于 BC。

作角 BAC 的平分线 AD 交 BC 于 D。

在三角形 ABD 中，外角 ADC 大于内对角 BAD。 [Ⅰ.16]

也即大于角 DAC。

因而边 AC 大于边 CD。 [Ⅰ.19]

类似地，可以证明 AB 大于 BD。

因此，由加法，BA，AC 之和大于 BC。

2. 第二个证明。

类似于第一个证明，这也是一个直接证明。要考虑几种情形。

(1)若三角形是等边的，命题的真是显然的。

(2)若三角形是等边的，

(a)若每一条等边大于底，命题的真也是显然的。

(b)若底大于其他边，我们需要证明两个相等边的和大于底。设 BC 是这个三角形的底。

在 BC 上截取 BD 等于 AB，连接 AD。

在三角形 ADB 中，外角 ADC 大于内对角 BAD。 [Ⅰ.16]

类似地，在三角形 ADC 中，外角 ADB 大于内对角 CAD。

由加法，两个角 BDA，ADC 之和大于两个角 BAD，DAC 之和(或者整个角 BAC)。

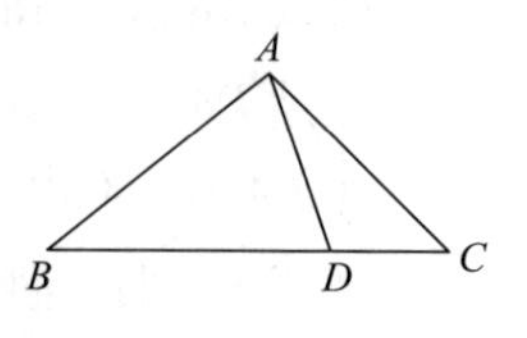

减去等角 BDA，BAD，我们有角 ADC 大于角 CAD。

因此 AC 大于 CD； [Ⅰ.19]

两边分别加上等量 AB，BD，我们得到 BA，AC 之和大于 BC。

(3)若三角形是不等边的，我们可以把边按长度安排，假定 BC 最大，AB 次之，AC 最小。显然，AB，BC 之和大于 AC，BC，CA 之和大于 AB。

只需要证明 CA,AB 之和大于 BC。

在 BC 上截取 BD 等于相邻边,连接 AD,并且如上述等腰三角形的情形证明。

3. 第三个证明。

用反证法。

假定 BC 是最大边,我们只需证明 BA,AC 之和大于 BC。

假若不是,则 BA,AC 之和等于或小于 BC。

(1)假定 BA,AC 之和等于 BC。

在 BC 上截取 BD 等于 BA,连接 AD。

由题设,DC 等于 AC。

因为 BA 等于 BD,所以角 BDA 等于角 BAD。

类似地,因为 AC 等于 CD,所以角 CDA 等于角 CAD。

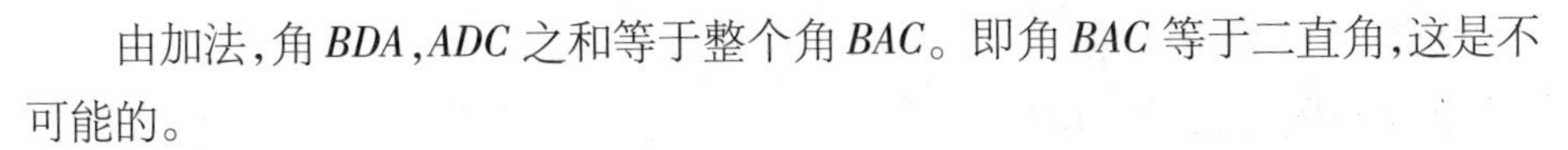

由加法,角 BDA,ADC 之和等于整个角 BAC。即角 BAC 等于二直角,这是不可能的。

(2)假定 BA,AC 之和小于 BC。

在 BC 上截取 BD 等于 BA,在 CB 上截取 CE 等于 CA。连接 AD,AE。

此时,角 BDA 等于角 BAD,角 CEA 等于角 CAE。

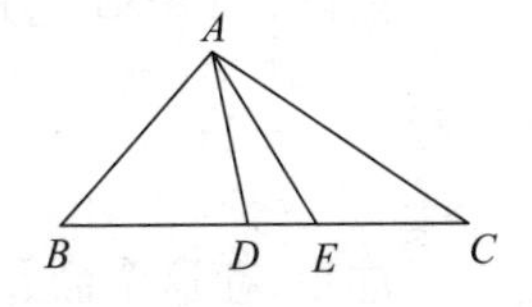

由加法,角 BDA,AEC 之和等于角 BAD,CAE 之和。

又由 Ⅰ. 16,角 BDA 大于角 DAC,因而更大于角 EAC。

类似地,角 AEC 大于角 BAD。

因此,角 BDA,AEC 之和大于角 BAD,EAC 之和。

既大于又等于,这是不可能的。

命题 21

如果在三角形的一条边的两个端点作相交于三角形内的两条线段,那么由交点到两端点的线段的和小于三角形其余两边的和。但是,其夹角大于三角形的顶角。

在三角形 ABC 的一条边 BC 上,由它的端点 B,C 作相交在三角形 ABC 内的两条线段 BD,DC。

我断言 BD,DC 的和小于三角形的其余两边 BA,AC 之和。但是所夹的角 BDC 大于角 BAC。

事实上,可以延长 BD 和 AC 交于点 E。

这时,因为任何三角形两边之和大于第三边,

[Ⅰ.20]

故在三角形 ABE 中,边 AB 与 AE 的和大于 BE。

把 EC 加在以上各边;

则 BA 与 AC 的和大于 BE 与 EC 之和。

又,因为在三角形 CED 中,

两边 CE 与 ED 的和大于 CD,给它们各加上 DB,

则 CE 与 EB 的和大于 CD 与 DB 的和。

但是已经证明了 BA,AC 的和大于 BE,EC 的和,所以 BA,AC 的和比 BD,DC 的和更大。

又,因为在任何三角形中,外角大于内对角, [Ⅰ.16]

故在三角形 CDE 中,

外角 BDC 大于角 CED。

此外,同时,在三角形 ABE 中也有外角 CEB 大于角 BAC。

但是,角 BDC 已被证明了大于角 CEB;

所以,角 BDC 比角 BAC 更大。

证完

注意,在这个命题中在三角形内画的线必须从这条边的两个端点;否则,它们的和不必小于三角形的其余两边。普罗克洛斯(p. 327)给出了一个简单的例子。

设 ABC 是一个直角三角形。在 BC 上任取一点 D,连接 DA,并且在其上截取 DE 等于 AB。平分 AE 于 F,连接 FC。

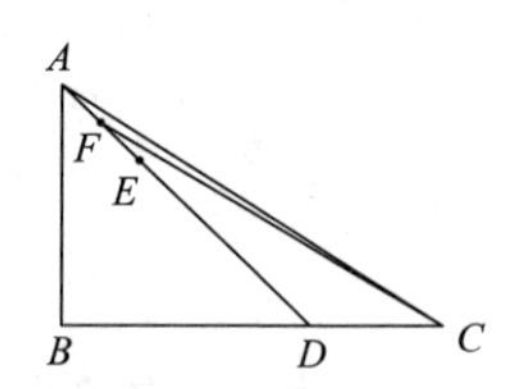

则 CF,FD 的和大于 CA,AB 的和。

因为 CF,FE 的和等于 CF,FA 的和,所以大于 CA。

两边分别加上等量 ED,AB,就有

CF,FD 的和大于 CA,AB 的和。

帕普斯给出了类似上述的命题,具有更详细的特征,选自埃赖辛奥斯(Erycinus)的“所谓的悖论”(Pappus, Ⅲ. p. 106 sqq.),他证明了下述:

1. 在除了等边三角形和其底小于腰的等腰三角形的任一三角形中,可以在三角形的内部从底上作两条直线,使得其和等于其他两边的和。

2. 在任意的可以在它的内部从底上作两条直线，使得其和等于其他两边的和的三角形中，也可以作另外两条线，其和大于其他两边的和。

3. 在同样的条件下，若底大于其他两边中的任一个，则这两条直线可以分别大于三角形的两边；又若两边不相等，并且都小于底，则这两条直线可以分别等于两边。

4. 这两条直线可以这样作出，只要它们的和与三角形的两边的和的比小于 2 : 1。

作为证明的样板，我们给出情形 1 中，三角形是等腰三角形的证明（Pappus，Ⅲ. p. 108—10）。

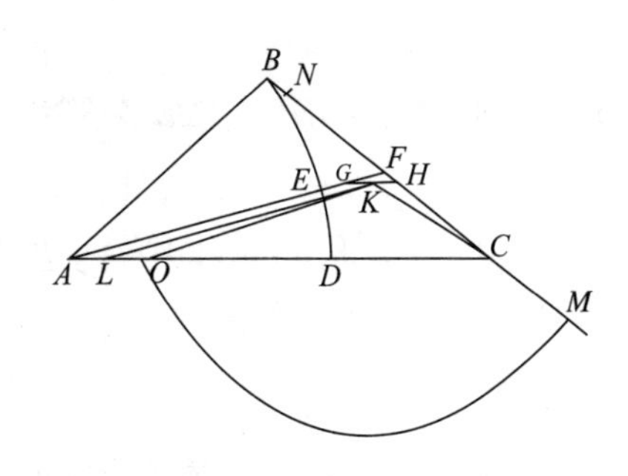

设 ABC 是等腰三角形，底 AC 大于腰 AB，BC。

以 A 为圆心，以 AB 为半径作圆，交 AC 于 D。

作任一半径 AEF，交 BC 于圆外的点 F。

在 EF 上任取一点 G，作 GH 平行于 AC。在 GH 上任取一点 K，作 KL 平行于 FA，交 AC 于 L。

在 BC 上截取 BN 等于 EG。

于是 AG 或 LK 等于 AB 与 BN 的和，并且 CN 小于 LK。

GF，FH 的和大于 GH；CH，HK 的和大于 CK。

因而，由加法，

CF，FG，HK 的和大于 CK，HG 的和。

两边减去 HK，得到

CF，FG 的和大于 CK，KG 的和；两边都加上 AG，得到

AF，FC 的和大于 AG，GK，KC 的和。

又 AB，BC 的和大于 AF，FC 的和， ［Ⅰ. 21］

所以，AB，BC 的和大于 AG，GK，KC 的和。

但是，由作图，AB，BN 的和等于 AG；由减法，NC 大于 GK，KC 的和，当然更大于 KC。

在 KC 的延长线上取点 M，使得 KM 等于 NC；以 K 为圆心，以 KM 为半径作圆，交 CL 于 O，连接 KO。

证明 LK，KO 的和等于 AB，BC 的和。

由作图，LK 等于 AB，BN 的和，并且 KO 等于 NC；

因而 LK,KO 的和等于 AB,BC 的和。

在Ⅰ.21之后,有从一点到一条直线的垂线和斜线的若干命题。

(a)垂线是最短的;

(b)关于斜线,有较大的足者离垂线较远;

(c)给定一条斜线,只能找到另外一条具有相同长度的斜线,即在另一侧的其足与给定斜线的足离垂线的距离相等。

设 A 是给定点,BC 是给定的直线;设 AD 是从 A 到 BC 的垂线,AE,AF 是两条斜线,AF 与 AD 的夹角较大。

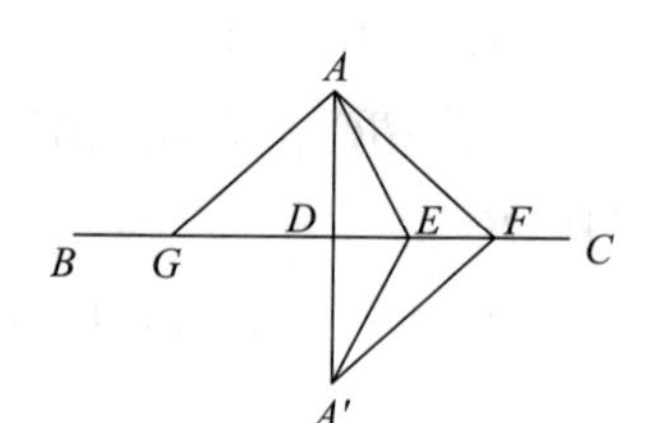

延长 AD 到 A',使得 $A'D$ 等于 AD,连接 $A'E$,$A'F$。

则三角形 ADE,$A'DE$ 全等;三角形 ADF,$A'DF$ 全等。

(1)在三角形 AEA' 中,两边 AE,EA' 的和大于 AA'[Ⅰ.20],即二倍的 AE 大于二倍的 AD。

所以 AE 大于 AD。

(2)因为 AE,$A'E$ 是从三角形 AFA' 内一点 E 画的,所以

AF,FA' 的和大于 AE,EA' 的和, [Ⅰ.21]

或者二倍的 AF 大于二倍的 AE。

所以 AF 大于 AE。

(3)在 DB 上截取 DG 等于 DF,连接 AG。

三角形 AGD,AFD 全等,因而角 GAD,FAD 相等,AG 等于 AF。

命题 22

试由分别等于给定的三条线段的三条线段作一个三角形;在这样的三条给定的线段中,任两条线段之和必须大于另外一条线段。

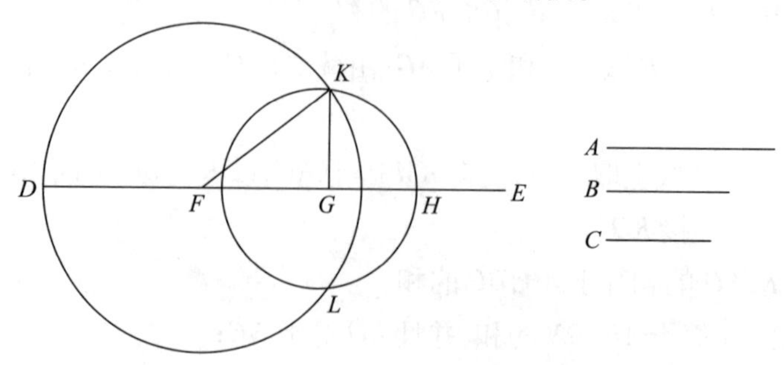

设三条给定的线段是 A,B,C,它们中任何两条之和大于另外一条,即 A,B 的和大于 C;A,C 的和大于 B;B,C 的和大于 A。

现在要求由等于 A,B,C 的三条线段作一个三角形。

设另外有一条直线 DE,一端为 D,而在 E 的方向是无限长。

令 DF 等于 A;FG 等于 B;GH 等于 C。 [Ⅰ.3]

以 F 为心,FD 为距离,画圆 DKL;又以 G 为心,以 GH 为距离,画圆 KLH 交圆 KLD 于 K,并连接 KF,KG。

我断言三角形 KFG 就是由等于 A,B,C 的三条线段所作成的三角形。

事实上,因为点 F 是 DKL 的圆心,所以 FD 等于 FK。

但是 FD 等于 A,故 KF 也等于 A。

又因点 G 是圆 LKH 的圆心,故 GH 等于 GK。

但是 GH 等于 C,故 KG 也等于 C。

并且 FG 也等于 B;

所以三条线段 KF,FG,GK 等于所给定的线段 A,B,C。

于是,由分别等于所给定的线段 A,B,C 的三条线段 KF,FG,GK 作出了三角形 KFG。

证完

注意,欧几里得没有给出任何理由就假定若三条直线 A,B,C 中任二条之和大于第三条,则所画的这两个圆就相交。普罗克洛斯(p. 331)用反证法证明了这件事情,但是没有穷尽所有可能的假设。他说,这两个圆必然满足下述三条之一,(1)彼此相截,(2)彼此相切,(3)彼此分离。而后他讨论了假设(a)它们外切,(b)它们分离。他还应当讨论假设(c)一个圆内切另一个圆或者完全在一个圆之内而不相切的情形。这三个假设被否证之后就可以推出这两个圆必然相交(这是卡梅尔和托德亨特所做的)。

西姆森说:“某些作者责怪欧几里得,由于他没有证明作图中的两个圆必然相截;但是判别条件是显而易见的。因为以 F 为圆心,以 FD 为半径的圆必然与 FH 在 F 与 H 之间相交,由于 FD 小于 FH;同样地,以 G 为圆心,以 GH 为半径的圆必然与 DG 在 D 与 G 之间相交;并且这两个圆必然彼此相交,由于 FD 与 GH 的和大于 FG。”

事实上,以 G 为圆心的圆至少其圆周上一个点在第一个圆的外面,并且至少其圆周上一个点在第一个圆的内面。因为(1)FH 等于 B 与 C 的和,大于 A,即大于以 F 为心的圆的半径,因而 H 在这个圆的外面。(2)若沿 GF 截取 GM

等于 GH 或 C,则 GM 或者(a)小于或者(b)大于 GF,M 就落在(a)G 与 F 之间或者(b)超过 F;在第一种情形(a)FM 与 C 的和等于 FG,因而小于 A 与 C 的和,因而 FM 小于 A 或 FD;在第二种情形(b)MF 与 FG 的和,即 MF 与 B 的和等于 GM 或 C,因而小于 A 与 B 的和,因而 MF 小于 A 或 FD;因此,在两种情形下,M 都落在以 F 为心的圆的内面。

现在已证明了以 G 为心的圆的圆周至少有一个点在以 F 为心的圆的外面,至少有一个点在它的内面,我们只要使用连续原理即可,正像Ⅰ.1 所做的(参考Ⅰ.1 的注)。

显然,由Ⅰ.7 这个命题的作图只给出了这两个圆的两个交点,因而,只有两个三角形满足条件,分别在 FG 的两侧。

命题 23

在给定的直线和它上面一点,作一个直线角等于已知直线角。

设 AB 是给定的直线,A 为它上面一点,角 DCE 为给定的直线角。

于是要求在给定的直线 AB 和它上面一已知点 A 作一个等于已知的直线角 DCE 的直线角。

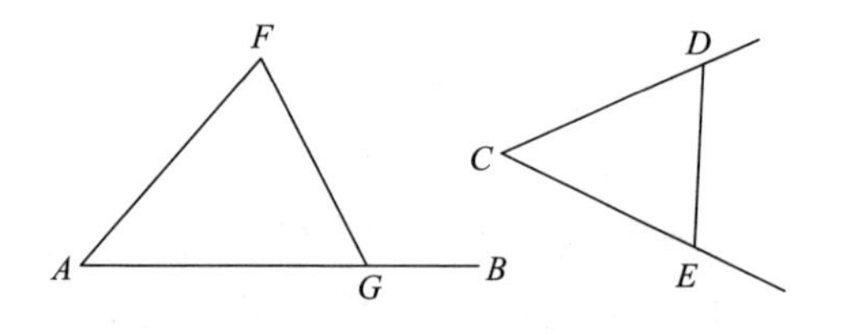

在直线 CD,CE 上分别任意取点 D,E,连接 DE。

用等于三条线段 CD,DE,CE 的三条线段作三角形 AFG,其中 CD 等于 AF,CE 等于 AG,DE 等于 FG。 [Ⅰ.22]

因为两边 DC,CE 分别等于两边 FA,AG;并且底 DE 等于底 FG;角 DCE 等于角 FAG。 [Ⅰ.8]

所以,在所给定的直线 AB 和它上面一已知点 A 作出了等于已知直线角 DCE 的直线角 FAG。

证完

根据欧德莫斯(见 Proclus, p. 333),这个问题是伊诺皮迪斯发现的,伊诺皮迪斯首先给出了它的解答,而欧几里得给出了这个特殊的解答(参考 Bretschneider, p. 65)。

编辑者似乎没有注意到这个事实,这个命题中的三角形的作图与Ⅰ.22 中的作图不是完全相同的。此处我们是把有限直线 AG 作为底来作三角形;在

Ⅰ.22中我们只是用给定长度的三条边作三角形，对如何设置它们没有任何限制。在Ⅰ.22 中我们从任何一直线开始，并且从给定端点开始沿着它逐次量取了三个长度，作为底的是中间长度，不是从给定点开始的长度。此处底紧靠给定点。因此作图必须作某些假设。我们必须在 *AB* 上量取 *AG* 等于 *CE*（或 *CD*），并且沿 *GB* 量取 *GH* 等于 *DE*；而后必须延长 *BA* 到 *F*，使得 *AF* 等于 *CD*（或 *CE*，若取 *AG* 等于 *CD*）。

而后作两个图(1)以 *A* 为心，以 *AF* 为半径，(2)以 *G* 为心，以 *GH* 为半径，决定了交点 *K*，并且证明三角形 *KAG* 与 *DCE* 全等，在 *A* 的角等于角 *DCE*。

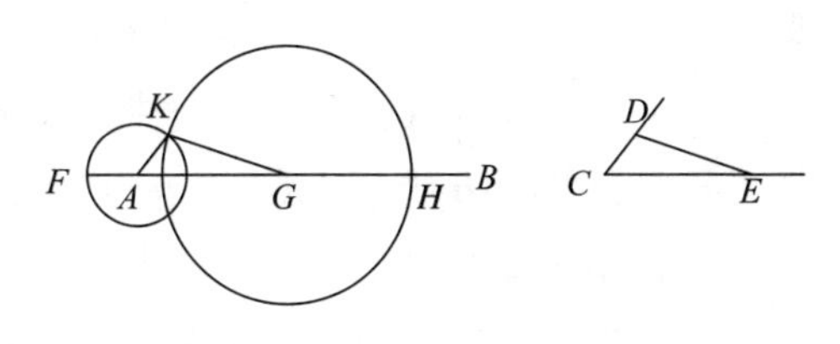

我认为普罗克洛斯一定（尽管他没有这样说）感到在Ⅰ.23 中使用Ⅰ.22 的结果的困难，这就是他给出了上述我给出的作图，并且说（p. 334）“你们可以得到一个更有启发性的三角形的作图”的原因。

普罗克洛斯反对阿波罗尼奥斯的作图，若他正确地引用了阿波罗尼奥斯，后者的解释是有些随便。

普罗克洛斯说（p.335），“他任意取一个角 *CDE* 和一条直线 *AB*，并且以 *D* 为圆心，以 *CD* 为半径作圆弧 *GE*，又以同样的方法，以 *A* 为圆心，以 *AB* 为半径作圆弧 *FB*。而后截取 *FB* 等于 *CE*，连接 *AF*。他断言相等圆弧对的角 *A*，*D* 是相等的。”

首先，正如普罗克洛斯所说，为了使得这两个圆相等，应当假定 *AB* 等于 *CD*；并且使用卷Ⅲ. 来做这样一个初等作图是不应当的。省略说 *AB* 一定等于 *CD* 无疑是一个疏忽。关于“相等圆弧对的角相等”可能是为了简短起见，而不是证明。我认为他的作图是从实践的观点出发的，而不是从几何的理论观点。实际上与欧几里得的作图相同，除了取 *DC* 等于 *DE*。关于截取弧 *BF* 等于弧 *CE* 可以用圆规量取弦 *CE*，而后以 *B* 为圆心，以 *CE* 为半径作圆。阿波罗尼奥斯的作图可能只是为了实际上的简便，避免了实际上作出弦 *CE*，*BF*，三角形 *CDE*，*BAF* 全等的证明要求改正其作图。

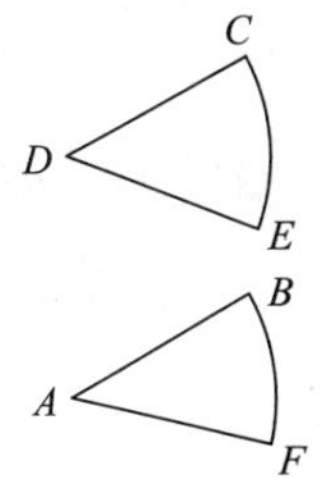

命题 24

如果在两个三角形中，一个中的两条边分别等于另一个中的两条边，并且一个中的夹角大于另一个中的夹角，则夹角大的所对的边也较大。

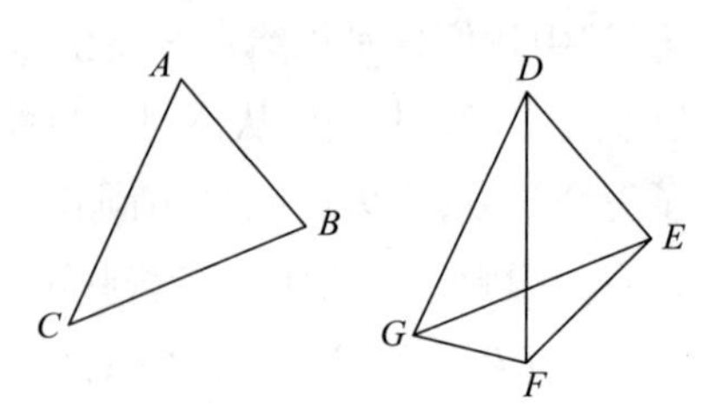

设 ABC，DEF 是两个三角形。其中边 AB，AC 分别等于两边 DE，DF，即 AB 等于 DE，又 AC 等于 DF，并且在 A 的角大于在 D 的角。

我断言底 BC 也大于底 EF。

事实上，因为角 BAC 大于角 EDF，在线段 DE 的点 D 作角 EDG 等于角 BAC；［Ⅰ.23］

取 DG 等于 AC 且等于 DF，连接 EG，FG。

于是，因为 AB 等于 DE，AC 等于 DG，两边 BA，AC 分别等于两边 ED，DG；

并且角 BAC 等于角 EDG，所以底 BC 等于底 EG。［Ⅰ.4］

又因为 DF 等于 DG，角 DGF 也等于角 DFG，［Ⅰ.5］

所以，角 DFG 大于角 EGF。

于是角 EFG 比角 EGF 更大。

又因 EFG 是一个三角形，其中角 EFG 大于角 EGF，而且较大角所对的边较大。［Ⅰ.19］

边 EG 也大于 EF。但是 EG 等于 BC。

所以，BC 也大于 EF。

证完

普罗克洛斯给出了另外两种情形，它出现在 DE 不大于 DF 的情形。

(1)在第一种情形下，G 落在 EF 的延长线上，此时显然 EG 大于 EF。

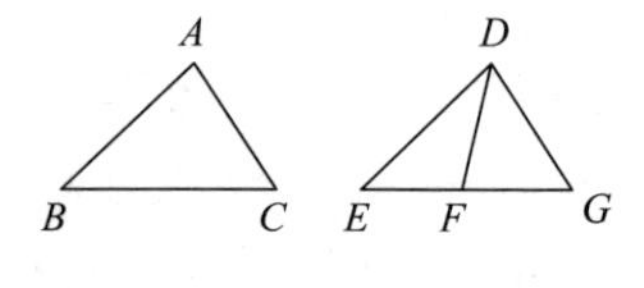

(2)在第二种情形下，EG 在 EF 之下。

由Ⅰ.21，DF，FE 的和小于 DG，GE 的和。

但是 DF 等于 DG，因而 EF 小于 EG，即小于 BC。

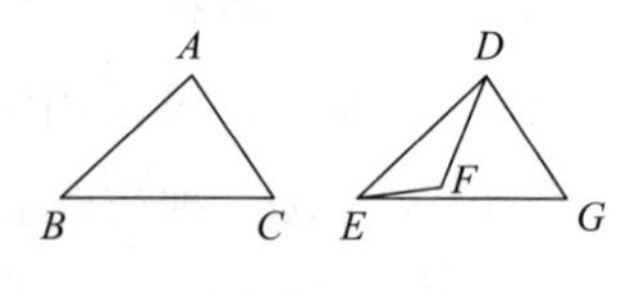

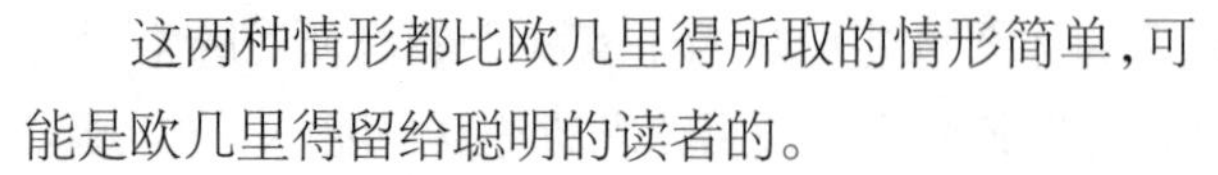

这两种情形都比欧几里得所取的情形简单，可能是欧几里得留给聪明的读者的。

然而，我们要插入西姆森的说法，并且避免后面两种情形，除非我们证明 F 必然在 EG 之下，否则证明就不是完全的。

德·摩根在前面放置了下述命题：任何从三角形的顶点到底的直线小于两边中的较大者，若两边相等，则小于每一边，并且用上述关于垂线和斜线的命题证明了它。

但是,用浦夫莱德勒、拉得纳和托德亨特使用的方法容易直接证明若 DE 不大于 DG,则 F 在 EG 的下面。

设 DF 交 EG 于 H,必要时可以延长。则

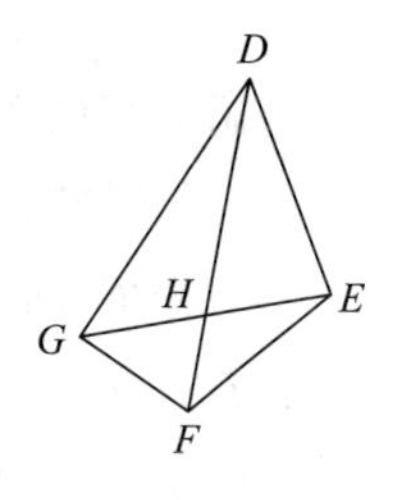

角 DHG 大于角 DEG; [Ⅰ.16]

并且角 DEG 不小于角 DGE, [Ⅰ.18]

因而角 DHG 大于角 DGH,

因此,DH 小于 DG, [Ⅰ.19]

所以,DH 小于 DF。

另一个证明。

值得给出另一个现代的证明。

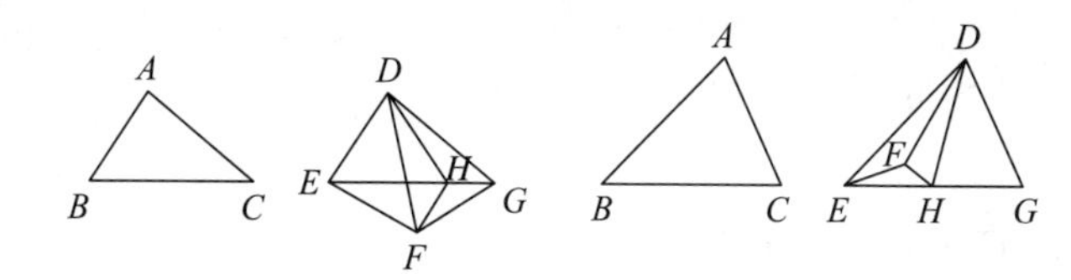

设 DH 平分角 FDG(正如命题中作了三角形 DEG 与三角形 ABC 全等之后),并且设 DH 交 EG 于 H,连接 HF。

则在三角形 FDH,GDH 中,

两边 FD,DH 分别等于两边 GD,DH,

并且夹角 FDH,GDH 相等;

因而底 HF 等于底 HG。

故 EG 等于 EH,HF 的和;

并且 EH,HF 的和大于 EF; [Ⅰ.20]

所以 EG 或 BC 大于 EF。

普罗克洛斯(p.339)回答了读者可能出现的问题,即欧几里得为什么没有像在Ⅰ.4 中一样来比较这两个三角形的面积?他说面积的不等由等边夹的角不等推出,欧几里得略去这个是由于这个理由以及面积的比较不能没有平行理论的帮助。普罗克洛斯又说:“如果我们现在想要比较面积,可以断言(1)若角 A,D 的和等于二直角,则可证明这两个三角形相等,(2)若大于二直角,则有较大角的三角形较小,(3)若小于二直角,则有较大角的三角形较大”。而后,普罗克洛斯给出了证明,没有参考任何引用的源泉。安那里兹对Ⅰ.38 增加了类似的命题,但是归功于海伦。我将在那个地方给出它。

命题25

如果在两个三角形中，一个的两条边分别等于另一个的两条边，则第三边较大的所对的角也较大。

设 ABC，DEF 是两个三角形，其中两边 AB，AC 分别等于两边 DE，DF，即 AB 等于 DE，AC 等于 DF；并且设底 BC 大于底 EF。

我断言角 BAC 也大于角 EDF。

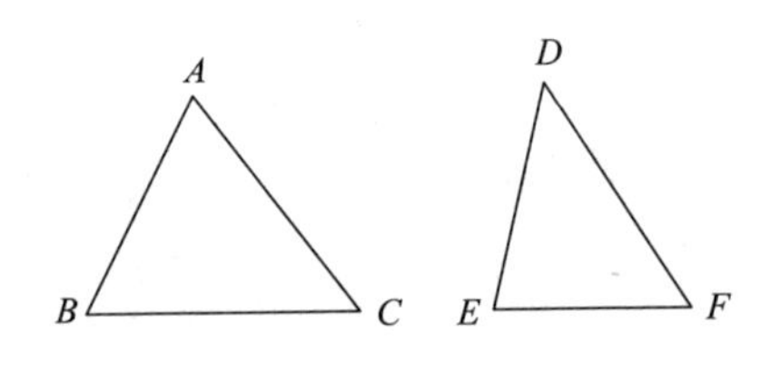

因为，如果不是这样，则角 BAC 或者等于角 EDF 或者小于它。

现在角 BAC 不等于角 EDF。否则这时，底 BC 就会等于底 EF，但是，并不是这样。 [Ⅰ.4]

所以，角 BAC 不等于角 EDF。

又角 BAC 也不小于角 EDF；

否则这时，底 BC 就会小于底 EF。 [Ⅰ.24]

但是，并不是这样。

所以，角 BAC 不小于角 EDF。

但是，已经证明了它们不相等；

从而，角 BAC 大于角 EDF。

证完

德·摩根指出，这个命题（正如Ⅰ.8）是Ⅰ.4和Ⅰ.24的纯逻辑的推论，正像Ⅰ.19和Ⅰ.6是Ⅰ.18和Ⅰ.5的纯逻辑推论一样。若用 a,b,c 记三角形 ABC 的边，A,B,C 记它们对的角，a',b',c',A',B',C' 分别是三角形 $A'B'C'$ 的边及其对角。Ⅰ.4和Ⅰ.24告诉我们，b,c 分别等于 b',c'，

(1)若角 A 等于角 A'，则 a 等于 a'，

(2)若角 A 小于角 A'，则 a 小于 a'，

(3)若角 A 大于角 A'，则 a 大于 a'；

并且逻辑地推出，

(1)若 a 等于 a'，则角 A 等于角 A'， [Ⅰ.8]

(2)若 a 小于 a'，则角 A 小于角 A'，
(3)若 a 大于 a'，则角 A 大于角 A'。 [Ⅰ.25]

普罗克洛斯(pp. 345—7)给出了另外两个有趣的直接证明。

Ⅰ. 亚历山大的门纳劳斯的证明。

设 ABC, DEF 是两个三角形,两条边 BA, AC 分别等于两条边 ED, DF,而底 BC 大于底 EF。

则角 A 大于角 D。

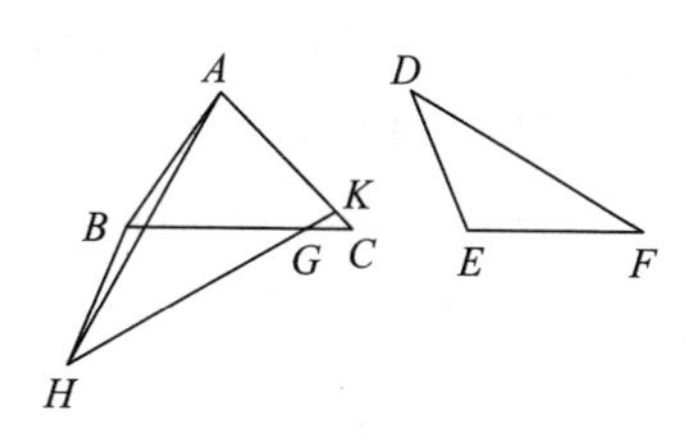

在 BC 上截取 BG 等于 EF。在 B 作角 GBH(在 BG 的远离 A 的一侧)等于 FED。

作 BH 等于 DE,连接 HG 并延长交 AC 于 K。连接 AH。

则因为两条边 GB, BH 分别等于两条边 FE, ED,并且它们的夹角相等,所以

HG 等于 DF 或 AC,

并且角 BHG 等于角 EDF。

现在 HK 大于 HG 或 AC,

更大于 AK;

因而角 KAH 大于角 KHA。

又因为 AB 等于 BH,所以

角 BAH 等于角 BHA。

因而由加法,

整个角 BAC 大于整个角 BHG,

即大于角 EDF。

Ⅱ. 海伦的证明。

设这两个三角形如前。

因为 BC 大于 EF,所以可以延长 EF 到 G,使得 EG 等于 BC。

延长 ED 到 H,使得 DH 等于 DF。以 D 为圆心,以 DF 为半径的圆也过 H。记为 FKH。

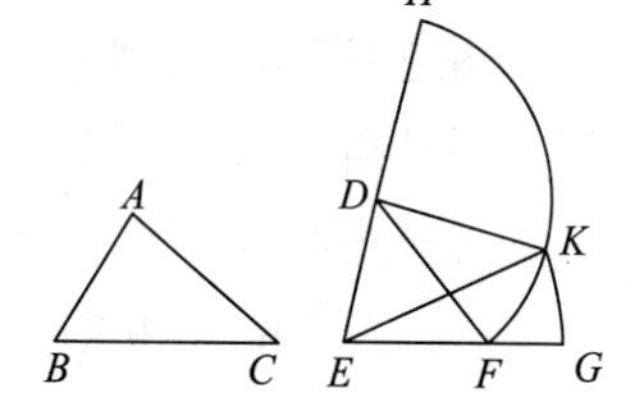

因为 BA, AC 的和大于 BC,

并且 BA, AC 分别等于 ED, DH,

而 BC 等于 EG,

所以 EH 大于 EG。

因而以 E 为圆心,以 EG 为半径的圆与 EH 相截,因而与已经作的圆相截。设它截这个圆于 K,并且连接 DK, KE。

因为 D 是圆 FKH 的圆心,所以

DK 等于 DF 或 AC。

类似地,因为 E 是圆 KG 的圆心,所以

EK 等于 EG 或 BC,

并且 DE 等于 AB。

因而两边 BA,AC 分别等于两边 ED,DK;

并且底 BC 等于底 EK;

所以角 BAC 等于角 EDK。

因而角 BAC 大于角 EDF。

命题 26

如果在两个三角形中,一个的两个角分别等于另一个的两个角,而且一边等于另一个的一边,即或者这边是等角的夹边,或者是等角的对边,则它们的其他的边也等于其他的边,并且其他的角也等于其他的角。

设 ABC,DEF 是两个三角形,其中两角 ABC,BCA 分别等于两角 DEF,EFD,即角 ABC 等于角 DEF,并且角 BCA 等于角 EFD;又设它们还有一边等于一边,首先假定它们是等角所夹的边,即 BC 等于 EF。

我断言它们的其余的边也分别等于其余的边,即 AB 等于 DE,AC 等于 DF,并且其余的角也等于其余的角,即角 BAC 等于角 EDF。

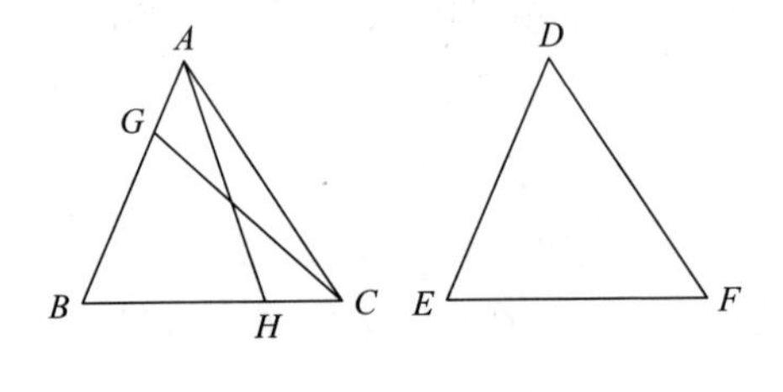

因为,如果 AB 不等于 DE,其中一个大于另一个。

令 AB 是较大的,取 BG 等于 DE;并且连接 GC。

则因 BG 等于 DE,并且 BC 等于 EF,

两边 GB,BC 分别等于 DE,EF;

而且角 GBC 等于角 DEF;所以底 GC 等于底 DF。

又三角形 GBC 全等于三角形 DEF,

这样其余的角也等于其余的角,

即那些与等边相对的角对应相等。 [Ⅰ.4]

所以角 GCB 等于角 DFE。

但是,由假设角 DFE 等于角 BCA,

所以角 BCG 等于角 BCA,

则小的等于大的:这是不可能的。

所以，AB 不是不等于底 DE，

因而等于它，

但是，BC 也等于 EF，

故两边 AB，BC 分别等于两边 DE，EF，并且角 ABC 等于角 DEF；

所以，底 AC 等于底 DF，

并且其余的角 BAC 等于其余的角 EDF。 [Ⅰ.4]

再者，设对着等角的边相等，例如 AB 等于 DE。

我断言其余的边等于其余的边，即 AC 等于 DF 且 BC 等于 EF，还有其余的角 BAC 等于其余的角 EDF。

因为，如果 BC 不等于 EF，其中有一个较大。

设 BC 是较大的，如果可能的话，令 BH 等于 EF；连接 AH。

那么，因为 BH 等于 EF，并且 AB 等于 DE，

两边 AB，BH 分别等于两边 DE，EF。并且它们所夹的角相等；

所以底 AH 等于底 DF。

而三角形 ABH 全等于三角形 DEF，

并且其余的角将等于其余的角，即那些对等边的角相等； [Ⅰ.4]

所以角 BHA 等于角 EFD。

但是角 EFD 等于角 BCA；

于是，在三角形 AHC 中，外角 BHA 等于内对角 BCA。

这是不可能的。 [Ⅰ.16]

所以 BC 不是不等于 EF，

于是就等于它。

但是，AB 也等于 DE，所以两边 AB，BC 分别等于两边 DE，EF，而且它们所夹的角也相等；

所以，底 AC 等于底 DF，

三角形 ABC 全等于三角形 DEF，并且其余的角 BAC 等于其余的角 EDF。

[Ⅰ.4]

证完

关于证明这个命题的另外一个方法，即把一个三角形贴于另一个上，很早就已发现，至少是关于等边相邻于等角的情形。安那里兹给出了这个情形。

普罗克洛斯给出了下述有趣的注释(p. 352)："欧德莫斯在他的几何史中把这个定理归功于泰勒斯。因为他说，泰勒斯证明了船在海中的距离的方法必需

使用这个定理。”不幸地，这个信息没有提供泰勒斯是如何解决这个问题的，因而留下了相当大的空间来猜测他的方法。

布里茨奇尼德和康托提示，观察可能是从已知高度的塔顶或建筑物上进行的，并且使用了直角三角形，并且塔是垂直的。连接塔底与船的线是底，如图 AB 是塔而 C 是船。布里茨奇尼德（*Die Geometrie und die Geometer vor Eukleides*，§30）说，观察者只要观察角 *CAB*，并且三角形完全由这个角和已知的长度 *AB* 决定。正如布里茨奇尼德所说，用这个方法可以立即得出结果，不清楚泰勒斯是如何观察到角 BAC。康托（*Gesch. d. Math.* I_3，p. 145）说，这个问题关系到从已知边寻找 Seqt. Seqt 的意思是金字塔或方尖塔中某些线之间的比。Eisenlohr 和康托认为有时候指金字塔的棱与底相邻的对角线之间的角的余弦，有时候指金字塔的面的倾斜角的正切。现在确认它意味着金字塔的底的一半与高的比，即做斜角的余切。因而，Seqt 的计算要使用相似理论，或者三角学，康托的提示明显地意味着 Seqt 可以由小直角三角形 *ADE* 找到。并且 Seqt 的值及长度 *AB* 就决定了 *BC*。这等于使用相似三角形的性质；布里茨奇尼德的提示也是同样的，即使泰勒斯测量了这个角，在缺少三角函数表的情况下，他也不能得到什么。

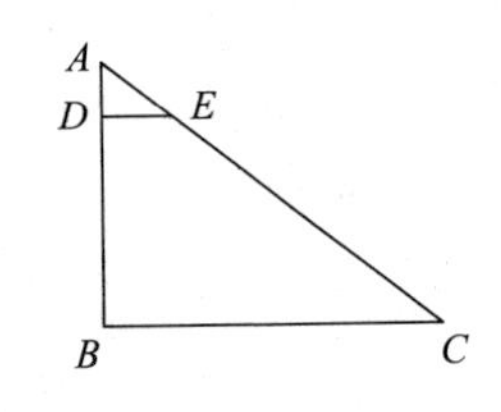

施密特（Max C. P. Schmidt，*Kulturhistorische Beiträge zur Kenntnis des griechischen und römischen Altertums*，1906，p. 32）也类似地假定泰勒斯有一个木制的或铜制的直角三角形，具有刻度，放置在 *ADE* 位置（眼睛在位置 *A*），并且可以读出 *AD*，*DE* 的长度，用三个尺子算出 *BC* 的长度。

如何使用相似三角形及其性质于欧德莫斯关于 Ⅰ.26 的注释？定理 Ⅰ.26 可以断言如果一个三角形的两个角和一条边给定，这个三角形就完全决定。如果泰勒斯实际上使用了比例，定理只是它的必要的基础，使用比例或者相似三角形应当归于Ⅵ.4。

我认为唐内里在使用 Ⅰ.26 寻求这个问题的解答方面是正确的。他的提示（*La Géométrie grecque*，pp. 90—1）如下。

为了寻找从点 *A* 到不可达的点 *B* 的距离。从 *A* 作一条直线与 *AB* 成直角，量取长度 *AC* 并平分它于 *D*。从 *C* 作 *CE* 与 *CA* 成直角，并使得 *E* 与 *B* 和 *D* 在一条直线上。

由 Ⅰ.26，显然 *CE* 等于 *AB*。

关于角的相等，这是显然的。

仅有的反对意见是此时要求一个平整的土地来作图和测量。

我认为泰勒斯的方法如下，假定他在塔的顶部，他只要使用一个简陋的仪器，用一个直标和一个固定在上面能旋转的十字部件，能够与直杆形成任意角并能保持在那个地方。而后把直杆铅锤固定并且调节十字部件朝向船。其次，保留这个角，把直杆旋转，保持铅锤位置，一直到十字部件指向岸上某个可见的对象，这个对象到塔底的距离可以度量出来。由Ⅰ.26，这个就是塔底到船的距离。这个解答比较简单并且更像泰勒斯测量金字塔的方法。

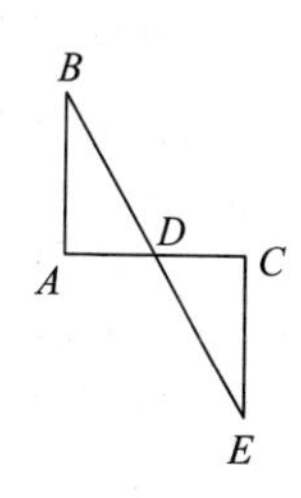

全等定理概述。

普罗克洛斯在此给出了建立两个三角形全等的概述。他说，我们可以用逐步考虑假设的条件来寻求这种相等的条件，(1)只关于边，(2)只关于角，(3)关于边和角。(1)首先，若所有三个边分别相等，则这两个三角形全等；(2)即使假设所有三个角分别相等，也不能说这两个三角形全等；(3)一条边和一个角相等是不够的，(a)一条边和所有三个角足够，(b)两条边和两个或三个角，(c)三条边和一个或两个角。

只要检查下述假设相等：

(α)三条边(欧几里得Ⅰ.8)，

(β)两条边和一个角(Ⅰ.4 证明了一种情形，角夹在假设的两条相等边之间)。

(γ)一条边和两个角(Ⅰ.26 包括所有情形)。

奇怪的是普罗克洛斯没有提及我们所说的不明确的情形，即情形(β)，其中相等角是对着相等边的。此时不能一般地断言三角形相等，除非附加其他条件。

不明确的情形。

若两个三角形有两条边分别相等，并且若一对等边对的角相等，则另一对等边对的角或者相等或者互补；在前一种情形下这两个三角形全等。

设 ABC，DEF 是两个三角形，AB 等于 DE，AC 等于 DF，角 ABC 等于角 DEF；要证明角 ACB，DFE 或者相等或者互补。

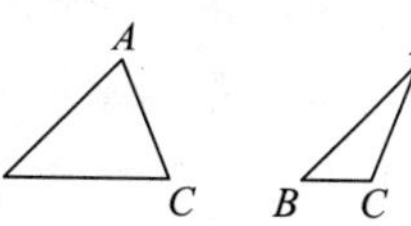

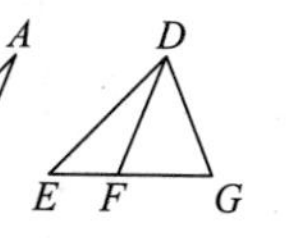

(1)若角 BAC 等于角 EDF，由于两边 AB，AC 分别等于两边 DE，DF，则

三角形 ABC，DEF 全等，　　　　[Ⅰ.4]

角 ACB，DFE 相等。

(2)若角 BAC，EDF 不相等，作角 EDG(与角 EDF 在 ED 的同侧)等于 BAC。延长 EF，交 DG 于 G。

在三角形 ABC,DEG 中,两个角 BAC,ABC 分别等于两个角 EDG,DEG,并且边 AB 等于边 DE;

所以三角形 ABC,DEG 全等, [Ⅰ.26]

于是边 AC 等于边 DG,

并且角 ACB 等于角 DGE。

又因为 AC 等于 DF,等于 DG,所以

DF 等于 DG。

因而角 DFG,DGF 相等。

但是角 DFE 是角 DFG 的补角,又证明了角 DGF 等于角 ACB;

所以角 DFE 是角 ACB 的补角。

若希望避免不明确性并且保证这两个三角形全等,则可类似于欧几里得Ⅵ.7 引入必要的条件。

若两个三角形有两对边分别相等,并且一对等边所对的角相等,又若另一对等边所对的角都是锐角,或都是钝角,或其中一个是直角,则这两个三角形全等。

托德亨特给出了这三种情形的证明(用反证法)。

命题 27

如果一直线和两直线相交所成的错角彼此相等,则这二直线互相平行。

设直线 EF 和二直线 AB,CD 相交所成的错角 AEF 与 EFD 彼此相等。

我断言 AB 平行于 CD。

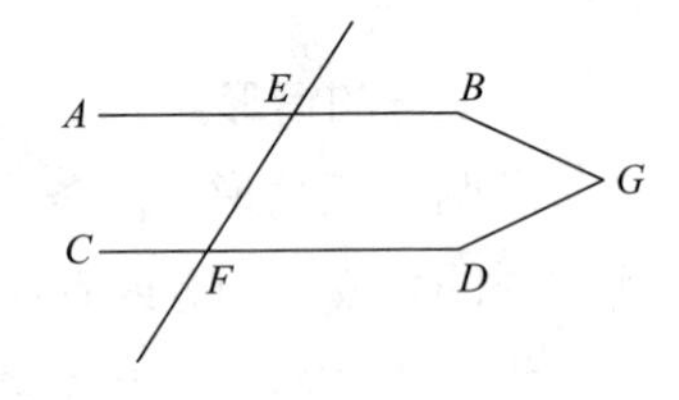

事实上,若不平行,当延长 AB,CD 时;它们或者在 B,D 方向或者在 A,C 方向相交,设它们在 B,D 方向相交于 G。那么,在三角形 GEF 中,外角 AEF 等于内对角 EFG;这是不可能的。 [Ⅰ.16]

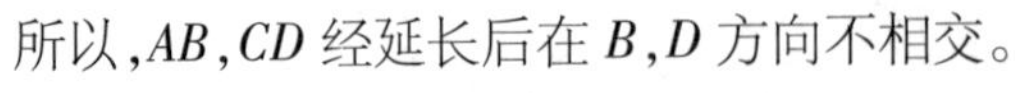

所以,AB,CD 经延长后在 B,D 方向不相交。

类似地,可以证明它们也不在 A,C 一方相交。

但是,二直线既然不在任何一方相交,就是平行。 [定义 23]

所以,AB 平行于 CD。

证完

这个命题开始了第一卷的第二部分。到此为止主要讨论三角形,它们的作

图以及它们的性质,边和角的关系,不同三角形的比较和在特殊条件下它们的面积。

在第二部分,直至第三部分,我们讨论三角形,平行四边形和正方形面积之间的关系,一个不依赖于全等的面积的相等的新概念。整个主题要求使用平行线。因而,第二部分开始于延长平行线理论,引入一个三角形的角的和等于二直角(Ⅰ.32),终止于两个过渡到第三部分的命题,即Ⅰ.33,34,第一次引入平行四边形。

亚里士多德论平行线。

我们已经看见,欧几里得对这门科学的贡献没有什么比公设5有名,因为亚里士多德指出当时的平行理论包含逻辑循环,因而,正是欧几里得看出了其缺点并且修补了它。

显然,命题Ⅰ.27,28包含在早期的教科书中,它们是亚里士多德熟悉的,可以从下面两段看出。

(1)在 *Anal. Post.* Ⅰ.5中,他说明一个科学的证明不只证明一类中的任一个个体,而是必须证明整个类根本上和一般地真;不能首先证明一部分,而后另一部分,一直穷尽这个类。他通过平行线说明:"若要证明直角不相交,"亚里士多德的意思是"垂直线不相交。"

(2)第二段话已经引用在定义23的注中:"不必惊奇,不同的假设可以导致相同的假的结论;例如,断言平行线相交可以导致(a)内角大于外角或(b)三角形的内角和大于两直角。"(*Anal. Prior.* Ⅱ.17,66 a 11—15)

命题28

如果一直线和二直线相交所成的同位角[①]相等,或者同旁内角的和等于二直角,则二直线互相平行。

设直线 EF 和二直线 AB,CD 相交所成的同位角 EGB 与 GHD 相等,或者同旁内角,即 BGH 与 GHD 的和等于二直角。

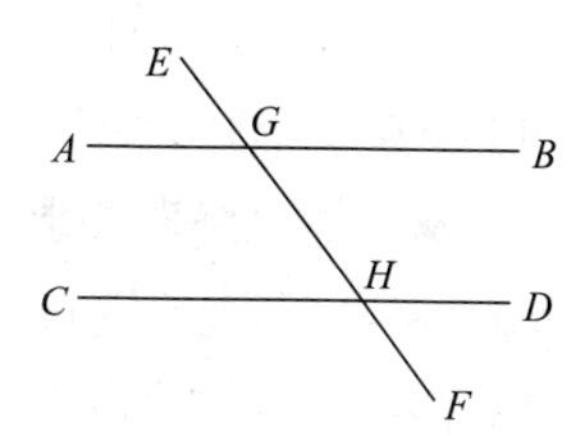

我断言 AB 平行于 CD。

事实上,因为角 EGB 等于角 GHD,而角 EGB 等

① 原文无"同位角"这种称法,我们将"the erterior angle equal to interior and opposite angle"译为"同位角相等"。

于角 AGH。 [Ⅰ.15]

角 AGH 也等于角 GHD,而且它们是错角;所以,AB 平行于 CD。 [Ⅰ.27]

又因角 BGH,GHD 的和等于二直角,并且角 AGH,BGH 的和也等于二直角, [Ⅰ.13]

角 AGH,BGH 的和也等于角 BGH,GHD 的和。由前面两边各减去角 BGH;则余下的角 AGH 等于余下的角 GHD,并且它们是错角;

所以,AB 平行于 CD。 [Ⅰ.27]

证完

在Ⅰ.27 中给出了平行线的一个准则,内错角相等;此处我们再给出两个,每一个可以变为另一个。

普罗克洛斯说(pp. 358—9),欧几里得可以说出六个准则,利用其他几对角,两个角相等或它们的和等于二直角。考虑其自然的分类,首先是在截线同侧的两个角,其次是它的不同侧的两个角。

(1)同侧的两个角,

(a)两个内角,即(BGH,GHD)和(AGH,GHC);

(b)两个补角,即(EGB,DHF)和(EGA,CHF);

(c)一个外角和一个内角,即(EGB,GHD),(FHD,HGB),(EGA,GHC)和(FHC,HGA)。

(2)截线不同侧的两上角,

(a)两个内角,即(AGH,GHD)和(CHG,HGB);

(b)两个外角,即(AGE,DHF)和(EGB,CHF);

(c)一个外角和一个内角,即(AGE,GHD),(EGB,GHC),(FHC,HGB)和(FHD,HGA)。

两个角相等的有(1)(c),(2)(a)和(2)(b),其和等于二直角的有(1)(a),(1)(b)和(2)(c)。欧几里得选择的准则有(2)(a)[Ⅰ.27]和(1)(c),(1)(a)[Ⅰ.28],留下了其他三个,它们是等价的,但是不易表述。

从普罗克洛斯关于Ⅰ.28 的注(p. 361)我们知道,希拉波利斯的 Aigeias(? Aineias)写了《原理》的一个节本。把欧几里得Ⅰ.27,28 联合成一个命题。普罗克洛斯认为这个比欧几里得分为两个命题更自然。不只是方便,Ⅰ.27 的准则实际上用来证明平行线,并且是Ⅰ.31 中作平行线的基础,而Ⅰ.28 只是把两个假设归结为Ⅰ.27 的假设。

命题 29

一条直线与两条平行直线相交,则所成的内错角相等,同位角相等,并且同旁内角的和等于二直角。

设直线 EF 与两条平行直线 AB,CD 相交。

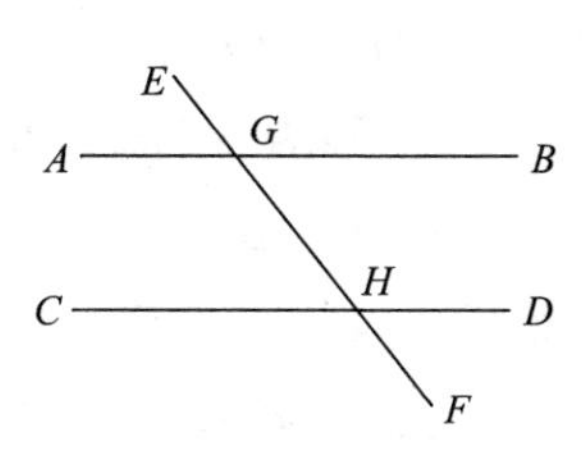

我断言错角 AGH,GHD 相等;同位角 EGB,GHD 相等;并且同旁内角 BGH,GHD 的和等于二直角。

因为,若角 AGH 不等于角 GHD,设其中一个较大,设较大的角是 AGH。给这两个角都加上角 BGH,则角 AGH,BGH 的和大于角 BGH,GHD 的和。

但是角 AGH,BGH 的和等于二直角。 [Ⅰ.13]

故角 BGH,GHD 的和小于二直角,

但是将二直线无限延长,则在二角的和小于二直角这一侧相交。[公设 5]

所以,若无限延长 AB,CD 则必相交,但它们不相交。因为,由假设它们是平行的。故角 AGH 不能不等于角 GHD,即它们是相等的。

又,角 AGH 等于角 EGB。 [Ⅰ.15]

所以,角 EGB 也等于角 GHD。 [公理 1]

给上面两边各角加 BGH,则角 EGB,BGH 的和等于角 BGH,GHD 的和。

[公理 2]

但角 EGB,BGH 的和等于二直角。 [Ⅰ.13]

所以,角 BGH,GHD 的和等于二直角。

证完

用浦莱费尔公理的证明。

代替公设 5,最好是使用浦莱费尔公理证明这个命题。

要证明内错角 AGH,GHD 相等。

若它们不相等,过 G 作另一条直线 KL,使得角 KGH 等于角 GHD。

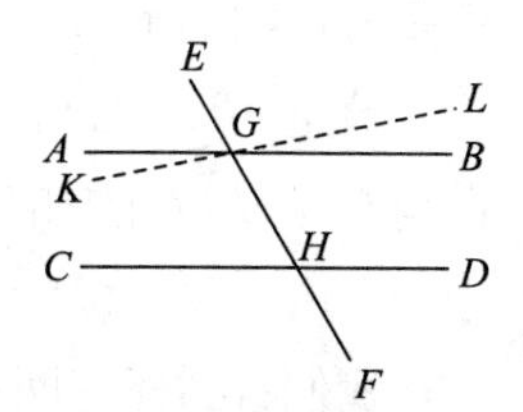

因为角 KGH,GHD 相等,所以

KL 平行于 CD [Ⅰ.27]

因而交于 G 的两条直线 KL,AB 都平行于直线 CD;

这是不可能的(由公理)。

所以角 AGH 等于角 GHD。

命题的其余部分与欧几里得相同。

用浦莱费尔公理证明欧几里得公设 5。

设 AB,CD 与截线 EF 形成的角 AEF,EFC 的和小于二直角。

要证 AB,CD 在 A,C 方向相交。

过 E 作 GH,使它与 EF 形成的角 GEF 等于角 EFD。

于是 GH 平行于 CD。 [Ⅰ.27]

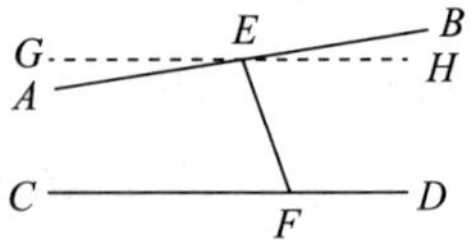

则(1) AB 必然与 CD 在一个方向或另一个方向相交。

因为若不是这样,则 AB 必然平行于 CD;因此,我们有两条相交于 E 的直线都平行于 CD:这是不可能的。

所以 AB,CD 必然相交。

(2)因为 AB,CD 相交,所以它们能与 EF 形成一个三角形。

但是在任一三角形中,任意两个角的和小于两直角。

因而角 AEF,EFC(它们之和小于二直角),而不是角 BEF,EFD(它们之和大于二直角,由Ⅰ.13),是这个三角形的角,即 EA,FC 在 A,C 方向相交,或者在 EF 的两角之和小于二直角的一侧相交。

在现代教科书中,常常使用浦莱费尔公理代替欧几里得的公设来证明Ⅰ.29,而后用Ⅰ.29 证明欧几里得的公设。

德·摩根在Ⅰ.29 的前面用浦莱费尔公理证明了公设 5,并且证明Ⅰ.29 与欧几里得相同。

关于欧几里得的公设 5 和浦莱费尔公理,现代教科书的倾向是更喜欢后者。我们发现只有劳森波尔哥使用欧几里得的公设,而希尔伯特,亨里西(Henrici)和特鲁特利恩(Treutlein),Rouché 和 De Comberousse,恩里奎斯和阿马尔迪都使用浦莱费尔公理。

道奇森说,(1)浦莱费尔公理事实上包含欧几里得公设,但是包含的比后者更多。说明如下,

给定 AB,CD,与 EF 形成角 AEF,EFG,它们的和小于二直角,过 E 作 GH,使得角 GEF,EFG 的和等于二直角。

则由Ⅰ.28,GH,CD 是“分离的”。

我们看到任意两条直线,具有性质(α)与横截线形成的角小于二直角,也有性质(β)它们中的一条与另一条“分离的”直线相交。

浦莱费尔公理断言,具有性质(β)的两条直线若延长必相交;因为若不相交,我们就会有两条相交的直线都与第三条直线“分离”,这是不可能的。

我们证明了具有性质(α)的两条直线相交,由于具有性质(α)的两条直线具有性质(β)。但是直到我们证明了 I.29 之前,我们不知道所有具有性质(β)的一对直线也具有性质(α)。类(β)可能大于类(α)。因此,若你断言类(β)的任何东西,则其逻辑结果比你断言类(α)的任何东西更广泛;因为若你不只断言已知包括在类(α)的类(β)的部分,而且还有不知道的(可能存在)不被包括的部分。

(2)欧几里得的公设在初学者面前给出了明显的和正面的概念,一对直线,一条截线,两个角之和小于二直角,而浦莱费尔公理要求初学者认识一对无限延长决不相交的直线;一个负面概念,它不能在思维中形成这两条直线的明显的相对位置。并且,欧几里得公设给出了判别两条直线相交的直接准则,一个经常需要的准则,例如在 I.44 中。事实上,这个公设可以从浦莱费尔公理推出,但是编辑者常常省略它,而隐含地假定它。

命题 30

平行于同一条直线的直线,也互相平行。

设直线 AB,CD 的每一条都平行于 EF。

我断言 AB 也平行于 CD。

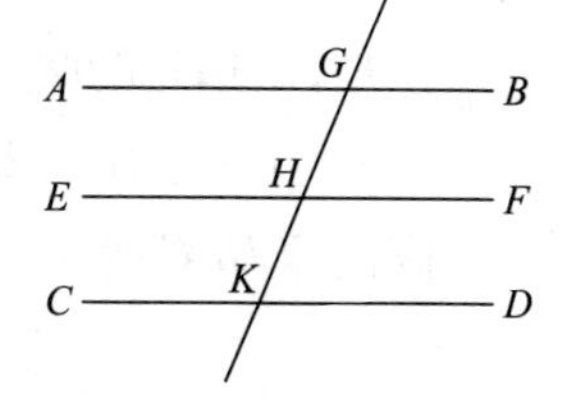

因为可设直线 GK 和它们相交,这时,因为直线 GK 和平行直线 AB,EF 都相交,角 AGK 等于角 GHF。 [I.29]

又因为,直线 GK 和平行直线 EF,CD 相交,角 GHF 等于角 GKD。 [I.29]

但是,已经证明了角 AGK 也等于角 GHF;所以,角 AGK 也等于角 GKD; [公理 1]

并且它们是错角。

所以,AB 平行于 CD。

证完

正如德·摩根所指出的,这个命题与浦莱费尔公理逻辑等价。于是,若 X 记“彼此相交的直线对”,Y 记“平行于同一直线的直线对”,我们有

没有 X 是 Y，

逻辑地推出

没有 Y 是 X。

德·摩根增加了一个命题如下。

若一个角的两条边分别(1)平行于或(2)垂直于另一个角的两边，则这两个角或者相等或者互补。

(1)设 DE 平行于 AB，并且 GEF 平行于 BC。

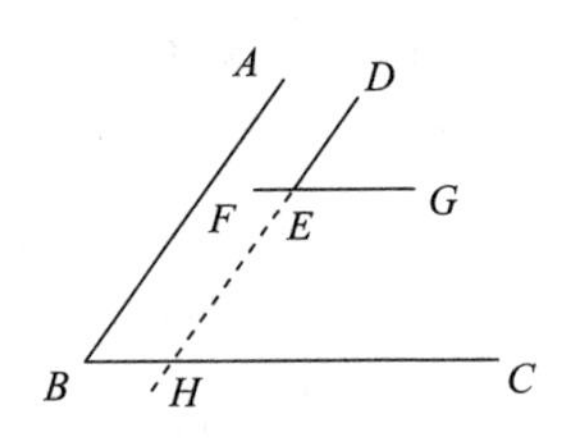

要证明角 ABC，DEG 相等，角 ABC，DEF 互补。

延长 DE 交 BC 于 H。

由Ⅰ.29，角 DEG 等于角 DHC，并且角 ABC 等于角 DHC。

所以角 DEG 等于角 ABC；因此，角 DEF 是角 ABC 的补角。

(2)设 ED 垂直于 AB，GEF 垂直于 BC。

要证明角 ABC，DEG 相等，角 ABC，DEF 互补。

作 ED' 与 ED 成直角，作 EG' 与 EF 成直角。

因为角 BDE，DED' 都是直角，所以相等，并且 ED' 平行于 BA。 [Ⅰ.27]

类似地，EG' 平行于 BC。

所以[由(1)]角 $D'EG'$ 等于角 ABC。

但是，由相等的两直角 DED'，GEG' 减去公用角 GED'，有角 DEG 等于角 $D'EG'$。

因而角 DEG 等于角 ABC，并且角 DEF 是角 ABC 的补角。

命题 31

过一已知点作一直线平行于已知直线。

设 A 是一已知点，BC 是已知直线。于是，要求经过点 A 作一直线平行于直线 BC。

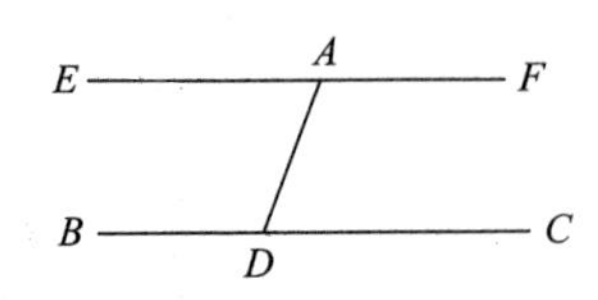

在 BC 上任意取一点 D，连接 AD；在直线 DA 上的点 A，作角 DAE 等于角 ADC。 [Ⅰ.23]

而且设直线 AF 是直线 EA 的延长线。

这样，因为直线 AD 和两条直线 BC，EF 相交成彼

此相等的错角 *EAD*,*ADC*。

所以,*EAF* 平行于 *BC*。 [Ⅰ.27]

从而,经过已知点 *A* 作出了一条平行于已知直线 *BC* 的直线 *EAF*。

证完

普罗克洛斯正确地指出(p.376),Ⅰ.12 隐含着从直线外一点只能作给定直线的一条垂线。注意,其作图只依赖于Ⅰ.27,并且可以直接放在那个命题的后面。为什么欧几里得把它推后在Ⅰ.29 和Ⅰ.30 的后面?因为他认为这是必要的,在给出这个作图之前,给出这个事实,只能作一条这样的直线。普罗克洛斯从Ⅰ.30 推出这个事实;他说,若过一个点作两条直线平行于同一条直线,则这两条直线平行且通过给定点,这是不可能的。我认为欧几里得已经考虑了只有一条直线可以作出的推理,并且他认为他的公设更适合于做出这个结论。

命题 32

在任意三角形中,如果延长一边,则外角等于二内对角的和,而且三角形的三个内角的和等于二直角。

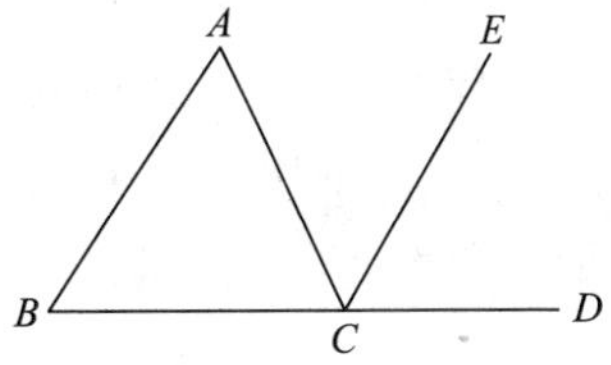

设 *ABC* 是一个三角形,延长其一边 *BC* 至 *D*。

我断言外角 *ACD* 等于两个内对角 *CAB*,*ABC* 的和且三角形的三个内角 *ABC*、*BCA*、*CAB* 的和等于二直角。

设过点 *C* 作平行于直线 *AB* 的直线 *CE*。 [Ⅰ.31]

这样,由于 *AB* 平行于 *CE*,并且 *AC* 和它们相交,其错角 *BAC*,*ACE* 彼此相等。 [Ⅰ.29]

又因为,*AB* 平行于 *CE*,并且直线 *BD* 和它们相交,同位角 *ECD* 与角 *ABC* 相等。 [Ⅰ.29]

但是,已经证明了角 *ACE* 也等于角 *BAC*;

故整体角 *ACD* 等于两内对角 *BAC*、*ABC* 的和。

给以上各边加上角 *ACB*。

于是角 *ACD*,*ACB* 的和等于三个角 *ABC*,*BCA*,*CAB* 的和。

但角 *ACD*,*ACB* 的和等于二直角。 [Ⅰ.13]

所以,角 *ABC*,*BCA*,*CAB* 的和也等于二直角。

证完

这个定理在希腊几何的早期就已被发现。我们知道的历史来源于欧托基奥斯、普罗克洛斯和第欧根尼·拉尔修提及的材料。

1. 欧托基奥斯在评论阿波罗尼奥斯的《圆锥曲线论》的开头，引用盖米诺斯说："古人研究了这个二直角的定理，首先在等边三角形之中，在等腰三角形中，而后在不等边三角形中，并且再后的几何学家证明了一般定理，在任一个三角形中，三个内角之和等于二直角。"

2. 根据普罗克洛斯（p. 379），亚里士多德学派的欧德莫斯把这个定理的发现及其证明归功于毕达哥拉斯学派。这个证明在下面给出，但是应当注意，它是一般的，并且后来的几何学家说它是毕达哥拉斯学派的。而古人相信在泰勒斯时代之前。

3. 这个定理的真实性也可以由帕姆菲尔（Pamphile）的话（由第欧根尼·拉尔修引用，Ⅰ. 24—5，p. 6，ed. Cobet）推出，"他，从埃及人学习几何，是第一个内接一个直角三角形于一个圆内的人并且被献给一头牛"。换句话说，他发现了半圆内的角是直角。无疑地，当这个事实一旦发现，就可以考虑以圆心为顶点以直角边为底的两个等腰三角形，在欧几里得的Ⅰ. 5 的帮助下，容易导出直角三角形的角的和等于二直角，并且容易推出任一个三角形的角的和同样等于二直角（用分解它为两个直角三角形）。但是，不容易看出证明半圆内的角的性质，除非使用直角三角形的角的和等于二直角；因此，可以自然地假定泰勒斯的证明实际上与欧几里得在Ⅲ. 31 中做的相同，即把Ⅰ. 32 使用在直角三角形中。

如果依据盖米诺斯指出的，定理Ⅰ. 32 的证明是在泰勒斯之前或泰勒斯本人，那么我们就会明白汉克尔和康托的重新作图不是错误的。首先，必须注意，若把六个等边三角形的角绕一个公共顶点相邻放置，则会充满围绕那个顶点的空间。普罗克洛斯把下述一般定理归功于毕达哥拉斯，只有三种类型的正多边形，等边三角形，正方形和正六边形可以充满绕一点的整个空间，但是埃及人注意到等边三角形具有这个性质的实际知识，他们用等边三角形或正六边形的砖铺地或者用连接六根辐条的轮子的半径的端点的图形的砖铺地。显然，六个等于等边三角形的角等于四个直角，因而，等边三角形的三个角等于二直角。（显然，观察一个正方形被一条对角线分为两个三角形，一个等边直角三角形的每一个等角等于半个直角，因而等边直角三角

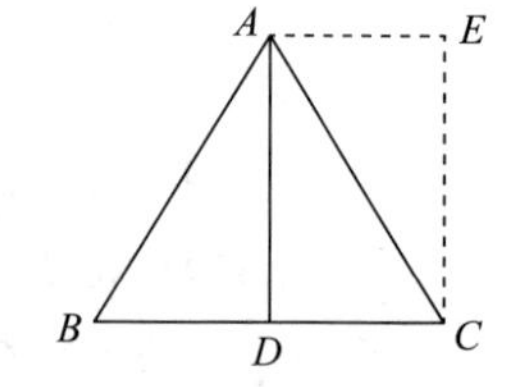

形的角的和等于二直角)。其次,关于等边三角形,不能不注意,若从顶点 A 作垂线 AD 到底 BC,则形成的两个直角三角形的每一个的内角的和等于二直角;并且这个可以由完成矩形 $ADCE$ 来确认,这个矩形(其内角之和等于四个直角)被它的对角线分为两个相等的三角形,每一个的内角的和等于二直角。再次,作任一个矩形的对角线,并且注意这两个三角形相等,可以推出任一个直角三角形的内角的和等于二直角,因而(两个全等的直角三角形可以合成一个等腰三角形)对任意等腰三角形也是真的。只要最后一步,即注意任一个三角形可以看成一个矩形的一半(如右图),或者简单地,任意三角形可以分为两个直角三角形,因而可以推出任意三角形的内角的和等于二直角。

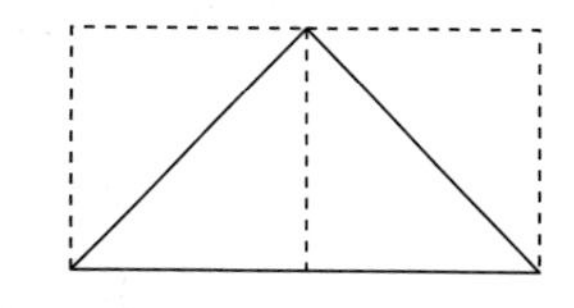

这些可能依赖于帕姆菲尔和盖米诺斯,事实上有两方面理由。

1. 帕姆菲尔把发现半圆内的角是直角归功于泰勒斯并且献给他一头牛的故事很像毕达哥拉斯发现欧几里得的定理Ⅰ.47 一样(Proclus,p. 426)。帕姆菲尔生活在泰勒斯出生(大约前 640 年)之后大约 700 年。但是阿波洛道拉斯(Apollodorus)说,"它是毕达哥拉斯的。"施密特说,"毕达哥拉斯是所说命题的发现者。"从整体上说,归功于泰勒斯似乎是可疑的。

2. 关于定理Ⅰ.32 的证明要注意三个方面,首先,欧德莫斯把任意三角形的内角的和等于二直角这个定理的发现归功于毕达哥拉斯,但是没有说明证明过程。其次,我认为必须承认,汉克尔的重新作图的中间过程是人为的和不必要的,因为一旦证明了任意直角三角形的内角的和等于二直角,那么容易过渡到不等边三角形(它可以分为两个不相等的直角三角形),正像等腰三角形是由两个全等的直角三角形组成的。最后,正如海伯格最近指出的(*Mathematisches zu Aristoteles*,p. 20),盖米诺斯很可能误解了亚里士多德的话,亚里士多德说,一个性质不能只对一类中的东西证明,而要对整个类一般地证明。他的第一个例子是关于平行线与横截线作成的同侧两角和等于二直角,并且已引用在Ⅰ.27 的注中。他的第二个例子是关于比例的变换的,它用在关于数、线、立体和时间的证明中。第三个例子是:"同样的理由,即使人们关于等边的,不等边的和等腰的每一类三角形分别证明了每一个的内角和等于二直角,人们仍然不知道一般的三角形的内角和等于二直角,即使不存在与上述提及的不同的三角形。因为他们在概念上不知道任何三角形。"

因而,从整体上看,定理Ⅰ.32 的发现和证明是毕达哥拉斯。然而,这个不排除泰勒斯,甚至他的埃及的老师在同样的道路前进,例如,在等边三角形中,在等边直角三角形中,其内角的和等于二直角。

毕达哥拉斯的证明。

欧德莫斯传下来的这个证明(Proclus,p. 379)不亚于欧几里得给出的证明,它是汉克尔重新作图的发展。在给出平行理论之后,作出垂线和完成底 BC 上的矩形就是不必要的了,只是要求作过 A 平行于 BC 的直线。

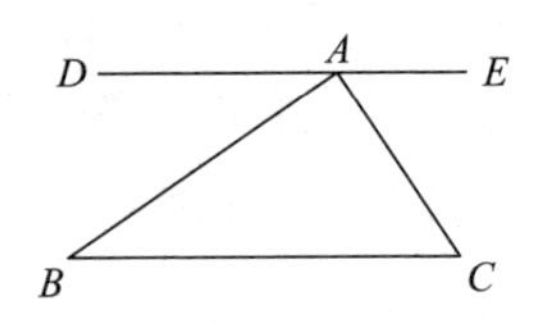

设 ABC 是一个三角形,过 A 作 DE 平行于 BC。 [Ⅰ.31]

因为 BC,DE 平行,所以内错角 DAB,ABC 相等, [Ⅰ.29]

并且内错角 EAC,ACB 也相等。

因而角 ABC,ACB 的和等于角 DAB,EAC 的和。

对每一个加上 BAC;所以角 ABC,ACB,BAC 的和等于角 DAB,BAC,CAE 的和,即等于二直角。

不依赖于平行线的证明。

努力不懈地在这个线上工作的是勒让德,并且他的工作的概述在上述公设 5 的注中给出。

另一个证明值得提及。

辛鲍特(Thibaut)的方法。

这个出现在辛鲍特的 *Grundriss der reinen Mathematik*,Göttingen(2 ed. 1809,3 ed. 1818),大意如下。

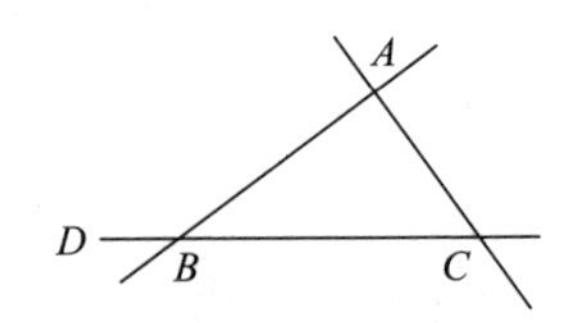

假定 CB 延长到 D,并且 BD 首先绕 B 在一个方向(譬如顺时针)旋转到位置 BA,而后绕 A 旋转到位置 AC,最后绕 C 旋转到 CB。

此时,直线 BD 旋转了这个三角形的三个外角的和。总共旋转了四个直角。

因而三个外角的和等于四个直角;由此可以推出这个三角形的三个角的和等于二直角。

普罗克洛斯非常简单地说明了这个,他说(p. 384),这个定理的真实性只依赖于“公用概念”。“因为若我们设想一条直线与在它的端点引的两条垂线,而后假定这两条垂线(绕它们的点旋转)彼此趋近,形成一个三角形。我们看到从直角减少的量加在这个三角形的顶点上,因而这三个角必然等于二直角。”

扩张到多边形。

普罗克洛斯给出了在西姆森版本中的加在Ⅰ.32 的两个重要推论;而且普罗克洛斯关于第一个的证明比西姆森的证明更简单。

1. 一个凸的直线形的内角和等于二倍的边数直角减去四个直角。

从一个角点 A 到其他角点连线。这个图形被分为一些三角形。

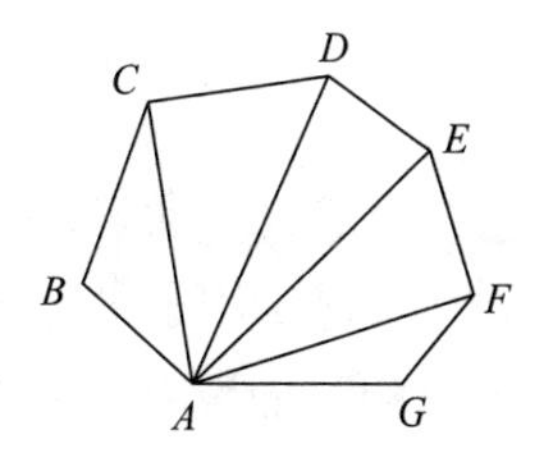

(1)三角形的个数等于这个图形的边数减 2。

(2)所有三角形的内角和等于这个图形的所有内角和。

因为每一个三角形的内角和等于二直角,所以这个图形的内角和等于 $2(n-2)$ 个直角,即 $(2n-4)$ 个直角,其中 n 是这个图形的边数。

2. 任一个凸直线形的外角和等于四直角。

因为内角与外角的和等于 $2n$ 个直角,其中 n 是边数。

而内角和等于 $(2n-4)$ 直角。

所以外角的和等于四直角。

后面这个性质已经被亚里士多德引用在两段话中(*Anal. Post.* Ⅰ.24,85 b 38 和Ⅱ.17,99 a 19)。

命题 33

在同一方向(分别)连接相等且平行的线段(的端点),则连成的线段也相等且平行。

设 AB,CD 是相等且平行的,又设 AC,BD 是同一方向(分别)连接它们(端点)的线段。

我断言 AC,BD 相等且平行。

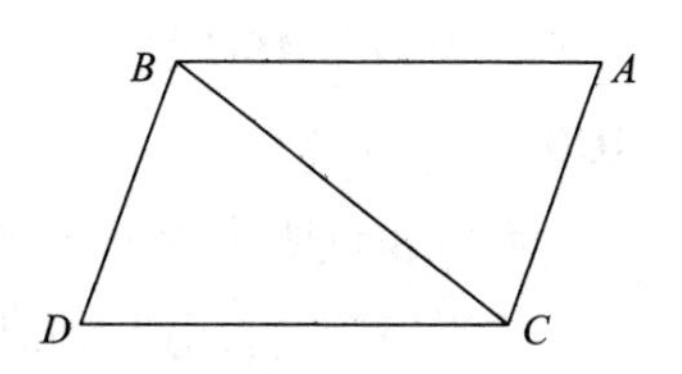

连接 BC。

因为 AB 平行于 CD,并且 BC 与它们相交,则错角 ABC 与 BCD 彼此相等。 [Ⅰ.29]

又因为,AB 等于 CD,并且 BC 公用,

两边 AB,BC 分别等于两边 DC,CB 且角 ABC 等于角 BCD。

所以,底 AC 等于底 BD,并且三角形 ABC 全等于三角形 DCB。其余的角也与其余的角分别相等,即相等边所对的角。 [Ⅰ.4]

所以,角 ACB 等于角 CBD。

又因为,直线 BC 同时与两直线 AC,BD 相交成的错角相等,AC 平行于 BD。

[Ⅰ.27]

并且已证明了它们也相等。

证完

普罗克洛斯说(p. 385),这个命题连接了平行理论与平行四边形的研究。这个命题给出了平行四边形的作图或来源,因而欧几里得能够说"平行四边形的面积",而没有进一步解释。

命题 34

在平行四边形[①]面片中,对边相等,对角相等且对角线[②]二等分其面片。

设 *ACDB* 是平行四边形面片,*BC* 是对角线。

我断言平行四边形面片 *ACDB* 的对边相等,对角相等且对角线 *BC* 二等分此面片。

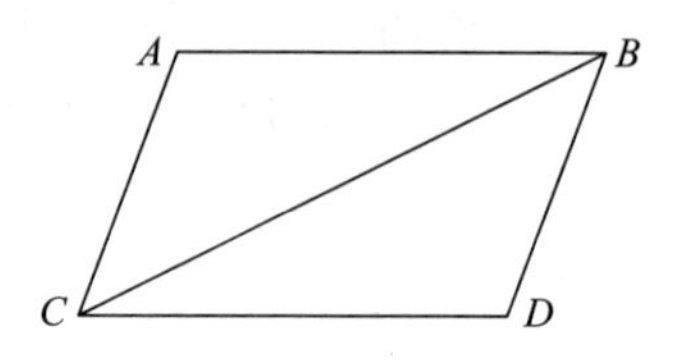

事实上,因为 *AB* 平行于 *CD*,并且直线 *BC* 与它们相交的错角 *ABC* 与 *BCD* 彼此相等。 [Ⅰ.29]

又因 *AC* 平行于 *BD*,并且 *BC* 和它们相交,内错角 *ACB* 与 *CBD* 相等。 [Ⅰ.29]

所以,*ABC*,*DCB* 是具有两个角 *ABC*,*BCA* 分别等于角 *DCB*,*CBD* 的三角形,并且一条边等于一条边,即与等角相邻且是二者公共的边 *BC*。

所以,它们其余的边也分别等于其余的边,并且其余的角也相等。[Ⅰ.26]

所以边 *AB* 等于 *CD*,*AC* 等于 *BD*,并且角 *BAC* 等于角 *CDB*。

又因为角 *ABC* 等于角 *BCD*,角 *CBD* 等于角 *ACB*,整体角 *ABD* 等于整体角 *ACD*。 [公理 2]

而且也证明了角 *BAC* 等于角 *CDB*。

所以,在平行四边形面片中,对边相等,对角彼此相等。

其次,可证对角线也二等分其面片。

因为,*AB* 等于 *CD*,并且 *BC* 公用。

两边 *AB*,*BC* 分别等于两边 *DC*,*CB*,并且角 *ABC* 等于角 *BCD*,所以,底 *AC* 等于底 *DB*,并且三角形 *ABC* 全等于三角形 *DCB*。 [Ⅰ.4]

---

① 原文无"平行四边形"定义。

② 原文是 diameter,译成"对角线"。

所以，对角线 BC 二等分平行四边形 $ACDB$。

证完

在说明了特殊类型的平行四边形（正方形和菱形），其对角线平分其角及其面积，以及那些平行四边形（矩形和长斜方形），对角线不平分其角之后，普罗克洛斯（pp. 390 sqq.）继续分析了这个命题，参考亚里士多德的区别一类东西中个体的属性与这个类的一般属性。

普罗克洛斯把亚里士多德的区别用于这个定理，这个命题显示了一般的定理与非一般定理的区别。根据普罗克洛斯，这个命题的第一部分说平行四边形的对边和对角是相等的是一般的，由于这个性质只是对平行四边形是真的；而第二部分断言对角线平分其面积不是一般的，由于它不包括具有这个性质的所有图形，例如，圆和椭圆。于是"古人在研究了直径平分椭圆，圆和平行四边形之后，继续研究什么是这些情形公有的"，尽管"很难证明什么是椭圆、圆和平行四边形公有的"。

我怀疑这个命题两部分之间的区别。普罗克洛斯自己预先假定了这个命题的对象是四边形，由于存在另外的图形（例如，偶数边的正多边形），它们的对边和对角是相等的；因而这个定理的第一部分不再是一般的。

关于普罗克洛斯提及的直径，阿波罗尼奥斯在《圆锥曲线论》中说，"在一个平面的任一个弯曲线中，我给出直径这个名字给这样的直线，从弯曲线画出的平分所有平行于任一直线的直线（弦）的直线。"术语"弯曲线"不只包括曲线，还包括由直线和曲线连接起来的复合线。显然，平行四边形的每一条对角线平分所有在平行四边形内面并且平行于另一条对角线的线。

在Ⅰ.31 的后面，安那里兹给出了分一条直线为任意等份的美妙作图。我在此给出分一条直线为三等份的情形。

设 AB 是给定直线。作 AC，BD 在 AB 的对侧并与它成直角。

取 AC，BD 有相同的长度并且平分 AC 于 E，平分 BD 于 F。

连接 ED，CF 交 AB 于 G，H。

则 AG，GH，HB 都相等。

作 HK 平行于 AC，或者与 AB 成直角。

因为 EC，FD 相等且平行。所以 ED，CF 相等且平行。 [Ⅰ.33]

并且 HK 平行于 AC。

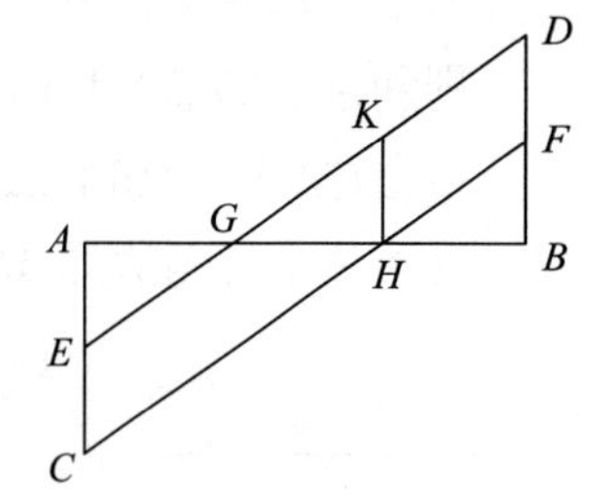

所以 $ECHK$ 是平行四边形;因此 KH 等于且平行于 EC,因而平行且等于 EA。

三角形 EAG,KHG 有两个角分别相等并且边 AE,HK 相等。

于是这两个三角形全等,因而

AG 等于 GH。

类似地,三角形 KHG,FBH 全等,因而 GH 等于 HB。

若我们希望推广这个问题到几等分 AB,我们只要沿 AC 量取$(n-1)$个相等的长度,沿 BD 量取同样的$(n-1)$个长度。而后连接 AC 的第一个分点到 BD 的最后一个分点,AC 的第二个分点到 BD 的倒数第二个分点,等等。这些连线分 AB 为 n 个相等部分。

命题 35

在同底上且在同一对平行线之间的平行四边形彼此相等。

设 $ABCD$,$EBCF$ 是平行四边形,它们有同底 BC 且在相同两条平行线 AF,BC 之间。

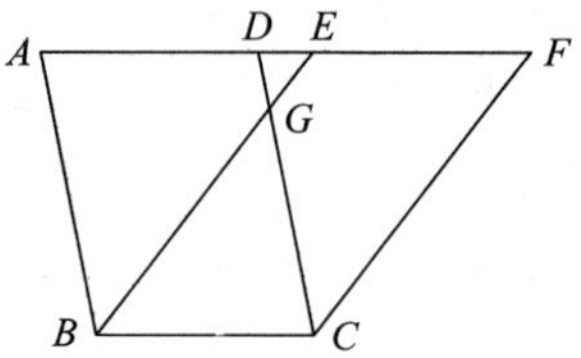

我断言 $ABCD$ 等于平行四边形 $EBCF$。

因为,$ABCD$ 是平行四边形,故 AD 等于 BC。 [Ⅰ.34]

同理也有 EF 等于 BC,这样 AD 也等于 EF, [公理 1]

又 DE 公用,所以整体 AE 等于整体 DF, [公理 2]

但 AB 也等于 DC, [Ⅰ.34]

所以两边 EA,AB 分别等于两边 FD,DC,并且角 FDC 等于角 EAB,这是因为同位角相等。 [Ⅰ.29]

所以,底 EB 等于底 FC,

故三角形 EAB 全等于三角形 FDC。 [Ⅰ.4]

从上边每一个减去三角形 DGE;

则剩余的梯形[①] $ABGD$ 仍然等于剩余的梯形 $EGCF$。 [公理 3]

给上边每一个加上三角形 GBC;

则整体平行四边形 $ABCD$ 等于整体平行四边形 $EBCF$。 [公理 2]

证完

① 原文无"梯形"定义。

新的意义上的相等。

注意,在这个命题中我们第一次引入了图形相等的新概念。直至目前我们只有全等意义上的相等,使用在直线、角和三角形中。现在说图形相等,指面积或容积相等,不需要具有相同的形状。欧几里得没有给出相等的意义;我们只能从关于"相等东西 "的公理推出它的含义。注意,在上述证明中,两个在同一个底上并且在同一对平行线之间的平行四边形的相等是下述步骤推出的:(1)从两个全等意义上的相等的面积(三角形 *AEB*,*DFC*)减去同一个面积(三角形 *DGE*),推出剩余的(梯形 *ABGD*,*EGCF*)相等;(2)加同一个面积(三角形 *GBC*)到相等的梯形,推出它们的和(两个给定的平行四边形)相等。

众所周知,西姆森稍微改变了这个证明,以便应用于所有三种可能情形。这个改变是从同一个面积(梯形 *ABCF*)减去全等的面积(三角形 *AEB*,*DFC*),代替上述首先减而后加两个步骤。

不论在哪一种情形,明显地使用了下述公理:若相等的加到相等的,则整体相等,并且若相等的减去相等的,则剩余的相等。还有进一步隐含的假定,不在乎对什么部分或从什么部分加上或减去同一个或相等的面积。德·摩根注意到这个公设"从一个面积取出一个面积留下相同的面积,不论什么样的部分被取出",这对非直线形的,不能几何地截成全等的面积是特别重要的。

勒让德引入术语"等价"(equivalent)来表示这个广义的相等,而局限术语相等于全等意义上的相等;这个区别已经证明是方便的。

我认为下述新的等价理论是不必要的,它们由 W. 波尔约、达哈梅尔、德·左尔特(De Zolt)、斯托尔茨(Stolz)、舒尔(Schur)、维朗尼斯,希尔伯特等给出。我只提及希尔伯特使用的术语的区别(*Grundlagen der Geometrie*,pp. 39,40):

(1)"两个多边形称为可分相等的(divisibly-equal),若它们可以分为有限个两两全等的三角形。"

(2)"两个多边形称为在容积上(in content)相等或具有相等的容积,若可以给它们增加可分相等的多边形,使得两个结合了的多边形是可分相等的。"

[阿马尔迪提示另外的术语表示(1),(2),和等价与差等价]。

从这些定义可以推出:"由结合的可分相等的多边形,我们仍然得到可分相等的多边形;并且若我们从可分相等的多边形减去可分相等的多边形,则剩下的多边形在容积上相等。"

由这个命题不难推出:"若两个多边形可分相等于第三个多边形,则它们也彼此可分相等;并且若两个多边形容积相等于第三个多边形,则它们彼此容积相等。”

几种不同的情形。

普罗克洛斯(pp. 399—400)注意到,像通常一样,欧几里得只给出了三种可能情形中最困难的情形,并增加了另外两种情形及其证明。在 *E* 落在 *A* 与 *D* 之间的情形,他增加两个全等三角形 *ABE*, *DCF* 到小梯形 *EBCD*,代替从大梯形 *ABCF* 减去它们(如西姆森所做的)。

一个古代的“所谓的悖论”。

普罗克洛斯注意到(p. 396),这个定理以及类似的与三角形有关的定理与所谓的悖论定理有关,因为认为下述情况不可能:当不是底的两条边无限增加时,这个平行四边形的面积仍然保持相同。他又说,数学家做了这样悖论的汇集,所谓“悖论的宝库”(treasury of paradoxes),它可能是埃赖辛奥斯的著作,在上面Ⅰ.21 的注中已提及。

轨迹定理和希腊几何中的轨迹。

普罗克洛斯说(pp. 394—6),命题Ⅰ.35 是欧几里得给出的第一个轨迹定理。普罗克洛斯在这个注中给出了轨迹定理的性质以及术语“轨迹”的含义;他是我们了解希腊的几何轨迹概念所依赖的三个作者(另两个是帕普斯和欧托基奥斯)之一。

普罗克洛斯的解释(pp. 394—5)如下。“我把这些定理称为轨迹定理,其中同样的性质对某个整个的轨迹存在,并且所谓轨迹是具有同一性质的线或曲面的位置。关于轨迹定理,某些是作出线,另一些是作出曲面。因为某些线是平面的,另一些是立体的——平面的是在一个平面内,而立体的来自立体图形的某个截面,例如,圆柱螺线和圆锥曲线——我应当说,关于线的轨迹定理,某些是平面轨迹,另外一些是立体轨迹。”

暂不讨论关于曲面的轨迹,我们讨论平面轨迹和立体轨迹的区别,或者平面的线和立体线的区别。欧托基奥斯说,“立体轨迹得到它们的名字,是从它们用来解决问题的线有根源在立体截线中,例如,圆锥截线和其他截线。”类似地,由帕普斯,平面轨迹是直线和圆,而立体轨迹是圆锥曲线。阿里斯泰奥斯写了五卷的 *Solid Loci*(《立体轨迹》),补充圆锥曲线;帕普斯(Ⅲ. p. 54)明显地区分了平面和立体问题,平面问题是用直线和圆周解决的问题,而立体问题是用一个或多个圆锥截线解决的问题。但是,普罗克洛斯和欧托基奥斯认为立体轨迹超过圆锥曲线,而帕普斯不支持这个术语的较广的应用。因而,由普罗克洛斯和欧托基奥斯给出的分类没有帕普斯给出的严格;并且普罗克洛斯把圆柱螺线包括在立体轨迹内,理由是它出现在立体图形的截线中。

比较上述这些话与欧几里得的轨迹,海伯格总结出普罗克洛斯的关于线的轨迹和关于曲面的轨迹的解释,它们是线的轨迹和它们是曲面的轨迹。但是,普罗克洛斯的关于线的轨迹的概念需要某些修改,因为他说到这个命题,其轨迹是线和面,在同一个底上具有相等面积的各个平行四边形的轨迹是这两条平行线之间的整个空间。类似地,当他引用Ⅲ.21,关于同一个弓形上的角相等,以及Ⅲ.31,关于半圆内的角是直角,此时在平面轨迹定理中圆周取代了直线,显然这隐含着这个弓形或半圆可以看成面积,它是具有同一个底和相等顶角的无数个三角形的轨迹,不同于作为角点的轨迹的圆周。同样地,他给出了内接于双曲线和某渐近线的平行四边形相等作为立体轨迹的一个例子,包括在这个曲线和它的渐近线之间的面积可以看成相等的平行四边形的轨迹。显然,这个命题中的轨迹可以看成或者(1)一条线的线轨迹,不是一个点,或者(2)一个面的面轨迹,不是一个点或一条线;我们也可以引入另一个不同的轨迹分类,对应于阿波罗尼奥斯在他的 *Plane Loci*(《平面轨迹》)中的解释。根据这个,轨迹通常分为三类:(1)一个点的轨迹是一个点,一条线的轨迹是一条线,一个曲面的轨迹是一个曲面,一个立体的轨迹是一个立体;(2)一个点的轨迹是一条线,一条线的轨迹是一个曲面,一个曲面的轨迹是一个立体;(3)一个点的轨迹是一个曲面,一条线的轨迹是一个立体。于是,这个命题的轨迹,不论作为相等平行四边形的轨迹的两条平行线之间的空间,或者作为底的对边的轨迹的平行于底的线,都属于第一类;由前面的观点,关于线的轨迹不只是一条线,而且可以是由线界定的平面,在Ⅲ.21,31 的情形,是由直线和圆界定的平面。

命题 36

在等底上且在一对二平行线之间的平行四边形彼此相等。

设 $ABCD$,$EFGH$ 是平行四边形,它们在等底 BC,FG 上,并且在相同的平行线 AH,BG 之间。

我断言平行四边形 $ABCD$ 等于 $EFGH$。

连接 BE,CH。则因 BC 等于 FG,而 FG 等于 EH,BC 也等于 EH。 [公理 1]

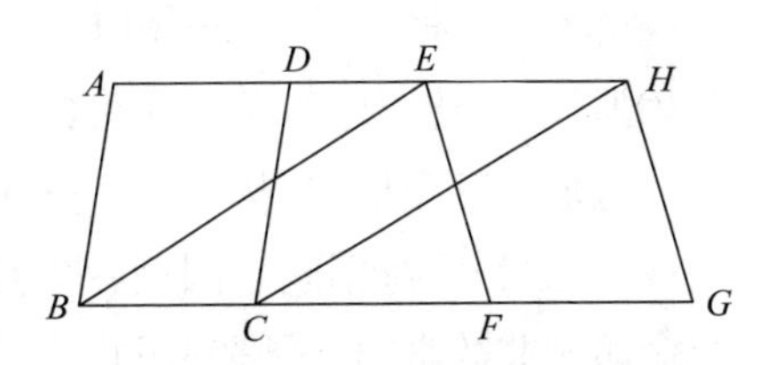

但是,它们也是平行的。

又连接 EB,HC;

但是,在同方向(分别)连接相等且平

行的(在端点)线段是相等且平行的。 [Ⅰ.33]

所以 $EBCH$ 是一个平行四边形。 [Ⅰ.34]

并且它等于 $ABCD$,因为它们有相同的底 BC,并且在相同的平行线 BC,AH 之间。 [Ⅰ.35]

同样,$EFGH$ 也等于同一个 $EBCH$。 [Ⅰ.35]

这样一来,平行四边形 $ABCD$ 也等于 $EFGH$。 [公理 1]

证完

命题 37

在同底上且在一对二平行线之间的三角形彼此相等。

设三角形 ABC,DBC 同底且在相同二平行线 AD,BC 之间。

我断言三角形 ABC 等于三角形 DBC。

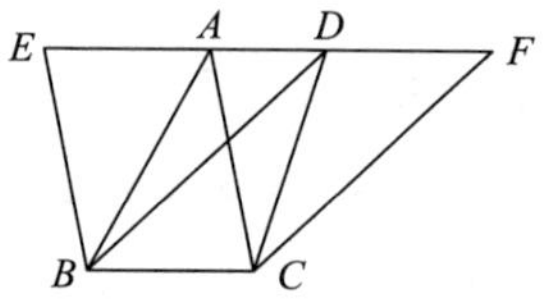

向两个方向延长 AD 至 E,F;过 B 作 BE 平行于 CA, [Ⅰ.31]

过 C 作 CF 平行于 BD。 [Ⅰ.31]

则图形 $EBCA$,$DBCF$ 的每一个都是平行四边形;并且它们相等。

因为它们在同底 BC 上且在二平行线 BC,EF 之间。 [Ⅰ.35]

此外,三角形 ABC 是平行四边形 $EBCA$ 的一半,因为对角线 AB 二等分它。 [Ⅰ.34]

又,三角形 DBC 是平行四边形 $DBCF$ 的一半,因为对角线 DC 平分它。 [Ⅰ.34]

[但是相等的量的一半也彼此相等。]

所以,三角形 ABC 等于三角形 DBC。

证完

普罗克洛斯关于Ⅰ.36 和Ⅰ.37 的注释有缺失,显然,前者的末尾和后者的开始遗失了,普罗克洛斯在遗失的段落边又注释到,在同一对平行线之间的平行四边形和三角形中,从一条平行线到另一条平行线的两条边的长度可以任意增长,而面积保持相同。因而,平行四边形或三角形的周长没有限制。误解这个命题的非数学的人是普遍的。

数学家比较了具有相等周长的不同图形的面积。季诺多鲁斯和帕普斯证明了的命题如下:(1)在所有具有相同边数和相等周长的多边形中,等边且等角的多边形有最大面积;(2)在相等周长的正多边形中,面积最大者具有最大角;(3)一个圆大于任一个有相等周长的正多边形;(4)在弧长相等的所有弓形中,半圆是最大的。季诺多鲁斯的专著不只局限于平面图形,而且也包括下述定理,所有表面积相等的立体图形中,球具有最大体积。

命题 38

在等底上且在一对二平行线之间的三角形彼此相等。

设三角形 *ABC*,*DEF* 在等底 *BC*,*EF* 上且在相同二平行线 *BF*,*AD* 之间。

我断言三角形 *ABC* 等于三角形 *DEF*。

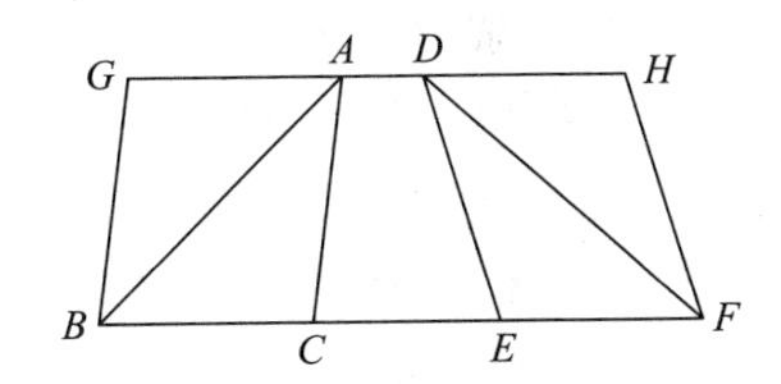

因为,向两个方向延长 *AD* 至 *G*,*H*;过 *B* 作 *BG* 平行于 *CA*, [Ⅰ.31]

过 *F* 作 *FH* 平行于 *DE*。

则图形 *GBCA*,*DEFH* 每一个都是平行四边形;并且二者相等,即 *GBCA* 等于 *DEFH*;

因为,它们在等底 *BC*,*EF* 上且在相同二平行直线 *BF*,*GH* 之间。 [Ⅰ.36]

此外,三角形 *ABC* 是平行四边形 *GBCA* 的一半;因为对角线 *AB* 二等分它。

[Ⅰ.34]

又三角形 *FED* 是平行四边形 *DEFH* 的一半;因为对角线 *DF* 二等分它。

[Ⅰ.34]

[但是,相等的量的一半也彼此相等。]

所以,三角形 *ABC* 等于三角形 *DEF*。

证完

普罗克洛斯关于这个命题注释到(pp. 405—6),欧几里得在Ⅵ.1 中的证明包括了从Ⅰ.35—38 四个定理,而大多数人没有注意到这个。欧几里得证明了同高的三角形和平行四边形与它们的底有相同的比,他用比例证明了所有这些命题;具有相同高等价于在同一对平行线之间。事实上Ⅵ.1 可以推出这些命题,但是,必须注意,它没有证明这些命题本身;事实上它们用来证明Ⅵ.1。

Ⅰ.24 中三角形面积的比较。

普罗克洛斯在Ⅰ.24 的注释中提及的这个定理,海伦更明确地阐述如下。

若在两个三角形中,一个的两条边分别等于另一个两条边,并且等边包含的角一个大于另一个，所以(1)若这两个角的和等于二直角，则这两个三角形相等；(2)若小于二直角，则有较大角的三角形较大；(3)若大于二直角，则有较小角的三角形较大。

设两个三角形 ABC，DEF 的边 AB，AC 分别等于 DE，DF。

(1)首先，设角 A 和角 D 的和等于二直角。

海伦的作图如下。

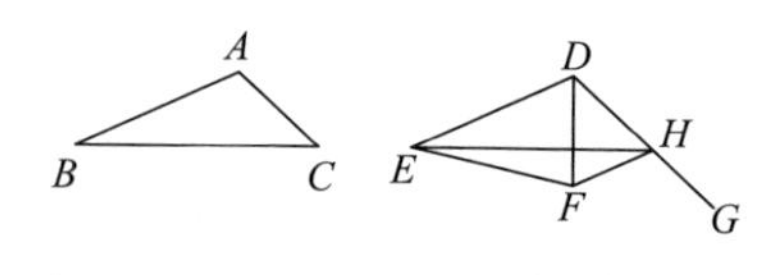

作角 EDG 等于角 BAC。

作 FH 平行于 ED，交 DG 于 H。

连接 EH。

因为角 BAC，EDF 的和等于二直角，所以角 EDH，EDF 的和等于二直角。

而角 EDH，DHF 的和等于二直角。

所以角 EDF，DHF 相等。

又内错角 EDF，DFH 相等。 [Ⅰ.29]

因而角 DHF，DFH 相等。并且

DF 等于 DH。 [Ⅰ.6]

因此两边 ED，DH 分别等于两边 BA，AC；并且其夹角相等。

所以三角形 ABC，DEH 全等。

三角形 DEF，DEH 在同一对平行线之间，因而相等。 [Ⅰ.37]

所以三角形 ABC，DEF 相等。

(普罗克洛斯采用欧几里得的Ⅰ.24 的作图，即作 DH 等于 DF，而后证明 ED，FH 平行。)

(2)设角 BAC，EDF 的和小于二直角。

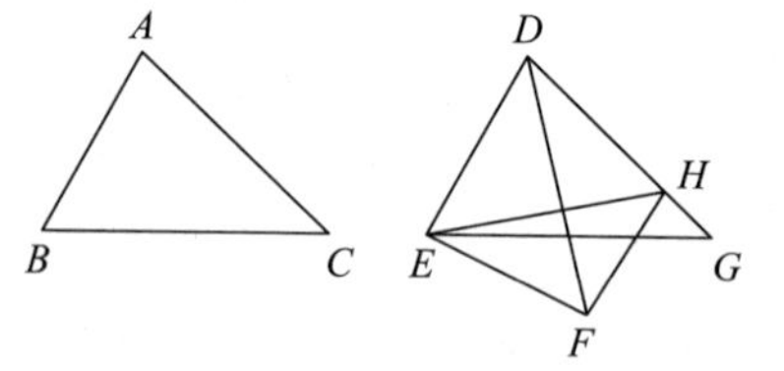

如前，作角 EDG 等于角 BAC，作 FH 平行于 ED，连接 EH。

角 EDH，EDF 的和小于二直角，角 EDH，DHF 的和等于二直角。 [Ⅰ.29]

因此角 EDF，因而角 DFH 小于角 DHF。

所以 DH 小于 DF。 [Ⅰ.19]

延长 DH 到 G，使得 DG 等于 DF 或 AC，连接 EG。

则三角形 DEG 等于三角形 ABC，大于三角形 DEH，因而大于三角形 DEF。

(3)设角 BAC，EDF 之和大于二直角。

同样地作图，并证明角 DHF 小于角 DFH，

因此 DH 大于 DF 或 AC。

作 *DG* 等于 *AC*，连接 *EG*。

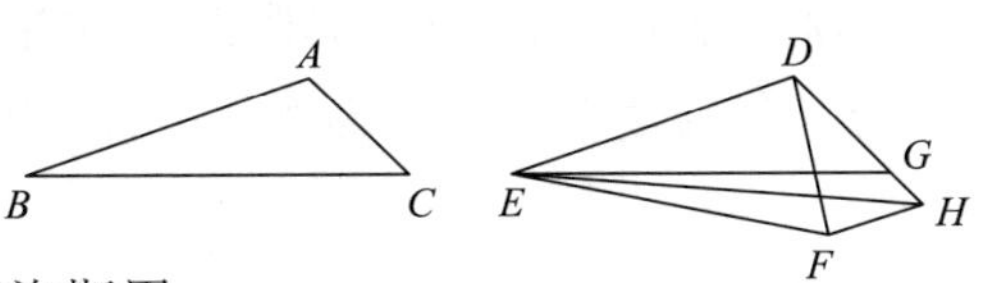

而后可以推出三角形 *DEF* 大于三角形 *ABC*。

（在第二和第三种情形中，普罗克洛斯用 Ⅰ.24 中的作图，在第二种情形中证明 *FH* 平行于 *ED* 并与 *DG* 相交，在第三种情形中，证明它与 *DG* 的延长线相交。）

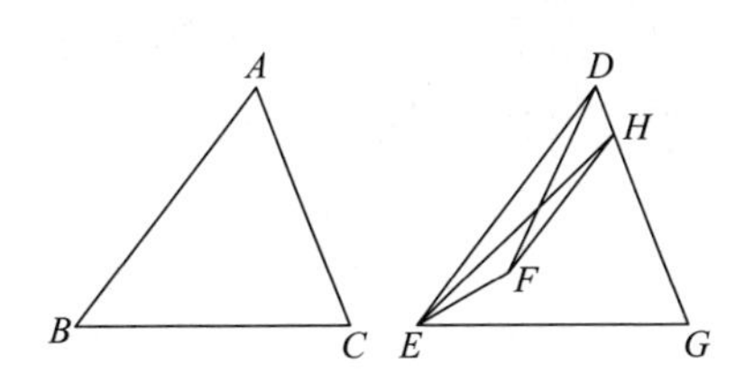

海伦没有必要考虑 *F* 相对于 *D* 的位置。因为在第一和第三种情形中，*F* 必然落在欧几里得 Ⅰ.24 的图中的位置，不论 *AB*，*AC* 的相对长度。在第二种情形中，如附图，而证明同前，或者不需要证明。

命题 39

在同底上且在底的同一侧的相等三角形也在一对二平行线之间。

设 *ABC*，*DBC* 是相等的三角形，它们有同底 *BC*，并且在 *BC* 同一侧。

[我断言它们也在相同二平行线之间。]

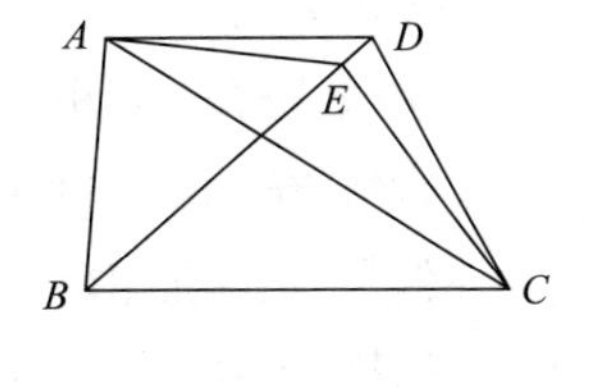

为此，若连接 *AD*，则

我断言 *AD* 平行于 *BC*。

因为假若不平行，经过点 *A* 作 *AE* 平行于直线 *BC*，　[Ⅰ.31]

连接 *EC*。所以，三角形 *ABC* 等于三角形 *EBC*。

因为它们在同底 *BC* 上且在相同二平行线之间。　[Ⅰ.37]

但是，三角形 *ABC* 等于三角形 *DBC*，故三角形 *DBC* 也等于三角形 *EBC*。

[公理 1]

于是，大的等于小的:这是不可能的。

所以 *AE* 不平行于 *BC*。

类似地，我们能证明除 *AD* 外，其他任何直线不平行于 *BC*。

所以，*AD* 平行于 *BC*。

证完

这个定理是 Ⅰ.37 的部分逆定理。在 Ⅰ.37 中，这两个三角形(1)在相同的底上，(2)在同一对平行线之间，定理证明了(3)这两个三角形相等。此处，假设(1)和结论(3)合起来作为假设,而结论是Ⅰ.37的假设(2),这两个三角形在同一对平行线之间。这个命题附加的限制,即这两个三角形必须在底的同侧是必要的。

普罗克洛斯(p.407)注释到,欧几里得只是给出了Ⅰ.37和Ⅰ.38关于三角形的逆,而省略了Ⅰ.35,36关于平行四边形的逆,由于容易看出其方法相同,读者可以自己证明。

命题40

等底且在底的同侧的相等三角形也在一对二平行线之间。

设ABC,CDE是相等的三角形,并有等底BC,CE,并且在底的同侧。

我断言两个三角形在相同的二平行线之间。

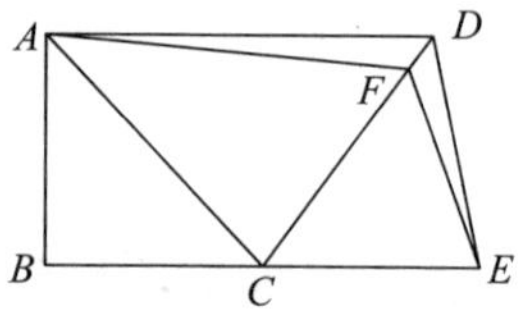

因为若连接AD,

我断言AD平行于BE。

因为,如果不是这样,设AF经过点A而平行于BE,　[Ⅰ.31]

连接FE。

所以,三角形ABC等于三角形FCE。因为它们在等底BC,CE上且在相同二平行线BE,AF之间。　[Ⅰ.38]

但是,三角形ABC等于三角形DCE,所以,三角形DCE也等于三角形FCE,这样,大的等于小的:这是不可能的。所以AF不平行于BE。

类似地,我们能证明除AD外,其他任何直线不平行于BE。

所以,AD平行于BE。

证完

海伯格用纸草碎片证明了这个命题是某个人插入的,这个人认为应当有一个命题在Ⅰ.39的后面,正像Ⅰ.38对Ⅰ.37,Ⅰ.36对Ⅰ.35一样。

命题41

如果一个平行四边形和一个三角形既同底又在二平行线之间,则平行四边形是这个三角形的二倍。

因为可设平行四边形$ABCD$和三角形EBC有共同的底BC,又在相同二平

行线 BC,AE 之间。

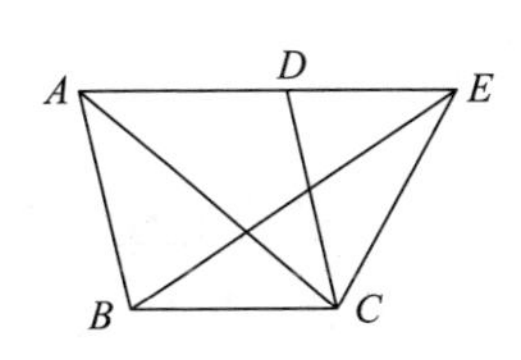

我断言平行四边形 $ABCD$ 是三角形 BEC 的二倍。

连接 AC。

那么,三角形 ABC 等于三角形 EBC,因为二者有同底 BC,又在相同的平行线 BC,AE 之间。 [Ⅰ.37]

但是平行四边形 $ABCD$ 是三角形 ABC 的二倍,这是因为对角线 AC 二等分 $ABCD$。 [Ⅰ.34]

这样一来,平行四边形 $ABCD$ 也是三角形 EBC 的二倍。

证完

普罗克洛斯(pp. 414—5)讨论了梯形(只有一对对边平行的四边形)的面积,比较了在同一对平行线之间,分别以梯形的较大平行边和较小平行边为底的三角形,并且证明了这个梯形小于二倍的前一个三角形,而大于二倍的后一个三角形。

他又证明了下述命题(pp. 415—6)。

若以梯形的非平行边的中点到对边的两个端点作三角形,则梯形的面积等于这个三角形面积的二倍。

设 $ABCD$ 是梯形,AD,BC 是平行边,E 是非平行边 DC 的中点。

连接 EA,EB,并且延长 BE 交 AD 的延长线于 F。

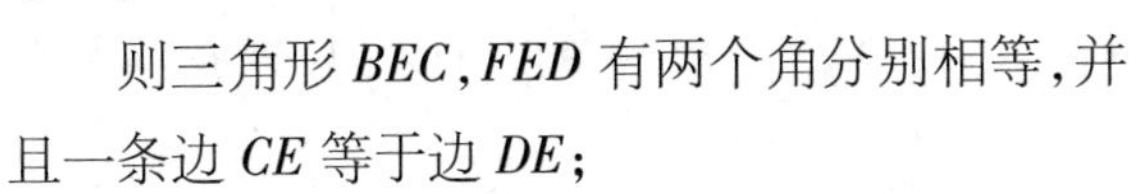

则三角形 BEC,FED 有两个角分别相等,并且一条边 CE 等于边 DE;

因而这两个三角形全等。 [Ⅰ.26]

对每个三角形加上四边形 $ABED$;

所以梯形 $ABCD$ 等于三角形 ABF,即二倍的三角形 AEB,由于 BE 等于 EF。 [Ⅰ.38]

普罗克洛斯证明的三个性质可以联合成一个阐述:

若从梯形的一边的中点到对边的两个端点作三角形,则梯形的面积(1)大于,(2)等于,或(3)小于二倍的这个三角形,依据中点取在(1)较大平行边上,(2)一个非平行边上,或(3)较小平行边上。

命题 42

用给定的直线角作平行四边形,使它等于已知三角形。

设 *ABC* 是给定的三角形,并且 *D* 是已知直线角。于是要用直线角 *D* 作一个平行四边形等于三角形 *ABC*。

将 *BC* 二等分于 *E*,并且连接 *AE*;

在直线 *EC* 上的点 *E* 作角 *CEF*,使它等于已知角 *D*。 [Ⅰ.23]

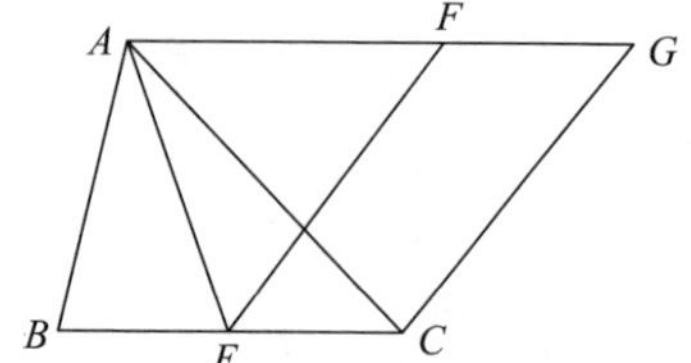

经过 *A* 作 *AG* 平行于 *EC*, [Ⅰ.31]

又经过 *C* 作 *CG* 平行于 *EF*。

那么,*EFCG* 是平行四边形。

又,因为 *BE* 等于 *EC*,所以

三角形 *ABE* 也等于三角形 *AEC*,因为它们在相等的底 *BE*,*EC* 上,并且在相同二平行线 *BC*,*AG* 之间; [Ⅰ.38]

所以,三角形 *ABC* 是三角形 *AEC* 的二倍。

但是,平行四边形 *FECG* 也等于三角形 *AEC* 的二倍,事实上,它们同底且在相同二平行线之间; [Ⅰ.41]

所以,平行四边形 *FECG* 等于三角形 *ABC*。

而且它有一个角 *CEF* 等于已知角 *D*。

所以,作出了平行四边形 *FECG*,它等于已知三角形 *ABC*,并且有一个角 *CEF* 等于已知角 *D*。

证完

命题 43

在任意平行四边形中,在其对角线上的两平行四边形的补形彼此相等。

设 *ABCD* 是平行四边形,*AC* 是它的对角线;*AC* 也是平行四边形 *EH*,*FG* 的对角线,把 *BK*,*KD* 称为所谓的补形。

我断言补形 *BK* 等于补形 *KD*。

因为 *ABCD* 是平行四边形,而且 *AC* 是它的对角线。三角形 *ABC* 等于三角形 *ACD*。 [Ⅰ.34]

又因 *EH* 是平行四边形,并且 *AK* 是它的对角线,三角形 *AEK* 等于三角形 *AHK*。同理,三角形 *KFC* 也等于三角形 *KGC*。

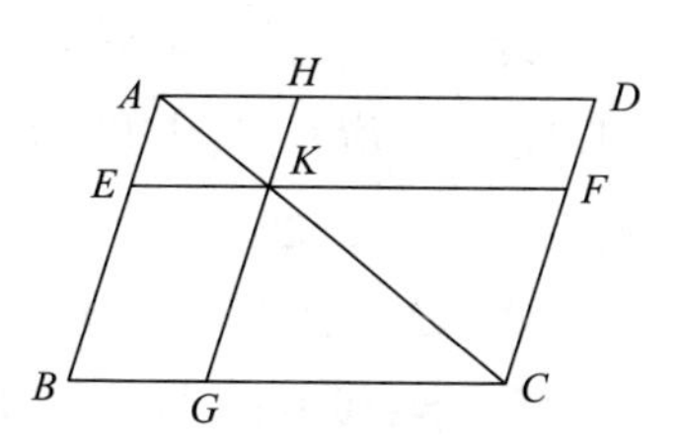

现在,因为三角形 *AEK* 等于三角形 *AHK*,并且 *KFC* 等于 *KGC*,从而三角形 *AEK* 与 *KGC* 的和等于三角形 *AHK* 与 *KFC* 的和。 [公理 2]

并且整体三角形 *ABC* 也等于整体三角形 *ADC*;

所以,余下的补形 *BK* 等于余下的补形 *KD*。 [公理 3]

证完

在普罗克洛斯评论的正文中,关于 Ⅰ.41 的注的末尾,Ⅰ.42 的注的整个以及 Ⅰ.43 的注的开始都遗失了。

普罗克洛斯指出(p. 418),欧几里得没有必要给出补形的严格定义,由于其名字明白地提示了其事实;当我们有了对角线上的两个平行四边形时,其补形必然是对角线两边剩余的填满整个平行四边形的面积。于是其补形不必是平行四边形。若如第一个附图,这两个平行四边形没有公共点,则其补形是两个五边形。在第二个附图中,这两个平行四边形重叠,普罗克洛斯认为这两个补形是(1)平行四边形 *FG*,*EH*。但是,若补形是严格地要求填满原来的平行四边形,普罗克洛斯不精确地说 *FG*,*EH* 是补形。实际上,其补形是(1)平行四边形 *FG* 减去三角形 *LMN*,和(2)平行四边形 *EH* 减去三角形 *KMN*;相应的差可能是负的,若对角线上的两个平行四边形的和大于原来的平行四边形。

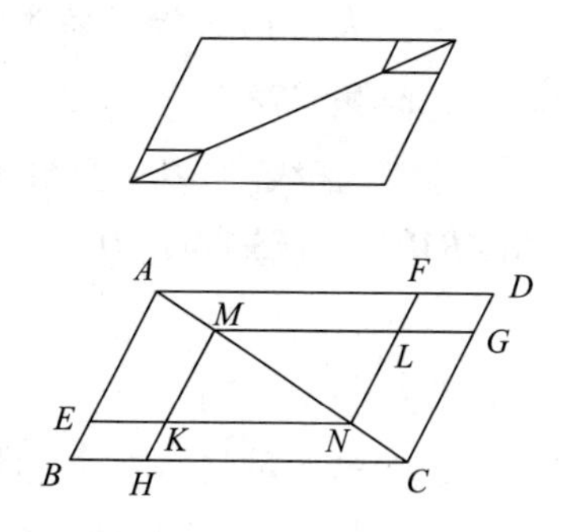

在所有情形下,容易证明补形是相等的。

命题 44

对一给定线段贴合有一个角等于已知角的平行四边形,使它(的面积)等于已知的三角形。

设 *AB* 是给定的线段,*C* 是已知三角形,而 *D* 是已知直线角。求用给定的线段 *AB* 及等于 *D* 的一个角贴合一平行四边形等于已知三角形 *C*。

设要作等于三角形 C 的平行四边形是 $BEFG$，其中角 EBG 等于角 D，

[Ⅰ.42]

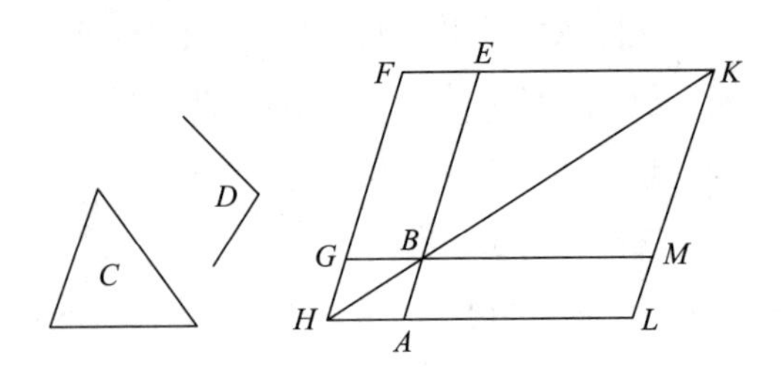

移动线段 BE 到直线 AB 上，并延长 FG 至 H，过 A 作 AH 平行于 BG 或 EF。 [Ⅰ.31]

连接 HB。

因为直线 HF 交平行线 AH，EF；角 AHF 与 HFE 的和等于二直角。 [Ⅰ.29]

故角 BHG 与 GFE 的和小于二直角，并且将直线无限延长之后在小于二直角的这一侧相交； [公设5]

所以，HB，FE 在延长之后要相交，设延长之后的交点为 K，过点 K 作 KL 平行于 EA 或 FH。 [Ⅰ.31]

并且设 HA，GB 延长至点 L，M。那么，$HLKF$ 是平行四边形，HK 是它的对角线；AG，ME 是平行四边形；LB，BF 是关于 HK 的补形；故 LB 等于 BF。 [Ⅰ.43]

但 BF 等于三角形 C，故 LB 也等于 C。 [公理1]

又因为角 GBE 等于角 ABM， [Ⅰ.15]

这时角 GBE 等于角 D，角 ABM 也等于角 D。

于是，在线段 AB 上贴合出的平行四边形 LB 等于已知三角形 C，并且其中角 ABM 等于已知的角 D。

证完

这个命题是几何中给人印象最深刻的命题之一：(1)其结果的重要性，变换任一个形状的平行四边形为另一个具有相同角和相等面积，并且一条边具有给定长度，例如单位长的平行四边形；(2)使用的方法的简明性，即只使用了平行四边形的对角线上的两个平行四边形的补形相等。正如普罗克洛斯所说，“面积相切”方法的发现有惊人的独创性；并且不容怀疑，这个特殊解答和整个理论属于毕达哥拉斯，而不是欧几里得的一个新解答。

面积的相切。

普罗克洛斯(pp. 419—20)在这个命题中给出了关于“面积相切”方法的一个有价值的注释，这个方法是希腊几何中最有用的方法之一，这个注释如下：

“欧德莫斯说，这些东西是古代的，是毕达哥拉斯发现的，这意味着面积正好相切，超过或不足的相切。从毕达哥拉斯开始，后来的几何学家(如阿波罗尼

奥斯)采用了这个名字,他们把它用到所谓的圆锥曲线,把它们中的一个称为抛物线(正好相切),另一个称为双曲线(超出),又一个称为椭圆(不足),这些人在平面上把面积贴于有限直线。当你有一条直线,放置已知矩形面积沿着这个整个线段,这就是正好相贴;当你使得面积的长度大于这个直线本身时,这就是超过相贴;当你使得面积的长度小于这个直线本身时,这就是不足相贴。欧几里得在第二卷中说到超过和不足;但是此处他只需要正好相贴,对一个给定的直线贴一个等于已知三角形的面积,不只是作出一个平行四边形等于已知三角形,而且把它贴于一条有限线段。例如,给定一个三角形的面积 12 平方英尺,给定的直线长 4 英尺,我们给这条直线贴一个等于这个三角形的面积,若我们取 4 英尺整个长度,并且寻找多少英尺的宽度,使得这个平行四边形等于这个三角形。在特殊情形下,若我们找到宽 3 英尺,并且长乘以宽,假定角是直角,则我们有这个面积。这样一个相贴是由毕达哥拉斯早期完成的。"

普鲁塔克还引用了一些类似的段落。(1)"阿波洛道拉斯(?)说,由于毕达哥拉斯的这个命题,给他奉献了一头牛,它可能是斜边定理,即斜边上的正方形等于两条直角边上的正方形,或者是关于面积相贴的问题。"(2)"最重要的几何定理或问题之一是下述:给定两个图形,贴第三个图形等于其中一个并且相似于另一个。由于这个发现,给毕达哥拉斯奉献一头牛,无疑这个比斜边定理更微妙和更科学"(*Symp*. Ⅷ. 2,4)。

奉献的故事(正如布里茨奇尼德和汉克尔的注释)与毕达哥拉斯的教义不协调,这个教义禁止这样的奉献。但是,没有理由怀疑毕达哥拉斯是第一个把面积的相贴引进希腊几何中。完整的解释面积的相贴,它们的超过,它们的不足,以及作一个直线形等于一个给定图形,并且相似于另一个,叙述在欧几里得的第六卷中;但是,在此注释相贴及其超过和不足理论的一般性质是方便的。

简单的贴一个具有给定面积到一个作为边的给定直线已经在Ⅰ.44 和Ⅰ.45 中给出;关于超过和不足的一般形式叙述如下:

"为了贴一个等于给定直线形的矩形(更一般的,一个平行四边形)到一条给定直线,并且(1)超过,或(2)不足一个正方形(或更一般的,一个相似于给定平行四边形的平行四边形)。"

贴平行四边形(1)超过或(2)不足的含义是,它的底与这条直线一个端点公用,这个底(1)超过或(2)不足这条直线。

我们将会看到,在第二卷和第六卷中的有关问题等价于几何地解一个混合的二次方程

$$ax \pm x^2 = b^2,$$

$$x^2 - ax = b^2;$$

但是，在Ⅵ. 28，29 中，欧几里得给出了下面等价的一段方程的解答

$$ax \pm \frac{b}{c}x^2 = \frac{C}{m}。$$

现在我们给出术语"抛物线"（正好相贴）、"双曲线"（超过）和"椭圆"（不足）的解释。这些名字第一次由阿波罗尼奥斯用来表示他所说的曲线的基本性质。这个基本性质等价于从圆锥曲线的直径和它的端点的切线为轴（一般是斜坐标）的笛卡儿方程。若把从圆锥曲线上的点到给定直径的纵坐标参量认为 p（在双曲线和椭圆的情形，p 等于$\frac{d'^2}{d}$，其中 d 是给定直径的长，d' 是它的共轭直径），则阿波罗尼奥斯给出了这三条圆锥曲线的性质如下。

（1）对于抛物线，任一点的纵坐标上的正方形等于贴到 p 的矩形，这个矩形以 p 为底，高等于相应的横坐标，即

$$y^2 = px。$$

（2）对于双曲线和椭圆，纵坐标上的正方形等于贴于 p 的宽为横坐标的矩形并且超过（对于双曲线）或不足（对于椭圆）一个相似于并且有相似位置的由给定直径和 p 包围的矩形，即对于双曲线

$$y^2 = px + \frac{x^2}{d^2}pd,$$

或

$$y^2 = px + \frac{p}{d}x^2;$$

对于椭圆，

$$y^2 = px - \frac{p}{d}x^2。$$

这些方程的形式与上述给出的一般方程完全一样，并且阿波罗尼奥斯的名称（分别称为齐曲线、超曲线和亏曲线）完全遵循正好相贴、超过和不足相贴。

命题 45

在一个已知直线角上作一平行四边形使它等于已知直线形。

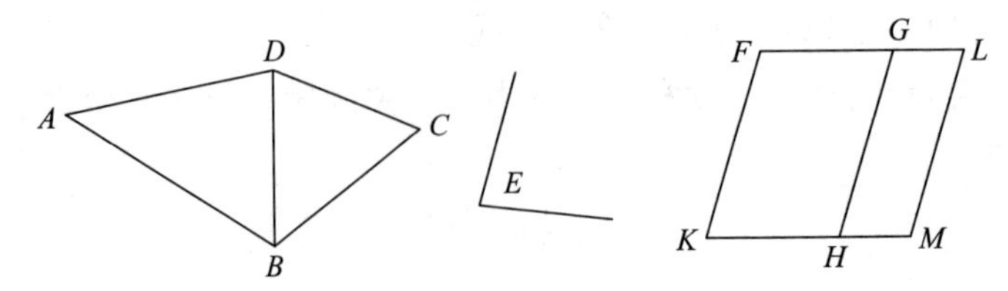

设 *ABCD* 是已知的直线形,并且 *E* 是已知的直线角。求作一平行四边形等于直线形 *ABCD*,且角等于已知的直线角 *E*。

连接 *DB*,设作出等于三角形 *ABD* 的平行四边形是 *FH*,其中角 *HKF* 等于角 *E*; [Ⅰ.42]

并且设在线段 *GH* 上贴合一平行四边形 *GM* 等于三角形 *DBC*,其中角 *GHM* 等于角 *E*。 [Ⅰ.44]

因为角 *E* 等于 *HKF*,*GHM* 的每一个,所以角 *HKF* 也等于角 *GHM*。[公理 1]

把角 *KHG* 加在上面各边,则角 *FKH*,*KHG* 的和等于角 *KHG*,*GHM* 的和。但是,角 *FKH*,*KHG* 的和等于二直角。 [Ⅰ.29]

所以,角 *KHG*,*GHM* 的和也等于二直角。

这样,一条线段 *GH* 及它上面一点 *H*,不在它同侧的二线段 *KH*,*HM* 作成相邻的二角的和等于二直角。

所以,*KH* 和 *HM* 在同一条直线上。 [Ⅰ.14]

又因直线 *HG* 和平行线 *KM*,*FG* 相交,错角 *MHG*,*HGF* 相等。 [Ⅰ.29]

将角 *HGL* 加在以上各边;

则角 *MHG*,*HGL* 的和等于角 *HGF*,*HGL* 的和。 [公理 2]

但是,角 *MHG*,*HGL* 的和等于二直角; [Ⅰ.29]

所以,角 *HGF*,*HGL* 的和也等于二直角, [公理 1]

所以,*FG* 和 *GL* 在同一直线上。 [Ⅰ.14]

又,因为 *FK* 等于且平行于 *HG*,所以 [Ⅰ.34]

HG 也等于且平行于 *ML*,这样 *KF* 也等于且平行于 *ML*。 [公理 1, Ⅰ.30]

连接线段 *KM*,*FL*(在它们的端点处);则 *KM*,*FL* 相等且平行。 [Ⅰ.33]

所以,*KFLM* 是平行四边形。

又,因为三角形 *ABD* 等于平行四边形 *FH*,三角形 *DBC* 等于平行四边形 *GM*,整体直线形 *ABCD* 等于整体平行四边形 *KFLM*。

所以,作出了一个等于已知直线形 *ABCD* 的平行四边形 *KFLM*,其中角 *FKM* 等于已知角 *E*。

证完

面积的变换。

我们现在要估量命题Ⅰ.43—45 与面积变换的关系。有一个重要的部分称为几何代数。我们现在知道如何用一个一边等于任一给定直线并且一个角等于给定直线角的平行四边形来表示任一个直线形的面积。所有平行四边形中最重要的是矩形,它是可以表示面积的最简单的形式。因为一个矩形对应于代数中两个量的乘积，所以对给定的直线贴一个等于给定面积的矩形等价于在代数上两个量的乘积除以第三个量。进一步，可以增加或减少任一个直线形面积并且用一个具有任意长度的一边的矩形来表示这个和或差，这个过程等价于得到一个公因子。但是仍然保留一个步骤，求一个正方形等于给定的矩形，这个步骤在Ⅱ.14之前未采用。一般地，变换矩形和正方形为另外的矩形和正方形是卷Ⅱ.的主题，除了表示两个正方形的和为一个正方形，它出现在毕达哥拉斯定理Ⅰ.47之中。在卷Ⅱ.中直线形的面积的变换在矩形和正方形之间进行。变换简单矩形的面积为一个相似于任一直线形的面积的逆过程在Ⅵ.25之前未出现。

普罗克洛斯在这个命题的注释中又说(pp.422—3)："我设想在这个命题之后，古代的几何学家会研究化圆为方问题。若可以找到一个平行四边形等于任一个直线形，则值得发问是否可以证明直线形等于圆。事实上，阿基米德证明了一个圆等于这样一个直角三角形，一条直角边等于圆的半径，它的底等于圆的周长。"

命题 46

在一给定的线段上作一个正方形。

设 *AB* 是所给定的线段；要求在线段 *AB* 上作一个正方形。

令 *AC* 是从线段 *AB* 上的点 *A* 所画的直线，它与 *AB* 成直角。 [Ⅰ.11]

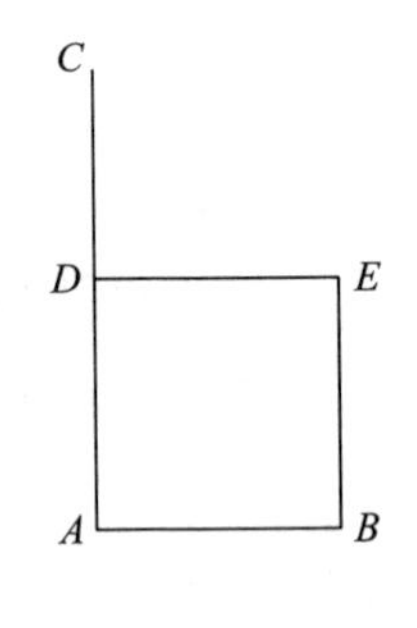

取 *AD* 等于 *AB*；

过点 *D* 作 *DE* 平行于 *AB*，过点 *B* 作 *BE* 平行于 *AD*。 [Ⅰ.31]

所以 *ADEB* 是平行四边形；从而 *AB* 等于 *DE*，且 *AD* 等于 *BE*。 [Ⅰ.34]

但是，*AB* 等于 *AD*，所以四条线段 *BA*，*AD*，*DE*，*EB* 彼此相等；所以平行四边形 *ADEB* 是等边的。

其次，又可证四个角都是直角。

因为，由于线段 *AD* 和平行线 *AB*，*DE* 相交，角 *BAD*，*ADE* 的和等于二直角。 [Ⅰ.29]

但是，角 *BAD* 是直角；故角 *ADE* 也是直角。在平行四边形面片中对边以及对角相等。 [Ⅰ.34]

所以，对角 *ABE*，*BED* 的每一个也是直角，从而 *ADEB* 的角都是直角。

已经证明了它也是等边的。

所以，它是在线段 AB 上作成的一个正方形。

证完

普罗克洛斯证明了，若两个正方形作在相等的直线上，则这两个正方形相等；并且，反过来，若两个正方形相等，则作在它上面的直线相等。前一个命题是显然的，若用对角线分这两个正方形为两对三角形。其逆证明如下：

把两个相等的正方形 AF，CG 如此旋转，使得 AB，BC 在一条直线上。因为角是直角，所以 FB，BG 也在一条直线上。连接 AF，FC，CG，GA。

因为两个正方形相等，所以三角形 ABF，CBG 相等。

对每一个加上三角形 FBC；因而三角形 AFC，GFC 相等，故它们在同一对平行线之间。

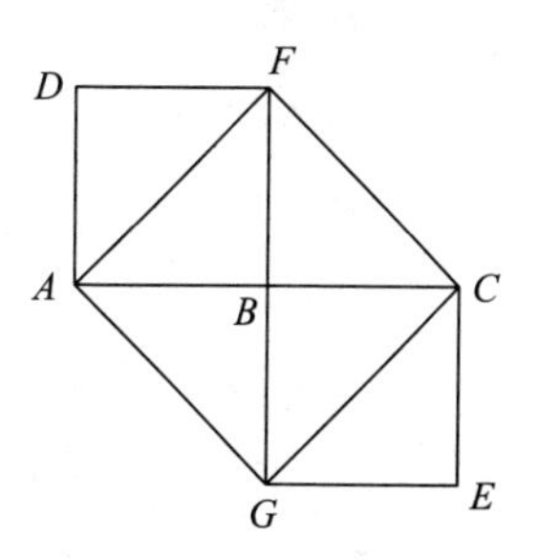

所以 AG，CF 平行。

又因为每个内错角 AFG，FGC 是半个直角，所以 AF，CG 平行。

因此 $AFCG$ 是平行四边形；并且 AF，CG 相等。

于是三角形 ABF，CBG 有两个角和一条边分别相等；所以 AB 等于 BC，BF 等于 BG。

命题 47

在直角三角形中，直角所对的边上的正方形等于夹直角两边上正方形的和。

设 ABC 是直角三角形，已知角 BAC 是直角。

我断言 BC 上的正方形等于 BA，AC 上的正方形的和。

事实上，在 BC 上作正方形 $BDEC$，并且在 BA，AC 上作正方形 GB，HC。

[Ⅰ.46]

过 A 作 AL 平行于 BD 或 CE，连接 AD，FC。

因为角 BAC，BAG 的每一个都是直

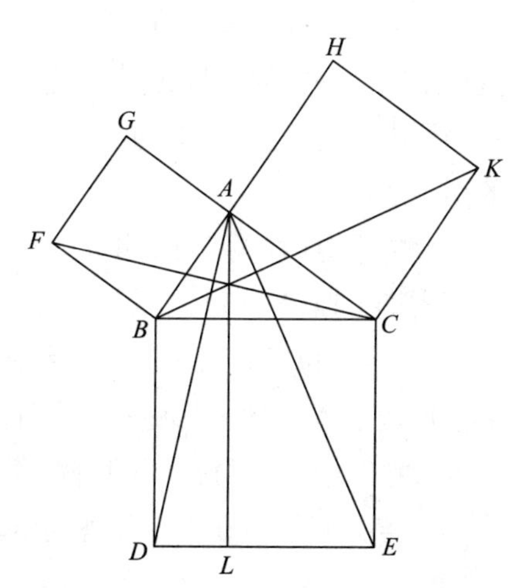

角,在一条直线 BA 上的一个点 A 有两条直线 AC,AG 不在它的同一侧所成的两邻角的和等于二直角,于是 CA 与 AG 在同一条直线上。 [Ⅰ.14]

同理,BA 也与 AH 在同一条直线上。

又因角 DBC 等于角 FBA;因为每一个角都是直角;给以上两角各加上角 ABC;

所以,整体角 DBA 等于整体角 FBC。 [公理2]

又因为 DB 等于 BC,FB 等于 BA;两边 AB,BD 分别等于两边 FB,BC。

又角 ABD 等于角 FBC;所以底 AD 等于底 FC,且三角形 ABD 全等于三角形 FBC。 [Ⅰ.4]

现在,平行四边形 BL 等于三角形 ABD 的二倍,因为它们有同底 BD 且在平行线 BD,AL 之间。 [Ⅰ.41]

又正方形 GB 是三角形 FBC 的二倍,因为它们又有同底 FB 且在相同的平行线 FB,GC 之间。 [Ⅰ.41]

[但是,等量的二倍仍然是彼此相等的。]

故平行四边形 BL 也等于正方形 GB。

类似地,若连接 AE,BK,也能证明平行四边形 CL 等于正方形 HC。

故整体正方形 $BDEC$ 等于两个正方形 GB,HC 的和。 [公理2]

而正方形 $BDEC$ 是在 BC 上作出的,正方形 GB,HC 是在 BA,AC 上作出的。

所以,在边 BC 上的正方形等于边 BA,AC 上正方形的和。

证完

普罗克洛斯说(p.426),“从古代史中,我们知道,某些人把这个定理归功于毕达哥拉斯并且献给他一头牛奖励他的发现。但是,就我而言,在赞美首先发现这个定理的人的同时,我更惊奇《原理》的作者,不只他给出最清楚的证明,而且他给出更一般的定理,在第六卷中给出了无可非议的证明。他证明了在直角三角形中,在直角对边上的图形等于在两个直角边上的相似的并且在相似位置的两个图形。”

普鲁塔克(在关于Ⅰ.44的注中引用的段落),第欧根尼·拉尔修(Ⅷ.12)和阿省纳奥斯(X.13)同意把这个定理归功于毕达哥拉斯,容吉(G. Junge)指出,在毕达哥拉斯之后的五个世纪的希腊文献中,没有说明这个以及其他几何大定理属于他。但是阿波洛道拉斯,早于普鲁塔克和西塞罗,确定存在一个“有名的命题”是毕达哥拉斯发现的。西塞罗质疑这个几何发现。但只是奉献的故事。容吉强调不能确认普鲁塔克和普罗克洛斯的话。但是,当我阅读普鲁塔克的段落时，我没有发现任何不相容的东西与普鲁塔克所说的话，他认为斜边上正方形的定理和面积相贴的问题都是毕达哥拉斯发现的，只是怀疑这两个发现的哪一个更符合奉献的事情。这个定理与欧几里得的卷Ⅱ. 有密切关系，其中一个最重要的性质是使用拐尺形。拐尺形是毕达哥拉斯学派常用的术语。亚里士多德也把奇数绕正方形放置成拐尺形形成新的正方形归功于毕达哥拉斯学派，在另外的地方，词"拐尺形"有同样意义："例如，一个正方形，当一个拐尺形绕它放置时，大小增加，而形状不变。"卷Ⅱ. 的主题和推理是毕达哥拉斯学派的。海伦（1 世纪）与普罗克洛斯一样，把用整数为边形成直角三角形的一般规则归功于毕达哥拉斯。普罗克洛斯的"概论"把无理数理论的发现归功于毕达哥拉斯，并且把比例论也归功于毕达哥拉斯，即应用于可以度量的比例的算术理论。不同于欧几里得卷Ⅴ. 的理论，它是属于欧多克索斯的。然而，对毕达哥拉斯学派发现无理数没有争论。每一件事情说明无理数的发现与正方形的对角线与边的比例有关。Ⅰ. 47 显然关于等边直角三角形是真的；并且发现某些三角形是有理三角形的事实提示我们发问正方形的对角线与边的比是否可以用整数表示。总之，在希腊几何中（这个命题在印度的发现在后面讨论），毕达哥拉斯第一个引入定理Ⅰ. 47 并给出了一般证明。

在这个假设下，毕达哥拉斯是如何导致这个发现的？通常假定埃及人注意到边是比 3，4，5 的三角形是直角三角形。康托从这个事实推出，正是从这个三角形开始了毕达哥拉斯的工作，若我们接受维特鲁威（Ⅸ. 2）的证言，毕达哥拉斯教人们如何使用长为 3，4，5 的东西作一个直角三角形。埃及人相信关于 $4^2+3^2=5^2$ 可以追溯到前 2000 年，康托于 12 世纪在 Kahun 新发现的纸莎草纸碎片中发现了这个证明。在这个纸莎草纸中，有开方，例如，16 的方根是 4，$1\frac{9}{16}$的方根是 $1\frac{1}{4}$，$6\frac{1}{4}$的方根是 $2\frac{1}{2}$，并且有下述方程：

$$1^2+(\frac{3}{4})^2=(1\frac{1}{4})^2$$

$$8^2+6^2=10^2$$

$$2^2+(1\frac{1}{2})^2=(2\frac{1}{2})^2$$

$$16^2+12^2=20^2。$$

容易看出从每一个可以导出 $4^2+3^2=5^2$，只要乘或除一个因子。因而，我们必然承认埃及人知道 $3^2+4^2=5^2$，但是好像没有证据说明他们知道三角形（3，4，5）是直角三角形；根据最新的权威（T. Eric Peet，*The Rhind Mathematical Papyrus*，

1923)，在埃及数学中，没有任何东西提示埃及人知道这个或毕达哥拉斯定理的任何特殊情形。

那么毕达哥拉斯是如何发现这个一般定理的？注意，3，4，5 是直角三角形，而 $3^2+4^2=5^2$ 可能导致他考虑是否类似的关系对一般的直角三角形的边是真的。最简单的情形是研究等腰直角三角形；并且这个特殊情形定理的真容易从作图看出。康托（Ⅰ$_3$，p. 185）和阿曼（Allman，*Greek Geometry from Thales to Euclid*，p. 29）用图形来证明，图形如图Ⅰ.47，正方形向外画出，并且用对角线分为相等三角形；但是，我认为更恰当的是伯克（Bürk）提示的图形来解释印度人如何达到同样的目的。这两个图形如上。当几何地考虑了等腰直角三角形具有这个性质后，从算术观点研究相同的事实最终导致另外的重大的发现，即发现正方形的对角线用边表示的无理性。

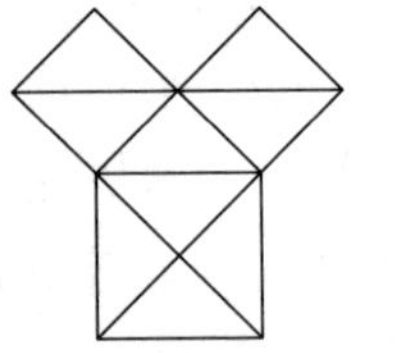

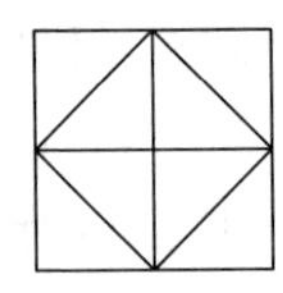

无理数将在后面讨论；下一个问题是：假定毕达哥拉斯已经注意到，对这两个特殊三角形定理是真的，他是如何一般地建立它？

没有正面的证据说明这一点。有两个可能的线索：(1)唐内里说，毕达哥拉斯用相似三角形证明这个定理。他没有说所使用的相似三角形，但是明显地使用了比例，并且比例理论应用于可公度和不可公度的量。欧多克索斯是第一个使比例理论脱离可公度假设的；因为在欧多克索斯之前这个还未完成，所以毕达哥拉斯使用的比例不是完全的。但是这个不能妨碍一般定理用这种方式证明；相反地，普罗克洛斯说，毕达哥拉斯使用不完善的比例的证明优于欧几里得在Ⅰ.47 中的证明。这个证明与比例理论无关，《原理》的计划是把比例论推后在卷Ⅴ.和Ⅵ.，而毕达哥拉斯定理是卷Ⅱ.需要的。另一方面，若毕达哥拉斯的证明只是基于卷Ⅰ.和Ⅱ.的内容，则欧几里得就不必提供一个新的证明。

利用比例的证明可能局限在两个方面。

(a)一个方法是从相似三角形 *ABC*，*DBA* 来证明矩形 *CB*，*BD* 等于 *BA* 上的正方形，从相似三角形 *ABC*，*DAC* 来证明矩形 *BC*，*CD* 等于 *CA* 上的正方形；因此，其结果可以由相加推出。

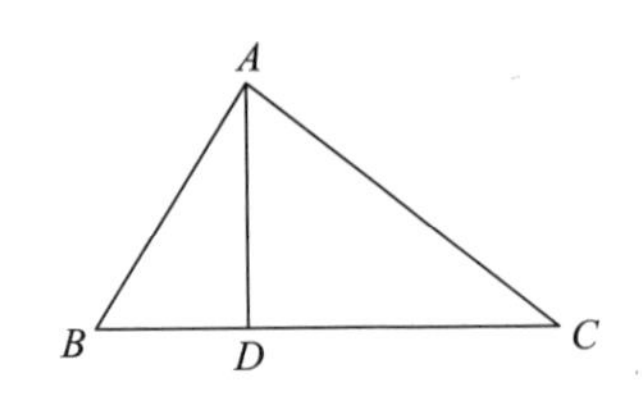

注意，这个证明在本质上等同于欧几里得的证明，仅有的区别是两个小正方形等于相应的矩形是由卷Ⅵ.的方法推出的，代替卷Ⅰ.中建立的在相同底和在同一对平行线之间的平行四边形和三角形之间的关系。我认为若毕达哥拉斯的证明如此接近欧几里得的证明，则普罗克洛斯应

当强调欧几里得的证明或者应当对这个证明感到更惊奇。但是,从总体上看,无疑地,用比例的证明提示了Ⅰ.47的方法,并且转换比例的方法为基于卷Ⅰ.的方法,其作图和证明是超常的灵巧,名副其实的绝技,但是也有来自斯科蓬号尔的无知的责难,他希望某个像等腰直角三角形的第二个图形那么明显的东西,因而把欧几里得的证明称为下等的证明。

(b)另一个可能是原来的三角形被从直角到斜边的垂线分为彼此相似的三角形,并且相似于整个三角形,在这三个三角形中,原来三角形的两条直角边和原来三角形的斜边是对应边,并且前两个相似三角形的和等于斜边上的相似三角形,由此可以推出,作在三条边上的正方形也应当是同样的,由于这些正方形与这些相似三角形都是二比一。而且对于任意相似的直线形这个也是真的,故这个证明也能适应推广的定理Ⅵ.31,然而,普罗克洛斯把这个看成完全是欧几里得的发现。

从总体上看,我认为最有可能的是毕达哥拉斯用方法(a)证明了这个定理,即用有缺陷的比例论证明了它,这也是使用到欧多克索斯时代的方法。

(2)我已经指出只用欧几里得卷Ⅰ.和卷Ⅱ.的毕达哥拉斯证明中的困难。布里茨奇尼德的猜测是最吸引人的假设,根据这个假设,我们假定其图形像欧几里得Ⅱ.4,a,b分别是两个内面的正方形的边,而$a+b$是整个正方形的边。而后把两个相等的补形用它们的对角线分为四个相等的三角形,边为a,b,c,我们可以把这些三角形绕另一个正方形如第二图放置,

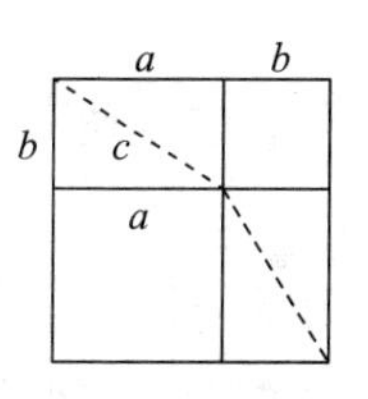

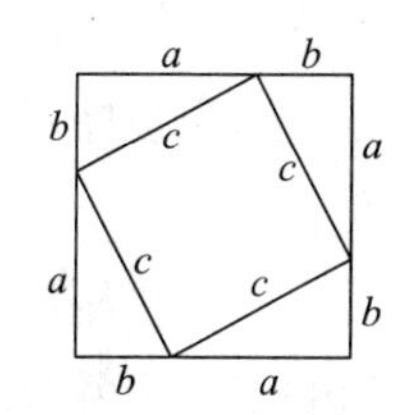

容易推出,中间的正方形一方面它的边是c,另一方面它是边分别为a,b的两个正方形的和。因而,c上的正方形等于a,b上的两个上的正方形的和。关于这个证明的异议是说它没有希腊色彩,而更像印度的方法。于是贝斯卡纳(Bhāskara,生于1114年;见Cantor,Ⅰ$_3$,p. 656)简单地在边为斜边的正方形向内画了四个等于原直角三角形的三角形,并且说"瞧!"

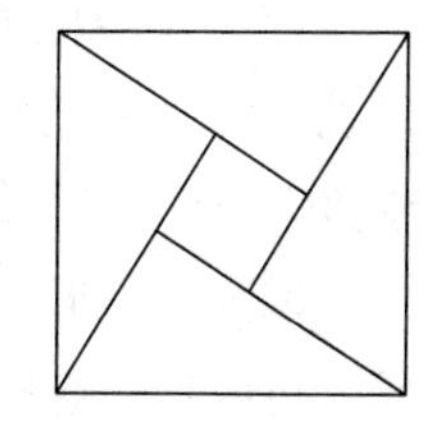

$$c^2=4\frac{ab}{2}+(a-b)^2=a^2+b^2。$$

尽管难以假定毕达哥拉斯使用了这种类型的一般证明,使用到边为可公度和不可公度的直角三角形,但是我认为关于有理直角三角形,例如3,4,5,是用这种方法证明的。在边是可公度的情形,这些正方形可以分为小(单位)正方

形，就能方便地比较它们。塞乌腾说明对于三角形3，4，5容易用这类方法证明。取边为7 = (4 + 3)个单位长的正方形，显然，整个正方形由四个边为4，3的矩形绕着这个图形及中间的一个单位正方形构成（Cantor，Ⅰ$_3$，p.680给出了相同的图形，以说明在中国的圆髀算经中给出的方法），可以看出：

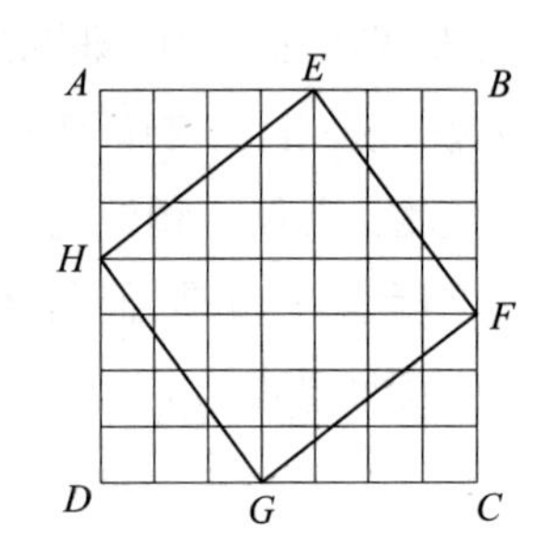

(i)整个正方形(7^2)由两个正方形3^2和4^2，和两个矩形3，4组成；

(*ii*)同一个正方形由正方形 ***EFGH*** 和四个相同的矩形3，4的一半组成，因此，正方形 ***EFGH*** 必然包括25个单位正方形，并且它的边，或者这些矩形的对角线包含5个单位长度。

其结果也可以由下述看出：

(*i*)正方形 ***EFGH*** 由四个矩形的一半和一个中间的单位正方形组成。

(*ii*)放在大正方形相邻角落的正方形3^2和4^2由两个矩形3，4及中间的一个单位正方形组成。

这个程序对任意有理直角三角形是同样容易的，并且自然地试图证明这个性质。

塞乌腾用最巧妙的方法证明了三角形3，4，5的性质，使用上述(b)中的相似的三角形并且细分矩形为相似的小矩形。

设ABC是一个直角在A的三角形，边AB，AC的长分别为4，3。

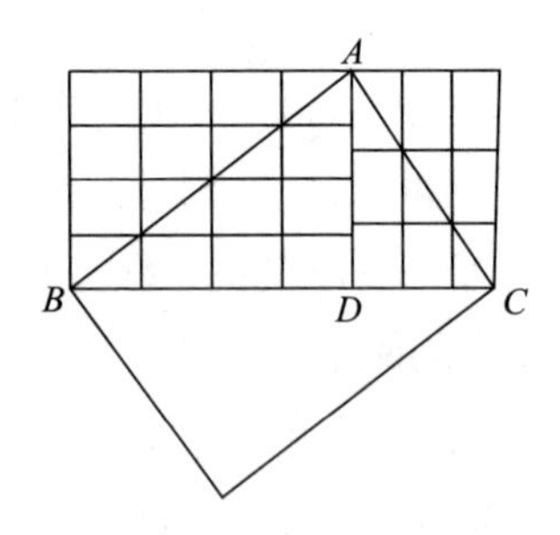

作垂线AD，分AB，AC为单位长，完成以BC为底，以AD为高的矩形，用通过AB，AC的分点作平行于BC，AD的平行线细分矩形为小矩形。

因为小矩形的对角线都等于单位长，由相似三角形可以推出这些小矩形都相等。并且以AB为对角线的矩形包含16个小矩形，而以AC为对角线的矩形包含9个小矩形。

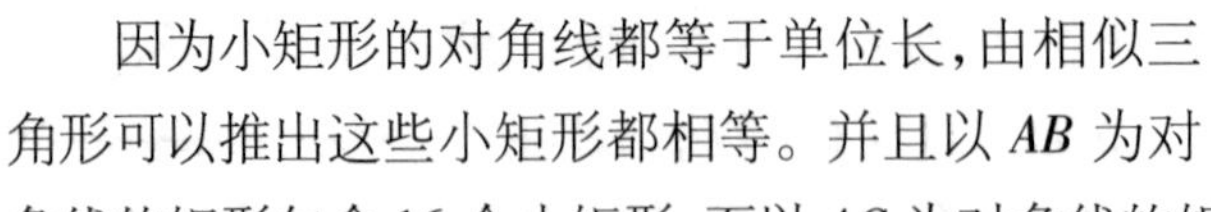

但是三角形ABD，ADC的和等于三角形ABC。

因此以BC为对角线的矩形包含$9 + 16 = 25$个小矩形；

所以$BC = 5$。

从算术观点看有理直角三角形。

毕达哥拉斯研究了可以作为直角三角形的边的有理数的算术问题，或者寻找是两个平方数的和的平方数；因而，我们处在不定分析的开始阶段，不定分析在丢番图时达到高度发展。幸运地，普罗克洛斯在后面说明毕达哥拉斯的方法时，发现这类三角形的某些方法属于柏拉图，另一些属于毕达哥拉斯。后者从奇数开始，以奇数为较小的直角边，而后平行它，减去一个单位，以差的一半作为较大直角边，最后加一个单位作为斜边。例如，取3，平方它，从9减去一个单位，8的一半是4，而后加一个单位得到5，找到一个直角三角形3，4，5。而柏拉图的方法是从偶数开始，把这个偶数作为一条直角边；而后平方这个数的一半，对这个平方加上一个单位作为斜边，从这个平方减去一个单位得到另一条直角边。例如，取4，平方4的一半2，得到4，而后减去一个单位得到3；加上一个单位得到5，于是，得到同一个三角形4，3，5。

若 m 是一个奇数，毕达哥拉斯的公式是

$$m^2+\left(\frac{m^2-1}{2}\right)^2=\left(\frac{m^2+1}{2}\right)^2,$$

直角三角形的边是 $m,\frac{m^2-1}{2},\frac{m^2+1}{2}$。

康托（I_3，pp. 185—6）采用罗斯（Röth，*Geschichte der abendländischen Philosophie*，Ⅱ.527）的看法，给出了毕达哥拉斯得到这个公式的解释。若 $c^2=a^2+b^2$，可以推出

$$a^2=c^2-b^2=(c+b)(c-b)。$$

满足这个方程的数：(1) $c+b$ 和 $c-b$ 或者都是偶数或者都是奇数，(2) $c+b$ 和 $c-b$ 的乘积是一个平方数。第一个条件是必要的，由于 c 和 b 都是整数并且使得 $c+b$ 与 $c-b$ 的和与差都是偶数。若 $c+b$ 与 $c-b$ 是所谓的相似数，则第二个条件满足。这样的数可能在柏拉图之前就知道，首先所有平方数是相似平面数，其次长方形数，例如，6是长方形数，长为3，宽为2；24是长方形数，长为6，宽为4。因为6比3等于4比2，所以6与24相似。

最简单的相似数是1与 a^2，因为1是奇数，条件(1)要求 a^2，因而 a 也是奇数。即我们可以取1与 $(2n+1)^2$ 作为 $c-b$ 与 $c+b$。因此

$$b=\frac{(2n+1)^2-1}{2},$$

$$c=\frac{(2n+1)^2-1}{2}+1,$$

而

$$a=2n+1。$$

另一个可能是取 $c-b=2$，此时，相似数 $c+b$ 必须等于某个平方数的二倍，即 $2n^2$，取偶平方数的一半，即 $(2n)^2/2$。这就给出

$$a=2n,$$

$$b = n^2 - 1,$$
$$c = n^2 + 1,$$

这就是柏拉图的解答。

这两个解答相互补充。注意,罗斯和康托提及的方法很像欧几里得卷X.中的方法(命题28后的引理1)。我们在后面讨论这个,但是要提及找两个平方数,使得它们的和也是平方数的问题。欧几里得使用了Ⅱ.6的性质,大意是,若AB平分于C,并且延长到D,则

$$AD \cdot DB + BC^2 = CD^2。$$

我们可以写成 $$uv = c^2 - b^2,$$

其中 $$u = c + b, v = c - b。$$

为了使得 uv 是一个平方数,欧几里得指出,u 和 v 必须是相似数,并且 u 和 v 必须或者都是奇数或都是偶数,使得 b 是一个整数。我们可以令相似数 $\alpha\beta^2$ 和 $\alpha\gamma^2$,(如果 $\alpha\beta^2$、$\alpha\gamma^2$ 都是偶数)我们得到解答

$$\alpha\beta^2 \cdot \alpha\gamma^2 + \left(\frac{\alpha\beta^2 - \alpha\gamma^2}{2}\right)^2 = \left(\frac{\alpha\beta^2 + \alpha\gamma^2}{2}\right)^2。$$

但是关于康托和罗斯猜测的异议是如何才能容易地导出毕达哥拉斯和柏拉图序列的三角形。若这个关于毕达哥拉斯的方法成立,我认为就不会留给柏拉图发现第二个这样的三角形序列。我认为毕达哥拉斯一定使用了某个产生他自己的规则的某个方法;并且是个不太深奥的方法,可能是直接观察,而不是用一般的原理。

满足这些条件的一个解答是布里茨奇尼德提示的下述简单的方法。毕达哥拉斯当然注意到相继的奇数是拐尺形,或者是相继的平方数的差。容易写下三行:(a)自然数,(b)它们的平方,(c)相继的奇数,由(b)中相继平方数的差构成:

1	2	3	4	5	6	7	8	9	10	11	12	13	14
1	4	9	16	25	36	49	64	81	100	121	144	169	196
1	3	5	7	9	11	13	15	17	19	21	23	25	27

毕达哥拉斯在第三行中挑出平方数,并且按他的规则把第三行中的平方数与第二行中两个相邻的平方数连接起来,即使这个要求一点推理;我认为纯粹的观察起了很大的作用。

我们可以用点或符号排成特殊的图形来表示平方数或其他图形数,例如,长方形的,三角形的,六边形的数。特鲁特利恩说,容易看出,任一个平方数可以变为下一个较大的平方数,用放置一行点绕着两条相邻边,形成一个拐尺形

（见下图）。

若 a 是一个正方形的边，则绕它的拐尺形由 $2a+1$ 个点组成。为了使 $2a+1$ 也是平方数，假定

$$2a+1=n^2,$$

因此 $$a=\frac{1}{2}(n^2-1),$$

并且 $$a+1=\frac{1}{2}(n^2+1)。$$

为了使得 a 和 $a+1$ 是整数，n 必然是奇数，我们立刻有毕达哥拉斯的公式

$$n^2+(\frac{n^2-1}{2})^2=(\frac{n^2+1}{2})^2。$$

特鲁特利恩的假设已经在亚里士多德的 *Physics* 中引用，我认为无疑是参考了毕达哥拉斯，并且把奇数等同于绕 1 放置的拐尺形。古代的关于这一段的评论使得这个更加明显。当这些奇数相继地加在一个平方数上，保持它是正方形，相应地……奇数被称为拐尺形，由于当加到平方数上时，仍然保持正方形。这是毕达哥拉斯用图形表示数的实践。

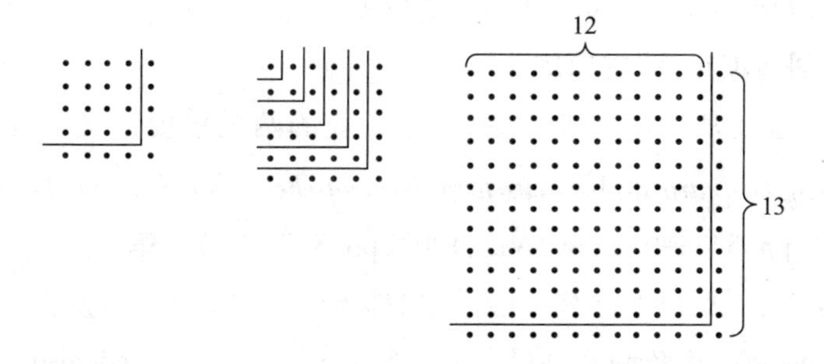

下一个问题是：如果承认毕达哥拉斯公式的这个解释，那么柏拉图的根源是什么？当然它是欧几里得卷 X. 中一般公式的特殊情形；但是也有两种简单的解释。(1)布里茨奇尼德注意到，为了得到柏拉图公式，只要在毕达哥拉斯公式中二倍这个正方形的边，

$$(2n)^2+(n^2-1)^2=(n^2+1)^2,$$

其中 n 不必是奇数。

(2)特鲁特利恩用推广拐尺形的概念作解释。他说，毕达哥拉斯公式是由绕正方形相邻边放置一个由单行点构成的拐尺形得到的，自然地想到绕正方形放置由两行点构成的拐尺形，这样一个拐尺形同样地把正方形变成较大的正方形；问题是二行的拐尺形是不是一个正方形。若原来的正方形的边是 a，容易看出，双行拐尺形的点的个数是 $4a+4$，我们只要会

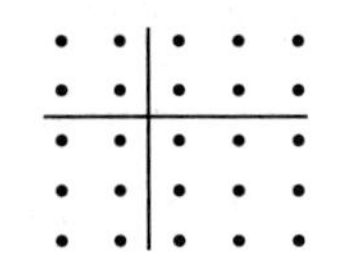

$$4a + 4 = 4n^2,$$

因此 $$a = n^2 - 1,$$

$$a + 2 = n^2 + 1,$$

我们就有柏拉图公式

$$(2n)^2 + (n^2 - 1)^2 = (n^2 + 1)^2。$$

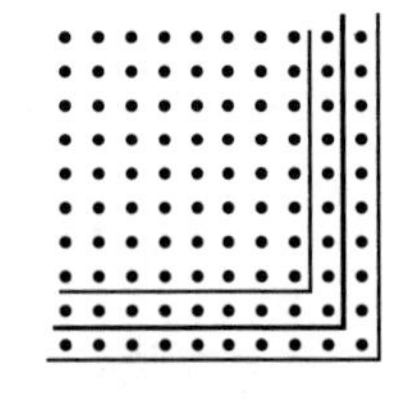

我认为这在本质上是正确的解释,但是其形式不是完全正确的。希腊人没有把双行看成拐尺形。他们比较的是(1)一个正方形加上一个单行的拐尺形,和(2)用一个正方形减去一个单行的拐尺形。正如应用欧几里得Ⅱ.4,特鲁特利恩得到毕达哥拉斯公式,我认为用欧几里得Ⅱ.8,用比较一个正方形加上一个拐尺形与同一个正方形减去一个拐尺形可以得到柏拉图公式。Ⅱ.8 证明了

$$4ab + (a - b)^2 = (a + b)^2,$$

因此,用1代替 b,有

$$4a + (a - 1)^2 = (a + 1)^2,$$

我们只要令 $a = n^2$ 就能得到柏拉图公式。

"毕达哥拉斯定理"在印度。

这个问题近几年再次被讨论,由于伯克的两篇重要论文的发表,on *Das Āpastamba-Śulba-Sūtra* in the *Zeitschrift der deutschen morgen-ländischen Gesellschaft* (LV.,1901,pp. 543—91,and LVI.,1902,pp. 327—91)。第一篇论文包含引论和正文,第二篇是解释及注释。最重要的材料选自 G. 辛鲍特发表在 *Journal of the Asiatic Society of Bengal*, XLIV., 1875, Part Ⅰ. (reprinted also at Calcutta, 1875, as The Śulvasūtras, by G. Thibaut)上的论文。辛鲍特在这个工作中,给出了由鲍海延纳(Bāudhāyana)、阿帕斯泰姆巴(Āpastamba)和哈特雅严拉(Kātyāyana)给出的三个*Śulvasūtras* 的摘要的有价值的比较,以及连接的评论和日期的估计,和印度几何的源泉。伯克做了很好的工作,使得阿帕斯泰姆巴能完全理解并且重新研究了整个主题。他编辑了不只毕达哥拉斯定理,并且说早在毕达哥拉斯(大约前580—前550)之前,印度人就知道并证明了它,而且也发现了无理数;又说,旅游家毕达哥拉斯可能从印度得到他的定理。其后有三个重要的批评伯克的工作,分别是 H. G. 塞乌腾("*Théorème de Pythagore*," *Origine de la Géométrie scientifique*, 1904),康托(*Über die älteste indische Mathematik in the Archiv der Mathematik und Physik* Ⅷ.,1905,pp. 63—72)和沃格特(Heinrich Vogt,

Haben die alten Inder den Pythagoreischen Lehrsatz und das Irrationale gekannt? in the Bibliotheca Mathematica, VII_3., 1906, pp. 6—23. See also Cantor's *Geschichte der Mathematik*, I_3, pp. 635—45.)

批评的大意是说要特别小心地接受伯克的结论。

我给出阿帕斯泰姆巴内容的概述。这本书的目的是如何制作一些祭坛，并且改变祭坛的大小而不改变形状。它是制作规则的汇集，没有证明，最接近证明的是得到一个等腰梯形的面积，从较小平行边的一个端点到较大平行边作垂线，然后取出所截出的三角形并把它倒放在梯形的另一个相等边，因而变换这个梯形为矩形。注意，阿帕斯泰姆巴没有说直角三角形，而是说一个矩形的两条相邻边和一条对角线。为了简明起见，我将使用"有理矩形"来记两条边和对角线是有理数的矩形。括号内是阿帕斯泰姆巴著作的章节数字。

(1)用下述长度作直角三角形：

$$\begin{cases}3,4,5(\text{I}.3,\text{V}.3)\\12,16,20(\text{V}.3)\\15,20,25(\text{V}.3)\end{cases}$$

$$\begin{cases}5,12,13(\text{V}.4)\\15,36,39(\text{I}.2,\text{V}.2,4)\end{cases}$$

$$8,15,17(\text{V}.5)$$

$$12,35,37(\text{V}.5)$$

(2)毕达哥拉斯定理的一般阐述："矩形的对角线产生的(如对角线上的正方形)等于较长和较短边分别产生的(如两条边上的两个正方形)。" (Ⅰ.4)

(3)使用毕达哥拉斯定理到一个正方形(如等腰直角三角形)："正方形的对角线产生二倍的面积(的原正方形)。" (Ⅰ.5)

(4)$\sqrt{2}$的近似值；正方形的对角线是边的$\left(1+\frac{1}{3}+\frac{1}{3\cdot4}-\frac{1}{3\cdot4\cdot34}\right)$倍。 (Ⅰ.6)

(5)使用这个近似值作任意边上的正方形。 (Ⅱ.1)

(6)作$a\sqrt{3}$，用毕达哥拉斯定理，作为边为a和$a\sqrt{2}$的矩形的对角线。 (Ⅱ.2)

(7)等价于下述的注释：

(a)$a\sqrt{\frac{1}{3}}$是$\frac{1}{9}(a\sqrt{3})^2$的边，或$a\sqrt{\frac{1}{3}}=\frac{1}{3}a\sqrt{3}$ (Ⅱ.3)

(b)1个单位上的正方形给出1单位正方形 (Ⅲ.4)

2 个单位上的正方形给出 4 单位正方形 (Ⅲ.6)

3 个单位上的正方形给出 9 单位正方形 (Ⅲ.6)

$1\frac{1}{2}$个单位上的正方形给出 $2\frac{1}{4}$单位正方形 (Ⅲ.8)

$2\frac{1}{2}$个单位上的正方形给出 $6\frac{1}{4}$单位正方形 (Ⅲ.8)

$\frac{1}{2}$个单位上的正方形给出$\frac{1}{4}$单位正方形 (Ⅲ.10)

$\frac{1}{3}$个单位上的正方形给出$\frac{1}{9}$单位正方形 (Ⅲ.10)

(c)一般地,任一长度为 n 上的正方形包含 n 行的小单位正方形。 (Ⅲ.7)

(8)用毕达哥拉斯定理作图,

(a)两个正方形的和作成一个正方形, (Ⅱ.4)

(b)两个正方形的差作成一个正方形。 (Ⅱ.5)

(9)变换一个矩形为一个三角形。 (Ⅱ.7)

[这不是像欧几里得Ⅱ.14 那样直接作成,而是首先把矩形变换为拐尺形,即变为两个正方形的差,而后把这个差变换为一个正方形。若 $ABCD$ 是给定的矩形,BC 是较长边,截取正方形 $ABEF$,用 HG 平分矩形 DE,移动上半个 DG 到位置 AK。则矩形 $ABCD$ 等于这个拐尺形,即正方形 LB 与正方形 LF 的差。换句话说,阿帕斯泰姆巴变换矩形 ab 为正方形$(\frac{a+b}{2})^2$与$(\frac{a-b}{2})^2$的差。]

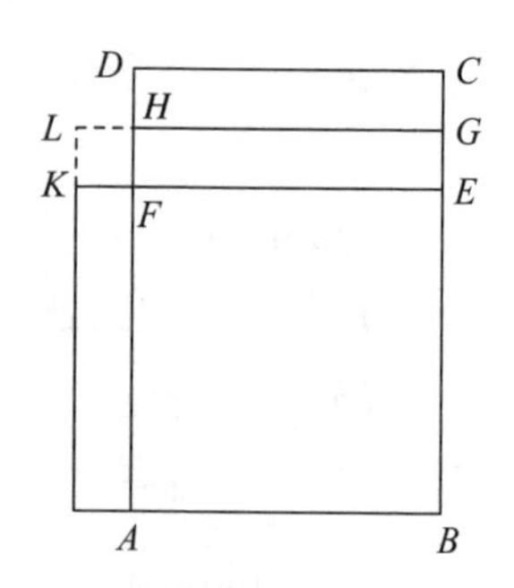

(10)变换正方形(a^2)为一个边为(b)的矩形。 (Ⅲ.1)

(这个不同于欧几里得Ⅰ.44 的程序,事实上从 a^2减去 ab,并且把剩余 a^2-ab"装在"矩形 ab 上。因而,这个问题只是算术地解答 a,b 是数值的情形。印度人距离一般的几何解答还很远。)

(11)加大给定的正方形为更大的正方形。 (Ⅲ.9)

[这等于增加两个矩形(a,b)和另一个正方形(b^2),变换正方形 a^2 为正方形$(a+b)^2$。因而,这个公式是欧几里得Ⅱ.4 的公式,$a^2+2ab+b^2=(a+b)^2$。]

与上述有关的第一个重要问题是日期。伯克给阿帕斯泰姆巴指定的日期至少是公元前5世纪或4世纪。他注意到其内容必然比书本身早得多。关于用长15,36,39作直角三角形至少在Tāittiriya-Saṃhitā和Śatapatha-Brāhmaṇa时代,即在公元前8世纪之前。伯克说,发现有理数$a,b,c,a^2+b^2=c^2$是直角三角形没有地方比印度更早。然而,我们发现在两部中国著作中(1)矩形(3,4)的对角线是5,(2)从直角边求直角三角形的斜边的规则,这两部著作都与周公有关,他去世于前1105年(D. E. Smith,*History of Mathematics*,Ⅰ. pp. 30—3,Ⅱ. p. 288)。

关于阿帕斯泰姆巴使用的各种"有理矩形",注意这七个中的两个,即8,15,17和12,35,37不属于毕达哥拉斯序列,其他的属于它,包括3,4,5和5,12,13及它们的倍数。事实上,正如塞乌腾(*op. cit*. p. 842)的注释,Ⅱ.7和Ⅲ.9即上述的编号(9)和(11),可以提供找到任意个数"有理矩形"的方法。但是,显然印度人没有形成一般的规则;否则列举的这些矩形就不会是如此少。阿帕斯泰姆巴只提及七个,实际上可能缩减为四个(尽管Ⅰ.24,25出现在鲍海延纳中,早于阿帕斯泰姆巴)。这些就是所有阿帕斯泰姆巴知道的,这隐含着他不知道其他"有理矩形",不知道对角线上的正方形定理对边和对角线不是整数比的矩形成立;这个也可以由$\sqrt{2}$,$\sqrt{3}$,$\sqrt{6}$的作图看出。这就是所有可以说的。这个定理被宣称为一般命题,但是没有任何标志是一般证明;没有任何东西说明它是普遍的真的,而只是由经验发现的一些情形不完善地归纳出来的;这些经验是关于边为整数比的三角形的性质(1)在最长边上的正方形等于其他两边上正方形的和总是与性质(2)后面两边包括一个直角相伴随。

剩下来是要考虑伯克宣称的印度人发现了无理数。这个基于阿帕斯泰姆巴的规则Ⅰ.6,即上述编号(4)给出的$\sqrt{2}$的近似值。没有任何东西说明它是如何来的,但是辛鲍特的提示似乎是最好和最自然的。印度人可能注意到$17^2=289$接近二倍的$12^2=144$。下一个问题是边17减少多少,其上的面积才正好是288。根据印度人的习惯,应当从边为17的正方形减去一个单位面积的拐出形,这个拐尺形的宽大约是$\frac{1}{34}$,由于$2\times17\times\frac{1}{34}=1$。这个较小正方形的边就是$17-\frac{1}{34}=12+4+1-\frac{1}{34}$,因此,除以12,有

$$\sqrt{2}=1+\frac{1}{3}+\frac{1}{3\cdot4}-\frac{1}{3\cdot4\cdot34},近似值。$$

但是这与发现计算无理数的近似值有遥远的距离。首先,我们要问是否有任何标志说明这个值是不精确的?在(Ⅰ.6)后面直接说,一个正方形的对角线

上的正方形是原正方形的二倍；并且说出一个规则而没有任何理由："长是一个单位，加上三分之一，而后再加上后者的四分之一，再减去这一部分的三十四分之一。"这个近似值实际上用来在边上作出正方形。无疑地，第一个发现者注意到这个拐尺形的宽为$\frac{1}{34}$，外边17，其面积不是严格等于1，而是比1小$\frac{1}{34}$的平方，或$\frac{1}{1156}$，因而，在把这个拐尺形以17^2减去后，还留下$\frac{1}{1156}$；从实践的观点看，略去这个不是重要的。而这个公式不是精确的。这个也可以由类似的印度人认为是精确的公式所证明。例如，阿帕斯泰姆巴给出的作一个圆等于一个给定的正方形，等价于取$\pi = 3.09$，而作一个正方形等于一个圆，称为精确的，作这个正方形的边等于圆的直径的$\frac{13}{15}$，这等价于取$\pi = 3.004$。即使某些人意识到$\sqrt{2}$的表达式不是精确的，这个认识与发现无理数有很大的距离。正如沃格特所说，在发现正方形的对角线的无理性之前，必须通过三个阶段。(1)由直接测量或计算的所有值必须认识到是不精确的，(2)必须认识到这个值的精确算术表达式是不可能的，(3)这个不可能性必须被证明。现在没有真正的证据说明印度人已达到第一个阶段，更缺少第二和第三阶段。

伯克的论文及其对它的批评说明(1)必须承认印度的几何达到了在阿帕斯泰姆巴中所说的阶段，并且与希腊影响无关。(2)这个老的印度几何纯粹是经验和实践的，距离像无理数这样的抽象性很远。印度人用实验的办法发现了毕达哥拉斯定理的真实性；但是他们没有科学证明。

另外的证明。

Ⅰ. Ⅰ.47的众所周知的证明是把两个正方形的边连在一起，并且在不同的位置截出直角三角形。安那里兹把这个证明归功于塞比特(826—901)。

作图如下。设ABC是直角在A的三角形。在AB上作正方形AD；延长AC到F，使得EF等于AC。

在EF上作正方形EG，并且延长DH到K，使得DK等于AC。

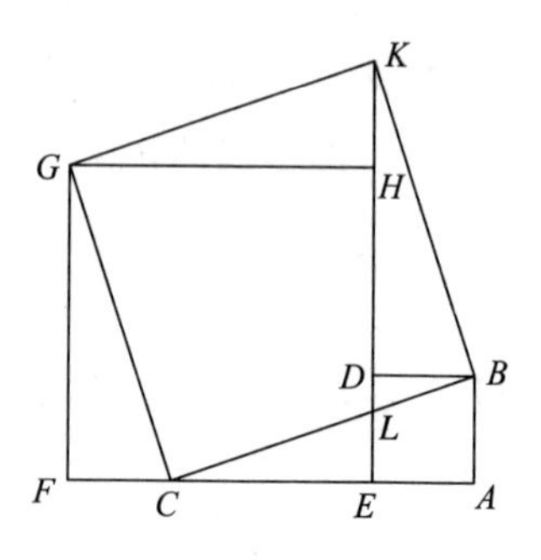

则可证明在三角形BAC，CFG，KHG，BDK中，边BA，CF，KH，BD都相等。并且边AC，FG，HG，DK都相等。

由相等边包括的角都是直角；因此这四个直角三角形相等。 [Ⅰ.4]

故 BC，CG，GK，KB 都相等。

并且角 DBK，ABC 相等；若对每一个加角 DBC，则角 KBC 等于角 ABD，因而等于直角。

同样地，角 CGK 是直角；因而 $BCGK$ 是正方形，即 BC 上的正方形。

现在四边形 $GCLH$ 与三角形 LDB，以及两个相等三角形合在一起等于 AB，AC 上两个正方形，加上另外两个相等三角形等于 BC 上的正方形。

Ⅱ. 另一个证明容易从帕普斯的在下面给出的更一般命题导出，只要把给定的三角形取为直角三角形，把包含直角的边上的平行四边形取为正方形。若画出其图形，可以看出它包含塞比特的图形，因而塞比特的证明实际上可以由帕普斯的证明导出。

Ⅲ. 最有趣的证明是用下述附图。由马勒(J. W. Müller)给出。

在 KH 上作三角形 HKL，使得边 KL 等于 BC，边 LH 等于 AB。

则三角形 HLK 全等于三角形 ABC，全等于三角形 EBF。

分别平分角 ABE，CBF 的 DB，BG 在一条直线上。连接 BL。

容易证明四边形 $ADGC$，$EDGF$，$ABLK$，$HLBC$ 都相等。

因此六边形 $ADEFGC$，$ABCHLK$ 相等。

从前者减去两个三角形 ABC，EBF，从后者减去两个三角形 ABC，HLK，证明了

正方形 CK 等于正方形 AE，CF 的和。

Ⅰ.47 的帕普斯推广。

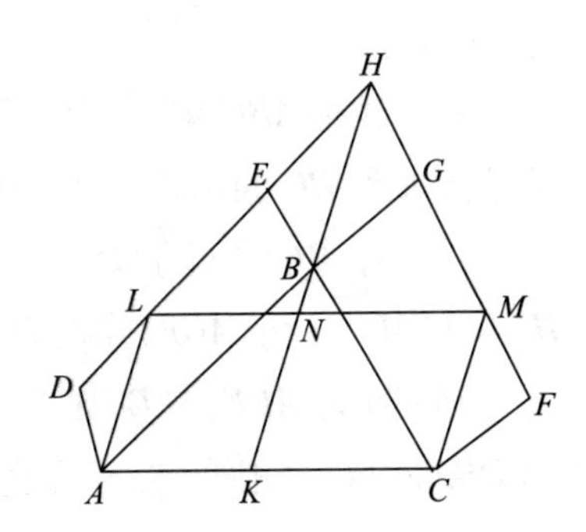

在这个美妙的扩张中，三角形是任意三角形(不必是直角三角形)，并且任意两个平行四边形代替了两条边上的正方形。

帕普斯(Ⅳ. p. 177)阐述这个定理如下：

若 ABC 是一个三角形，并且 $ABED$，$BCFG$ 是 AB，BC 上的任意平行四边形，并且若延长 DE，FG 到 H，连接 HB，则平行四边形 $ABED$，$BCFG$ 等于由 AC，HB 围成的平行四边形，其夹角等于角 BAC，DHB 的和。

延长 HB 到 K；过 A，C 作 AL，CM 平行于 HK，并连接 LM。

因为 $ALHB$ 是平行四边形，所以 AL，HB 平行且相等。类似地 MC，HB 平行且相等。

因而 AL, MC 平行且相等；

故 LM, AC 也平行且相等。

并且 $ALMC$ 是平行四边形。

又这个平行四边形的角 LAC 等于角 BAC, DHB 的和，由于角 DHB 等于角 LAB。

因为平行四边形 $DABE$ 等于平行四边形 $LABH$(因为它们有相同的底 AB，并且在同一对平行线 AB, DH 之间)，类似地，$LABH$ 等于 $LAKN$(因为它们有相同的底 LA，并且在同一对平行线 LA, HK 之间)。

平行四边形 $DABE$ 等于平行四边形 $LAKN$。

平行四边形 $BGFC$ 等于平行四边形 $NKCM$。

因而平行四边形 $DABE, BGFC$ 的和等于平行四边形 $LACM$，即等于由 AC，HB 围成的平行四边形，其夹角 LAC 等于角 BAC, BHD 的和。

这个比《原理》中证明的关于在直角三角形中的正方形更一般。

关于在欧几里得图形中 AL, BK, CF 交于一点的海伦的证明。

普罗克洛斯关于Ⅰ.47 的注释的最后的话(p. 429)具有历史意义。他说："我认为《原理》的作者的证明是清晰的，不必再增加任何东西，我们对写出的东西感到满意，事实上那些增加了东西的人，像帕普斯和海伦利用了第六卷证明了内容，实际上没有用处。"这些话当然不是指帕普斯给出的Ⅰ.47 的推广；关键是在安那里兹的评论中出现的东西，此处他给出在欧几里得图形中 AL, FC，BK 交于一点的海伦的证明。海伦的证明使用了三个引理，这些引理可以用卷Ⅵ. 中的相似原理来证明，但是海伦的杰作只用卷Ⅰ. 证明了它。第一个引理如下：

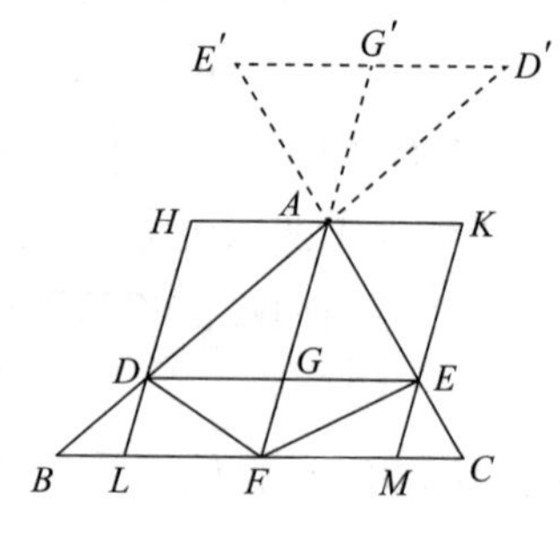

在三角形 ABC 中，若 DE 平行于底 BC，并且若从顶点 A 到 BC 的中点作 AF，则 AF 也平分 DE。

过 A 作 HK 平行于 DE 或 BC，过 D, E 分别作 HDL, KEM 平行于 AGF，连接 DF, EF。

则三角形 ABF, AFC 相等(在相等底上)，三角形 DBF, EFC 也相等(在相等底上并且在同一对平行线之间)。

由减法，三角形 ADF, AEF 相等，因此平行四边形 AL, AM 也相等。

这两个平行四边形在同一对平行线 LM, HK 之间；所以 LF, FM 相等，因此 DG, GE 也相等。

第二个引理是推广这个到 DE 与 BA, CA 的延长线相交的情形。

第三个引理是证明欧几里得Ⅰ.43的逆,若平行四边形*AB*截成四个另外的平行四边形*ADGE*,*DF*,*FGCB*,*CE*,使得*DF*,*CE*相等,则公共顶点*G*在对角线*AB*上。

海伦延长*AG*交*CF*于*H*。连接*HB*,我们必须证明*AHB*是一条直线。证明如下。

因为面片*DF*,*EC*相等,所以三角形*DGF*,*ECG*相等。

若对每一个加上三角形*GCF*,则

三角形*ECF*,*DCF*相等;

因而*ED*,*CF*平行。

由Ⅰ.34,29,26推出 三角形*AKE*,*GKD*全等,所以

*EK*等于*KD*。

因此,由第二个引理,

*CH*等于*HF*。

所以,在三角形*FHB*,*CHG*中,两条边*BF*,*FH*分别等于两边*GC*,*CH*,并且

角*BFH*等于角*GCH*;

因此这两个三角形全等,并且角*BHF*等于角*GHC*。

给每一个加上角*GHF*,则角*BHF*,*FHG*等于角*CHG*,*GHF*,

因而等于二直角。

所以*AHB*是一条直线。

海伦现在证明这个命题,在附图中,*AKL*垂直于*BC*,交*EC*于*M*,连接*BM*,*MG*。要证明

BM,*MG*在一条直线上。

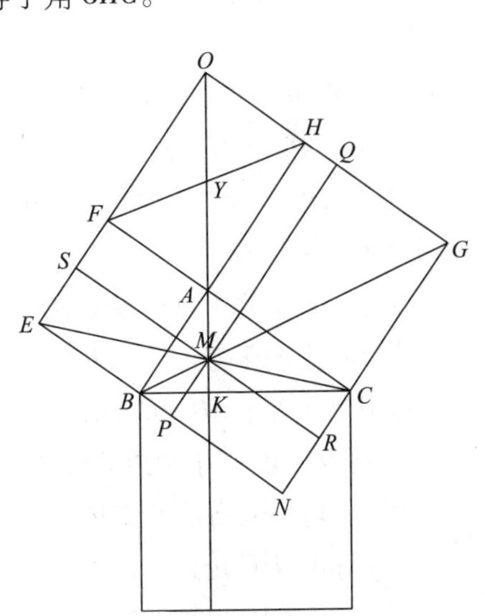

如图完成平行四边形,作平行四边形*FH*的对角线*OA*,*FH*。

则三角形*FAH*,*BAC*全等;因而角*HFA*等于角*ABC*,等于角*CAK*(因为*AK*垂直于*BC*)。

矩形*FH*的对角线交于*Y*,

*FY*等于*YA*,并且

角*HFA*等于角*OAF*。

所以角 OAF,CAK 相等,并且

OA,AK 在一条直线上。

因此 OM 是 SQ 的对角线;故

AS 等于 AQ,

并且如果给每一个加上 AM,则 FM 等于 MH。

因为 EC 是平行四边形 FN 的对角线,所以

FM 等于 MN。

所以 MH 等于 MN;由第三个引理,BM,MG 在一条直线上。

命题 48

如果在一个三角形中,一边上的正方形等于这个三角形另外两边上正方形的和,则夹在另外两边之间的角是直角。

可设在三角形 ABC 中,边 BC 上的正方形等于边 BA,AC 上的正方形的和。

我断言角 BAC 是直角。

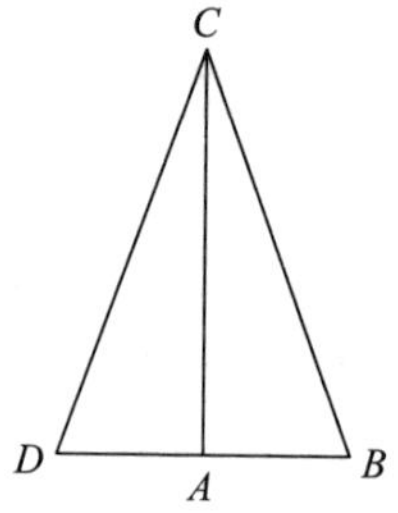

设在点 A 作 AD 与 AC 成直角,取 AD 等于 BA,连接 DC。

因为,DA 等于 AB,DA 上的正方形也等于 AB 上的正方形。

C

D A B

给上面正方形各边加上 AC 上的正方形。

则 DA,AC 上的正方形的和等于 BA,AC 上正方形的和。

但是,DC 上的正方形等于 DA,AC 上的正方形的和,因为角 DAC 是直角; [Ⅰ.47]

并且 BC 上的正方形等于 BA,AC 上的正方形的和,因为这是假设;

故 DC 上的正方形等于 BC 上的正方形。这样一来,边 DC 也等于边 BC。

又因 DA 等于 AB,AC 公用。

两边 DA,AC 等于两边 BA,AC;并且底 DC 等于底 BC。

所以,角 DAC 等于角 BAC。 [Ⅰ.8]

但是,角 DAC 是直角,

所以,角 BAC 也是直角。

证完

普罗克洛斯在这个命题的注释中(p. 430)给出了另一个证明,尽管没有提及海伦的名字,但是与安那里兹归功于海伦的证明相同,仅有的差别是普罗克洛斯的证明包括全部两种情形,而海伦关于第二种情形只是说"类似地"。这另

一个证明是应用Ⅰ.7的另一个例子。普罗克洛斯说，我们可能在 AB 的同侧作 AD，此时，它不可能不与 AB 重合。普罗克洛斯考虑了两种情形，第一种情形假定垂线 AD 落在角 CAB 之内，第二种情形落在角 CAB 之外，像 AE 一样。每一种情形都与Ⅰ.7矛盾，因而 AD，DC 必然分别等于 AB，BC。

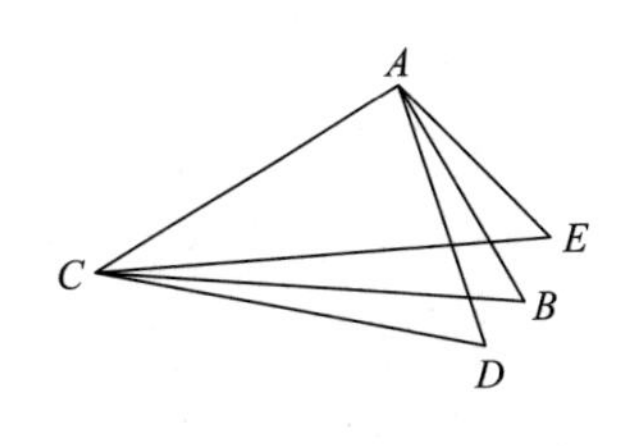

德·摩根也有同样的注释。

卷Ⅱ

定义

1. 两邻边夹直角的平行四边形称为**直角平行四边形**。

2. 在任意平行四边形面片中，任一个对角线上的平行四边形连同两个补形一起称为**拐尺形**。

定义 1

Any rectangular parallelogram is said to be contained by the two straight lines containing the right angle.

在希腊表示中，“角 *BAC*”是由直线 *BA*，*AC* 包围的角，同样地，“由 *BA*，*AC* 包围的矩形”被希腊几何学家常常表示为 *BAC*。例如，在阿基米德和阿波罗尼奥斯的著作中，*BAC* 意味着矩形 *BA*，*AC*，正好与 *BAC* 意味着角 *BAC* 相同。

定义 2

And in any parallelogrammic area let any one whatever of the parallelograms about its diameter with the two complements be called a gnomon.

词“拐尺形”首先使用在这样的意义上：(1) 它出现在赫罗多塔斯(Herodotus)(Ⅱ.109)的一段话中，“希腊人从巴伯伦尼安斯(Babylonians)知道拐尺形以及一天的十二个部分。”根据苏达斯，安纳西曼德(Anaximander，前 611—前 545)把拐尺形引进希腊。作图的两个仪器称为 *πόλος*和拐尺形，拐尺形与用太阳的阴影来测量时间有关，这个词表示把一个杆垂直于水平放置。这个由普罗克洛斯的话所证实，希俄斯的伊诺皮迪斯首先研究了这个问题(欧几里得Ⅰ.12)，从直线外一点作直线的垂线称为“拐尺形状的”(gnomon-wise)。(2) 我们发现这个术语用于画直角的仪器,如附图。(3)拐尺形是一个正方形在一个角截去一个小正方形后剩下的图形(或者像亚里士多德说的,是加在一个正方形上后增加大小但不改变形状的图形)。我们已经看到(关于Ⅰ.47的注),毕达哥拉斯学派在这个意义上使用这个术语,并且进一步把它使用到奇数序列,以及具有同样性质的平方数。关于这个的最早的证据是菲洛劳斯的纸抄(大约前460年),提及"数使得所有东西可认识并且与拐尺形的特性一致"。正如伯伊可(Boeckh)所说(p.144),从这个纸抄知道拐尺形与正方形的联系。并且菲洛劳斯使用这个来解释知识,使用这个掌握知识,正如拐尺形做正方形,参考附注Ⅱ.No.11(Euclid,ed. Heiberg,Vol. Ⅴ.p.225),这个附注说,"注意,拐尺形是几何学家这样发现的,当它绕着放置或者去掉它,则可以知道整个面积或剩余的面积。在日晷中,它的作用是知道一天的实际时间。"

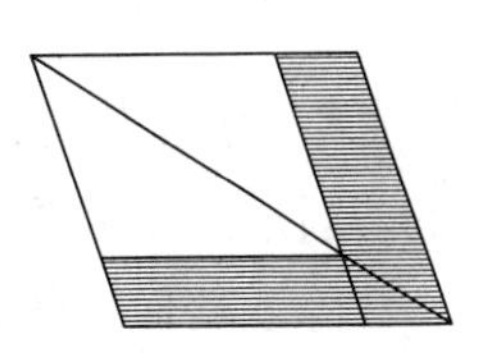

这个词的几何含义被欧几里得加以推广,(4)此时拐尺形对任意平行四边形的关系正像它对正方形的关系。欧几里得说,让我们把所画的图形称为拐尺形,由此可以推出他是第一次把这个词使用在更广泛的意义上。(5)后来我们发现亚历山大的海伦定义了一般的拐尺形,任一个图形加到任一个图形,使得整个图形与被添加的图形相似。用海伦的这个定义,赫尔茨把它也用于数;士麦那的塞翁把这个称呼用于平面,三角形,正方形,立体和其他类型的数,这是这个术语对数的最一般的使用。"所有相继的数,它能产生三角形,正方形,多边形,称为拐尺形"(p.37,ed. Hiller)。例如,相继的奇数加起来得到平方数;在三角形数的情形,拐尺形是相继数1,2,3,4,……;五边形数的拐尺形是1,4,7,10……(公差是3),等等,一般地,对于任意多边形数,譬如说n边的相继拐尺形数是公差为$n-2$的序列(Theon of Smyrna,p.34)。

几何代数

我们已经看到(参考关于Ⅰ.47的注以及上面关于拐尺形的注),毕达哥拉斯学派和后来的希腊数学家是如何展示了用不同类型数来形成不同的几何图形。士麦那的塞翁(p.36)说,"平面数,三角形,正方形和立体数,以及其他的不是如此称谓的,但是具有类似于面积的性质;例如,4,因为它可以度量正方形,所以被称为正方形,同样的理由称6为长方形。"一个"平面数"类似地作为两个数的乘积，这两个数有时称为"边"，有时分别称为"长"和"宽"。

两个数的乘积在几何上表示由这两个数分别表示的直线所包围的矩形。为了利用矩形来几何地表示两个量（有理的或无理的）的乘积，只要发现不可公度的或无理的直线；并且可以从几何算术进展到几何代数，事实上，它在欧几里得时代之前就已经达到了这样一个发展阶段，它可以解决表达式的次数不高于2的问题。为了使得几何代数有效，比例理论是重要的。例如，假定 x,y,z 等等是可以用直线表示的量，而 α,β,γ 等等是系数，它们可以用直线之间的比表示。用卷Ⅵ. 我们可以找到一条直线 d，使得

$$\alpha x+\beta y+\gamma z+\cdots=d,$$

为了解方程

$$\alpha x+a=b,$$

其中 α 表示直线之间的比，例如 α 是$\frac{1}{2}$或$\frac{1}{3}$，或单位的任一个细分，或者 α 是2，4或者2的任何幂，我们不应当要求任何超出卷Ⅰ. 的东西。类似地，二次方程的一般形式要求卷Ⅵ. 的几何解答，尽管特殊的二次方程的解答只要求卷Ⅱ。

除了几何地解答这些特殊的二次方程，卷Ⅱ. 给出了一些代数公式的几何证明。前十个命题给出了下述等价的恒等式：

1. $a(b+c+d+\cdots)=ab+ac+ad+\cdots$,
2. $(a+b)a+(a+b)b=(a+b)^2$,
3. $(a+b)a=ab+a^2$,
4. $(a+b)^2=a^2+b^2+2ab$,
5. $ab+\left(\frac{a+b}{2}-b\right)^2=\left(\frac{a+b}{2}\right)^2$,

   或$(\alpha+\beta)(\alpha-\beta)+\beta^2=\alpha^2$,
6. $(2a+b)b+a^2=(a+b)^2$,

   或$(\alpha+\beta)(\beta-\alpha)+\alpha^2=\beta^2$,
7. $(a+b)^2+a^2=2(a+b)a+b^2$,

   或 $\alpha^2+\beta^2=2\alpha\beta+(\alpha-\beta)^2$,
8. $4(a+b)a+b^2=\{(a+b)+a\}^2$,

   或 $4\alpha\beta+(\alpha-\beta)^2=(\alpha+\beta)^2$,
9. $a^2+b^2=2\left\{\left(\frac{a+b}{2}\right)^2+\left(\frac{a+b}{2}-b\right)^2\right\}$或$(\alpha+\beta)^2+(\alpha-\beta)^2=2(\alpha^2+\beta^2)$,
10. $(2a+b)^2+b^2=2\{a^2+(a+b)^2\}$，或 $(\alpha+\beta)^2+(\beta-\alpha)^2=2(\alpha^2+\beta^2)$。

根据这些不同符号标记欧几里得图形中线的特殊位置,这些恒等式的形式当然可能变化。这些恒等式中的大部分是简单的恒等式,但是没有理由假定欧几里得和他的前辈只是使用这些几何代数。事实上,阿波罗尼奥斯在他的《圆锥曲线论》中频繁地说到许多这种类型的复杂的命题。

然而重要的是承认卷Ⅱ. 的程序是几何的;矩形和正方形用图形表示,并且某些组合对其他组合的相等用这些图形证明。我们搜集了证明这些命题的经典的和标准的方法,除了一条线及其上一些点之外没有其他图形。相应地,证明某些引理的欧托基奥斯方法被阿波罗尼奥斯(*Conics*, Ⅱ. 23 和Ⅲ. 29)所采用。

显然,海伦是第一个选择代数方法来证明卷Ⅱ. 的命题的,从第二个开始,没有用图形,第一个命题的结论对应于

$$a(b+c+d)=ab+ac+ad。$$

根据安那里兹(ed. Curtze, p. 89),海伦解释到不画一些线(即没有实际作这些矩形)就不能证明Ⅱ. 1,但是直到Ⅱ. 10 的后面命题可以只用画一条线证明,他区分了两种方法,一种是分解法(dissolutio),另一种是组合法(compositio),意思是把矩形和正方形分开,组合成另外的图形,有时候把两种方法联合起来。

当他考虑Ⅱ. 11 时,他说没有图形是不可能的,由于这个命题是一个问题,要求运算(operation)和画一个图形。

某些英国的编辑者喜欢代数方法;但是有人希望保留希腊几何的本质特性。

关于与代数运算等价的几何作图,在几何代数中的量的加和减是延长这条线到要求的程度或截去它的一部分。乘法等价于作矩形,给它的两条线是相邻边。一个用一条线表示的量除以另一个用一条线表示的量等价于两条线之间的比,基于卷Ⅴ. 和Ⅵ. 的原理。两个量的乘积除以第三个量是求一个矩形,若一边是给定的长度并且等于给定的矩形或正方形。这是在Ⅰ. 44,45 中解决的面积相贴问题。乘积的加和减是矩形或正方形的加和减;和或差可以变换为一个矩形,使用面积相贴到任一个具有给定长度的线,对应于求公共测度的代数过程。最后,平方根是求一个正方形,等于给定的矩形,借助于Ⅰ. 47 在Ⅱ. 14 中给出。

命题

命题 1

如果有两条线段,其中一条被截成任意几段。则两条线段所夹的矩形等于各个小段和未截的那条线段所夹的矩形之和。

设 A,BC 是两条线段,用点 D,E 分线段 BC。

我断言由 A,BC 所夹的矩形等于由 A,BD;A,DE 及 A,EC 分别所夹的矩形的和。

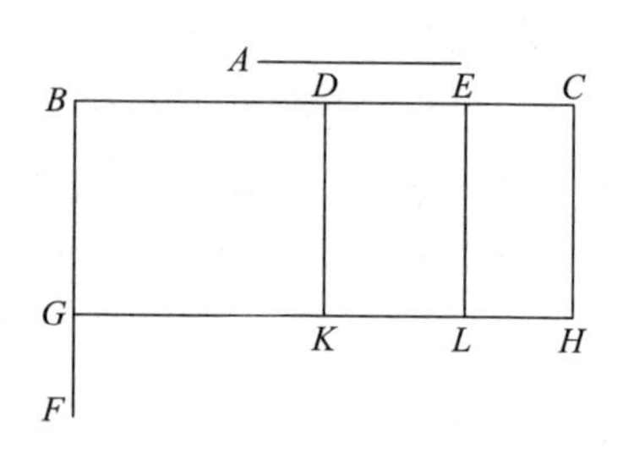

因为,由 B 作 BE 和 BC 成直角。 [Ⅰ.11]

取 BG 等于 A, [Ⅰ.3]

过 G 作 GH 平行于 BC, [Ⅰ.31]

且经过 D,E,C,作 DK,EL,CH 平行于 BG。

则 BH 等于 BK,DL,EH 的和。

BH 是矩形 A,BC,因为它由 GB 和 BC 所夹,且 BG 等于 A。

BK 是矩形 A,BD,这是因为它由 GB,BD 所夹,且 BG 等于 A。

又,DL 是矩形 A,DE,这是因为 DK 即 BG 等于 A。 [Ⅰ.34]

类似地,EH 是矩形 A,EC。

所以,矩形 A,BC 等于矩形 A,BD 与矩形 A,DE 及矩形 A,EC 的和。

证完

这个几何命题等价于代数公式

$$a(b+c+d+\cdots)=ab+ac+ad+\cdots$$

当然可推广到更一般的代数命题,一个由任意多个项相加的表达式与另一个也由任意多个项相加的表达式的乘积等于由一个表达式的所有项乘以另一个表达式的所有项得到的所有乘积的和。这个更一般命题的几何证明是用图形表明所有对应于部分乘积的矩形,与Ⅱ.1 的简单情形的方法相同;差别是作一系列 BC 的平行线和 BF 的平行线。

命题 2

如果任意两分一条线段,则这条线段与分成的两条线段分别所夹的矩形之和等于在原线段上作成的正方形。

设任意两分线段 AB 于点 C,

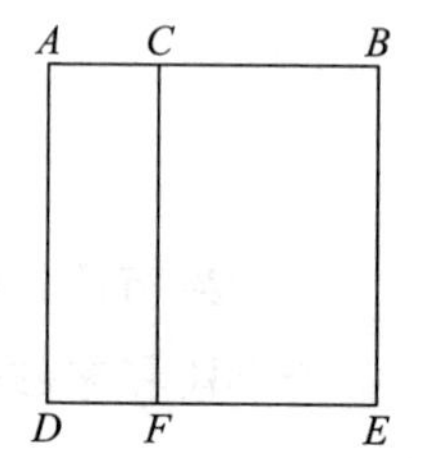

我断言由 AB,BC 所夹的矩形与 BA,AC 所夹的矩形的和等于 AB 上的正方形。

因为,可设在 AB 上作成的正方形为 $ADEB$。 [Ⅰ.46]

经过点 C 作 CF 平行于 AD 或 BE。 [Ⅰ.31]

则 AE 等于 AF,CE 的和。

且 AE 是 AB 上的正方形,AF 是由 BA,AC 所夹的矩形,这是因为它是由 DA,AC 所夹的,且 AD 等于 AB。

又,CE 是由 AB,BC 所夹的矩形,这是因为 BE 等于 AB。

所以,矩形 BA,AC 与矩形 AB,BC 的和等于 AB 上的正方形。

证完

这个命题断言的事实已经在Ⅰ.47 的证明中使用;但是在那个证明中没有机会注意,构成 BC 上的正方形的两个矩形 BL,CL 是由 BC 与其两个部分分别包围的矩形,这两部分是由 A 到 BC 的垂线分开的。根据卷Ⅱ.的计划,就把这个事实安排在这个命题中。

第二个和第三个命题当然是第一个命题的特殊情形。无疑地,欧几里得分开叙述这两个命题是为了在后面直接使用,代替从Ⅱ.1 推出这个特殊情形。因为若不分别叙述,就不能在后面直接引用它们。尽管这两个命题没有用在卷Ⅱ.的后面的命题中,但是它们分别应用在后面的XIII.10 和IX.15 中;并且它们对几何是极其重要的,例如,帕普斯经常使用它们。

注意,欧几里得从来没有使用Ⅱ.1;但是我认为应当注意卷Ⅱ.的前十个命题的证明相互是独立的,尽管其结论是紧密联系在一起的,常常可以用各种方法互相推导。那么欧几里得一方面插入一些不是立刻需要的某些命题,另一方面前十个证明又相互无关,其意图是什么?无疑地,其目的是要说明几何代数方法的力量。从展示这个方法的观点来看,欧几里得的程序是启发性的;代替记忆一些公式,我们可以使用欧几里得的方法的技巧直接证明任一个命题。

让我们把欧几里得的计划与另外的方案比较一下。一个编辑者认为应当从Ⅱ.1 推导出后面的命题。把这个想法付诸实际,他用Ⅱ.1 证明了Ⅱ.2 和3,而后用Ⅱ.1 和3 证明了Ⅱ.4,用Ⅱ.1,3,4 证明了Ⅱ.5 和6,等等。其结果是从Ⅱ.1 推导出前十个命题,而欧几里得没有这样做;这样虽然给出了Ⅱ.1 的重要性,但是并不相称,从这样一个狭窄的基础开始,使得卷Ⅱ.的整个结构头重脚轻。

某些编辑者受到希望使得卷Ⅱ.的命题容易为学生所接受的影响,把Ⅱ.2 和3 作为Ⅱ.1 的推论是否就会更好?我怀疑这个。首先,欧几里得的图形能显现其结果,使得容易掌握它们的含义;命题的真实性可以显示在眼前。其次,在简明性方面,欧几里得的证明具有优势。例如,泰勒(H. M. Taylor)的Ⅱ.2 的证明包括120 个词,其中8 个表示作图。欧几里得的证明有126 个词,其中22 个是描述作图的;因而欧几里得的实际证明比泰勒的证明少 8 个词,并且在欧几里得作图中多余的词显示了图示结果的优越性。

我认为欧几里得方法的优越性是,在Ⅱ.2,3 的情形,它的结果比使用Ⅱ.1 的另外证明更容易和更明显,并且在应用中更有力。

命题 3

如果任意两分一条线段,则由整个线段与小线段之一所夹的矩形等于两小线段与所夹的矩形与前面提到的小线段上的正方形的和。

设任意两分线段 AB 于 C。

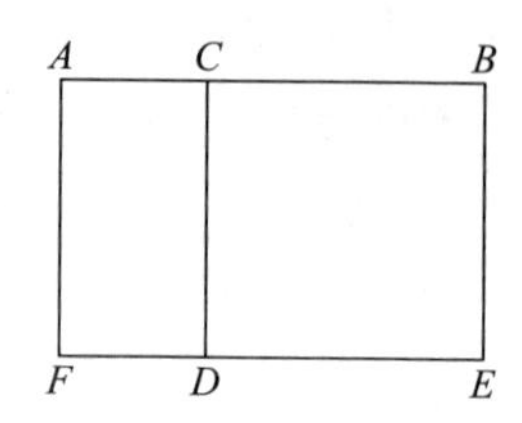

我断言由 AB,BC 所夹的矩形等于由 AC,CB 所夹的矩形与 BC 上的正方形的和。

在 CB 上作正方形 CDEB, [Ⅰ.46]

延长 ED 至 F,过 A 作 AF 平行于 CD 或者 BE。 [Ⅰ.31]

则 AE 等于 AD 与 CE 的和。

AE 是由 AB,BC 所夹的矩形,因为它是由 AB,BE 所夹的,且 BE 等于 BC。

AD 是矩形 AC,CB,因为 DC 等于 CB,且 DB 是 CB 上的正方形。

所以,由 AB,BC 所夹的矩形等于由 AC,CB 所夹的矩形与 BC 上正方形的和。

证完

我们暂停叙述卷Ⅱ.内容本身,只关注这些命题的应用,这个命题以及前述命题具有极大重要性,首先在海伦和帕普斯的著作中阐述。例如命题,在两条直线上的正方形的差等于由这两条直线的和与差包围的矩形,正如拉得纳指出的,这个命题可以用Ⅱ.1,2,3 证明并且它与Ⅱ.5,6 等价,假设给定的直线是 AB,BC,后者沿 BA 度量。

由Ⅱ.2,AB 上的正方形等于矩形 AB,BC 与矩形 AB,AC 的和。

由Ⅱ.3,矩形 AB,BC 等于 BC 上的正方形与矩形 AC,CB 的和。

因而 AB 上的正方形等于 BC 上的正方形与矩形 AC,AB,矩形 AC,CB 的和。

但是由Ⅱ.1,后两个矩形的和等于由 AC 与 AB,BC 之和包围的矩形,即由 AB,BC 的和与差包围的矩形。

因此 AB 上的正方形等于 BC 上的正方形与 AB,BC 的和与差包围的矩形的和；

即 AB，BC 上的正方形的差等于由 AB，BC 的和与差包围的矩形。

命题 4

如果任意两分一条线段，则在整条线段上的正方形等于两条小线段上的正方形的和加上两条小线段所夹的矩形的二倍。

设任意分线段 AB 于 C。

我断言 AB 上的正方形等于 AC 及 CB 上的正方形的和加上 AC，CB 所夹的矩形的二倍。

令 AB 上所作的正方形为 $ADEB$，　　[Ⅰ.46]

连接 BD，过点 C 作 CF 平行于 AD 或者 EB，且过 G 作 HK 平行于 AB 或者 DE。　[1.31]

那么，因为 CF 平行于 AD，且 BD 和它们都相交。则同位角 CGB，ADB 是相等的。　　[Ⅰ.29]

但是，角 ADB 等于角 ABD，这是因为边 BA 等于边 AD。　[1.5]

所以，角 CGB 也等于角 GBC，这样边 BC 也等于边 CG。　　[Ⅰ.6]

但是，CB 等于 GK，且 CG 等于 KB。　　[Ⅰ.34]

所以，GK 也等于 KB，

所以 $CGKB$ 是等边的。

其次，又可证它也是直角的。

因为，CG 平行于 BK。角 KBC，GCB 的和等于二直角。　　[Ⅰ.29]

但是，角 KBC 是直角，所以，角 BCG 也是直角，这样，对角 CGK 及 GKB 也是直角。　　[Ⅰ.34]

所以，$CGKB$ 是直角的，而且也已经证明了它是等边的，所以它是一个正方形；从而它是作在 CB 上的正方形。

同理，HF 也是正方形，它是作在 HG 上的，也就是作在 AC 上的正方形。

[Ⅰ.34]

所以，正方形 HF，KC 是作在 AC，CB 上的正方形。

现在，因为 AG 等于 GE，且 AG 是矩形 AC，CB，因为 GC 等于 CB，所以 GE 也等于矩形 AC，CB。

所以，AG，GE 的和等于矩形 AC，CB 的二倍。

但是,正方形 HF,CK 的和也等于 AC,CB 上的正方形的和。

所以,四个面片,HF,CK,AG,GE 等于 AC,CB 上的正方形加上 AC,CB 所夹的矩形的二倍。

但是,HF,CK,AG,GE 的和是整体 $ADEB$,它就是 AB 上的正方形。

所以,AB 上的正方形等于 AC,CB 上的正方形的和加上 AC,CB 所夹的矩形的二倍。

证完

在 E. F. 奥古斯特的版本(Berlin,1826—1829)之前的希腊正文版本中给出了这个命题的第二个证明。海伯格遵循奥古斯特,省略了这个证明,这个证明归功于塞翁,实际上它不值得给出,由于它与上述证明只是在证明 $CGKB$ 是正方形部分不同。在这个证明中证明 $CGKB$ 是等边的比欧几里得的证明长,并且仅有不同之点是像在Ⅰ.46 中一样,欧几里得认为必须证明 $CGKB$ 的所有的角都是直角,而塞翁只是说"角 CBK 是直角;因而 CK 是正方形。"这个简短的形式指明了一个有理的减缩;同于没有必要重复Ⅰ.46 的那一部分,证明了那里所作的图形的角当一个是直角时都是直角。

在希腊正文中,还有一个推论无疑是插入的,"在正方形面片中,对角线上的平行四边形是正方形。"海伯格在准备他的版本时,怀疑它的真实性,并且猜测它是塞翁添加的;但是由一个纸莎草纸碎片(见 Heiberg, *Paralipomena zu Euklid*, in *Hermes* XXXVIII.,1903,p. 48)否定了这个怀疑,其中,这个推论显然是需要的。这是卷Ⅱ.中仅有的推论,但是与普罗克洛斯的注释(p. 304,2)不相称,"在第二卷中出现的推论属于一个问题"。

这个命题的半代数证明是很容易的,并且也很古老,出现在克拉维乌斯及其后来的版本中,其证明如下:

由Ⅱ.2,AB 上的正方形等于矩形 AB,AC 与矩形 AB,CB 的和。

由Ⅱ.3,矩形 AB,AC 等于 AC 上的正方形与矩形 AC,CB 的和。

再由Ⅱ.3,矩形 AB,CB 等于 BC 上的正方形与矩形 AC,CB 的和。

因而 AB 上的正方形等于 AC,CB 上的两个正方形与二倍的矩形 AC,CB 的和。

这个命题的图形也可以帮助我们显现上面从Ⅱ.1—3 推出的定理,即两条给定直线上的正方形的差等于由这两条直线的和与差包围的矩形。

事实上,若 AB,BC 是两条直线,较短者沿 BA 度量,这个图形说明,

正方形 AE 等于正方形 CK 与两个矩形 AF,FK 的和。

即 *AB* 上的正方形等于 *BC* 上的正方形与矩形 *AB*,*AC*,矩形 *AC*,*BC* 的和。

由Ⅱ.1,矩形 *AB*,*AC* 与矩形 *BC*,*AC* 的和等于由 *AC* 与 *AB*,*BC* 之和包围的矩形,即等于由 *AB*,*BC* 的和与差包围的矩形。

命题Ⅱ.4 也可以推广到一条直线被分为任意个数的小段;因为这个图形同样地显示整个直线上的正方形等于每小段上的正方形与二倍的由每一对小段包围的矩形的和。

命题 5

如果把一条线段先分成相等的线段,再分成不相等的线段,则由二个不相等的线段所夹的矩形与两个分点之间一段上的正方形的和等于原来线段一半上的正方形。

设点 *C* 将线段 *AB* 分成相等的两线段,点 *D* 分成不相等的两线段。

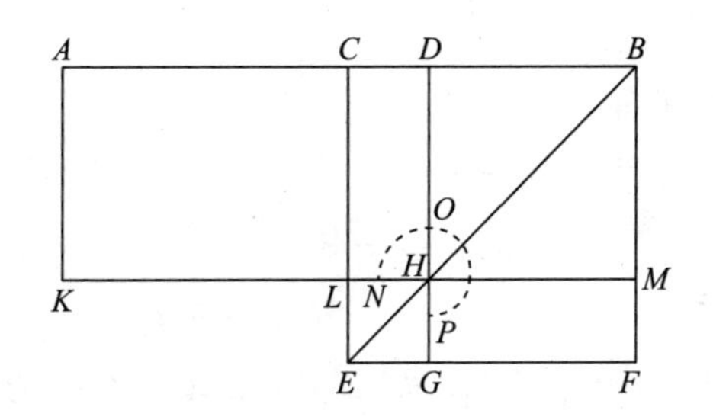

我断言由 *AD*,*DB* 所夹的矩形加上 *CD* 上的正方形的和等于 *CB* 上的正方形。

设 *CEFB* 是作在 *CB* 上的正方形, [Ⅰ.46]

连接 *BE*,过 *D* 作 *DG* 平行于 *CE* 或者 *BF*,再过 *H* 作 *KM* 平行于 *AB* 或者 *EF*,又过 *A* 作 *AK* 平行于 *CL* 或者 *BM*。 [Ⅰ.31]

则,补形 *CH* 等于补形 *HF*。 [Ⅰ.43]

将 *DM* 加在以上两边,则整体 *CM* 等于整体 *DF*。

但是 *CM* 等于 *AL*,这是因为 *AC* 也等于 *CB*。 [Ⅰ.36]

所以,*AL* 也等于 *DF*。

又将 *CH* 加在以上各边,则整个的 *AH* 等于拐尺形 *NOP*。

但是,*AH* 是矩形 *AD*,*DB*,因为 *DH* 等于 *DB*。

所以,拐尺形 *NOP* 也等于矩形 *AD*,*DB*。

LG 等于 *CD* 上的正方形,将它加在以上各边。

则拐尺形 *NOP* 与 *LG* 的和等于 *AD*,*DB* 所夹的矩形与 *CD* 上正方形的和。

但是，拐尺形 NOP 与 LG 的和是 CB 上的整体正方形 $CEFB$。

所以，由 AD,DB 所夹的矩形与 CD 上的正方形的和等于 CB 上的正方形。

证完

容易看出这个命题以及下一个命题正好给出在上一个命题后面提及的定理，即两条给定直线上的正方形的差等于由这两条直线的和与差包围的矩形，在Ⅱ.5 中，两条给定的直线是 CB 和 CD，它们的和与差分别等于 AD 与 DB。为了说明Ⅱ.6 给出了同一个定理，我们只要使 CD 是较大线，而 CB 是较小线，即作 $C'D'$等于 CB，沿着它量取 $C'B'$等于 CD，而后延长$B'C'$到 A'，使得 $A'C'$等于 $B'C'$，显然，第二条线上的 $A'D'$等于第一条线上的 AD，而 $D'B'$等于 DB，因而，矩形 AD,DB 与矩形 $A'D',D'B'$相等，CB,CD 上的两个正方形的差等于 $C'D',C'B'$上的两个正方形的差。

A C D B
A′ C′ B′ D′

Ⅱ.5,6 的最重要的意义是

二次方程的几何解答。

在Ⅱ.5 的图形中，假定 $AB=a,DB=x$，则

$$ax-x^2=\text{矩形 }AH$$
$$=\text{拐尺形 }NOP\text{。}$$

于是，若这个拐尺形的面积给定（$=b^2$），a 给定（$=AB$），则用几何语言解方程

$$ax-x^2=b^2,$$

就是对给定直线（a）贴一个矩形，它等于给定的正方形（b^2）并且不足一个正方形，即作一个矩形 AH 或拐尺形 NOP。

普罗克洛斯告诉我们（关于Ⅰ.44），“这些命题是古代的，并且是毕达哥拉斯学派发现的面积的相贴，超过相贴和不足相贴。”我们把对应二次方程的这个问题的几何解答归功于毕达哥拉斯学派。毕达哥拉斯学派解决的问题Ⅱ.11 对应于二次方程

$$a(a-x)=x^2\text{。}$$

西姆森提供下述方程的一个简单解答，

$$ax-x^2=b^2\text{。}$$

作 CO 垂直于 AB，并且等于 b；延长 OC 到 N，使得

$$ON=CB\left(\text{或}\frac{1}{2}a\right)$$

以 O 为圆心以 ON 为半径作圆交 CB 于 D。

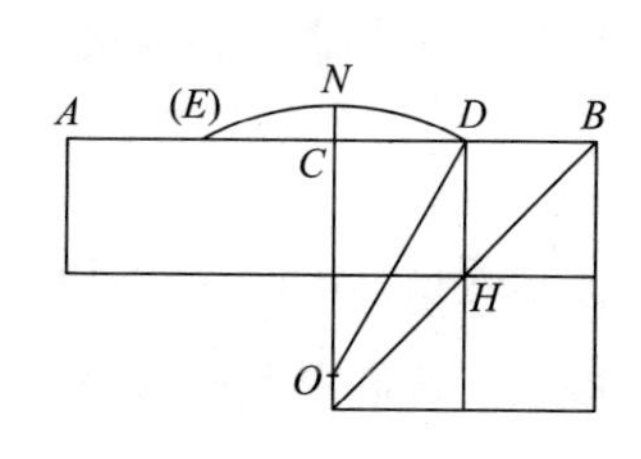

则求得了 DB（或 x），因而求得了要求的矩形 AH。

事实上，矩形 AD，DB 与 CD 上的正方形的和等于 CB 上的正方形， [Ⅱ.5]

即等于 OD 上的正方形，

即等于 OC，CD 上的两个正方形； [Ⅰ.47]

因此矩形 AD，DB 等于 OC 上的正方形，或者

$$ax - x^2 = b^2。$$

当然具有实数解的必要条件是 b^2 必须不大于 $\left(\frac{1}{2}a\right)^2$。这个条件容易从欧几里得的命题得到；因为矩形 AD，DB 与 CD 上的正方形的和等于 CB 上的正方形，它是常量，由此可以推出，当 CD 减小时，即当 D 靠近 C 时，矩形 AD，DB 增大，并且当 D 与 C 重合时，CD 消失，矩形 AD，DB 变成矩形 AC，CB，即 CB 上的正方形，并且是最大值。可以看出，从欧几里得导出的这个二次方程的几何解答与完成包含项 x^2 和 x 的边上的正方形来解二次方程没有区别。

但是，此时在几何上有两个实数解答（由于以 ON 为半径的圆不只与 CB 交于 D，而且也与 AC 交于另一点 E），欧几里得的图形只对应于两个解答之一。不必怀疑，欧几里得注意到这个方法解二次方程给出两个解答；他不能不看出 $x = BE$ 和 $x = BD$ 都满足这个方程。然而，若他真正给出这个方程的解答时，则他可能省略解答 $x = BE$，由于由它得到矩形是以 AE（等于 BD）为底，以 EB（等于 AD）为高的矩形，实际上等于另一个解 $x = BD$ 对应的矩形；因而没有必要区分两个解答。这个容易理解，当我们把这个方程看成两个变量时，它们的和是 a，面积是 b^2，即联立方程

$$x + y = a, \quad xy = b^2,$$

这些对称方程仅有一个解，由于这两个表面上的解答只是交换 x 和 y 的值。欧几里得知道这种形式的问题，出现在《数据》的命题 85，即若两条直线包围一个大小给定，一个角给定的平行四边形，并且若它们的和给定，则它们中的每一个给定。

这个命题能使我们解决下述问题，求一个面积和周长都给定的矩形；并且能使我们推出在所有周长给定的矩形中，正方形有最大的面积，而边越不等，面积越小。

若在Ⅱ.5 的图形中，假定 $AD = a$，$BD = b$，则 $CB = (a + b)/2$，$CD = (a - b)/$

2,并且这个命题的结果可以写成如下代数形式

$$\left(\frac{a+b}{2}\right)^2-\left(\frac{a-b}{2}\right)^2=ab。$$

这个容易导出毕达哥拉斯学派和柏拉图关于寻找两个平方数之和的平方数的规则。我们只要使 ab 是一个完全平方数。最简单的方法是

令 $a=n^2, b=1$,则有

$$\left(\frac{n^2+1}{2}\right)^2-\left(\frac{n^2-1}{2}\right)^2=n^2,$$

并且为了使前两个平方是整数,因而 n 必须是奇数,因此这就是毕达哥拉斯学派的规则。

其次假定 $a=2n^2, b=2$ 则

$$(n^2+1)^2-(n^2-1)^2=4n^2,$$

这就是柏拉图的从偶数 $2n$ 开始的规则。

命题 6

如果平分一条线段并且在同一条线段上给它加上一条线段,则合成的线段与加上的线段所夹的矩形及原线段一半上的正方形的和等于原线段一半与加上的线段的和上的正方形。

因为设点 *C* 平分线段 *AB*,并在同一直线上加上线段 *BD*。

我断言由线段 *AD*,*DB* 所夹的矩形与 *CB* 上的正方形的和等于 *CD* 上的正方形。

设 *CEFD* 是在 *CD* 上所作的正方形。 [Ⅰ.46]

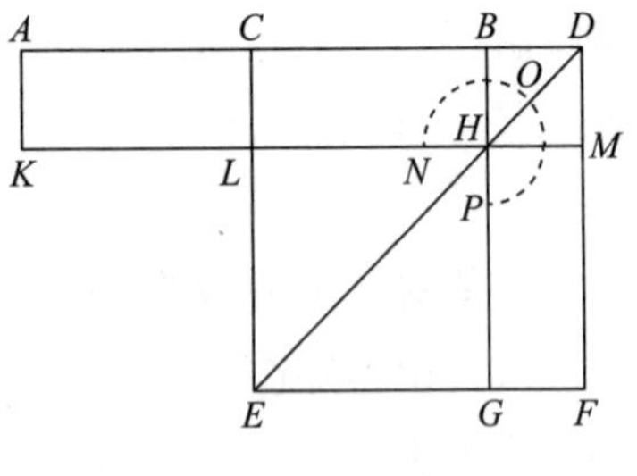

A C B D O H M K L N P E G F

连接 *DE*,过点 *B* 作 *BG* 平行于 *EC* 或者 *DF*,过点 *H* 作 *KM* 平行于 *AB* 或者 *EF*,过点 *A* 作 *AK* 平行于 *CL* 或者 *DM*。 [Ⅰ.31]

这时因为 *AC* 等于 *CB*,*AL* 等于 *CH*。 [Ⅰ.36]

但是,*CH* 等于 *HF*, [Ⅰ.43]

因此 *AL* 也等于 *HF*。将 *CM* 加在各边,

则整个 *AM* 等于拐尺形 *NOP*。但是,*AM* 是由 *AD*,*DB* 所夹的矩形,因为 *DM* 等于 *DB*;所以拐尺形 *NOP* 也等于矩形 *AD*,*DB*。

把 LG 加在以上各边，而它等于 BC 上的正方形。

故 AD,DB 所夹的矩形与 CB 上的正方形的和等于拐尺形 NOP 与 LG 的和。但是，拐尺形 NOP 与 LG 是作在 CD 上的整体正方形 $CEFD$。

所以，由 AD,DB 所夹的矩形与 CB 上的正方形的和等于 CD 上的正方形。

证完

此时矩形 AD,DB 是"一个贴于给定直线 AB 但是超出一个正方形（其边等于 BD）的矩形"，Ⅱ.6 提示了下述问题，对一条给定直线贴一个等于给定正方形并且超出一个正方形的矩形。

在欧几里得的图形中假定 $AB=a,BD=x$；若正方形 b^2 给定，这个问题等价于在几何上解方程

$$ax+x^2=b^2。$$

解决这类二次方程出现在希波克拉底的 *Quadrature of lunes* 的碎片中，来自欧德莫斯的 *History of Geometry*。在这个碎片中，希波克拉底（前 5 世纪）给出了下述作图。

AB 是一个半圆的直径，O 是中心，C 是 OB 的中心，并且 CD 与 AB 成直角，则 CD 的长是 $a\sqrt{\frac{3}{2}}$，其中 a 是半径，并且 EF 延伸到 B，即 EF 的延长线通过 B。

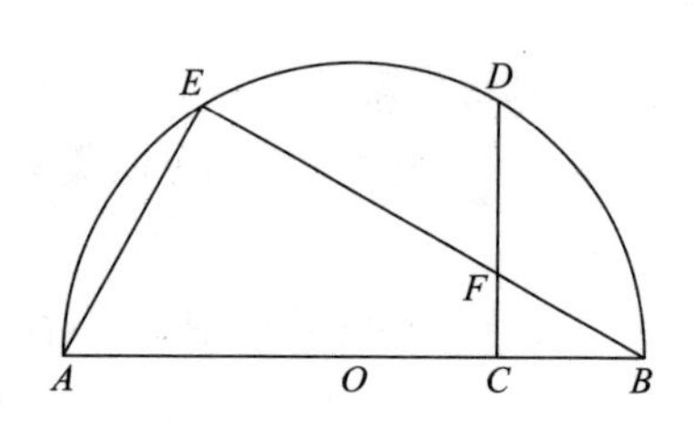

直角三角形 BFC,BAE 相似，故

$$BF:BC=BA:BE,$$

因而矩形 BE,BF ＝矩形 BA,BC

＝BO 上的正方形。

换句话说，$EF\left(=a\sqrt{\frac{3}{2}}\right)$是给定的长度，$BF$（$=x$）可以这样求出

$$\left(\sqrt{\frac{3}{2}}a+x\right)x=a^2;$$

或解二次方程

$$\sqrt{\frac{3}{2}}ax+x^2=a^2。$$

长为 $a\sqrt{\frac{3}{2}}$的直线容易作出，在图中，$CD^2=AC\cdot CB=\frac{3}{4}a^2$，或者，$CD=\frac{1}{2}a\sqrt{3}$，并且 $a\sqrt{\frac{3}{2}}$是以 CD 为边的正方形的对角线。

无疑地,希波克拉底可使用下述的几何作图解决了这个方程,而且他可能注意到放置 CD 与圆弧 AD 之间的直线的过程。移动它一直到 E,F,B 成为一条直线。

为了解方程

$$ax + x^2 = b^2$$

我们必须找到矩形 AH 或拐尺形 NOP,它的面积等于 b^2 并且夹内直角的一条边等于 CB 或 $\frac{1}{2}a$。于是我们知道了 $\left(\frac{1}{2}a\right)^2$ 和 b^2,并且我们必须用 Ⅰ.47 找到一个正方形等于两个给定正方形的和。

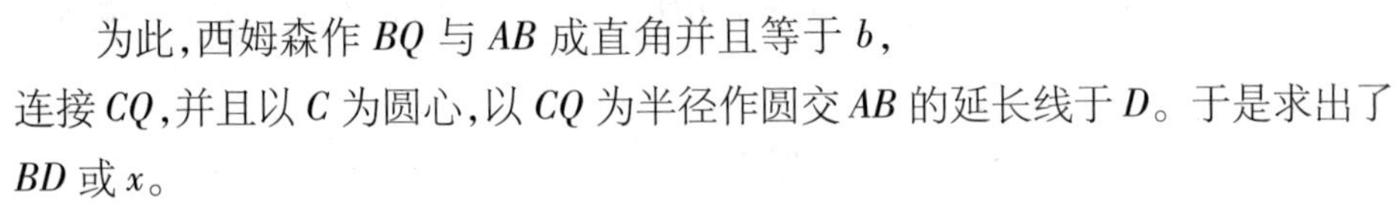

为此,西姆森作 BQ 与 AB 成直角并且等于 b,连接 CQ,并且以 C 为圆心,以 CQ 为半径作圆交 AB 的延长线于 D。于是求出了 BD 或 x。

现在矩形 AD,DB 与 CB 上的正方形的和

等于 CD 上的正方形。

等于 CQ 上的正方形,

等于 CB,BQ 上的两个正方形。

因而矩形 AD,DB 等于 BQ 上的正方形,即

$$ax + x^2 = b^2。$$

从欧几里得的观点,此时仅有一个解。

这个命题使我们可以类似的方式解方程

$$x^2 - ax = b^2。$$

我们只要假定 $AB = a$,AD(代替 BD)$= x$;则

$$x^2 - ax = \text{这个拐尺形。}$$

为了找到这个拐尺形,我们有它的面积(b^2)并且这个拐尺形与 CD^2 相差 CB^2 或 $\left(\frac{1}{2}a\right)^2$。于是我们用刚才给出的作图可以找到 D(因而 AD 或 x)。

Ⅱ.5,6 的逆命题由帕普斯(Ⅶ. pp. 948—50)给出,大意是:

(1)若 D 是 AB 的非等分的分点,并且 C 是 AB 上的另一点,使得矩形 AD,DB 与 CD 上的正方形的和等于 AC 上的正方形,则

AC 等于 CB;

(2)若 D 是 AB 延长线上一点,并且 C 是 AB 上这样一个点,使得矩形 AD,DB 与 CB 上的正方形的和等于 CD 正的正方形,则

AC 等于 CB。

命题 7

如果任意分一条线段为两段，则整线段上的正方形与所分成的小段之一上的正方形的和等于整线段与该小线段所夹的矩形的二倍与另一小线段上正方形的和。

设线段 *AB* 被点 *C* 任意分为两段。

我断言 *AB*,*BC* 上的正方形的和等于 *AB*,*BC* 所夹的矩形的二倍与 *CA* 上正方形的和。

设在 *AB* 上所作的正方形为 *ADEB*， [Ⅰ.46]

并设该图已作出。

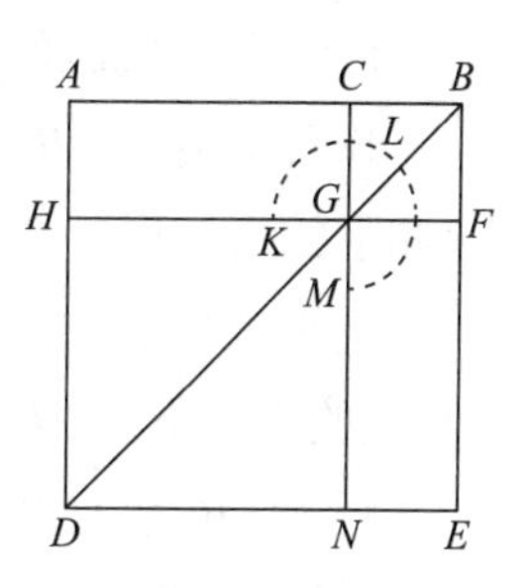

那么，由于 *AG* 等于 *GE*。 [Ⅰ.43]

将 *CF* 加在以上各边，则整体 *AF* 等于整体 *CE*。所以 *AF*,*CE* 的和是 *AF* 的二倍。

但是，*AF*, *CE* 的和是拐尺形 *KLM* 与正方形 *CF* 的和，

所以，拐尺形 *KLM* 与正方形 *CF* 的和是 *AF* 的二倍。

但是，矩形 *AB*,*BC* 的二倍也是 *AF* 的二倍，因为 *BF* 等于 *BC*，所以拐尺形 *KLM* 与正方形 *CF* 的和等于二倍的矩形 *AB*,*BC*。

将 *DG* 加在上面的各边，它是 *AC* 上的正方形。故拐尺形 *KLM* 与正方形 *BG*,*GD* 的和等于 *AB*,*BC* 所夹的矩形的二倍与 *AC* 上正方形的和。

但是，拐尺形 *KLM* 与正方形 *BG*,*GD* 的和是整体 *ADEB* 与 *CF* 的和，它们是在 *AB*,*BC* 上所作的正方形。

所以，*AB*,*BC* 上的正方形的和等于 *AB*,*BC* 所夹的矩形的二倍与 *AC* 上的正方形的和。

证完

这个命题形式的一个有用的改变是把 *AB*,*BC* 看成两条给定的直线，*AB* 是较大者，*AC* 是它们的差。于是，这个命题证明了两条直线上两个正方形的和等于二倍的由它们包围的矩形与它们的差上的正方形的和。即两条直线的差上的正方形等于这两条直线上两个正方形的和减去二倍的由它们包围的矩形。换句话说，正如Ⅱ.4 等价于恒等式

$$(a+b)^2=a^2+b^2+2ab,$$

Ⅱ.7 证明了

$$(a-b)^2=a^2+b^2-2ab。$$

这两个公式相加与相减分别给出了等价命题Ⅱ.9,10 与Ⅱ.8;我们提醒这些命题的另外证明。

命题 8

如果任意两分一条线段,则整线段和一条小线段所夹的矩形的四倍与另一小线段上的正方形的和等于整线段与前一小线段的和上的正方形。

设线段 AB 被任意分于点 C。

我断言由 AB,BC 所夹的矩形的四倍与 AC 上的正方形的和等于 AB 与 BC 之和上的正方形。

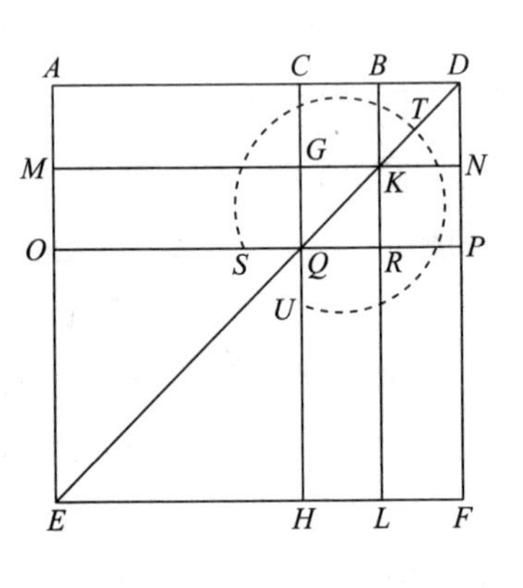

延长线段 AB 至 D,使 BD 等于 CB,设画在 AD 上的正方形是 $AEFD$,且作出两个这样的图。

因为 CB 等于 BD,而 CB 等于 GK,且 BD 等于 KN,所以 GK 也等于 KN。

同理,QR 等于 RP。

又因为 BC 等于 BD,GK 等于 KN,故 CK 等于 KD,GR 等于 RN。 [Ⅰ.36]

但是,CK 等于 RN,因为它们是平行四边形 CP 的补形, [Ⅰ.43]

所以,KD 也等于 GR,四个面片 DK,CK,GR,RN 都彼此相等。

从而这四个的和是 CK 的四倍。

又因为,CB 等于 BD,

这里 BD 等于 BK,也是 CG,且 CB 等于 GK,也是 GQ,所以 CG 也等于 GQ。

又,因为 CG 等于 GQ,且 QR 等于 RP,

AG 也等于 MQ 且 QL 等于 RF。 [Ⅰ.36]

但是,MQ 等于 QL,因为它们是平行四边形 ML 的补形。 [Ⅰ.43]

故,AG 也等于 RF。

从而,四个面片 AG,MQ,QL,RF 彼此相等。

所以,这四个的和是 AG 的四倍。

但是,四个面片 CK,KD,GR,RN 已被证明了其和是 CK 的四倍,故八个面片构成的拐尺形 STU 是 AK 的四倍。

现在，AK 是矩形 AB，BD，因为 BK 等于 BD，故四倍的矩形 AB，BD 是 AK 的四倍。

但拐尺形 STU 已被证明了是 AK 的四倍；所以，矩形 AB，BD 的四倍等于拐尺形 STU。

将 OH 加在以上各边，它等于 AC 上的正方形；

所以，矩形 AB，BD 的四倍与 AC 上的正方形的和等于拐尺形 STU 与 OH 的和。

但是，拐尺形 STU 与 OH 的和等于作在 AD 上的整体正方形 $AEFD$；

所以，四倍的矩形 AB，BD 与 AC 上的正方形的和等于 AD 上的正方形。

但是，BD 等于 BC，

故四倍的矩形 AB，BC 与 AC 上的正方形的和等于 AD 上的正方形，即 AB 与 BC 的和上的正方形。

证完

这个命题被帕普斯引用（p. 428, ed. Hultsch），并且被欧几里得本人用在《数据》，命题 86，还被用在证明抛物线的基本性质中。

两个另外的证明值得给出。

第一个证明由上一个注所提示，它是一个古老的证明，由克拉维乌斯和其他人给出。它具有半代数的形式。

延长 AB 到 D（在这个命题的图中），使得 BD 等于 BC。

由Ⅱ.4，AD 上的正方形等于 AB，BD 上的两个正方形与二倍的矩形 AB，BD 的和，即等于 AB，BC 上的两个正方形与二倍的矩形 AB，BC 的和。

由Ⅱ.7，AB，BC 上的两个正方形的和等于二倍的矩形 AB，BC 与 AC 上的正方形的和。

因而 AD 上的正方形等于四倍的矩形 AB，BC 与 AC 上的正方形的和。

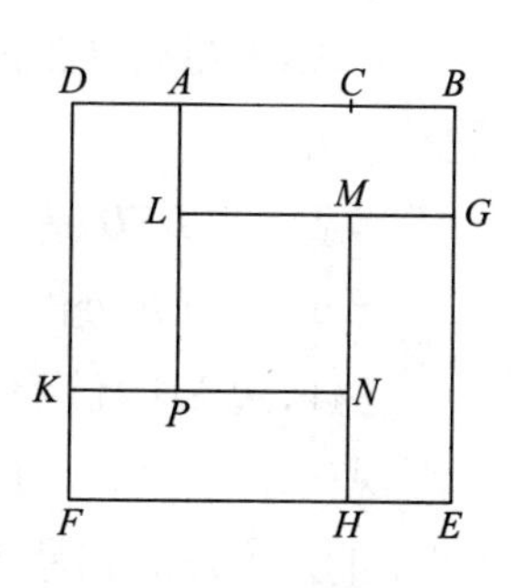

第二个证明类似欧几里得的方式，但有所不同。延长 BA 到 D，使得 AD 等于 BC。在 BD 上作正方形 $BEFD$。

取 BG，EH，FK 每一个等于 BC 或 AD，并且作 ALP，HNM 平行于 BE，作 GML，KPN 平行于 BD。

可以证明，每一个矩形 BL，AK，FN，EM 等于矩形 AB，BC，并且 PM 等于 AC 上的正方形。

因而 BD 上的正方形等于四倍的矩形 AB,BC 与 AC 上的正方形的和。

命题9

如果一条线段既被分成相等的两段,又被分成不相等的两段,则在不相等的各线段上正方形的和等于原线段一半上的正方形与二个分点之间一段上正方形的和的二倍。

设线段 AB 被点 C 分成相等的线段,又被点 D 分成不相等的线段。

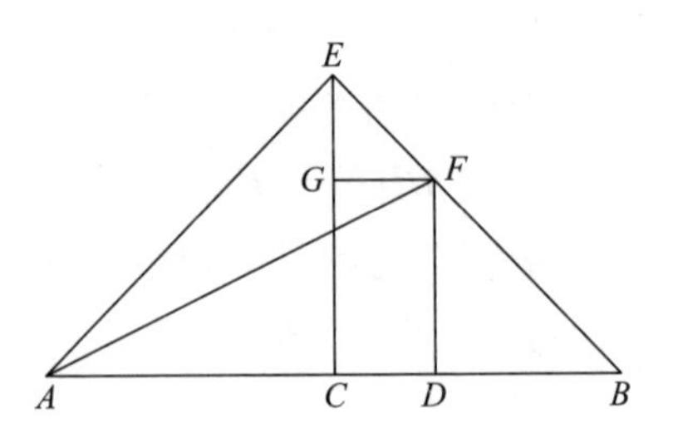

我断言 AD,DB 上的正方形的和等于 AC,CD 上正方形的和的二倍。

因为,由 AB 上的点 C 作 CE 和 AB 成直角,且它或者和 AC 相等,或者和 CB 相等。连接 EA,EB。经过点 D 作 DF 平行于 EC,且过 F 作 FG 平行于 AB,连接 AF。因为 AC 等于 CE,角 EAC 也等于角 AEC。

又,因为在点 C 的角是直角,其余二角 EAC,AEC 的和等于直角, [Ⅰ.32]

且它们又相等,故角 CEA,CAE 各是直角的一半。

同理,角 CEB,EBC 各是直角的一半。

所以,整体角 AEB 是直角。

又,因为角 GEF 是直角的一半,角 EGF 是直角,因为它与角 ECB 是同位角, [Ⅰ.29]

其余的角 EFG 是直角的一半。 [Ⅰ.32]

所以,角 GEF 等于角 EFG,

这样一来,边 EG 就等于边 GF。 [Ⅰ.6]

又,因为在点 B 处的角是直角的一半,且角 FDB 是直角,因为它与角 ECB 是同位角, [Ⅰ.29]

其余的角 BFD 是直角的一半。 [Ⅰ.32]

所以,在点 B 处的角等于角 DFB。

这样,边 FD 就等于边 DB。 [Ⅰ.6]

现在,因为 AC 等于 CE,AC 上的正方形也等于 CE 上的正方形。所以,AC,CE 上的正方形的和是 AC 上正方形的二倍。

但是,EA 上的正方形等于 AC,CE 上的正方形的和,因为角 ACE 是直角, [Ⅰ.47]

所以，EA 上的正方形是 AC 上正方形的二倍。

又，因为 EG 等于 GF；EG 上的正方形就等于 GF 上的正方形，所以，EG，GF 上的正方形的和等于 GF 上正方形的二倍。

但是，EF 上的正方形等于 EG，GF 上正方形的和；所以，EF 上正方形是 GF 上正方形的二倍。

但是，GF 等于 CD，　[Ⅰ.34]

故 EF 上的正方形是 CD 上正方形的二倍。

但是 EA 上的正方形也是 AC 上正方形的二倍。

所以，AE，EF 上的正方形的和是 AC，CD 上正方形的和的二倍。

且 AF 上正方形等于 AE，EF 上正方形的和，这是因为角 AEF 是直角。

[Ⅰ.47]

从而，AF 上的正方形是 AC，CD 上正方形的和的二倍。

但是，AD，DF 上正方形的和等于 AF 上的正方形，因为在点 D 的角是直角；

[Ⅰ.47]

所以，AD，DF 上的正方形的和是 AC，CD 上正方形的和的二倍。

又 DF 等于 DB；所以，AD，DB 上正方形的和等于 AC，CD 上正方形的和的二倍。

证完

值得注意的是，卷Ⅱ.的前八个命题与毕达哥拉斯定理Ⅰ.47 无关，而所有其他命题用它来证明。第 9，10 命题开始了一个新发展；此处放弃了说明各个矩形和正方形之间的关系的证明方法。

第 9 和第 10 命题的关系正像第 5 和第 6 命题的关系；事实上它们证明了相同的结果，可以合并叙述为：两条给定直线的和与差上的两个正方形的和等于二倍的这两条直线上的两个正方形的和。

命题 9 的半代数证明由Ⅱ.7 的注的末尾给出的代数公式所提示，稍加变化适用于Ⅱ.9 和Ⅱ.10，在括号内放置对Ⅱ.10 的变化。

第一个附图是给Ⅱ.9 的，第二个是给Ⅱ.10 的。

A　C　D　B

A　C　B　D

由Ⅱ.4，AD 上的正方形等于 AC，CD 上的两个正方形与二倍的矩形 AC，CD 的和。

由Ⅱ.7，在 CB，CD（CD，CB）上的两个正方形的和等于二倍的矩形 CB，CD 与 BD 上正方形的和。

交叉相加这两个等式，AD，DB 上的两个正方形与二倍的矩形 CB，CD 的和等于 AC，CD，CB，CD 上的正方形与二倍的矩形 AC，CD 的和。

但是 AC，CB 相等，因而矩形 AC，CD 与矩形 CB，CD 相等。

去掉相等项，我们有

AD，DB 上的两个正方形的和等于 AC，CD，CB，CD 上的正方形的和，即等于二倍的 AC，CD 上的两个正方形的和。

为了说明Ⅱ.1—8 中的几何代数方法对Ⅱ.9，10 有效，我们现在用这种方式证明Ⅱ.9。

如图在 AD，DB 上分别作两个正方形，沿 DE 取 DH 等于 CD，沿 HE 取 HL 也等于 CD。

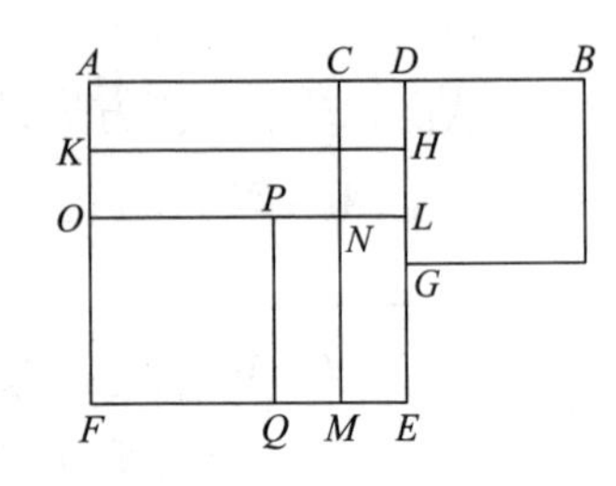

作 HK，LNO 平行于 EF，CNM 平行于 DE。

沿 NO 取 NP 等于 CD，作 PQ 平行于 DE。

因为 AD，CD 分别等于 DE，DH，所以

HE 等于 AC 或 CB；

又因为 HL 等于 CD，所以 LE 等于 DB。

类似地，因为 EM，MQ 都等于 CD，所以

FQ 等于 EL 或 BD。

因而 OQ 等于 DB 上的正方形。

我们必须证明 AD，DB 上的两个正方形的和等于二倍的 AC，CD 上的两个正方形的和。

现在 AD 上的正方形包括 KM（AC 上的正方形）以及 CH，HN（即二倍的 CD 上的正方形）。

因而我们必须证明在 AD，DB 上的两个正方形的和剩下的等于 AC 上的正方形。

剩下的部分是矩形 CK 和 NE，它们分别等于 KN，PM。

但是后者与 DB 上的正方形的和等于矩形 KN，PM 和正方形 OQ 的和，

即等于正方形 KM，或 AC 上的正方形。

因此推出了所要的结果。

命题 10

如果二等分一条线段，并且在同一直线上再给原线段添加一条线段，则合成线段上的正方形与添加线段上的正方形的和等于原线段一半上的正方形与

一半加上添加线段之和上的正方形的和的二倍。

将线段 AB 二等分于点 C，且在同一直线上给它添加上 BD。

我断言 AD，BD 上正方形的和等于 AC，CD 上正方形的和的二倍。

设 CE 在 C 点和 AB 成直角，［Ⅰ.11］

并且使它等于 AC 或者 CB。［Ⅰ.3］

连接 EA，EB。过点 E 作 EF 平行于 AD，过点 D 作 FD 平行于 CE。［Ⅰ.31］

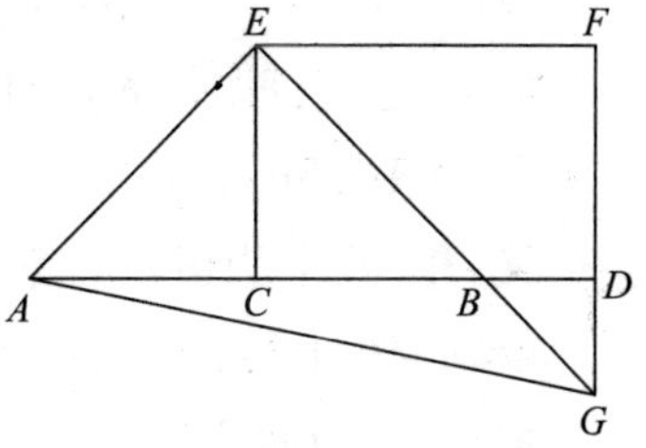

则因直线 EF 和平行线 EC，FD 都相交，

角 CEF，EFD 的和等于二直角。［Ⅰ.29］

所以，角 FEB，EFD 的和小于二直角。

但是，直线在小于二直角的这一侧经延长后相交。［Ⅰ.公设5］

所以，如果在同方向 B，D 延长 EB，FD，则 EB，FD 必相交。

设其交点为 G，且连接 AG。

其次，因 AC 等于 CE，角 EAC 也等于角 AEC。［Ⅰ.5］

在点 C 是直角。

所以，角 EAC，AEC 各是直角的一半。［Ⅰ.32］

同理，角 CEB，EBC 各是直角的一半，故角 AEB 是直角。

又，因角 EBC 是直角一半，角 DBG 也是直角一半。［Ⅰ.15］

但是，角 BDG 也是直角，这是因为它等于角 DCE，它们是错角。［Ⅰ.29］

所以，其余的角 DGB 是直角的一半，［Ⅰ.32］

所以，角 DGB 等于角 DBG。

这样，边 BD 也等于边 GD。［Ⅰ.6］

又，因为角 EGF 是直角的一半，且在点 F 处的是直角，因为它等于在点 C 处的对角。［Ⅰ.34］

其余的角 FEG 是直角的一半，［Ⅰ.32］

故角 EGF 等于角 FEG。

这样，也有边 GF 等于边 EF。［Ⅰ.6］

因 EC 上的正方形等于 CA 上的正方形；EC，CA 上的正方形的和是 CA 上正方形的二倍。

但是，EA 上的正方形等于 EC，CA 上正方形的和，［Ⅰ.47］

所以，EA 上正方形是 AC 上正方形的二倍。［公理1］

又，因 FG 等于 EF，FG 上的正方形也等于 FE 上的正方形；

所以，GF，FE 上正方形的和是 EF 上正方形的二倍。

但是，EG 上的正方形等于 GF，FE 上正方形的和， [Ⅰ.47]

于是在 EG 上的正方形是在 EF 上的正方形的二倍，而 EF 等于 CD， [Ⅰ.34]

所以，EG 上的正方形是 CD 上正方形的二倍。

但是，已经证明了 EA 上的正方形是 AC 上正方形的二倍。

所以，AE，EG 上正方形的和是 AC，CD 上正方形的和的二倍。

又，在 AG 上的正方形等于 AE，EG 上正方形的和， [Ⅰ.47]

所以，AG 上的正方形是 AC，CD 上正方形的和的二倍。

但是，AD，DG 上正方形的和等于 AG 上的正方形； [Ⅰ.47]

所以，AD，DG 上正方形的和是 AC，CD 上正方形的和的二倍。

又，DG 等于 DB，

所以，AD，DB 上正方形的和是 AC，CD 上正方形的和的二倍。

证完

这个命题的另一个证明是用建立Ⅱ.1—8 的原理，遵循上述命题中给出的方法。

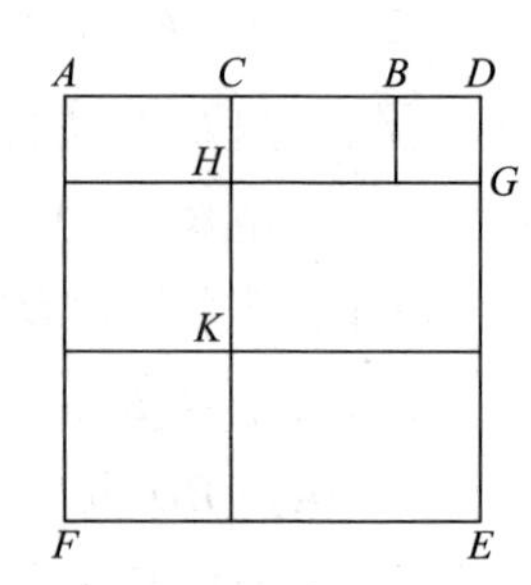

显然从图上可以看出，AD 上的正方形包括二倍的 AC 上的正方形以及 CD 上的正方形。剩余的是矩形 AH，KE 的和，等于 BH，GK 的和，它们组成 CD 上的正方形减去 BD 上的正方形。因而两边加上正方形 BG，就得到所要的结果。

这个定理的另一个证明，包括Ⅱ.9，10，值得给出。这个定理说，两条给定直线的和与差上的两个正方形的和等于二倍的这两条直线上的两个正方形的和。

设 AD，DB 是两条给定的直线（AD 是较大者），放在一条直线上，使得 AC 等于 DB 并且完成这个图形，线段 CG 和 DH 都等于 AC 或 DB。

现在 AD，DB 是给定的两条直线，AB 是它们的和，CD 是它们的差。

又 AD 等于 BC。

AE 是 AB 上的正方形，GK 等于 CD 上的正方形，AK 或 FH 是 AD 上的正方形，BL 是 CB 上的正方形，而小正方形 AG，BH，EK，FL 都等于 AC 上或 DB 上的正方形。

我们必须证明二倍的 AD，DB 上的两个正方形的和等于 AB，CD 上两个正方形的和。

现在 AD 上正方形的二倍是 AD,CB 上两个正方形的和,等于正方形 BL,FH 的和;等于二倍的内正方形 GK 与大正方形 AE 的剩余部分去掉两个正方形 AG,KE 的和,后面两个正方形等于 AC 或 DB 上的正方形的二倍。

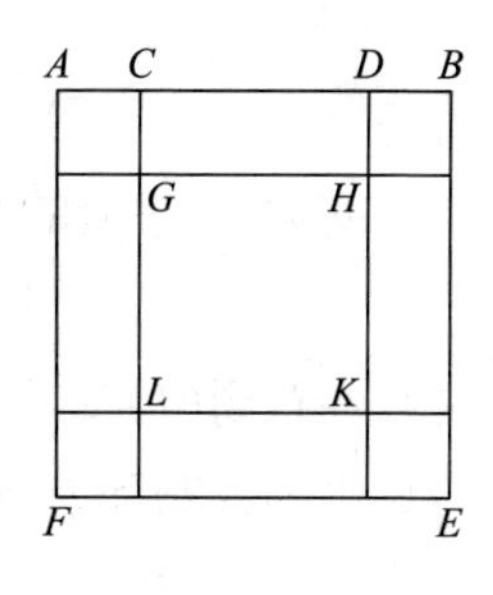

因而二倍的 AD,DB 上的两个正方形的和等于二倍的内正方形 GK 与大正方形 AE 的剩余部分,即等于正方形 AE,GK 的和,即 AB,CD 上两个正方形的和。

给出$\sqrt{2}$的相继近似值的"边"和"对角线"。

塞乌腾指出(*Die Lehre von den Kegelschnitten im Altertum*,1886,pp. 27,28)Ⅱ.9,10 与不定分析问题有重要联系,它受到古希腊人的巨大的注意。若我们如Ⅱ.9 那样取直线 AB 和分点 C 和 D,并且若令 $CD=x,DB=y$,欧几里得得到的结果是

A C D B

$$AD^2+DB^2=2AC^2+2CD^2,$$

或
$$AD^2-2AC^2=2CD^2-DB^2,$$

变为公式

$$(2x+y)^2-2(x+y)^2=2x^2-y^2。$$

若 x,y 是数,满足下述方程中的一个

$$2x^2-y^2=\pm 1,$$

则上述公式给出两个较高的数 $x+y,2x+y$ 满足上述方程中的另一个。

欧几里得的这些命题给出了所谓的"边"和"对角线"数相继形成公式的一般证明。

众所周知,士麦那的塞翁(pp. 43,44,ed. Hiller)描述了这个数的系统。开始是两个单位,并且(a)它们的和,(b)二倍的第一个与第二个的和,我们形成两个新数

$$1\cdot 1+1=2,\ 2\cdot 1+1=3,$$

这些新数的第一个是边数,第二个是对角线数,或

$$a_1=1,\quad d_1=1,$$

$$a_2=2,\quad d_2=3。$$

一般地,

$$a_{n+1}=a_n+d_n,\quad d_{n+1}=2a_n+d_n。$$

于是

$$a_3=2+3=5,\quad d_3=2\cdot 2+3=7,$$

$$a_4 = 5 + 7 = 12, \quad d_4 = 2 \cdot 5 + 7 = 17,$$

等等。

塞翁说，一般的命题是

$$d_n^2 = 2a_n^2 \pm 1,$$

并且注意到(1) ± 号交替出现，$d_1^2 - 2a_1^2 = -1$，$d_2^2 - 2a_2^2 = +1$，$d_3^2 - 2a_3^2 = -1$，等等，(2)所有 d 的平方的和是所有 a 的平方的和的二倍[若相继项的个数是有限的，则必须这个个数是偶数]。其证明如下

$$\begin{aligned} d_n^2 - 2a_n^2 &= (2a_{n-1} + d_{n-1})^2 - 2(a_{n-1} + d_{n-1})^2 \\ &= 2a_{n-1}^2 - d_{n-1}^2 \\ &= -(d_{n-1}^2 - 2a_{n-1}^2) \\ &= +(d_{n-2}^2 - 2a_{n-2}^2) \end{aligned}$$

等等，$d_1^2 - 2a_1^2 = -1$。

欧几里得的命题可以使我们几何地建立这个定理；这个事实可以证实关于不定方程 $2x^2 - y^2 = \pm 1$ 的塞翁猜想，没有人不会注意到 $\frac{d_n^2}{a_n^2}$ 越来越接近 2，因而相继分数 d_n/a_n 越来越接近 $\sqrt{2}$ 的近似值，即

$$\frac{1}{1}, \frac{3}{2}, \frac{7}{5}, \frac{17}{12}, \frac{41}{29}, \cdots$$

塞乌腾的猜想，以及把边数和对角线数的整个理论归功于毕达哥拉斯学派，现在被克罗尔(Kroll)的 *Procli Diadochi in Platonis rempublicam commentarii* (Teubner), Vol. Ⅱ., 1901. 所证实. 普罗克洛斯进一步说(p. 17)，边数和对角线数的性质“在《原理》的第二卷中几何地被证明，若一条直线被平分，并且再加上一条线段，则整个直线包括所加的线段上的正方形以及后面线段上的正方形等于二倍的原直线一半上的正方形与原直线一半加上添加线段上的正方形”。并且这就是欧几里得的Ⅱ. 10。而后普罗克洛斯继续说明如何用这个命题来证明。使用上述符号，对应于边 $a + d$ 的放大数是 $2a + d$。设 AB 是边，BC 等于它，而 CD 是对应于 AB 的放大数，即一条直线，其上的正方形是 AB 上的正方形的二倍。(我使用了赫尔茨提供的克罗尔的 Vol. Ⅱ. p. 397 的附图)。

而后，由欧几里得的定理Ⅱ. 10，AD，DC 上的两个正方形的和二倍于 AB，BD 上的两个正方形的和。

但是 DC(即 BE)上的正方形是 AB 上的正方形的二倍；因而，由减法，AD 上的正方形是 BD 上的正方形的二倍。

并且 DF(对应于边 BD 的对角线)上的正方形是 BD 上正方形的二倍。

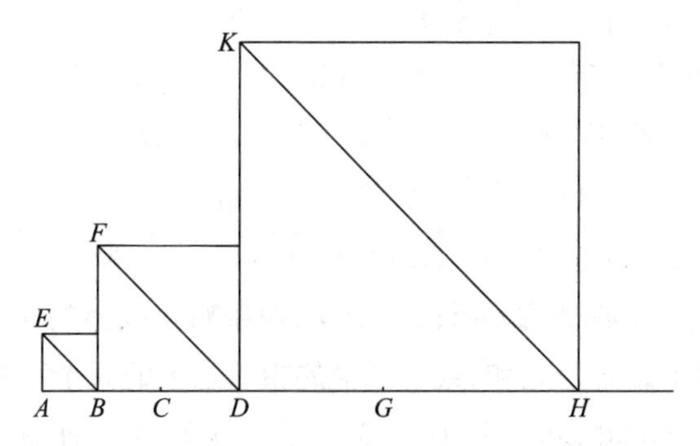

因而 DF 上的正方形等于 AD 上的正方形，DF 等于 AD。

即边 $BD(=a+d)$ 对应的对角线等于 $AD(=2a+d)$。

上述普罗克洛斯说“这个在《原理》的第二卷中证明”并不蕴含它在以前没有证明，相反地，明显这个定理已由毕达哥拉斯证明，并且由卷Ⅱ. 中的拐尺形和Ⅰ.47，在本质上是毕达哥拉斯的。

伯夫（P. Bergh）有一个独创性的提示（见 *Zeitschrift für Math. u. Physik* XXXI. Hist. —litt. Abt. p. 135，and Cantor，*Geschichte der Mathematik*，$Ⅰ_3$，p. 437），边数和对角线数可能由观察一个简单几何图形被发现。设 ABC 是等腰三角形，直角在 A，边分别是 $a_{n-1}, a_{n-1}, d_{n-1}$。延长两个直角边 AB, AC 到 D, E，每边增加 d_{n-1}，连接 DE，由图容易看出（在图中 BF, CG 垂直于 DE），新的对角线 d_n 等于 $2a_{n-1}+d_{n-1}$，边 $a_n = a_{n-1}+d_{n-1}$。

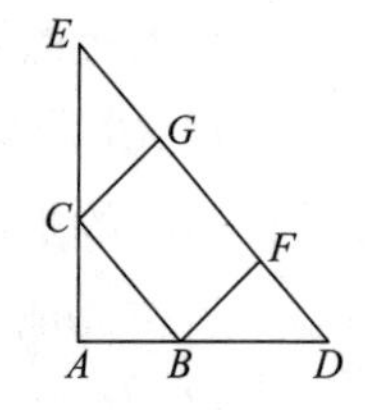

Ⅱ.9，10 的重要推论。

Ⅰ. 帕普斯（Ⅶ. pp. 856—8）证明了众所周知的定理。

一个三角形的两边上的正方形的和等于二倍的半个底上的正方形与二倍的顶点到底的中线上的正方形的和。

设 ABC 是给定的三角形，D 是底 BC 的中点。连接 AD，作 AE 垂直于 BC（必要时可延长）。

由Ⅱ.9，10，BE, EC 上的两个正方形等于二倍的 BD, DE 上的两个正方形。

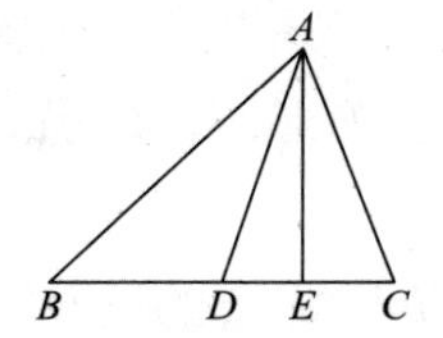

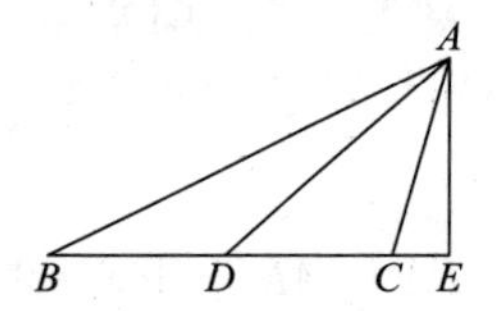

每边加二倍的 AE 上的正方形，则

BE, EA 上的两个正方形等于 BA 上的正方形，

AE,EC 上的两个正方形等于 AC 上的正方形，

并且 AE,ED 上的两个正方形等于 AD 上的正方形。我们求得

BA,AC 上的两个正方形等于二倍的 AD,BD 上的两个正方形。

这个命题由Ⅱ.12,13 证明，但是我认为不如帕普斯的方法容易。

Ⅱ.圣文森特的格雷戈里(Gregory of St. Vincent,1584—1667)和维维安尼(1622—1703)推出了**在任意平行四边形中，两条对角线上的两个正方形之和等于四条边上的四个正方形之和，或者二倍的相邻边上的两个正方形之和。**

Ⅲ.欧拉(Leonhard Euler,1707—83)第一个发现关于任意四边形的相应定理，即**在任意四边形中，各边上的正方形的和等于两条对角线上的两个正方形与四倍的连接这两条对角线中点的连线上的正方形的和。**然而欧拉是从相应的关于平行四边形的定理证明的，而不是从三角形的性质来证明，尽管后者较容易。

命题 11

分给定的线段，使它和一条小线段所夹的矩形等于另一小段上的正方形。

设 AB 是给定的线段，要求把 AB 分为两段，使得它和一小线段所夹的矩形等于另一小线段上的正方形。

设在 AB 上作正方形 ABDC。 [Ⅰ.46]

又，AC 被二等分于点 E，且连接 BE，延长 CA 到 F，且取 EF 等于 BE。

设 FH 是作在 AF 上的正方形，延长 GH 至 K。

我断言点 H 就是 AB 上所要求作的点，它使 AB,BH 所夹的矩形等于 AH 上的正方形。

事实上，因为线段 AC 被点 E 平分，并给它加上 FA，

CF,FA 所夹的矩形与 AE 上正方形的和等于 EF 上的正方形。 [Ⅱ.6]

但是，EF 等于 EB，

故，矩形 CF,FA 与 AE 上的正方形的和等于 EB 上的正方形。

但是，BA,AE 上正方形的和等于 EB 上的正方形，因为在点 A 的角是直角。 [Ⅰ.47]

故矩形 CF,FA 与 AE 上正方形的和等于 BA,AE 上的正方形的和。

由上面两边各减去 AE 上的正方形，

则余下的矩形 CF,FA 等于 AB 上的正方形。

矩形 CF, FA 的和是 FK，因为 AF 等于 FG，且 AB 上的正方形是 AD，所以 FK 等于 AD。

由上面两边各减去 AK，则余下的部分 FH 等于 HD。

又 HD 是矩形 AB, BH，因为 AB 等于 BD，且 FH 是 AH 上的正方形。

所以，由 AB, BH 所夹的矩形等于 HA 上的正方形。

从而，由点 H 分给定的直线 AB，使得 AB, BH 所夹的矩形等于 HA 上的正方形。

证完

由于这个问题的解答对解答在圆内内接一个正五边形是必要的（欧几里得Ⅳ.10,11），所以我们断言它是由毕达哥拉斯学派解答的，换句话说，他们发现了下述二次方程的几何解答

$$a(a-x)=x^2,$$

或

$$x^2+ax=a^2。$$

Ⅱ.11 的解答也对应更一般方程的解答

$$x^2+ax=b^2,$$

如上所述，西姆森用Ⅱ.6 解答了这个方程。西姆森的解答只给出了 CA 延长线上的点 F，而没有直接找到点 H。取 CA 的中点 E，作 AB 与 CA 成直角并且等于 CA，而后以 EB 为半径作圆交 EA 的延长线于 F。此时的解答与更一般情形的解答仅有的差别是此处 AB 等于 CA，代替 AB 等于另一个给定直线 b。

正如更一般情形，依欧几里得观点，仅有一个解答。

这个作图也证明了 CF 被点 A 按题中要求分开，由于矩形 CF, FA 等于 CA 上的正方形。

Ⅱ.11 中的问题再次出现在Ⅵ.30 中，其形式是分给定直线为中外比。

命题 12

在钝角三角形中，钝角所对的边上的正方形比夹钝角的二边上的正方形的和还大一个矩形的二倍。这个矩形是由一锐角向对边的延长线作垂线，垂足到钝角之间一段与对边所夹的矩形。

设 ABC 是一个钝角三角形，角 BAC 为钝角。由点 B 作 BD 垂直于 CA，交 CA 的延长线于点 D。

我断言 BC 上的正方形比 BA, AC 上的正方形的和还大 CA, AD 所夹的矩形的二倍。

因为,点 A 分线段 CD,CD 上的正方形等于 CA,AD 上的正方形加上 CA,AD 所夹的矩形的二倍。 [Ⅱ.4]

将 DB 上的正方形加在以上各边。

则 CD,DB 上正方形的和等于 CA,AD,DB 上正方形的和加上矩形 CA,AD 的二倍。

但是 CB 上正方形等于 CD,DB 上正方形的和,这是因为在点 D 的角是直角; [Ⅰ.47]

并且 AB 上的正方形等于 AD,DB 上正方形的和。 [Ⅰ.47]

所以 CB 上的正方形等于 CA,AB 上正方形的和加上 CA,AD 所夹的矩形的二倍;

于是 CB 上的正方形比 CA,AB 上正方形的和还大 CA,AD 所夹的矩形的二倍。

证完

在这个和下一个命题中,我们必须涉及三角形边上的正方形,在卷Ⅱ.前面使用的图示面积的特殊形式在此处不能帮助我们看出命题的结果,只可能用下述两种方法:(1)用卷Ⅱ.中前面命题的结果与Ⅰ.47 的结果结合,(2)用欧几里得证明Ⅰ.47 的方法。这种用欧几里得证明Ⅰ.47 的方式来证明Ⅱ.12,13 值得给出。

这些证明出现在某些现代的教科书中[例如,梅拉(Mehler)、亨里西、特鲁特利恩、H. M. 泰勒、史密斯(Smith)和布赖恩特)]。

为了证明Ⅱ.12,令 ABC 是钝角三角形,A 是钝角。

作 BC,CA,AB 上的正方形 BCED,CAGF,ABKH,作 AL,BM,CN 垂直于 BC,CA,AB(若必要就延长),并且延长它们,交这些正方形的边于 P,Q,R。

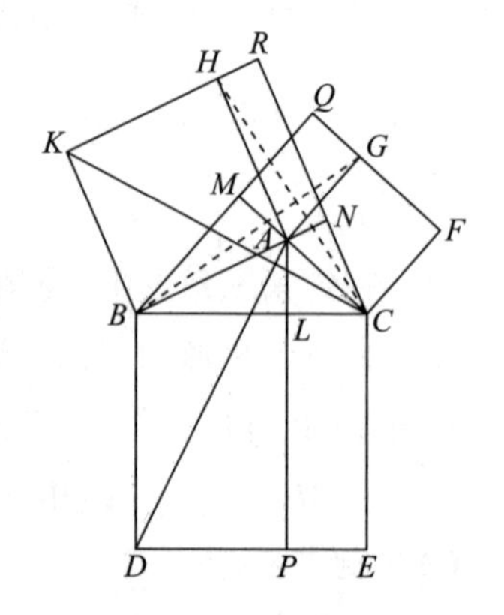

连接 AD,CK。

则正如Ⅰ.47,三角形 KBC,ABD 全等;因而它们的二倍相等,即

矩形 BP 等于矩形 BR。

类似地, 矩形 CP 等于矩形 CQ。

连接 BG,CH,我们看到

三角形 BAG,HAC 全等;

因而它们的二倍,矩形 AQ,AR 相等。

现在 BC 上的正方形等于矩形 BP,CP 之和，

即等于矩形 BR,CQ 之和。

即等于正方形 BH,CG 与矩形 AR,AQ 之和。

但是矩形 AR,AQ 相等，并且它们分别是由 BA,AN 包围的矩形与由 CA,AM 包围的矩形。

因而 BC 上的正方形等于 BA,AC 上的两个正方形与二倍的矩形 BA,AN 或矩形 CA,AM 的和。

这个证明顺便证明了矩形 BA,AN 等于矩形 CA,AM：这个结果是后面定理 Ⅲ.35 的特殊情形。

海伦(in an-Nairīzī, ed. Curtze, p. 109)给出了 Ⅱ.12 的逆，正如 Ⅰ.48 与 Ⅰ.47 的关系。

在任一三角形中，若一条边上的正方形大于另外两边上正方形的和，则后面两条边的夹角是钝角。

设 ABC 是一个三角形，BC 上的正方形大于 BA,AC 上两个正方形的和。

作 AD 与 AC 成直角并且等于 AB。

连接 DC。

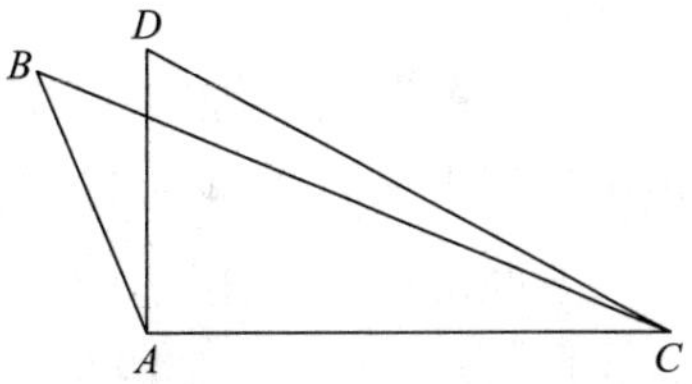

因为 DAC 是直角，所以 DC 上的正方形等于 DA,AC 上两个正方形的和， [Ⅰ.47]

即等于 BA,AC 上两个正方形的和。

但是 BC 上的正方形大于 BA,AC 上的正方形的和；因而 BC 上的正方形大于 DC 上的正方形。

所以 BC 大于 DC。

于是在三角形 BAC,DAC 中，两条边 BA,AC 分别等于两条边 DA,AC，但是底 BC 大于底 DC。

所以角 BAC 大于角 DAC， [Ⅰ.25]

即角 BAC 是钝角。

命题 13

在锐角三角形中，锐角对边上的正方形比夹锐角二边上正方形的和小一个矩形的二倍。这个矩形是由另一锐角向对边作垂线，垂足到原锐角顶点之间一段与对边所夹的矩形。

设 ABC 是一个锐角三角形，点 B 处的角为锐角，且设 AD 是由点 A 向 BC 所

作的垂线。

我断言 AC 上的正方形比 CB,BA 上正方形的和小 CB,BD 所夹的矩形的二倍。

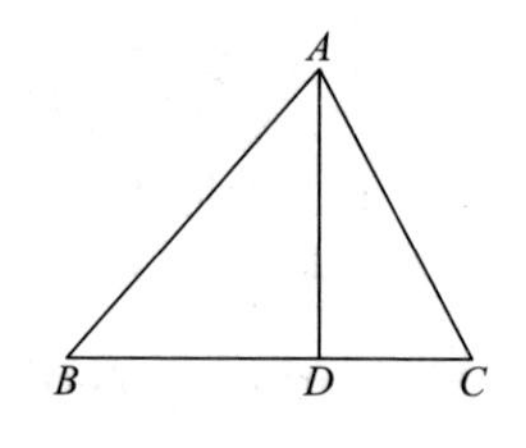

因为,点 D 分线段 CB;CB,BD 上的正方形的和等于由 CB,BD 所夹矩形的二倍与 DC 上正方形的和。[Ⅱ.7]

将 DA 上的正方形加在以上各边。

则 CB,BD,DA 上正方形的和等于 CB,BD 所夹的矩形的二倍加上 AD,DC 上正方形的和。

但是,AB 上的正方形等于 BD,DA 上正方形的和,这是因为在点 D 处的角是直角; [Ⅰ.47]

并且 AC 上的正方形等于 AD,DC 上正方形的和,故 CB,BA 上正方形的和等于 AC 上正方形加上二倍的矩形 CB,BD。

所以,AC 上的正方形只能比 CB,BA 上正方形的和小 CB,BD 所夹的矩形的二倍。

证完

这个命题明确地阐述锐角三角形;并且为了排除这个限制是故意的,在阐述中说到由夹锐角的一条边与垂线在内面截出的朝向锐角的直线形成的矩形。另一方面奇怪的是在说到对锐角的边上的正方形时,又说"设 ABC 是一个锐角三角形,点 B 处的角是锐角。"后面这句话就没有意义,因这个三角形的所有角都是锐角。

然而,很早不只由 I. 蒙纳奇奥斯、坎帕努斯、佩里塔里奥斯、克拉维乌斯、康曼丁奥斯以及其他人,而且由希腊学者(Heiberg, Vol. V. p. 253),注意到由这个定理建立的三角形的边之间的关系对任意类型的三角形是真的,不论是锐角的,直角的或钝角的。这些学者辩解阐述中的词"锐角的"的含义。"因为按定义,锐角三角形有三个锐角,但是他在此处不是这个意思,而是称至少一个角,不是所有角是锐角的三角形为锐角三角形。因而阐述是:在任意三角形中,对锐角的边上的正方形比夹锐角的边上的两个正方形小二倍的矩形,等等。"

我们可以把海伦的关于这个命题的逆说成:**在任意三角形中,一条边上的正方形小于另两条边上的两个正方形的和,则后两条边所夹的角是锐角。**

若三角形是直角三角形,并且垂线不是从直角,而是从另一个锐角,这个命题归结为Ⅰ.47。

另外两种情形可以像Ⅱ.12 一样用Ⅰ.47 的方式证明。

首先设三角形的所有角是锐角。

如前，若作 ALP，BMQ，CNR 分别垂直于 BC，CA，AB，并且进一步交 BC，CA，AB 上的正方形的边于 P，Q，R，并且连接 KC，AD，我们有

三角形 KBC，ABD 全等，

因而矩形 BP，BR 相等。

类似地，矩形 CP，CQ 相等。

其次，连接 BG，CH，同样地可证明矩形 AR，AQ 相等。

现在 BC 上的正方形等于矩形 BP，CP 的和，

即等于矩形 BR，CQ 的和，

即等于正方形 BH，CG 的和减去两个矩形 AR，AQ。

但是矩形 AR，AQ 相等，并且它们分别等于 BA，AN 与 CA，AM 围成的矩形。

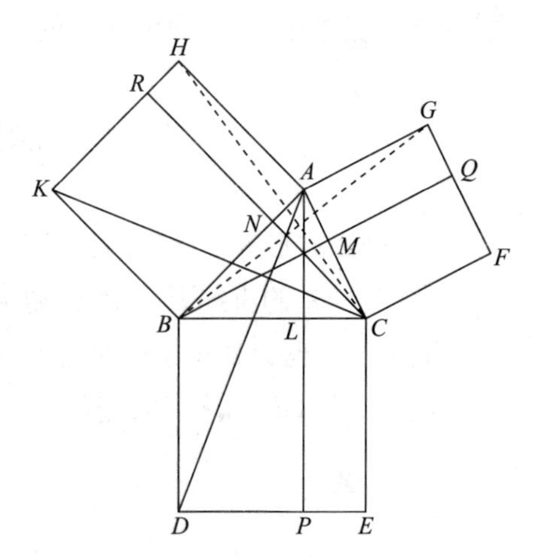

因此 BC 上的正方形比 BA，AC 上的两个正方形小二倍的矩形 BA，AN 或 CA，AM。

其次，我们证明这个定理在三角形是钝角三角形的情形，设钝角在 A。

CA 上的正方形等于矩形 CQ，AQ 的差，即等于 CP 与 AQ 的差，即等于正方形 BE 与矩形 BP，AQ 之和的差，

即等于正方形 BE 与矩形 BP，AR 之和的差，

即等于正方形 BE，BH 之和与矩形 BP，BR 之和的差。

（因为 AR 是 BR 与 BH 的差）。

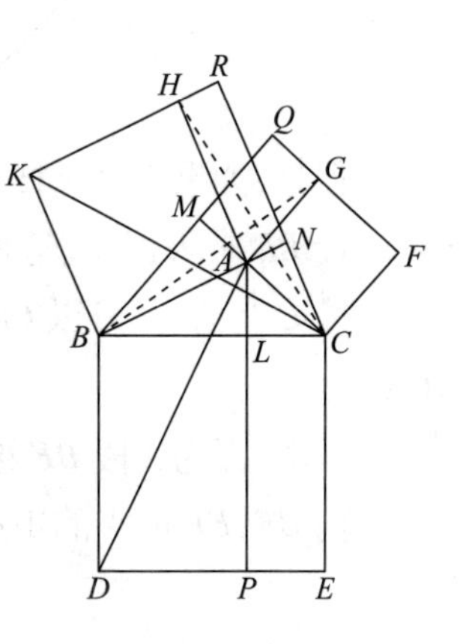

但是 BP，BR 相等，并且分别等于矩形 CB，BL 与 AB，BN。

因而 CA 上的正方形比 AB，BC 上的正方形小二倍的矩形 CB，BL 或 AB，BN。

逆命题的海伦证明（an-Nairīzī, ed. Curtze, p. 110）是简单的。设 ABC 是三角形，AC 上的正方形小于 AB，BC 上的两个正方形。

作 BD 与 BC 成直角并且等于 BA。

连接 DC。

因为角 CBD 是直角,所以 DC 上的正方形等于 DB,BC 上的两个正方形,即等于 AB,BC 上的两个正方形。 [Ⅰ.4]

但是 AC 上的正方形小于 AB,BC 上的两个正方形。

因而 AC 上的正方形小于 DC 上的正方形,所以 AC 小于 DC。

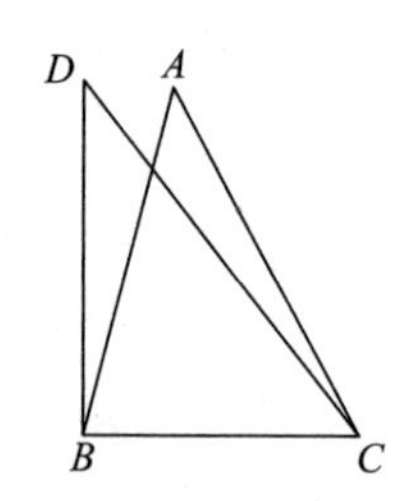

因此在两个三角形 BDC,ABC 中,角 DBC,ABC 的边分别相等,但是底 DC 大于底 AC。

因而角 DBC(直角)大于角 ABC[Ⅰ.25],故后者是锐角。

最后注意,Ⅱ.12,13 是Ⅰ.47 的补充,并且完成了任意三角形(不论是不是直角的)的边上的正方形之间关系的理论。

命题 14

作一个正方形等于给定的直线形。

设 A 是给定的直线形。那么,要求作一个正方形等于直线形 A。

事实上,先假设作出了一个矩形 BD 等于直线形 A。 [Ⅰ.45]

那么,如果 BE 等于 ED,则作图完毕。这是因为正方形 BD 等于直线形 A。

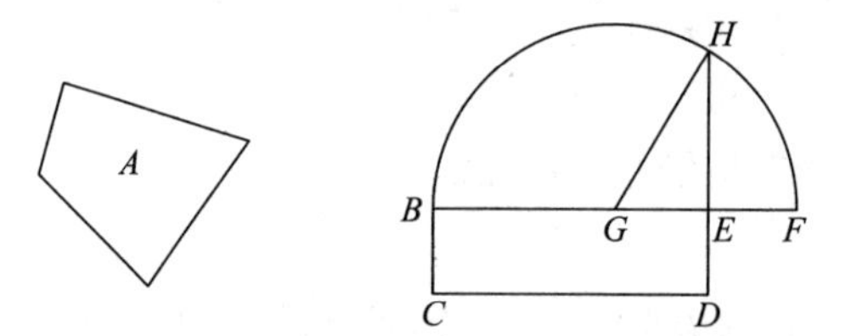

但是,如果不是这样,即线段 BE,ED 其中之一较大。

设 BE 较大,并且延长至点 F,设 EF 等于 ED 且 BF 被二等分于点 G,

以 G 为心,并且以 GB,GF 的一个为距离画半圆 BHF;将 DE 延长至 H,连接 GH。

其次,因为线段 BF 被点 G 二等分,被点 E 分为不相等的两段,

由 BE,EF 所夹的矩形与 EG 上的正方形的和等于 GF 上的正方形。

[Ⅱ.5]

但是,GF 等于 GH。

则矩形 BE,EF 与 GE 上的正方形的和等于 GH 上的正方形。

但是,HE,EG 上的正方形的和等于 GH 上的正方形。 [Ⅰ.47]

所以，矩形 BE,EF 加上 GE 上的正方形等于 HE,EG 上的正方形的和。

由以上各边减去 GE 上的正方形，

则余下的矩形 BE,EF 等于 EH 上的正方形。

但是，矩形 BE,EF 是 BD，这是因为 EF 等于 ED，

故，平行四边形 BD 等于 HE 上的正方形。

又，BD 等于直线形 A，

所以，直线形 A 也等于在 EH 上作出的正方形。

从而，在 EH 上作出了等于已知直线形 A 的正方形。

证完

海伯格（*Mathematisches zu Aristoteles*, p. 20）引用了亚里士多德关于这个命题的注释（*De anima* Ⅱ. 2,413 a 19：cf. *Metaph*. 996 b 21），把"正方形化"（squaring）定义为"求比例中项"比"作一个等边矩形等于给定的长方形"更好，由于前一个定义说出了原因，而后者只是结论。因而，海伯格认为亚里士多德是用比例中项解答Ⅱ. 14. 事实上，Ⅱ. 14 的实际的作图与Ⅵ. 13 相同；欧几里得的改变只是把作图的依据变为卷Ⅰ. 和Ⅱ. 的原理，代替卷Ⅵ. 的原理。

正如Ⅱ. 12,13 补充了Ⅰ. 47，同样地，Ⅱ. 14 完成了变换面积的理论，直到目前没有使用比例。正如我们看到的，命题Ⅰ. 42,44,45 使我们能作一个具有给定边和角，并且等于给定的直线形的平行四边形。这个平行四边形也可以变换为一个相等的三角形，具有相同的给定的边和角，并且使另一边是二倍的给定长度。于是，我们可以作一个给定底上的矩形等于一个给定的正方形。并且，Ⅰ. 47 使我们能作一个正方形等于任意个数正方形的和或者等于两个正方形的差。仍然剩余的问题是变换任一个矩形为有相等面积的正方形。这个问题的解答在Ⅱ. 14 中给出，它等价于开平方根，或者解二次方程

$$x^2 = ab。$$

西姆森指出，在欧几里得的作图中，不必假定"设 BE 是较大者"，因为这个作图不受 BE 或 ED 哪一个较大的影响，欧几里得可能认为它有助于简明性，使得点 B,G,E,F 的相对位置与 A,C,D,B 相同。

附录Ⅰ　毕达哥拉斯和毕达哥拉斯学派

解决毕达哥拉斯学派在数学方面究竟有多少是属于毕达哥拉斯本人的问题并不困难,它是不难解释的。通常关于这个问题很少讨论并且不能确定,而且进一步的怀疑是由于后来的。毕达哥拉斯学派的人把每一件事情都归于毕达哥拉斯本人造成的。毕达哥拉斯本人没有留下关于他的学说的书面资料,也没有直接后继者留下书面资料,即使是希帕索斯(Hippasus),关于他有不同的故事:(1)他被这个学派开除,由于他发表了毕达哥拉斯的学说;(2)他被淹死在海里,由于泄露了内接于球的正十二面体的作图并且宣称这是他自己的,或者使其他人知道无理数或不可公度的发现。直到菲洛劳斯写下约束这个学派的秘密禁令之前没有任何书写的记录。这个秘密禁令与他们的数学和物理无关;并且它可能是缺少文件的原因。口头交流可能是这个学派的传统,他们的学说对一般人来说是很深奥的。即使亚里士多德也感到其困难;他明显地不知道那些伦理学和物理的学说属于毕达哥拉斯本人;当他说到毕达哥拉斯体系时,他总是用"毕达哥拉斯学派"。

我在关于欧几里得Ⅰ.47的注释中写了毕达哥拉斯在毕达哥拉斯学派的数学发现中的作用,并且进一步根据下面两个长篇的文章作了检查,沃格特的"*Die Geometrie des Pythagoras*"(*Bibliotheca Mathematica* IX_3,1908/9,pp. 15—54)和"*Die Entstehungsgeschichte des Irrationalen nach Plato und anderen Quellen des* 4. *Jahrhunderts*"(*Bibliotheca Mathematica* X_3,1910,pp. 97—155)。这两篇论文没有使我所写的关于毕达哥拉斯和早期的毕达哥拉斯学派的发现有重大改变,由于我始终仔细地给出这个主题的传统资料。我将在另外的注释中给出沃格特的一些论点的细节。

G. 容吉在他的论文"*Wann haben die Griechen das Irrationale entdeckt*?"中,试图证明毕达哥拉斯本人没有发现无理数;并且沃格特的论文的目的是进一步证明(1)仅仅后来的毕达哥拉斯学派(前410年之前)认识到正方形的边与对角线的不可公度性,(2)无理数的理论首先由昔兰尼的西奥多鲁斯(Theodorus of Cyrene)发现,(3)毕达哥拉斯本人不是下述归功于他的下述事情的发现者,即(a)欧几里得Ⅰ.47的定理,(b)五个正多面体的作图,它们分别在欧几里得卷ⅩⅢ.中作出,(c)面积相贴,等价于解二次方程。

沃格特关于(a)的主要论点,定理Ⅰ.47是基于对普罗克洛斯关于这个命题的众所周知的段落的新的翻译,“我们从喜欢把研究归于古人的人中听到把这个定理归功于毕达哥拉斯并且奉献一头牛给他。”某些人接受这个观点,某些人并不接受。我同意沃格特,欧德莫斯的数学史没有包含任何东西说明这个定理归功于毕达哥拉斯。普罗克洛斯的注释蕴含着这个;但是我认为并不蕴含普罗克洛斯本人反对这个归功,普罗克洛斯不反对任何观点;我们现在承认[遵循戴尔士(Diels)]作者把比例的理论(只用于可公度量的算术理论)归功于毕达哥拉斯,而不是无理数理论。但是我不同意沃格特说无理数理论是西奥多鲁斯首先发现的,我们有证据反对柏拉图的段落,柏拉图(泰特托斯,147D)提及$\sqrt{3}$,$\sqrt{5}$,…,$\sqrt{17}$由西奥多鲁斯讨论,但是省略了$\sqrt{2}$。这个事实以及柏拉图在另外的地方提及$\sqrt{2}$的无理性,以及近似表示,蕴含着$\sqrt{2}$的无理性已经在西奥多鲁斯之前作出,说明$\sqrt{2}$的无理性的第一步是最困难的,但并不意味着完整理论的建立。

容吉和沃格特认为无理数的理论不是由早期的毕达哥拉斯学派发现的,由于若它是这样发现的,就不可能在$\sqrt{2}$的特殊情形与西奥多鲁斯扩张这个理论到$\sqrt{3}$,$\sqrt{5}$,等等之间有如此长的时间。但是,这可能是由于此时几何学家全神贯注于其他重要问题,即化圆为方(希俄斯的希波克拉底和他的化月牙形为方)三分任意角(Elis的希皮亚斯和他的二次曲线),和倍立方(希波克拉底归结这个问题为求两条给定直线的比例中项),最后这个问题等价于在几何上求$\sqrt[3]{2}$,这自然地要研究$\sqrt{2}$。希皮亚斯大概诞生在前460年,希波克拉底可能在雅典大约前450—前430年。沃格特必须得到德谟克里特(生于前470/前469年)的书,《关于无理的线和立体》(*On irrational lines and solids*)。此处的“无理的”可能意味着“没有比”,在这个意义上,任意两条直线“没有比”,由于它们两个都包含无限多个个体(或原子),因而它们的比是∞/∞,是不定型。但是若是这样,所有线(包括可公度的线)就“没有比”,德谟克里特是一个大数学家,任何东西都用“不可分的线”。并且辛普利休斯告诉我们,根据德谟克里特,即使原子,在数学意义上进一步可分并且事实上可以无限分下去。

现在考虑(b),宇宙图形的作图,我同意沃格特的下述意见。毕达哥拉斯或者早期的毕达哥拉斯学派在完全理论意义上,例如欧几里得在卷XIII.中那样作出这五个正多面体是靠不住的;泰特托斯(前417—前369)可能是第一个给出这些作图的人。但是可能缺少理论上的作图形。正如沃格特所说,他像柏拉图一样把一些等边三角形和正五边形放在一个点上。没有理由认为早期的毕达哥拉斯不是这样“作出”了五个正多面体；事实上，他们这样做与他们把一些正多边形绕一点放置（联系定理欧几里得Ⅰ.32）是一致的，并且证明了只有三种角绕一点填满平面空间。但是我不同意沃格特明显地拒绝毕达哥拉斯关于正多面体的理论作图，正如欧几里得的Ⅳ.10，11。我不知道为什么拒绝附注Ⅳ.2，4的证据，明确地说，“这一卷”（卷Ⅳ.）和整个这些定理（包括命题10，11）是毕达哥拉斯的发现。并且分一条直线为中外比，正五边形的作图依赖于它，出现在欧几里得的卷Ⅱ.中（命题11），并且我们有充分理由说整个卷Ⅱ.在本质上是属于毕达哥拉斯学派的。

我要再次批评沃格特的第一篇论文。我认为他过分地依赖伊诺皮迪斯（从前470—前450年期间）发现的两个初等作图（只用直尺和圆规），即从一个外点作一条直线的垂线（欧几里得Ⅰ.12），以及作一个角等于一个给定的角（欧几里得Ⅰ.23），沃格特指出几何必须使用最初等的工具，我不认为是这样，作图中只准使用直尺、圆规在伊诺皮迪斯之前还没有确定地建立起来，例如，作垂线在早期是用正方形。

附录Ⅱ 欧几里得命题的流行名字

尽管某些命题具有时代荣誉的名字对大多数受过教育的人是熟悉的,好像不可能追溯它们的源泉,或者说谁第一次使用了这个名字。可能是它们口头传诵了很长时间之后才成为书面文献。

Ⅰ.5

1. 这个命题在这个国家普遍地称为“笨人难过的桥”(Pons Asinorum, “Asses' Bridge”)。关于这个术语的正确含义当时也是不一致的。一般的观点来自 *Stanford Dictionary of Anglicised Words and Phrases*(C. A. M. Fennell),解释是“欧几里得第一卷第五命题的名字,由图形以及难以掌握它的困难提示。”在这个解释中,“ass”是“fool”(愚人)的同义语。但是关于 ass 有另外的解释,这个命题的图形像一座高架桥,每一边有一个斜坡,一匹马不能稳定在斜坡上[格林希尔(Sir George Greenhill)强烈支持这个观点]。

这个名字的发明者的意思似乎是只有愚人发现这个桥难以通过,但更确切的观点可能是愚人可以通过的桥。

但是法国人把这个术语使用到Ⅰ.47。在欧几里得的Ⅰ.47 的图形中,没有发现关于桥的提示,只是提示这个定理的困难性质,现在没有人把这个名字使用到欧几里得Ⅰ.47. Larousse 的解释支持使用到Ⅰ.5 的关于“Asses' Bridge”的第一种解释,即对愚人来说难以掌握。

在 *Stanford Dictionary* 中又增加了“在逻辑中,这个术语在 16 世纪使用到逆命题,借助困难的图形来寻找中间术语”;若数学家借助来自逻辑的这个术语,则仍然有利于它用于Ⅰ.5 的解释。

2. Elefuga

欧几里得Ⅰ.5 的名字,罗吉尔·培根(约 1250)提出这个名字,他也给出了解释(Opus Tertium, C. Vi)。他说,在这个时代人们发现任何科学,譬如几何没有用处,他们难以学会三个或四个命题。因此,第五个命题称为“Elefuga”。根据罗吉尔·培根,这是“从痛苦中逃跑”(flight of the miserable)。

根据词源学,这个词是两个词 pity(可怜)和 flight(逃跑)的组合,蕴含着

"从痛苦或困难中逃跑"。

Ⅰ.47

关于斜边上的正方形的毕达哥拉斯命题已经深入人心,并且有一些不同的名字。

1. 新娘定理(The Theorem of the Bride)

这个名字出现在帕开梅里斯(Georgius Pachymeres,1242—1310)的"Bibliotheque Nationale at Paris";唐内里关于这个有一个注释(La Geometrie grecque, p. 105),他说给出这个名字而没有任何解释。然而我们有证据说明这个命题与婚姻的联系。普鲁塔克(诞生在大约46年)说(De Iside et Osiride 56,p. 373F)"我们可以想象埃及人认为最美的三角形以及最特殊的性质",柏拉图认为这个三角形已经在共和国使用,这个图形用在婚姻的意义上,"在这个三角形中,垂线边是3,底是4,斜边是5,斜边上的正方形等于直角边上两个正方形的和。把垂线比作男方,底比作女方,斜边比做儿女。又3是第一个奇数并且是完美的,4是边为偶数2上的正方形,而5是父母亲,是3和2的和。"

柏拉图使用毕达哥拉斯三角形的三个数3,4,5构成他的有名的几何数;但是柏拉图本人并没有称这个三角形为婚姻三角形,也没有称为婚姻数。后来的作者普鲁塔克、尼科马丘斯和雅姆利克斯把这个几何数与婚姻联系在一起。

而后就出现了"婚姻图形"或"新娘定理"的名字。用于一个特殊的三角形,即(3,4,5)。后来一个阿拉伯作者贝黑(Behā-ad-dīn,1547—1622)应用术语"新娘图形"于这个三角形;这个术语开始用于三角形(3,4,5),后来用于一般定理Ⅰ.47。好像把两方婚配为一方,正如把直角边上的两个正方形变为斜边上一个正方形。

2. "新娘的座椅"(The "Bride's Chair")

这个名字的来源有些奇怪,提名者一定看到这个命题的图形与这样一个座椅之间的相似。D. E. 史密斯(*History of Mathematics*, Ⅱ. pp. 289—90)注释到所谓的"新娘的座椅","由于欧几里得的图形好像一个苦工背着坐着东方新娘的这个座椅去进入婚礼",他是从卢卡斯(Edouard Lucas)的*Recreations Mathematiques*, Ⅱ. p. 130引用这个注释的。

"Bride's Chair"的一个现代解释出现在La Vie Parisienne的战争期间,Ⅰ.47的欧几里得图形像一个框架,一个法国兵背着他的新娘及他的房子,这个士兵站在(或行进在)大正方形的中间,他的头和肩向右弯曲在一个小正方形角落,而其新娘及其镜框背靠着新郎在两个小正方形之间的直角处。格林希尔告诉我,有一个早期的解释:“这个椅子像在开罗和埃及直到今天使用的椅子,最早的课桌椅子的形式。”我认为它更像一个轿车的座椅,大的正方形是真正的座椅,而两个小正方形是两个支承物。

3. Dulcarnon

Ⅰ.47 的这个名字出现在乔叟的《特罗勒斯与克丽西德》(*Troilus and Criseyde*)Ⅲ.Ⅱ.930—3.

这个名字使用到这个命题是由于两个小正方形像两个角,并且这个命题是困难的,这个词在此处的含义是“难题”(puzzle);因此克丽西德处在“dulcarnon”,由于她感到困惑和不知所措。

4. Francisci tunica = “Franciskaner Kutte” “Franciscan's cowl”

这个名字是外省波恩引用的(*Die Vebersetzungen des Euklid durch compano und Zamberti*, p. 42),在 Kunze 的 *Geometrie* 中给出。这个名字是很适当的,一个正方形表示头罩向后。

Ⅲ.7,8

我已经提及分别使用到这两个命题的名字,“鹅角”和“孔雀尾巴”。它们来自帕西欧洛编辑的 *Euclid*, 1509(Vide Weissenborn, ibid)。